"十四五"职业教育国家规划教材

信息技术

XINXI JISHU

主编　张跃东

江蘇鳳凰教育出版社　凤凰职教

图书在版编目（CIP）数据

信息技术／张跃东主编；王赛男副主编．—南京：江苏凤凰教育出版社，2023.8（2024.12重印）

ISBN 978-7-5499-9725-1

Ⅰ.①信… Ⅱ.①张… ②王… Ⅲ.①电子计算机—高等职业教育—教材 Ⅳ. ①TP3

中国版本图书馆CIP数据核字（2021）第272255号

书　　名 信息技术

主　　编 张跃东
责任编辑 吴丽莉
出版发行 江苏凤凰教育出版社
地　　址 南京市湖南路1号A楼，邮编：210009
出　　品 江苏凤凰职业教育图书有限公司
网　　址 http://www.fhmooc.com
照　　排 南京紫藤制版印务中心
印　　刷 北京盛通印刷股份有限公司
厂　　址 北京市经济技术开发区经海三路18号，邮编：100176
电　　话 010-52249888
开　　本 787毫米×1 092毫米　1/16
印　　张 19.25
版次印次 2023年8月第1版　2024年12月第4次印刷
标准书号 ISBN 978-7-5499-9725-1
定　　价 58.00元
批发电话 025-83677909
盗版举报 025-83658893

如发现质量问题，请联系我们。
【内容质量】电话：025-83658873　邮箱：sunyi@ppm.cn
【印装质量】电话：025-83677905

《信息技术》编委会

出版说明

本教材脱胎于“十三五”职业教育国家规划教材《计算机应用基础》（以下简称“原教材”）。原教材自2018年出版以来，已印刷12次，发行逾10万册，其设计理念、体例格式、内容编排等深受师生好评。2021年，教育部颁布了《高等职业教育专科信息技术课程标准（2021年版）》，对高等职业教育信息技术课程的课程性质与任务、学科核心素养与课程目标、课程结构、课程内容、学业质量、课程实施进行了明确规定。本书编写组对照课程标准，对原教材进行了修订。修订内容主要有融入课程思政元素，增加人工智能相关内容，更新信息检索相关内容，升级办公软件版本，强化国产软件应用，扩充配套数字资源等。此次修订紧扣信息技术学科核心素养，将最新课标的课改理念落实到教材编写中，对深化教学改革、提高教学质量、增强学生的综合素质起到积极推动作用。

此次修订沿用原教材的指导思想，打破以学科知识为中心的封闭体系，运用项目和任务锻炼学生的操作能力，加深学生对信息技术的体验和认知，将学生的视野引向信息技术的灵魂——信息文化，从而提升学生的信息素养。

希望广大读者对本教材的不足给予指正，我们将在教材修订时改进，不断提高教材质量。

本书编委会

2023年8月

序　言

党的二十大报告指出，近五年，我国基础研究和原始创新不断加强，一些关键核心技术实现突破，战略性新兴产业发展壮大，载人航天、探月探火、深海深地探测、超级计算机、卫星导航、量子信息、核电技术、新能源技术、大飞机制造、生物医药等取得重大成果。到二〇三五年，我国发展的总体目标是：实现高水平科技自立自强，进入创新型国家前列；建成现代化经济体系，形成新发展格局，基本实现新型工业化、信息化、城镇化、农业现代化；建成教育强国、科技强国、人才强国、文化强国、体育强国、健康中国，国家文化软实力显著增强；等等。

信息化时代要求学生能在纷繁复杂的信息社会环境中站稳立场、明辨是非、行为自律、知晓责任；能够根据学习、生活、生产的实际需要，捕获、提取和分析信息；能应用信息技术界定问题、抽象特征、建立模型、组织数据；能够将信息技术与所学专业有机融合，开展自主学习、协同工作、知识分享与创新创业实践，学生能够适应全民终身学习的学习型社会、学习型大国的发展需求，形成可持续发展能力。

本教材紧扣《高等职业教育专科信息技术课程标准（2021年版）》，以培养学生信息技术学科核心素养、智慧学习能力和终身学习意识为目标。编者按信息技术能力发展组织学习内容，依照分析问题、解决问题的流程设计学习过程，建设以纸质教材为基础、以网络教学平台为载体、融合数字化教学资源和信息化教学服务的立体化新形态教材。

一、教材特点

1. 引入全新的教学理念和教材结构。本教材力图实现从传统的计算机技能教育向信息素养养成教育的转变，打破以学科知识为中心的封闭体系，提供有利于学生自我建构的学习材料。教材从内容到形式都立足于指导和帮助学生建立科学的、适合自身特点的学习方式，努力构建以问题解决和实践活动为主的课程实施形式，以利于加强学科与社会自然的联系、整合，培养学生的创新精神和实践能力。

2. 创建立体化学习体系。本教材既有纸质印刷品，又在网络学习平台建立了课程资源库，形成了立体化的教材结构。纸质教材完整地呈现了学习任务的引入、分析，以及任务实施的方法和过程，在任务实施过程中融入知识学习和基本能力的培养。网络学习平台紧密结合学习目标创设丰富的活动，引导学生质疑思辨、合作探究、反思学习过程、诊断学习效果，最后达成学习目标。课程资源库中有大量的阅读材料，背景材料和图片、软件、视频等素材，为教与学提供了便利，方便教师依托网络学习平台进行教学研究、集体备课。该网络学习平台会定期更新学习资源。

3. 体现学生的主体性和发展性。本教材重视培养学生的创新精神和实践能力，旨在提高学生的信息素养，培养学生解决实际问题的能力和终身学习的能力。教材在内容呈现形式上灵活多样，创设了多种形式的活动和练习。活动的设计密切联系学生现实生活的经验和体验，整合多门学科知识，富于启发性和趣味性，对于培养学生分析和解决实际问题，特别是发现、提出新问题和思路创新方面，具有一定的现实指导意义。教材在内容编排上重视学生的探究过程，让学生在对实际任务的探究中，自己学习所需的信息技术知识，即掌握与信息技术相关的具体操作，从而培养学生的信息素养和创新能力，满足个性化学习的需要。

二、教材内容和板块设计

本教材分信息技术基础、操作系统的应用、网络应用与信息安全、文档处理、电子表格处理、演示文稿制作和数字媒体技术的应用等7个项目，共有29个任务。项目设计遵循学生能力发展规律，每个项目设计若干个递进式学习任务，每个学习任务均设计任务描述、学习目标、知识储备、任务实施、任务评价、拓展提高6个板块，各板块的设计思路如下：

任务描述：基于学生熟悉的生活、学习实际设计学习场景，加强信息技术与自然及社会的联系。

学习目标：从知识、能力、素养三个方面给出每个任务的学习目标。

知识储备：围绕任务描述，将学科知识碎片化，形成若干个相对独立、完整的知识点，便于不同基础的学生选择学习。知识点后设计“练一练”环节，方便学生及时检查知识和技能的掌握情况。

任务实施：和任务描述相呼应，完成任务描述中提出的具体任务，培养学生分析和解决实际问题的能力，培养学生的创新能力。

任务评价：采用自评和互评的方式及时检查学生的学习情况，有利于学生对学习任务进行总结、反馈，进而得到能力提升。

拓展提高：该部分注重学生的能力发展需要，引入新的知识、技能和方法，激发学生探索新知识、新技术的意识。

本教材在编写过程中根据教学和学习的需要穿插了不同的小板块，“小贴士”“小技巧”等及时对知识和技能中的关键点进行解析，“想一想”“说一说”等引导学生思考，激发学生的学习兴趣。

三、配套数字资源使用说明

本教材配有电子教案、教学素材、WPS资源、微视频、延伸阅读等资源，为教师好教、学生好学提供全方位服务。

数字资源的获取方式：登录凤凰职教云平台（www.fhmooc.com），在“教材资源”中搜索到本书，进入“资源下载”可获取本书配套的数字资源。

与本教材相关内容对应的数字资源，在纸质教材中以下列不同的图标进行提示，方便用户使用。

四、编写人员分工

项目一：王赛男、郑智飞、杨玉兰、王芸、赵震奇；项目二：杨玉兰、董夙慧、张跃东；项目三：吴婷、罗赞、盛波、殷琴、陈芳；项目四：丁春明、于同亚、叶贵友、宋俊苏；项目五：胡娟、单成功；项目六：雷富强、王赛男；项目七：封雪凤。

本教材由张跃东、王赛男总策划并完成统稿工作，叶贵友、杨玉兰、封雪凤、赵震奇、吴婷、罗赞等完成校稿工作，徐伟完成审读工作。他们提出了许多宝贵的意见，在此一并感谢。

信息技术课程教学内容多、涉及面广、学时有限，而不同学校由于学生的基础和起点存在着差别，对这门课程的教学目标和要求也不同。为此，本教材已做好多级别分层教学设计，教师可根据实际情况自主选择知识储备板块的内容进行教学。但是，任务实施板块是核心内容，希望教师在教学中能重点教授。对于学有余力的学生，推荐选择拓展提高板块进行学习。

由于时间仓促，尽管经过反复修改，书中难免有疏漏和不足之处，望广大读者提出宝贵意见，并将意见发送至邮箱wulili@ppm.cn，以便编者修订完善本教材。

编者

2023年8月

目　录

项目一　信息技术基础

项目二　操作系统的应用

项目三　网络应用与信息安全

项目四　文档处理

项目五　电子表格处理

项目六　演示文稿制作

项目七　数字媒体技术的应用

数字资源目录

页码	类型	说明
22	操作演示	常用进位计数制
35	文本文件	人工智能：从“作坊式”走向“工业化”新时代
43	操作演示	Windows的“帮助”功能
58	操作演示	文件与文件夹的压缩、加密和备份
90	视频介绍	计算机病毒你了解多少？
90	视频介绍	蠕虫病毒的认识和预防
98	文本文件	WPS文档编辑功能和在线云服务功能介绍
121	操作演示	Word中创建表格的四种方法
123	操作演示	Word中选定表格
124	操作演示	Word表格中插入或删除行与列
125	操作演示	Word表格中合并或拆分单元格
126	操作演示	Word表格中调整行高与列宽
127	操作演示	使用Word表格自动套用格式
128	操作演示	Word表格中设置表格边框与底纹
130	操作演示	Word表格中数据的计算
131	操作演示	Word表格中数据的排序
139	操作演示	Word中编辑形状顶点
144	操作演示	插入公式
151	操作演示	邮件合并基本步骤（MS Office版和WPS Office版）
153	操作演示	标签的邮件合并（WPS Office版）和标签间距的设定（MS Office版）

项目一 信息技术基础

任务一 信息技术入门

任务描述

亲爱的同学们，欢迎进入新学期的学习。信息技术涵盖信息的获取、表示、传输、存储、加工、应用等各种技术。信息技术正发生着日新月异的变化，人工智能、物联网、移动互联网、大数据等一项项和信息技术相关的技术正改变着我们的生活。学完本节课内容后，请结合当今信息技术的发展，描绘未来某一天你学习和生活的情景。

学习目标

1. 理解信息技术概念，了解信息社会的特征，了解信息社会的发展趋势和智慧社会的前景。

2. 了解计算机的发展历史，能关注我国具有自主产权的新一代信息技术。

3. 了解大数据、云计算、人工智能、物联网等新一代信息技术在目前社会的广泛应用。

4. 掌握本课程的数字化学习的方法，并能迁移至其他课程。

5. 养成正确的信息意识，能在信息活动中自觉践行社会主义核心价值观。

知识储备

知识点1：信息技术和信息社会

一般来说，信息技术（Information Technology，IT）是指用于管理和处理信息所采用的各种技术的总称，它涵盖了信息的获取、表示、传输、存储、加工等各种技术。

人类历史的发展经历了第一次工业革命、第二次工业革命，这两次工业革命都推动了人类生产和生活方式的根本性改变。从20世纪80年代开始，信息技术引发了第三次工业革命。信息技术在生产、科研、教育、医疗保健、企业和社会管理以及家庭生活中得到广泛应用，对经济和社会的发展产生巨大而深刻的影响，并且从根本上改变了人们的生活方式、行为习惯和价值观念。

旅客通过扫描身份证进站、网络购物、远程医疗、居家办公等的出现，正是信息技术给人们生活带来的改变。在线教学、网络课程快速发展和不断丰富，也是信息技术给教育带来的革新。信息技术与传统生产模式相结合，促进社会生产的自动化、数字化、智能化，极大地提高了传统产业的劳动生产率。信息技术与社会管理结合，能够有效协调各部门工作，提高行政效率，方便公众享有更智慧的公众服务平台。

当前世界，信息技术的快速发展正在促使人类社会从工业社会向信息社会转型。信息将借助材料和能源的力量产生重要价值而成为社会进步的基本要素，信息将在社会中起主要作用，以开发和利用信息资源为目的的信息经济活动迅速扩大。

小贴士

二十大报告指出，要建设现代化产业体系。坚持把发展经济的着力点放在实体经济上，推进新型工业化，加快建设制造强国、质量强国、航天强国、交通强国、网络强国、数字中国。加快发展数字经济，促进数字经济和实体经济深度融合，打造具有国际竞争力的数字产业集群。

信息社会是社会资源信息化的必然产物，它是以电子信息技术为基础，以信息资源为基本发展资源，以信息服务性产业为基本社会产业，以数字化和网络化为基本社会交往方式的新型社会。信息社会有四个基本特征：知识型经济、网络化社会、服务型政府和数字化生活。

练一练

请上网查阅资料，了解智慧社会的概念，畅想信息社会的发展前景。

知识点2：计算机的发展

我们通常所说的计算机是指数字电子计算机，又称电脑。自20世纪40年代数字电子计算机诞生以来，计算机已经历了大半个世纪的发展。

1. 世界计算机发展史

世界上第一台计算机ENIAC诞生于1946年，它揭开了现代电子计算机发展和应用的序幕。按照计算机主机所使用的元器件为计算机产品划分时代，至今，计算机的发展经历了四代。通过学习数字化资源，了解各代计算机的特点，填写表1-1-1。

表1-1-1　各代计算机的特点

	第一代（1946—1955年）	第二代（1956—1963年）	第三代（1964—1971年）	第四代（1972年至今）
主要元器件				
软　件				
处理速度（指令数/秒）				
应　用				

2. 我国计算机的发展

我国1958年研制出第一台电子管计算机“103机”，之后经过不断努力和自主创新，在计算机技术领域已取得长足发展。在超级计算机方面，我国研制成功“天河一号”“天河二号”。2016年，使用中国自主芯片制造的“神威·太湖之光”（图1-1-1）成功登上超级计算机的世界顶峰，成为当时全球最快的超级计算机。

2016年6月20日，德国法兰克福世界超算大会（ISC）公布了新一期全球超级计算机TOP 500排行榜，我国国家并行计算机工程技术研究中心研制的“神威·太湖之光”，因其峰值性能达到每秒执行超过12.54亿亿次浮点运算的速度，夺得第一。“神威·太湖之光”安装了40 960个中国自主研发的“申威26010”众核处理器，该众核处理器采用64位自主申威指令系统，而在该套系统中，包括处理器在内的所有核心部件全部由中国自主研制。

▲ 图1-1-1　神威·太湖之光

小贴士

我国超算计算机科普

1. “神威·太湖之光”取得历史性突破

“神威·太湖之光”是首次完全用“中国芯”制造的中国最强大的超级计算机，此前“天河二号”使用的是英特尔至强（Xeon）处理器和Xeon Phi协处理器。随着中国

“天河二号”在超算排行榜上连续夺冠，美国商务部发布公告，决定禁止美国企业向中国出口与超级计算机相关的技术。但专家指出，有关限制措施反而促使中国加速发展自己的芯片技术。

2. 上海交大高性能计算中心

2021年12月14日，上海交大高性能计算中心正式揭牌，该中心的“思源一号”超级计算机每秒运算可达6 000万亿次，其算力在中国高校居第一位，在全球超级计算机 TOP 500排行榜中位列第132位。

中国是全球超级计算机排名第一的国家，截至2021年6月，全球 500 台最强大的超级计算机中有 188 台位于中国，这一数字比与中国最接近的竞争对手美国多出三分之一。这两个国家的超级计算机加起来约占世界上最强大超级计算机的60%。

练一练

1. 世界上第一台通用电子计算机诞生于______，它的主要逻辑元器件是______。

   A. 1941年，继电器　　B. 1946年，电子管

   C. 1949年，晶体管　　D. 1950年，光电管

2. 从第一台计算机诞生算起，计算机的发展已经经历了______四个阶段。

   A. 微型计算机、小型计算机、中型计算机、大型计算机

   B. 低档计算机、中档计算机、高档计算机、手提计算机

   C. 电子管计算机、晶体管计算机、中小规模集成电路计算机、大规模及超大规模集成电路计算机

   D. 组装机、兼容机、品牌机、原装机

3. 请查阅资料，和同学们讨论我国超级计算机发展处于什么水平。

4. 请查阅资料，和同学们讨论我国信息技术发展的瓶颈在哪里。

知识点3：计算机的特点和应用

1. 计算机的特点

计算机得以飞速发展的根本原因，除了技术的发展使计算机性价比不断提高之外，还归功于计算机作为信息处理工具的通用性以及由此带来的计算机应用的广泛性。

计算机是一种通用信息处理工具，使用计算机进行信息处理具有如下特点：

（1）速度快，通用性强。

（2）具有多种多样的信息处理能力，不仅能进行复杂的数学运算，而且能对文字、图像和声音等多种形式的信息进行获取、编辑、转换、存储、展现等处理。

（3）信息存储容量大、存取速度快。

（4）具有互联、互通和互操作的特性，计算机网络不仅能进行信息的交流与共享，还可以借助网络上的其他计算机协同完成复杂的信息处理任务。

（5）体积小、功耗低、价格低廉，可以很容易嵌入其他机电设备，使之数字化、智能化，促进产品升级换代。

2. 计算机的应用

计算机的应用已经渗透到人类社会的各个方面，从国民经济各部门到普通家庭生活，从生产领域到大众娱乐消费，到处可见计算机应用的成果。

计算机应用于科学研究，大大增强了人类认识自然以及开发、改造和利用自然的能力，促进了现代科学技术的发展；计算机应用于农业生产，显著提高了人类物质生产水平和社会劳动生产率，促进了经济的飞跃发展；计算机应用于社会服务，全面扩展和改善了服务范围与质量，提高了工作效率，推动了社会进步；计算机应用于教育文化，为人类传承并创造知识与文化提供了现代化工具，改变了人类创造和传播文化的方式和方法，大大扩展了人类文化活动的领域，丰富了文化的内容。计算机正改变着人们的工作方式和生活方式。

计算机科学技术对于一个国家在政治、经济、科技、文化、军事、国防等方面发展所发挥的催化作用和强化作用，都具有难以估量的意义。

虽然计算机和网络正迅速、不可逆转地改变着世界，但是，先进的计算机信息技术在给我们带来了进步和机遇的同时，也带来了一些新的社会问题或引发了某些潜在的危机。例如，个人隐私受到威胁，信息诈骗和计算机犯罪增加，知识产权保护更加困难，计算机系统崩溃带来不可预测的后果，不良和有害信息的肆意传播和泛滥，大量电子垃圾污染环境、破坏生态，长期沉迷于计算机游戏、网络聊天等给青少年生理和心理带来严重危害，等等。对此，必须予以足够重视，并且采取相应的对策。

小贴士

网络成瘾症

网络成瘾症是一种因过度依赖互联网而导致的心理疾病，患者无法摆脱时刻想上网的念头。目前，在上网人群中，该症发病率越来越高。专家对网络成瘾者的描述是：网络操作出现时间失控，而且随着乐趣的增强难以自拔。这些人多沉溺于网上聊天或互动游戏，并因此忽视了现实生活的存在，或对现实生活不再满足。患者在初期只是有精神依赖，渴望上网，而后可发展成躯体上的依赖，表现出情绪低落、头晕眼花、双手颤抖、疲乏无力、食欲不振等症状。

以下是国际上比较常用的网络成瘾症评定指标：

1. 你是否迷恋互联网或其他网上服务，并在下线后仍然念念不忘？
2. 你是否感到有必要花更多的时间去网上寻求满足感？
3. 你上网的冲动是否已脱离了你能控制的范畴？
4. 如果减少了上网时间或停止上网，你是否会感到不安和愤怒？

5. 你是否为了逃避问题或减轻无助感、犯罪感、焦虑或抑郁选择上网？
6. 你是否欺骗家人或朋友以隐瞒你上网的频率和在线时间？
7. 你是否为了上网而不惜冒失去某个重要关系、工作、受教育机会等的风险？
8. 你的上网时间是否总是比原先预计的要长？

如果一个人有五个回答为“是”，就可被认定为“网络上瘾”。用这一标准可以区分正常的互联网使用方式和病态的互联网使用方式。

想一想

对照“小贴士”中的描述，请自查：你有网络成瘾症吗？该怎样预防网络成瘾症呢？

知识点4：计算机的发展方向

电子计算机正在向巨型化、微型化、网络化和智能化方向发展。

巨型化：指计算机的计算速度更快、存储容量更大、功能更完善、可靠性更高，运算速度可达每秒万万亿次，存储容量超过几百T字节。

微型化：指微型计算机从台式机向便携机、掌上机、膝上机发展，价格低廉，使用方便，软件丰富。随着电子技术的进一步发展，微型计算机必将以更优的性价比受到人们的欢迎。

网络化：指利用现代通信技术和计算机技术，把分布在不同地点的计算机互联起来，并按照网络协议互相通信，共享软件、硬件和数据资源。

智能化：指计算机模拟人的感觉和思维过程，目前已研制出的机器人有的可以代替人从事危险环境中的劳动。

想一想

请查阅资料，说说未来新型计算机有哪些，并说出我国目前新型计算机的发展情况。

小贴士

提速2.4万倍　中国第一台光量子计算机揭秘

2017年5月3日，科技界又传来了一个振奋人心的消息：世界上第一台超越早期经典计算机的光量子计算机在中国诞生！这标志着我国的量子计算机研究已达到世界一流水平。

据悉，这台光量子计算机由中国科技大学、中国科学院-阿里巴巴量子计算实验室、浙江大学、中国科学院物理所等单位协同完成研发，是货真价实的“中国造”。

据中科院院士潘建伟介绍，中国2016年就首次实现了10光量子纠缠操纵，随后在此基础上利用自主发展的综合性能国际最优的量子点单光子源，通过电控可编程的光量子线路，构建了针对多光子“玻色取样”任务的光量子计算原型机，速度比之前国际同行所有类似实验快了至少2.4万倍。

练一练

1. 计算机的发展趋势是巨型化、微型化、网络化和________。
   A. 大型化　　B. 小型化
   C. 精巧化　　D. 智能化
2. 计算机按照性能分类，可分为________。
   A. 专用计算机、通用计算机
   B. 单片机、单板机、多芯片机、多板机
   C. 巨型机、大型机、小型机、微型机、工作站
   D. 数字计算机、模拟计算机、混合计算机
3. 建立在模糊信息理论基础之上，具有学习、思考、判断和对话的能力，能辨识外界物体的形状和特征，还能帮助人从事复杂的脑力劳动的新型计算机，被称为________。
   A. 生物计算机　　B. 纳米计算机
   C. 超导计算机　　D. 模糊计算机
4. 什么是光量子计算机？光量子计算机对国家发展起什么作用？

知识点5：新一代信息技术

1. 云计算

云计算是对于基于网络的、可配置的共享计算资源池能够方便按需访问的一种模式。云计算的构成包括硬件、软件和服务（图1-1-2）。云计算的核心思想是对大量用网络连接的计算资源进行统一管理和调度。云计算的特点是：超大规模、虚拟化、高可靠性、通用性、高可扩展性、按需服务、费用低廉。

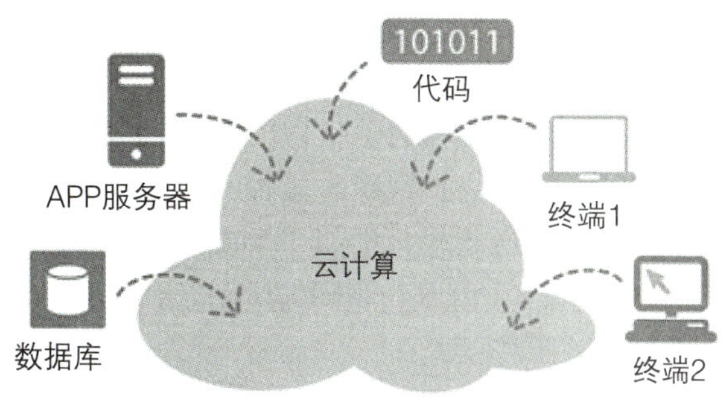

▲ 图1-1-2　云计算示意图

云计算的发展给我们的生活带来各种各样的变化，主要涉及三个方面的服务：基础设施即服务、平台即服务和软件即服务。这些服务应用在很多领域，如云物联、云安全、云存储、私有云、云游戏、云教育等。

2. 人工智能

人工智能是研究使用计算机来模拟人的某些思维过程和智能行为（如学习、推理、思考、规划等）的学科，主要包括研究计算机实现智能的原理、制造类似于人脑智能的计算机等，使计算机能实现更高层次的应用。该领域的研究包括机器人（图1-1-3）、语言识别、图像识别、自然语言处理和专家系统等。近年来，以计算机为基础的人工智能技术取得了飞速发展，并迅速应用在社会生活的各个领域。2017年7月，国务院印发《新一代人工智能发展规划》，人工智能核心产业规模超过1万亿元，带动相关产业规模超过10万亿元，阿尔法围棋（AlphaGo）、百度无人车、京东机器人配送、科大讯飞智能语音识别系统等一大批国内外优秀的人工智能产品日渐进入人们的视野。人工智能的快速发展，给各行各业技术人员带来了前所未有的挑战和机遇。

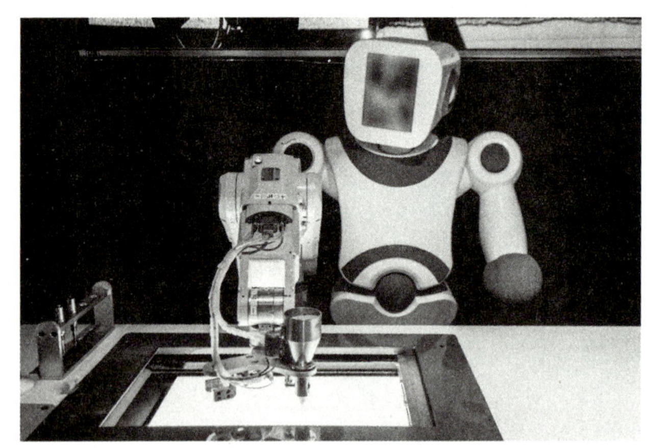

▲ 图1-1-3　画画的机器人

3. 物联网

物联网的概念是在互联网概念的基础上，将其用户端延伸和扩展到任何物品与物品之间，从而进行信息交换和通信的一种网络概念。可定义为通过射频识别（RFID）、红外感应器、全球定位系统、激光扫描器等信息传感设备，按约定的协议，把任何物品与互联网相连接，进行信息交换和通信，以实现智能化识别、定位、跟踪、监控和管理的一种网络概念。例如，智能家居（图1-1-4）就是物联网的应用。

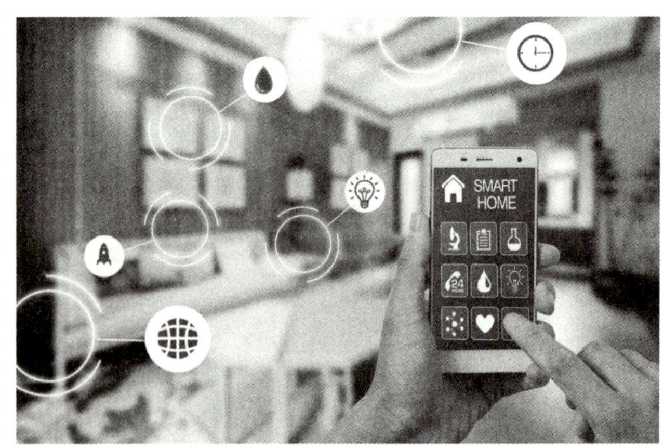

▲ 图1-1-4　智能家居

4. 3D打印技术

3D打印是快速成型技术的一种，它是一种以数字模型文件为基础，运用粉末状金属或塑料等可黏合材料，通过逐层打印的方式来构造物体的技术。

3D打印一般是通过数字技术材料打印机来实现的，常被用于模具制造、工业设计等领域制造模型，后逐渐用于一些产品的直接制造。目前，市场上已经有使用这种技术打印而成的零部件产品。该技术在珠宝、鞋类、工业设计、建筑、工程和施工、汽车、航空航天、医疗产业、教育、地理信息系统、土木工程以及其他领域都有所应用。

例如：新疆男孩阿布因先天性胸骨缺损导致心脏外置，上海儿童医学中心的专家们利用3D打印技术，为他再造了一个“心房”。所用材料是生物相融性好、弹性大且硬度高的聚醚醚酮（PEEK）材料，该材料不易与其他组织粘连，可终身使用。

任务实施

现在，你对信息技术的发展历史、特点、应用领域和发展趋势有了一个基本的认识，请完成以下任务：

1. 发挥你的想象力，结合当今信息技术的发展趋势，以“技术改变生活”为主题，描绘未来某一天你学习和生活的情景。

2. 科学技术是一个国家的核心生产力、核心技术、关键技术，必须大力发展。请查阅资料，简述当前我国哪些信息技术在国际上处于领先地位，哪些技术有待于加强。

3. 查阅资料，搜索你感兴趣的有关“新一代信息技术”的知识或资讯，并在课堂上与同学们分享。

任务评价

表1-1-2 任务评价表

任务完成情况	自我评价	小组评价
对信息技术的了解	□完成 □待完善 原因：	☆☆☆☆☆
对未来信息技术的畅想	□完成 □待完善 原因：	☆☆☆☆☆

拓展提高

建设网络强国，让互联网更好造福人民

高端芯片、人工智能关键算法、传感器等数字技术引领前沿，智能家电、新型穿戴设备、服务机器人等产品让生活更美好，医疗、养老、抚幼等方面的数字服务不断升级……前不久，在第二届中国国际数字产品博览会上，新产品新业态新应用受到关注，展现了中国推动网络强国、数字中国建设取得的成就。

没有信息化就没有现代化。2014年，习近平总书记提出建设网络强国的目标："从国际国内大势出发，总体布局，统筹各方，创新发展，努力把我国建设成为网络强国。"从加强党对网信工作的集中统一领导到贯彻以人民为中心的发展思想，从推动信息领域核心技术突破到发挥信息化对经济社会发展的引领作用，从推动依法管网、依法办网、依法上网到推进文明办网、文明用网、文明上网，从倡导构建网络空间命运共同体到推进全球互联网治理体系变革……党的十八大以来，以习近平同志为核心的党中央重视互联网、发展互联网、治理互联网，不仅走出一条中国特色治网之道，推动网信事业取得历史性成就，而且提出一系列新思想新观点新论断，形成了网络强国战略思想，为新时代网信事业发展提供了根本遵循。

当前，信息革命时代潮流与世界百年未有之大变局和中华民族伟大复兴战略全局发生历史性交汇。放眼世界，网络信息技术全面融入社会生产生活，深刻改变着全球经济格局、利益格局、安全格局。纵观国内，网民数量全球第一，电子商务总量全球第一，电子支付总额全球第一，我国已成为名副其实的网络大国。网络安全和信息化是事关国家安全和国家发展、事关广大人民群众工作生活的重大战略问题，我们必须牢牢把握信息革命的"时"与"势"，加快建设网络强国，向着网络基础设施基本普及、自主创新能力显著增强、信息经济全面发展、网络安全保障有力的目标不断前进。

建设网络强国，科技是关键。我国在移动通信领域经历了1G空白、2G跟随、3G突破、4G同步、5G引领的不平凡历程，但同世界先进水平相比，同建设网络强国战略目标相比，核心技术上的差距仍较为明显。信息技术和产业发展程度决定着信息化发展水平，加强核心技术自主创新和基础设施建设，提升信息采集、处理、传播、利用、安全能力，才能掌握互联网发展主动权，保障互联网安全、国家安全。我国信息技术产业体系相对完善、基础较好，在一些领域已经接近或达到世界先进水平，有条件有能力在核心技术上取得更大进步。我们要发挥我国社会主义制度优势、新型举国体制优势、超大规模市场优势，提高数字技术基础研发能力，打好关键核心技术攻坚战，把发展数字经济自主权牢牢掌握在自己手中。

网络空间是亿万人民群众共同的精神家园，建设网络强国必须坚持为了人民、依靠人民，贯彻以人民为中心的发展思想。加快信息化服务普及，降低应用成本；推进"互联网+政务服务"，让"百姓少跑腿，数据多跑路"；探索"区块链+"在民生领域的运用，提升群众生活质量；严密防范网络犯罪特别是新型网络犯罪……回首过去十年，我们把增进人民福祉作为信息化发展的出发点和落脚点，让人民群众在信息化发展中有了更多获得感、幸福感、安全感。下一步，必须更好促进互联网和经济社会融合发展，让信息化成为人民美好生活的助推器。

面向未来，大力实施网络强国战略、国家大数据战略、“互联网+”行动计划，让互联网发展成果更广泛更深入地惠及全体人民，就一定能为实现民族复兴提供强大信息化支撑。

来源：《人民日报》（2022年09月26日05版）

任务二　认识计算机系统

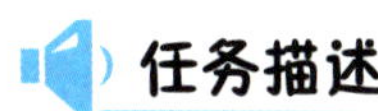

任务描述

设计师王先生近期打算购买一台电脑，预算为15 000元左右。主要用途有两方面：一是用于平常办公，如室内装修设计、装修策划书制作、装修报价电子清单制作等；二是用于闲暇娱乐，如上网、看新闻、看视频和听音乐等。请同学们参考表1-2-1，帮王先生列出一份性价比高的电脑配置清单。另外，为王先生推荐几款适合工作和娱乐的计算机软件。

表1-2-1　电脑配置清单

配　件	品牌型号	数　量	单　价
CPU			
主板			
内存			
……			
合计			

学习目标

1. 了解计算机的工作原理。
2. 了解计算机的主要性能指标，会根据需求选用合适的设备。
3. 认识计算机硬件系统和软件系统，了解硬件和软件的关系。
4. 了解目前国产自主可控的电脑产品，坚定科技强国的信念。

5. 理解敬业、精益、专注、创新等工匠精神的基本内涵，养成追求卓越的创造精神和精益求精的品质精神。

知识储备

知识点1：初识计算机系统

1. 计算机系统的组成

计算机系统由硬件（Hardware）系统和软件（Software）系统两部分组成。

硬件系统指构成计算机的物理设备，是由机械、光电、电子、电磁器件构成的具有计算、控制、存储、输入和输出功能的实体部件。例如，CPU、存储器、硬盘驱动器、光盘驱动器、主板、各种卡及整机中的主机、显示器、打印机、绘图仪、调制解调器等。

软件系统由系统软件和应用软件组成，主要包括操作系统、语言处理系统、数据库系统、分布式软件系统和人机交互系统等。

仅有硬件，未安装任何软件系统的计算机叫作裸机。硬件是软件发挥作用的舞台和物质基础，软件是使计算机系统发挥强大功能的灵魂，两者相辅相成，缺一不可。计算机系统的组成如图1-2-1所示。

2. 冯·诺依曼计算机

数学家冯·诺依曼在分析、总结世界上第一台计算机ENIAC的基础上，撰文提出了一个全新通用电子计算机EDVAC的方案，他总结了如下三个要点：

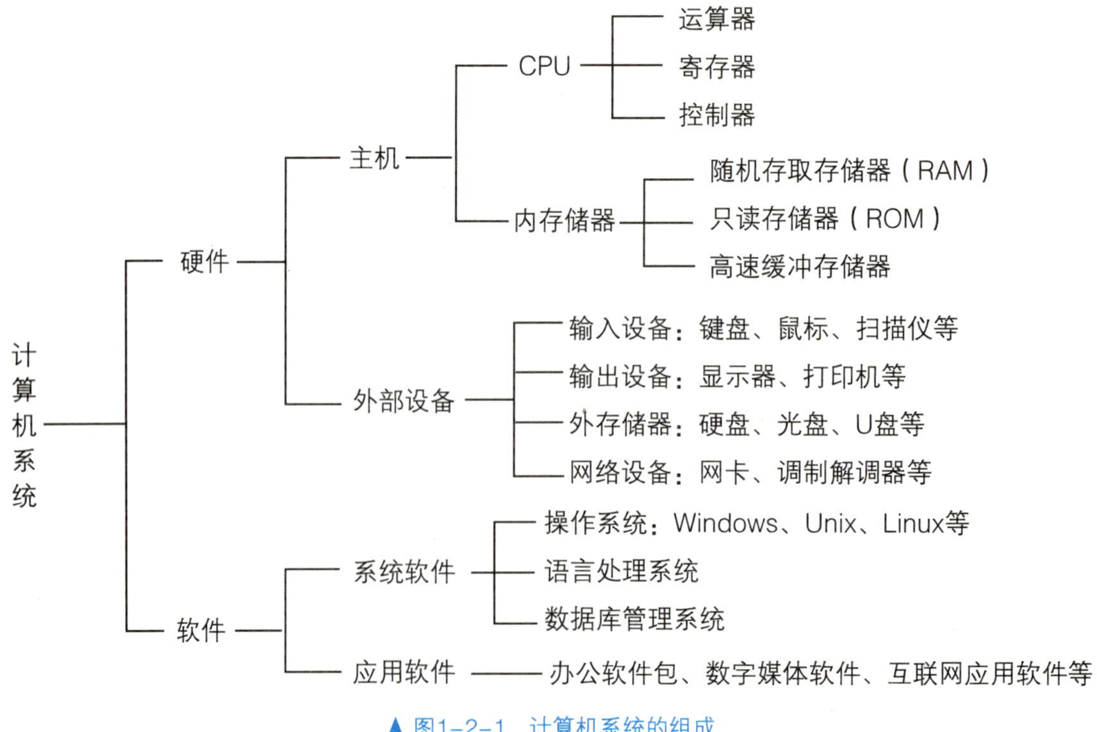

▲ 图1-2-1 计算机系统的组成

（1）采用二进制

计算机中所有的信息均采用二进制代码表示。

（2）存储程序控制

存储程序控制即存储程序和程序控制。所谓存储程序，就是把程序和处理问题所需的数据均以二进制代码形式预先按一定顺序存放到计算机的内存储器里。程序控制是指程序运行时，CPU按地址顺序取出存放在内存储器中的指令（按地址顺序访问指令），然后分析指令，并加以执行，最后完成一个复杂的工作。

（3）计算机的五个基本部件

计算机具有运算器、控制器、存储器、输入设备和输出设备五个基本功能部件，其体系结构如图1-2-2所示。

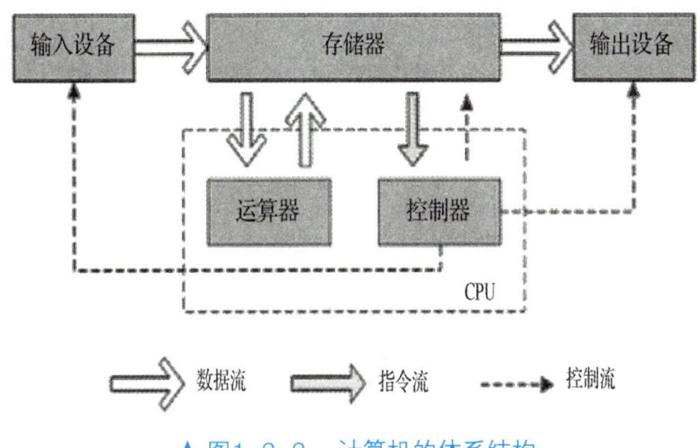

▲ 图1-2-2 计算机的体系结构

练一练

1. 说出计算机体系结构的组成部分。
2. 计算机系统由________和________两部分组成。

知识点2：认识计算机硬件家族

1. 中央处理器（Central Processing Unit，CPU）

中央处理器是一块体积不大而元件集成度非常高、功能强大的芯片，又称微处理器（Microprocessor Unit，MPU），如图1-2-3所示。CPU主要包括运算器（ALU）和控制器（CU）两大部件，还包括若干个寄存器，它是计算机的核心部件。

2. 存储器（Memory）

存储器有两大类。一类是设在主机中的内部存储器（简称“内存”），也叫“主存储器”。内存用于存放当前正在运行的程序和数据，内存条如图1-2-4所示。另一类是外部存储器（简称“外存”），也叫“辅助存储器”。外存属于永久性存储器，外存的数据必须先调入内存后才能被处理。

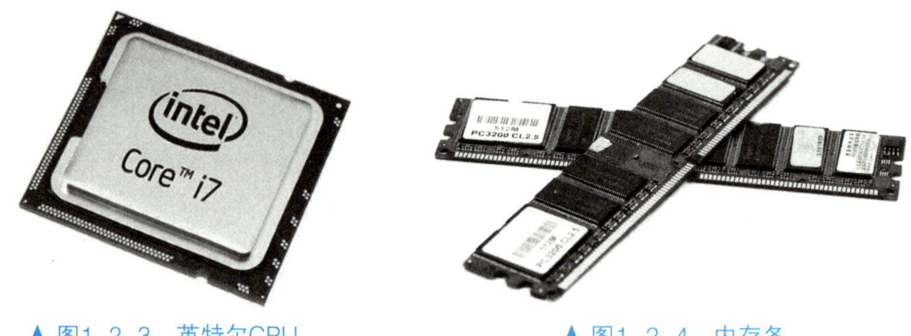

▲ 图1-2-3　英特尔CPU　　▲ 图1-2-4　内存条

（1）主存储器（Main Memory）

主存储器分为随机存取存储器（Random Access Memory，RAM）和只读存储器（Read Only Memory，ROM）两类。

① 随机存取存储器：通常所说的计算机内存容量均指RAM存储器容量。RAM有两个特点，第一个特点是可读/可写性；第二个特点是易失性，即断电（关机或异常断电）时，RAM中的数据立即丢失。

RAM又可分为静态随机存储器（Static RAM，SRAM）和动态随机存储器（Dynamic RAM，DRAM）两种。SRAM集成度低、价格高，但存储速度快，常用来做高速缓冲存储器（Cache）。DRAM集成度高、价格低，但需要周期性地给电容器充电，即刷新，所以存取速度较SRAM慢。

② 只读存储器：ROM中的信息只能读取，一般不能写入。ROM存储的信息一般由计算机制造厂商写入并经固化处理，用户是无法修改的。即使断电，ROM中的信息也不会消失。因此，ROM主要用来存储固定不变的控制计算机的系统程序和数据，如常驻内存的监控程序、基本输入/输出系统模块BIOS等。

（2）辅助存储器（Auxiliary Memory）

与内存相比，外存的特点是存储容量大、价格较低，而且在断电的情况下也可以长期保存信息，所以又称为“永久性存储器”。目前最常用的有硬盘、光盘、U盘存储器等。

小贴士

固态硬盘（Solid State Drive，SSD），由控制单元和存储单元（Flash芯片）组成，简单来说就是用固态电子存储芯片阵列而制成的硬盘。目前的硬盘（ATA或STATA）都是磁碟型的，数据就储存在磁碟扇区里，而固态硬盘数据则储存在芯片里。与普通硬盘相比，固态硬盘具有低功耗、无噪音、抗震动、低热量、传输速度快、体积小、工作温度范围大等优点，但也有价格高、数据损坏难以恢复、写入寿命有限等缺点。

3. 输入设备（Input Device）

输入设备是向计算机输入数据和信息的设备，是用户和计算机系统之间进行信息交换的主要装置之一。常见的输入设备有键盘、鼠标、摄像头、扫描仪、数码相机、手写输入板、游戏杆、语音输入装置等（图1-2-5）。

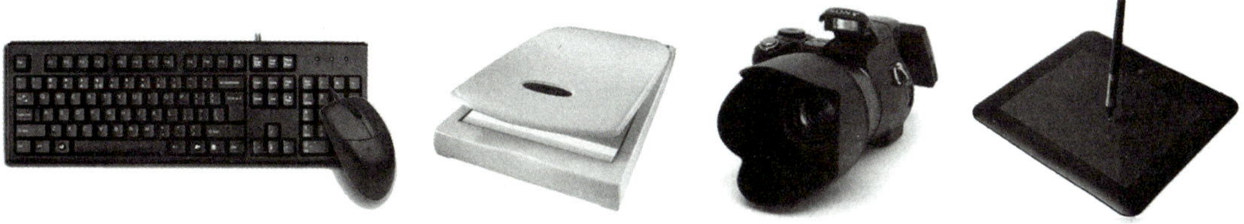

▲ 图1-2-5　常见的输入设备

4. 输出设备（Output Device）

输出设备是把计算或处理的结果或中间结果以人能识别的各种形式表示出来的设备，是用户和计算机系统之间进行信息交换的主要装置之一。常见的输出设备有显示器、打印机、绘图仪、影像输出系统、语音输出系统、磁记录设备等。

5. 计算机主板（Main Board）

主板是计算机中各种设备的连接载体。它提供了CPU、各种接口卡、内存条、硬盘、软驱、光驱的插槽，其他的外部设备也能通过主板上的I/O接口连接到计算机上，如图1-2-6所示。

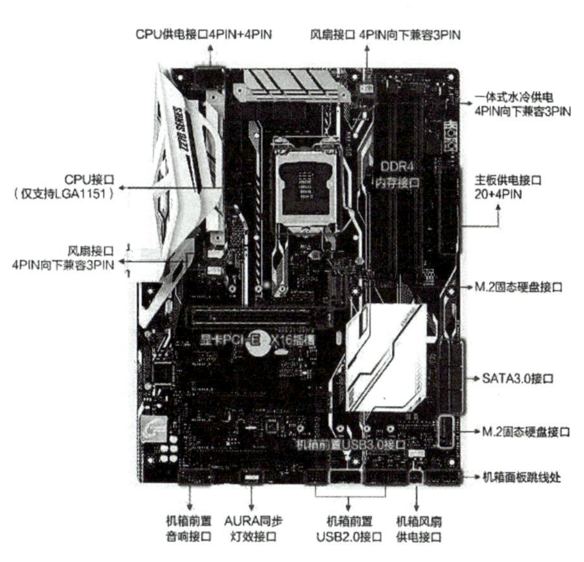

▲ 图1-2-6　计算机主板

小贴士

计算机配置的原则

配置计算机时如果我们遵循以下几个原则，配置出的计算机就会既经济又实用。

够用。计算机的发展可用“日新月异”来形容，即使现在的配置是顶级的，但不超出半年便风光不再了，而且价格也会大跌。因此，用户要根据需要，注重性价比，避免配置过高造成浪费或配置过低无法满足需求。

适用。从计算机的用途出发按需配置，比如专门用来进行图像处理的计算机，就需要配置一块性能好的独立显卡；如果只是用来上网，处理日常文字、电子表格等工作，就不需要顶级配置。

好用。最好的CPU和最好的主板放在一起不一定就是最好的，要注意各个配件之间的兼容性、均衡性。CPU、主板、显卡、内存条等是否合理搭配决定了计算机整体性能的优劣。

耐用。购买计算机时要尽量考虑知名的品牌，考虑售后服务和升级能力，要有前瞻性，尤其是不能购买已淘汰或即将淘汰的产品。

练一练

1. 查看你所使用计算机的CPU型号、内存RAM容量配置情况。

2. 通过搜索网络或市场调查了解当前流行的CPU、主板、内存条等的品牌及价格。

知识点3：认识计算机软件家族

计算机软件分为系统软件和应用软件两大类，软件是计算机的灵魂，用户通过软件使用计算机硬件资源。

1. 系统软件

系统软件的主要功能是调度、监控和维护计算机系统，负责管理计算机系统中各个独立的硬件，使它们协调工作。系统软件使得底层硬件对计算机用户而言是透明的，用户在使用计算机时无须了解硬件的工作过程。系统软件主要包括操作系统、语言处理系统、数据库管理系统等，如图1-2-1所示。

（1）操作系统

操作系统是最核心的系统软件，它的五大功能是：

① 处理器管理。当多个程序同时运行时，解决CPU时间的分配问题。

② 作业管理。完成某个独立任务的程序及其所需的数据组成一个作业。作业管理的任务主要是为用户提供一个使用计算机的界面，使用户方便地运行自己的作业，并对所有进入系统的作业进行调度和控制，尽可能高效地利用整个系统的资源。

③ 存储器管理。为各个程序及其使用的数据分配存储空间，并保证它们互不干扰。

④ 设备管理。根据用户提出使用设备的请求进行设备分配，同时还能随时接收设备的请求（称为中断）。

⑤ 文件管理。主要负责文件的存储、检索、共享和保护，为用户提供文件操作的方便。

操作系统主要分为单用户操作系统、批处理操作系统、分时操作系统、实时操作系统、网络操作系统、微机操作系统。其中，Unix是分时操作系统，DOS是一个单用户、单任务操作系统，Windows则是多任务操作系统，Linux是一个源代码公开的操作系统。我国目前较为成熟的国产操作系统有麒麟、鸿蒙、中兴新支点、统信UOS等。

（2）语言处理系统

机器语言是计算机唯一能直接识别和执行的程序语言，也是直接用二进制代码表示的指令系统。机器语言处理效率最高、执行速度最快，且无须“翻译”，但机器语言的可读性、可移植性差。

汇编语言是一种符号化的机器语言，汇编语言使用助记符描述程序。例如，“ADD”表示加法指令，“MOV”表示传送指令等。计算机无法自动识别和执行汇编语言，必须将其进行“翻译”，即使用语言处理软件将汇编语言编译成机器语言（目标程序），再链接成可执行程序在计算机中执行。

高级语言是最接近人类自然语言和数学公式的程序设计语言，它基本脱离了硬件系统，目前常用的高级语言有C++、C、Java、Visual Basic等。高级语言也必须经过“翻译”才能在计算机中执行。和机器语言相比，高级语言的执行效率低，但可读性、可移植性好。

（3）数据库管理系统

数据库管理系统是应用最广泛的软件，用于建立、使用和维护数据库，把各种不同性质的数据进行组织管理，以便有效地查询、检索并管理这些数据。各种信息系统，包括从一个提供图书查询的书店销售软件，到银行、保险公司等企业的信息系统，都需要使用数据库管理系统。

2. 应用软件

为解决各类实际问题而设计的程序系统称为应用软件。常用的应用软件有：

（1）办公软件套件：一般包括文字处理软件、电子表格处理软件、演示文稿制作软件、个人数据库等。常见的办公软件套件有微软公司的Microsoft Office和金山公司的WPS等。

（2）数字媒体处理软件：主要包括图像处理软件、动画制作软件、音视频处理软件等。

（3）因特网工具软件：即基于因特网环境的应用软件，如Web服务器软件、Web浏览器软件、文件传送工具FTP、防病毒软件等。

练一练

1. 你的计算机上安装的是什么操作系统？你为什么使用这种操作系统？
2. 你的计算机上安装了哪些应用软件？它们的作用是什么？

知识点4：计算机主要技术指标

评价计算机性能主要考虑以下五大指标：

1. 字长

字长是指计算机的运算部件能同时处理的二进制位数。字长决定了计算机的运算精度，字长越长，计算机的运算精度就越高。因此，高性能的计算机字长就较长，而性能较差的计算机字长相对要短一些。其次，字长决定了指令直接寻址的能力。一般计算机的字长都是字节的1、2、4、8倍。微型计算机的字长为8位、16位、32位和64位，如286机为16位机，386以上的机型是32位机，Intel公司推出的安腾（Itanium）机是64位高性能微型计算机。字长越长，计算机的运行速度就越快。

2. 时钟频率

时钟频率即主频，是指计算机的CPU在单位时间内发出的脉冲数。它在很大程度上决定了计算机的运行速度。随着计算机的发展，主频的单位已由过去的MHz发展到了当前的GHz。如酷睿I7系列的CPU，主频一般在2.4GHz到4.0GHz之间。

3. 运算速度

计算机的运算速度通常是指每秒钟能执行的指令数目，常用百万次/秒（Million Instructions Per Second，MIPS）来表示。

4. 存储容量

计算机的存储容量通常分为内存容量和外存容量，这里主要指内存的容量。内存容量越大，计算机所能运行的程序就越大，处理能力就越强。尤其是当数字媒体PC机应用多涉及图像、视频等信息处理，要求存储容量越来越大。目前微机的内存容量一般为2GB—16GB。

5. 存取周期

把数据存入存储器，称为“写”；把数据从存储器中取出，称为“读”。存储器进行一次“读”或“写”操作所需的时间称为存储器的访问时间（或读写时间），而连续启动两次独立的“读”或“写”操作（如连续的两次“读”操作）所需的最短时间，称为存取周期（或存储周期）。目前微型机的存取周期在7ns—70ns之间。

练一练

你的计算机的字长、时钟频率、RAM容量三项性能指标各是多少？

任务实施

1. 自己动手列出电脑配置清单。

（1）设计师王先生的工作多涉及图像处理，建议配置独立显卡、固态硬盘。

（2）王先生喜欢听音乐，建议配置音箱。

（3）尝试多种配置方案，选出最优方案。

（4）通过在线模拟攒机网站或上网比较，在表1-2-2中写出你的配置清单。

表1-2-2 我设计的电脑配置清单

配　件	品牌型号	数　量	单　价
CPU			
主板			
内存			
机械硬盘			
固态硬盘			
显卡			
机箱			
电源			
显示器			
键鼠套装			
音箱			
合计			

2. 通过学习网上资源、实际调查、咨询装修设计专业人士等，为王先生推荐几款合适的计算机软件。

（1）设计工作相关软件。

（2）其他相关工作软件。

（3）上网娱乐软件。

任务评价

表1-2-3 任务评价表

任务完成情况	自我评价	小组评价
认识、了解各种硬件	□完成　□待完善　原因：	☆☆☆☆☆
认识、了解常用软件	□完成　□待完善　原因：	☆☆☆☆☆
根据需求制作计算机配置清单	□完成　□待完善　原因：	☆☆☆☆☆

拓展提高

常见的计算机系统知识网站

1. 中关村在线模拟攒机
   http://m.zol.com.cn/zj/?j=simple
2. 计算机组装步骤图解
   http://www.pc-daily.com/wangluo/66340.html
3. 常用软件的安装
   http://www.pconline.com.cn/pcedu/teach/new/0701/944917.html

任务三　信息的表示与存储

任务描述

小李同学对与信息的表示与存储等相关的知识十分好奇，他想知道：现实生活中那么多的数据究竟有哪些分类？字母、数字、汉字等是如何存储在计算机中的？除了十进制，还有哪些进位计数制？它们又是如何相互转换的？学习本节内容，帮助小李同学解答这些问题。

学习目标

1. 理解计算机内的信息表示方式。
2. 了解常见字符编码。
3. 掌握二进制、八进制、十进制及十六进制的转换方法。
4. 形成正确判断信息价值的意识。

知识储备

知识点1：数据与信息的概念

1. 数据的概念

数据通常表现为数字、文字、图形、图像、视频、音频等形式，是客观事物的属性、数量、位置及其相互关系的抽象表示。例如，学生的档案记录、票房和电视收视率、快递信息、股票行情、高铁动车的时刻表及票价等都是数据。

在信息技术中，数据是指所有能输入计算机并被计算机程序处理的符号的总称，是用于输入电子计算机进行处理，具有一定意义的数字、字母、符号和模拟量等的通称。

2. 信息的概念

经过加工处理后用于人们决策或具体应用的数据称作信息。例如，人们通过对火车时刻表和票价的分析，形成购票的依据。

信息是人们用来直接描述客观世界，可以在人们之间传递的知识或事实。

3. 联系与区别

信息与数据既有联系，又有区别。数据是信息的载体和具体表现形式；信息加载于数据之上，对数据做具有含义的解释。

数据和信息是不可分离的，信息依赖数据来表达，数据则生动具体地反映信息内容。数据是符号，是物理性的；信息是对数据进行加工处理之后所得到的并对决策产生影响的数据，是逻辑性和观念性的。计算机可以处理的信息源有：字符、数字和各种数学符号、图形、图像、音频、视频和动画等。这些可以识别的记号或符号都称为数据，它们的各种组合被用来表达客观世界中的各种信息。

想一想

随着云时代的来临，大数据（Big Data）也吸引了越来越多的关注。请上网搜索“大数据”，了解它的概念、特征、应用、意义和趋势。

练一练

1. 判断下面的说法是否正确。

信息就是数据，数据就是信息。______

2. 信息是一种______。

A. 物质　　B. 能量　　C. 资源　　D. 知识

知识点2：计算机中数据的单位

计算机中的信息用二进制表示，常用的单位有位、字节和字。

位（bit，又称比特）：简写为“b”，是计算机中最小的数据存储单位。一个二进制位只能表示0或1两种状态。

字节（Byte）：简写为“B”，计算机中表示存储容量的基本单位。一个字节由8位二进制数组成。一般情况下，一个ASCII码占用一个字节，一个汉字国际码占用两个字节。此外还有KB（千字节）、MB（兆字节）、GB（吉字节）、TB（太字节）、PB（拍字节）等，它们之间的换算关系如下：

1Byte=8bit；1KB=1 024B；1MB=1 024KB；1GB=1 024MB；1TB=1 024GB；1PB=1 024TB。

字（Word）与字长：字是指在计算机中作为一个整体被存取、传送、处理的一组二进制数。一个字的位数（即字长）是计算机系统结构中的一个重要特性。字长由CPU的类型决定，不同的计算机系统的字长是不同的，常见的有8位、16位、32位、64位等。字长是计算机性能的一个重要指标，字长越长，计算机一次处理的信息位就越多，精度就越高。目前主流微机是64位机。

注意字与字长的区别，字是单位，而字长是指标。

练一练

1. 手机内存64GB表示其内存容量约为______。

   A. 64亿个字节　　B. 64亿个二进制位

   C. 640亿个字节　　D. 640亿个二进制位

2. 下列不能用作存储容量单位的是______。

   A. Byte　　B. GB　　C. MIPS　　D. KB

3. 假设某台计算机的内存容量为8GB，硬盘容量为2TB，硬盘容量是内存容量的______。

   A. 100倍　　B. 128倍　　C. 200倍　　D. 256倍

知识点3：各进制数间的相互转换

1. 数制（计数制）的概念

数制是人们利用符号来计数的科学方法，有非进位数制和进位数制。罗马数字就是非进位数制。进位数制指的是按进位方式计数的数制，如十进制、二进制和十六进制。

进位计数制有两个基本要素：

基数：指在某种进位计数制中，每个数位上所能使用的数码的个数。例如，二进制的基数为2，十进制的基数为10。

位权：数制中某一位上的1所表示数值的大小（所处位置的价值）。例如，十进制的365，3的位权是10^2=100，6的位权是10^1=10，5的位权是10^0=1。二进制中的1101，左起第一个1的位权是2^3=8，第二个1的位权是2^2=4，0的位权是2^1=2，第三个1的位权是2^0=1。

位权	2^3	2^2	2^1	2^0
二进制数	1	1	0	1

2. 几种常用的进位计数制

二进制、八进制、十进制、十六进制（表1-3-1）。

表1-3-1 常用的进位计数制

数 制	数 码	进 位	基 数	位 权	数的表示
二进制	0、1	逢2进位	2	2^3 2^2 2^1 2^0 2^{-1} 2^{-2}	$(O)_2$、B
八进制	0—7	逢8进位	8	8^3 8^2 8^1 8^0 8^{-1} 8^{-2}	$(O)_8$、O
十进制	0—9	逢10进位	10	10^3 10^2 10^1 10^0 10^{-1} 10^{-2}	$(O)_{10}$、D
十六进制	0—9、A—F	逢16进位	16	16^3 16^2 16^1 16^0 16^{-1} 16^{-2}	$(O)_{16}$、H

3. 二进制、八进制、十进制、十六进制的关系（表1-3-2）

表1-3-2 常用的进位计数制的对应

十进制	二进制	八进制	十六进制
0	0000	0	0
1	0001	1	1
2	0010	2	2
3	0011	3	3
4	0100	4	4
5	0101	5	5
6	0110	6	6
7	0111	7	7
8	1000	10	8
9	1001	11	9
10	1010	12	A
11	1011	13	B
12	1100	14	C
13	1101	15	D
14	1110	16	E
15	1111	17	F

数在计算机中是以二进制形式表示的。数分为有符号数和无符号数。一个字长为5位的无符号二进制数能表示的十进制数值范围是0—31（提示：5位的无符号二进制数范围是00000—11111，转换成十进制数即为0—31）。

4. 进制之间的相互转换

（1）非十进制数转换为十进制数

方法：按相应的权展开求和。

例1：将二进制数101101.11转换成十进制数。

$$101101.11B=1\times2^5+0\times2^4+1\times2^3+1\times2^2+0\times2^1+1\times2^0+1\times2^{-1}+1\times2^{-2}$$
$$=32+8+4+1+0.5+0.25=45.75D$$

例2：将十六进制数2BE.4转换成十进制数。

$$2BE.4H=2\times16^2+11\times16^1+14\times16^0+4\times16^{-1}$$
$$=512+176+14+0.25=702.25D$$

（2）十进制数转换成非十进制数

整数部分：除模取余法，直到商为0，最后一项余数为所求进制数最高位。

小数部分：乘模取整，所得整数为所求进制小数的最高位，直到乘积全部为整数。

例3：将十进制数14.625转换成二进制数。

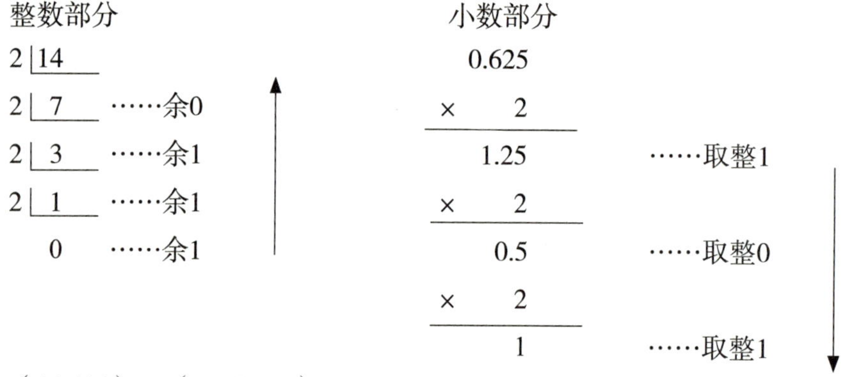

$(14.625)_{10}=(1110.101)_2$

例4：将十进制数985. 320 312 5转换成十六进制数。

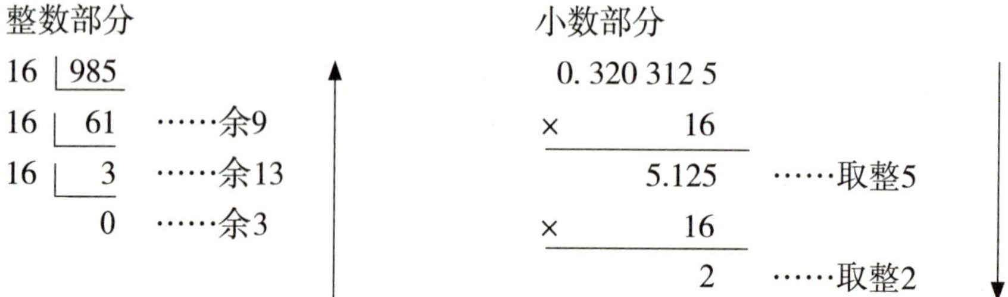

$(985.320\ 312\ 5)_{10}=(3D9.52)_{16}$

（3）二进制数与十六进制数间的相互转换

十六进制数转换成二进制数，将十六进制数中每位数字都分别用其对应的四位二进制数表达即可；二进制数转换成十六进制数，将整数部分自右向左，小数部分自左向右，每四位划为一段，不足四位补0，并将每段分别用一位十六进制数表示。

例5：将二进制数10100111.10011101转换成十六进制数。

$(\underline{1010}\ \underline{0111}.\underline{1001}\ \underline{1101})_2=(\text{A7.9D})_{16}$

例6：将十六进制数据ID5.C3转换成二进制数。

$(\text{1D5.C3})_{16}=(\underline{0001}\ \underline{1101}\ \underline{0101}.\underline{1100}\ \underline{0011})_2=(1\ 1101\ 0101.1100\ 0011)_2$

练一练

1. 在八进制中，数用0到______这八个符号来描述，计数规则是逢______进一。
2. 在一个非零无符号二进制整数之后添加一个0，则此数的值为原数的______。
   A. 4倍　B. 2倍　C. 1/2　D. 1/4
3. 在一个非零无符号二进制整数之后去掉两个0，则此数的值为原数的______。
   A. 4倍　B. 2倍　C. 1/2　D. 1/4
4. 一个字长为8位的无符号二进制整数能表示的十进制数值范围是______。
   A. 0 ~ 256　B. 0 ~ 255　C. 1 ~ 256　D. 1 ~ 255
5. 一个字长为6位的无符号二进制数能表示的十进制数值范围是______。
   A. 0 ~ 64　B. 1 ~ 64　C. 1 ~ 63　D. 0 ~ 63
6. 下列两个二进制数进行算术加运算，100001+111= ______。
   A. 101110　B. 101000　C. 101010　D. 100101
7. 十进制数56对应的二进制数是______。
   A. 00110111　B. 00111001　C. 00111000　D. 00111010
8. 二进制数1001001转换成十进制数是______。
   A. 72　B. 71　C. 75　D. 73
9. 下列叙述中，正确的是______。
   A. 十进制数101的值大于二进制数1000001
   B. 所有十进制小数都能准确地转换为有限位的二进制小数
   C. 十进制数55的值小于八进制数66的值
   D. 二进制的乘法规则比十进制的复杂

知识点4：字符的编码

1. 编码和解码

计算机中储存的信息都是用二进制数表示的，而用户在计算机显示器上看到的英文、汉字等字符是二进制数转换之后的结果。通俗地说，按照某种规则将字符存储在计算机中，如“a”用什么表示，称为“编码”；反之，将存储在计算机中的二进制数解析显示出来，称为“解码”。在解码过程中，如果使用了错误的解码规则，会导致“a”解析成“b”或者乱码。

2. 字符集（Charset）

字符集是一个系统支持的所有抽象字符的集合。字符是各种文字和符号的总称，包括各国文字、标点符号、图形符号、数字等。

常见字符集有：ASCII字符集、GB2312-80字符集、BIG5字符集、GB18030字符集、Unicode字符集等。要让计算机准确地处理各种字符集文字，需要对字符进行编码，以便计算机能够识别和存储各种文字。

3. ASCII（American Standard Code for Information Interchange，美国信息交换标准代码）

ASCII是基于拉丁字母的一套电脑编码系统，主要用于显示现代英语和其他西欧语言。该字符集共有128种常用字符，包括数字0—9、大小写英文字母、通用符号和控制符号。ASCII字符用七位编码，允许加一位奇偶校验位（最高位）构成一个字节。请自行上网搜索ASCII表。

大小规则：

（1）数字0～9比字母要小，如“5”<“G”。

（2）数字0比数字9要小，并按0到9顺序递增，如“4”<“9”。

（3）字母A比字母Z要小，并按A到Z顺序递增，如“A”<“Z”。

（4）同一个字母大写时比小写时要小，如“A”<“a”。

4. GB2312-80

《信息交换用汉字编码字符集》是由中国国家标准总局1980年发布、1981年5月1日开始实施的一套国家标准，标准号是GB2312-80，简称“GB2312-80”，又称“国际码”。

有了GB2312-80，不同系统之间的汉字信息就可以互相交换了。GB2312-80通行于中国大陆，新加坡等地也采用此编码。中国大陆几乎所有的中文系统和国际化的软件都支持GB2312-80。

GB2312-80中共收录6 763个汉字（其中一级汉字3 755个，二级汉字3 008个）和非汉字图形符号682个。整个字符集分成94个区，每区有94个位。每个区位上只有一个字符，因此可用所在的区和位来对汉字进行编码，称为区位码。

把换算成十六进制的区位码加上2020H，就得到国标码。国标码加上8080H，就得到常用的计算机机内码。1995年，我国又颁布了一个汉字编码标准《汉字编码扩展规范》（GBK）。

5. 编码之间的关系

信息交换用汉字编码字符集和汉字输入编码之间的关系是，根据不同的汉字输入方法，通过必要的设备向计算机输入汉字的编码；计算机接收之后，先转换成信息交换用汉字编码字符，这时计算机就可以识别并进行处理；汉字输出时先把机内码转成汉字编码，再发送到输出设备（图1-3-1）。

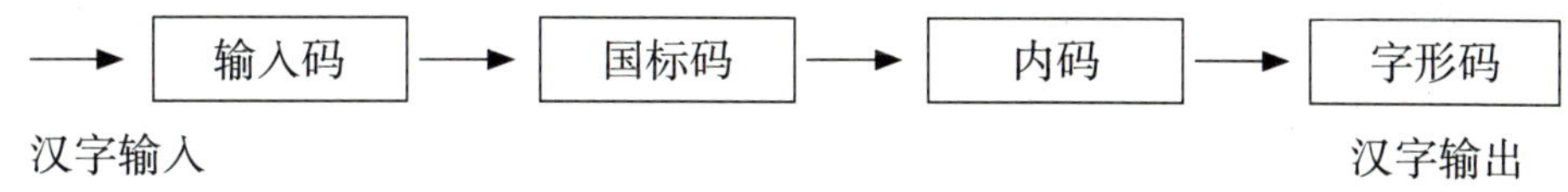

▲ 图1-3-1　汉字编码的处理过程

说明：

（1）汉字输入码是为将汉字输入计算机而编制的代码，称为“汉字输入码”，也叫“外码”。

（2）国标码GB2312-80：用于汉字信息处理系统之间或者通信系统之间直接进行信息交换的汉字代码，也称“交换码”。

（3）汉字内码：在计算机内部对汉字进行存储、处理和传输的汉字代码。

汉字内码=汉字的国标码+8080H，即将国际码的每个字节的最高位置变成1。

（4）汉字字形码（点阵形）

如采用24×24点阵，每个汉字的存储空间是 24×24/8=72字节。

练一练

1. 在给出的字符中，ASCII码值最大的一个是______（备选项：9，Z，d，X）。
   提示：在ASCII码表中，根据码值由小到大的排列顺序是：控制符、数字符、大写英文字母、小写英文字母。
2. 根据国际码GB2312-80的规定，汉字分为常用汉字和次常用汉字两级，次常用汉字的排列次序是按______。
   提示：按照使用频率汉字分为一级常用汉字3 755个，按汉语拼音字母顺序排列；二级次常用汉字3 008个，按部首顺序排列。
3. 已知某汉字的区位码是3222，则其国标码是______。
   提示：①先将区号和位号分别转换成十六进制数；②分别给区号和位号加20H。
4. 已知某个汉字的国标码是5E38H，则其内码是______。
   提示：内码是国标码的两个字节最高位分别加1，即给国标码的两个字节最高位分别加80H可得到内码。
5. 在标准ASCII码表中，已知英文字母A的十进制码值是65，英文字母a的十进制码值是______。
   A. 95　　B. 96　　C. 97　　D. 91
6. 在标准ASCII码表中，已知英文字母K的十六进制码值是4B，则二进制ASCII码01001000对应的字符是______。
   A. G　　B. H　　C. I　　D. J

7. 下列关于字符大小关系的说法中，正确的是_____。

A. 空格>7>a>A　　B. 空格>7>A>a

C. a>A>7>空格　　D. A>a>7>空格

8. 下列叙述中，正确的是_____。

A. 一个字符的标准ASCII码占一个字节的存储量，其最高位二进制总为0

B. 大写英文字母的ASCII码值大于小写英文字母的ASCII码值

C. 同一个英文字母（如A）的ASCII码和它在汉字系统下的全角内码是相同的

D. 一个字符的ASCII码与它的内码是不同的

9. 在计算机中，对汉字进行传输、处理和存储时使用汉字的_____。

A. 字形码　　B. 国标码　　C. 输入码　　D. 内码

10. 显示或打印汉字时，系统使用的是汉字的_____。

A. 内码　　B. 字形码　　C. 输入码　　D. 国际码

任务实施

1. 请归纳“R进制→十进制、十进制→R进制”的转换规律。

2. 请用百度查询“Unicode编码”和“UTF-8编码”，并尝试用在线编码工具实现两者的相互转换。

3. 请用百度查询“#FF0000”“#00FF00”和“#0000FF”分别表示什么颜色，并尝试用在线配色找到你喜欢的颜色，并用这种十六进制格式记录下来。

任务评价

表1-3-3　任务评价表

任务完成情况	自我评价	小组评价
理解字符的编码	□完成　□待完善　原因：	☆☆☆☆☆
进制的转换	□完成　□待完善　原因：	☆☆☆☆☆

拓展提高

计算机的原码、反码和补码

计算机中的符号数有三种表示方法，即原码、反码和补码。三种表示方法均包括符号位和数值位两部分，符号位都是用0表示“正”，用1表示“负”；而数值位，三种表示方法各不相同。在计算机系统中，数值一律用补码来表示和存储。因为，使用补码可以将符号位和数值域统一处理；同时，加法和减法也可以统一处理。此外，补码与原码相互转换，其运算过程是相同的，不需要额外的硬件电路。

1. 原码：正数的符号位为0，负数的符号位为1，数值位是真值的绝对值。

2. 反码：正数的符号位为0，数值位取真值，负数的符号位为1，数值位取真值的绝对值的相反码。

3. 补码：正数的符号位为0，数值位取真值，负数的符号位为1，数值位取真值的相反码加1。

参考表1-3-4。

表1-3-4 真值与原码、反码、补码之间的转换示例

真 值	机器数		
	原 码	反 码	补 码
+18	00010010	00010010	00010010
-18	10010010	11101101	11101110

任务四 初探人工智能

任务描述

学校组织同学们去植物园郊游，校车司机不太熟悉路线，于是小李同学打开了手机导航软件，输入目的地以后，得到了以下几种路线规划：驾车、公共交通、骑行、步行。如果选择驾车，手机导航软件会显示时间最短、红绿灯最少的路线以及备选路线；如果选择公共交通，则显示公交车、地铁路线和所需时间以及需要步行的距离；如果选择骑行或步行，则显示几种可行方案以及所需时间。

现在市场上有很多基于人工智能开发的软件，请你和同学了解、学习人工智能在生活中的应用，并在这次郊游中体验这些应用。

学习目标

1. 了解人工智能的定义、内涵和社会价值。
2. 了解人工智能的发展历程、流派以及研究领域。
3. 能够列举人工智能在社会生产、生活中的应用实例。
4. 掌握人工智能技术应用的基本流程。
5. 能辨析人工智能在社会应用中面临的安全、伦理和法律问题。

知识储备

知识点1：人工智能的定义、常见应用以及社会价值

1. 人工智能的定义

1956年，在达特茅斯会议上，科学家研讨“如何用机器模拟人的智能”，并首次提出“人工智能”（Artificial Intelligence，AI）这一概念，这标志着人工智能学科的诞生。

一般解释认为，人工智能就是用人工的方法在机器（计算机）上实现智能行为，如感知、推理、学习、通信和复杂环境下的动作行为等，人工智能也被称为机器智能、计算机智能。

2. 人工智能的常见应用和社会价值

当今世界，智能家居、同声传译、智能生活助手等软件和应用层出不穷（图1-4-1至图1-4-4），其背后都有人工智能的支撑。

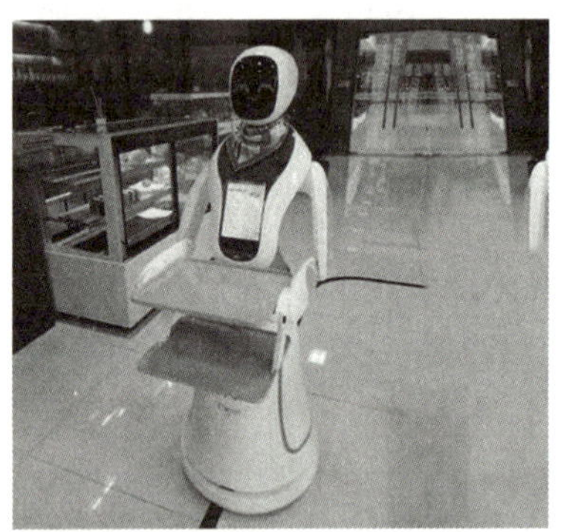

▲ 图1-4-1　送餐机器人

▲ 图1-4-2　智能翻译

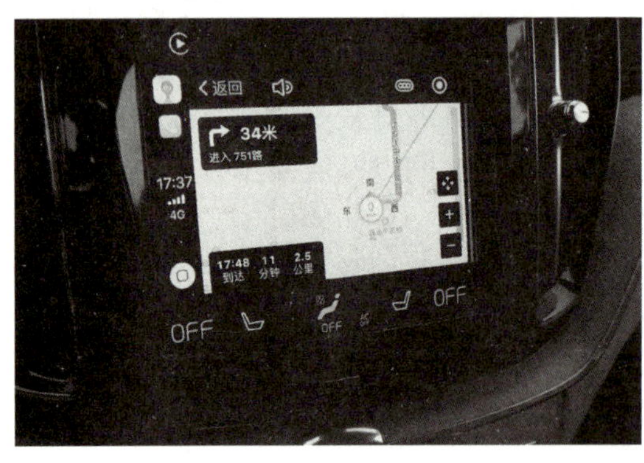

▲ 图1-4-3　语音导航

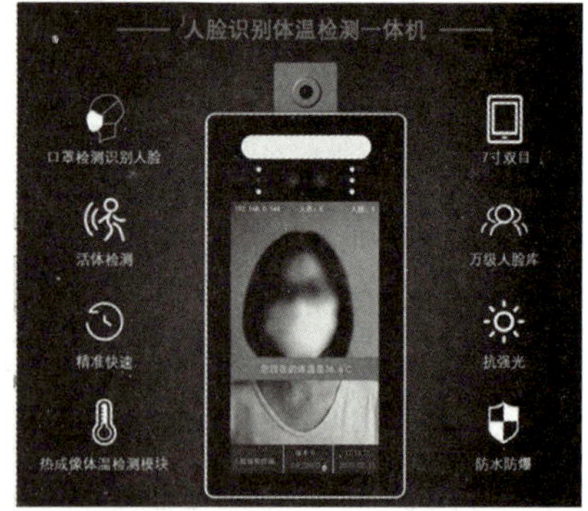

▲ 图1-4-4　人脸识别

人工智能改变了人们的生活，也改变了很多行业。在医药领域，人工智能极大地提升了人类战胜疾病的能力，有力地推动了制药业和医疗器械行业的发展；在图像识别、语音识别方面，机器已经达到甚至超过了普通人的水平；在机器翻译方面，人工智能已促进了便捷的实时翻译的实现；在复杂棋类方面，“阿尔法围棋”（AlphaGo）已经打败了顶尖的人类棋手。现阶段，人工智能的价值更多体现在人机协同和增强人类的能力方面。

搜集身边应用到人工智能技术的生活实例，在小组间进行交流与讨论。

知识点2：人工智能的发展历程、三大流派和研究领域

1. 发展历程

半个多世纪以来，人工智能经历了艰难曲折的发展，如图1-4-5所示。

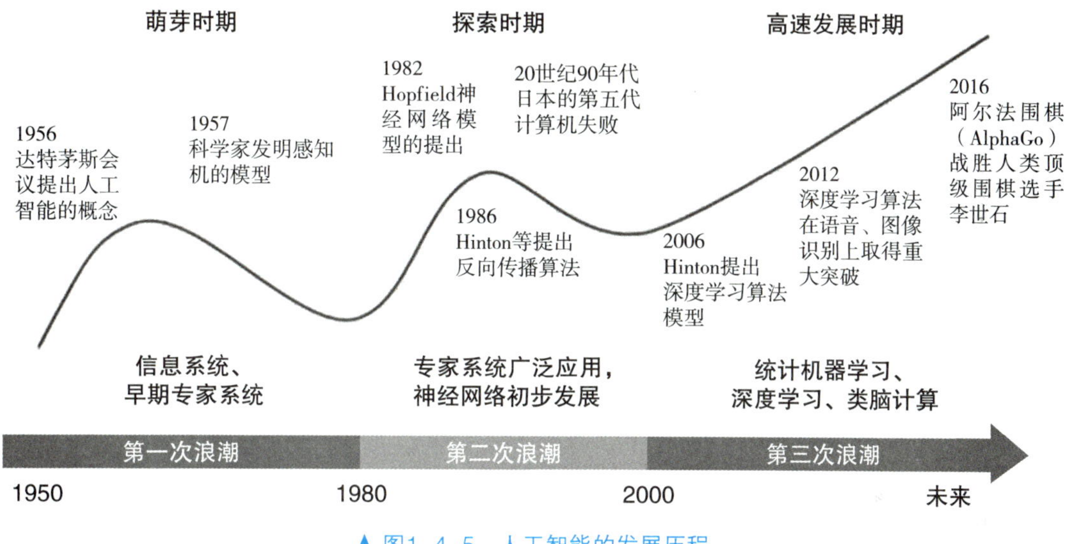

▲ 图1-4-5 人工智能的发展历程

发展历程中的关键事件：

1946年，全球第一台通用计算机ENIAC诞生。ENIAC为人工智能的研究提供了载体。

1956年，人工智能的概念首次被提出。

1964年，首台聊天机器人Eliza诞生，实现了计算机与人通过文本来交流。

1970年，科学家开发的人机对话系统SHRDLU能分析指令，比如理解语义、解释不明确的句子，并能通过虚拟方块操作来完成任务。由于该系统能够正确理解语言，被视为人工智能研究的一次巨大成功。

1981年，第五代计算机项目研发不断推进。日本率先由国家拨款支持，目标是制造出能够与人对话、翻译语言、解释图像，并能像人一样推理的机器。随后，英美等国也开始为AI和信息技术领域的研究提供大量资金。

1997年，IBM公司的国际象棋电脑“深蓝”（Deep Blue）战胜国际象棋世界冠军卡斯帕罗夫。“深蓝”的运算速度为每秒2亿步棋，并存有70万份大师对战的棋局数据，可搜寻并估计每步棋随后的12步棋。

2011年，IBM开发的人工智能程序“沃森”（Watson）参加了一档智力问答节目并战

胜了两位人类冠军。“沃森”存储了2亿页数据，能够将与问题相关的关键词从看似相关的答案中抽取出来。这一人工智能程序已被IBM广泛应用于医疗诊断领域。

2016年至2017年，“阿尔法围棋”战胜了人类围棋冠军。“阿尔法围棋”是谷歌人工智能公司开发的人工智能围棋程序，具有自我学习能力。“阿尔法围棋”能够搜集大量的围棋对弈数据和名人棋谱，学习并模仿人类下棋。

人工智能经过60多年的发展已取得了重大进展，该技术既具有巨大的理论与技术创新空间，也具有广阔的应用前景。中国目前已经处于全球人工智能开发第一梯队，假以时日定能在这一领域独领风骚！

小贴士

图灵测试

图灵测试（The Turing Test）由科学家艾伦·麦席森·图灵提出，是一种测试机器“智力”的方法。该测试通过“问”与“答”将一个人和一台机器同时进行比较，测试者（人）与被测试者（一个人和一台机器）隔离开来，测试者通过装置（如键盘）向被测试者提出问题并依据得到的回答判断被测试者哪个是人、哪个是机器。在多次提问、回答和判断后，如果有超过30%的测试者不能准确分辨出被测试者是人还是机器，那这台机器就通过了图灵测试，并被视为具有类似于人类的智能。

2. 三大流派

（1）符号主义学派（Symbolism）

又称为逻辑主义学派、心理学派或计算机学派，其原理主要为物理符号系统（即符号操作系统）假设和有限合理性原理。这是一种基于逻辑推理的智能模拟方法，源于数学逻辑。代表人物：纽厄尔、西蒙和尼尔逊等。代表成果：机器定理程序、启发式算法、专家系统。

（2）连接主义学派（Connectionism）

又称为仿生学派或生理学派，其主要原理为神经网络及神经网络间的连接机制与学习算法。该学派认为人的智能是人脑的高层活动的结果，强调智能活动是由大量简单的单元通过复杂链接后并行运行的结果。代表人物：麦克洛奇、皮茨等。代表成果：MP模型、深度神经网络。

（3）行为主义学派（Actionism）

又称为进化主义学派或控制论学派，其原理为控制论及感知-动作型控制系统。该学派认为智能取决于感知和行为，取决于对外界复杂环境的适应，不同的行为表现出不同的功能和不同的控制结构。代表成果：六足虫、日本阿西莫、波士顿大狗。

3. 研究领域

人工智能是研究和开发能够模拟、延伸和扩展人类智能的理论、方法、技术及应用系统的一门新的技术科学，研究目的是促使智能机器会听（语音识别、机器翻译等）、会看（图像识别、文字识别等）、会说（语音合成、人机对话等）、会思考（人机对弈、定理证明等）、会学习（机器学习、知识表示等）、会行动（机器人、自动驾驶汽车等），如图1–4–6所示。

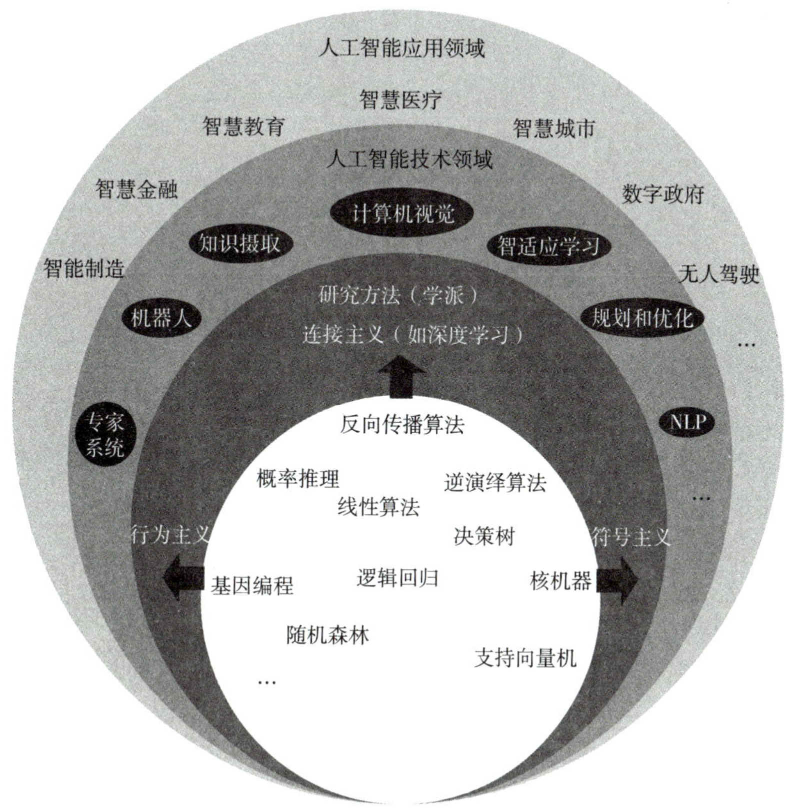

▲ 图1–4–6　人工智能研究领域

从人工智能的技术层和应用层来看，人工智能的主要研究领域有计算机视觉、语音及自然语音处理和机器学习等，主要应用领域有制造、医疗、交通、安防、新零售、金融、教育等。

小贴士

人工智能——全球竞争的新焦点

2017年9月，普京在演讲中提出“未来谁率先掌握人工智能，谁就能称霸世界”。

2018年4月，欧盟委员会计划2018年至2020年在人工智能领域投资240亿美元。

2018年5月，美国白宫组织人工智能研讨会，成立人工智能专门委员会，确保美国在人工智能领域保持领先水平。

人工智能产业将蓬勃发展。随着人工智能技术的进一步成熟以及政府和产业界投入的日益增长，全球人工智能产业规模将进入高速增长期。2016年9月，咨询公司埃森哲发布报告指出，人工智能技术的应用将为经济发展注入新动力，可在现有基础上将劳动生产率提高40%，到2035年，美、日、英、德、法等12个发达国家的年均经济增长率可以翻一番。2018年麦肯锡公司的研究报告预测，到2030年，约70%的公司将采用至少一种形式的人工智能，人工智能新增经济规模将达到13万亿美元。

目前中国人工智能的发展已经具备非常优越的条件，然而要成为真正的人工智能强国，还任重道远。

练一练

1. 说一说中国以及华裔科学家在人工智能领域有哪些杰出贡献。

2. 请查阅资料，说一说我国人工智能发展的主要优势以及薄弱环节。

任务实施

1. 在郊游的过程中，同学们发现了各种各样的植物，但是并不能准确叫出其名称。请你给这些植物拍照并使用手机上的植物识别软件进行识别。请和同学讨论并分析，图片识别属于人工智能哪方面的应用。

2. 在郊游的过程中，同学们在欣赏美丽风景的同时，想要记录下自己的感受，请使用手机上不同软件的语音识别功能输入郊游的个人感想，并将软件使用情况记录在表1-4-1中。

表1-4-1　语音识别软件的应用

软件名称	使用语言	正确率	错误点

3. 郊游中途休息时，同学们可以使用手机上的单机版五子棋软件玩益智游戏，请记录下同学们与机器对弈的得分。

4. 郊游结束返途中，同学们叽叽喳喳地讨论，人工智能给人类生活带来了巨大的便利，同时也可能产生一定的风险。请分组讨论人工智能在伦理、道德、法律等方面可能带来的问题。

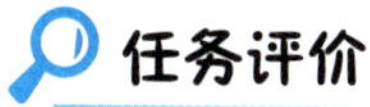

任务评价

表1-4-2 任务评价表

任务完成情况	自我评价	小组评价
自主学习相关资源，了解人工智能的基本知识	□完成 □待完善 原因：	☆☆☆☆☆
正确使用工具获取信息，能尝试分析问题产生的原因	□完成 □待完善 原因：	☆☆☆☆☆
验证方案的实施效果，调整优化方案	□完成 □待完善 原因：	☆☆☆☆☆
了解人工智能相关法律法规，遇到问题时能主动查阅资料	□完成 □待完善 原因：	☆☆☆☆☆
能清晰表达自己的学习成果并与同学交流分享	□完成 □待完善 原因：	☆☆☆☆☆

拓展提高

人工智能未来的发展趋势

目前，人工智能的研究及应用主要集中在基础层、技术层和应用层三个方面。其中基础层以人工智能芯片、计算机语言、算法架构等研发为主，技术层以计算机视觉、智能语音、自然语言处理等应用算法研发为主，应用层以人工智能技术集成与应用开发为主。而我国国内人工智能企业多集中在应用层，占比高达77.7%；技术层和基础层企业占比相对较小，分别只占有17.9%和5.4%。当然，未来随着5G的建设普及以及科技进步，人工智能除了在语音识别、计算机视觉技术领域继续拓展和运用外，在机器学习、神经网络等方面也将引来更大的发展趋势。

另外，人工智能与物联网的结合（即AIoT）也将更紧密，人工智能的介入让物联网有了连接的大脑，使得万物互联互通成为现实，未来或将颠覆现有的产业模式。经济方面，产业价值链得到延伸。目前产业很难依靠既有技术与业务模式打破产业生命周期，AIoT通过设备感知与数据分析支撑新的产品形态与服务模式落地，开拓新的市场空间，产生新的发展周期。社会发展方面，数据价值得到挖掘，实现大量线下数据线上化，实现自动高效处理。

项目二 操作系统的应用

任务一 认识操作系统

任务描述

小李同学有了一台新电脑，作为电脑新手，他想快速学习电脑的入门知识与基本操作，也想对这台电脑进行一些个性化的设置。例如，定时自动将桌面背景更换为自己喜欢的一组图片，在开机较长时间未使用的状态下电脑能自动运行一个屏幕保护程序，等等。同时，他还想和高年级的同学一样，不仅能快速盲打，还能非常熟练地使用常用快捷键。请通过学习帮助他实现他的想法。

学习目标

1. 了解常用计算机操作系统的类型及特点。
2. 能熟练运用键盘和一种中文输入法输入文本和常用符号，会使用语音识别、光学识别等工具输入文本。
3. 能根据实际需要对计算机进行个性化设置。
4. 会使用快捷键提高计算机操作速度。
5. 会使用“帮助”功能解决常用问题。
6. 了解我国自主研发的操作系统，坚定科技创新、科技强国的信念。

知识储备

知识点1：认识操作系统

操作系统的种类繁多，很难用单一的标准进行分类，常见分类方法如下。

（1）根据应用领域划分：桌面操作系统、服务器操作系统、主机操作系统、嵌入式操作系统。

（2）根据工作方式划分：单用户单任务操作系统（如MS-DOS等）、单用户多任务操作系统（如Windows 98等）、多用户多任务分时操作系统（如UNIX、Linux、Windows

7、Windows 10等）。

（3）根据源代码的开放程度划分：开源操作系统（如Linux、Android、Chrome OS等）和不开源操作系统（如Windows系列）。

（4）根据功能划分：批处理操作系统、分时操作系统、实时操作系统、网络操作系统、分布式操作系统。

在批处理操作系统中，系统操作员将作业成批提交，由操作系统选择作业调入内存加以处理，最后由操作人员将运行结果交给用户。

分时操作系统是指计算机连接多个终端，系统把CPU分为若干时间片，采用时间片轮转方式处理用户的服务请求，每个用户在各自的终端上以交互的方式控制作业的运行。分时操作系统具有同时性、交互性、独立性、及时性等特点。UNIX系统是典型的分时操作系统。

实时操作系统是指系统能够及时响应事件，并以足够快的速度完成事件的处理。实时操作系统包括实时控制系统和实时处理系统。

网络操作系统是在单机操作系统的基础上，按照网络体系结构的协议、标准开发的操作系统，具有计算机网络管理、通信、资源共享、系统安全和提供多种网络应用服务等特性。

分布式操作系统是支持分布式处理的操作系统，它包括分布式操作系统、分布式程序设计语言及其编译（解释）系统、分布式文件系统和分布式数据库系统等。

知识点2：国产操作系统

（1）中标麒麟操作系统（Linux）。中标麒麟操作系统是上海中标软件有限公司发布的面向桌面应用的操作系统产品。该操作系统有与Windows操作系统非常接近的图形化桌面。习惯使用Windows操作系统的用户，只需要做简单的适应性学习即可在该图形化桌面下完成软件安装、文档编辑、浏览网页、播放视频音频等操作。

（2）银河麒麟操作系统（Kylin）。银河麒麟操作系统是由国防科技大学研制的开源服务器操作系统。此操作系统是我国“863计划”重大攻关科研项目，目标是打破国外操作系统的垄断，研发一套中国拥有自主知识产权的服务器操作系统。

（3）统信UOS统一操作系统。该操作系统的研发由我国多家操作系统核心企业自愿发起，这些企业包括广东中兴新支点技术有限公司、中国电子信息产业集团有限公司（CEC）、武汉深之度科技有限公司、诚迈科技（南京）股份有限公司。2019年7月，该操作系统筹备组联合技术研发团队正式成立，并在广州、武汉、南京、北京等地组织了数百人的研发团队开始研发工作。

（4）华为鸿蒙系统（HarmonyOS）。鸿蒙系统是华为公司开发的一款基于微内核、面向5G物联网和全场景的分布式操作系统。基于AOSP的操作系统，该操作系统创造了一个超级虚拟终端互联的世界，将人、设备、场景有机地联系在一起，能够实现极速发现、极速连接、硬件互助、资源共享等。

（5）云针操作系统（CloudNeedle OS）。云针操作系统是我国一款底层完全自主创新、微内核的操作系统。该系统由浙江云针科技有限公司自主研发，是一款全新国产操作系统。此外，浙江云针科技有限公司也在和郑州大学、厦门大学联合研发新通信协议和操作系统新安全标准。

云针操作系统分为服务器操作系统、桌面操作系统、移动操作系统、物联网操作系统四个版本，该操作系统适用于各种智能终端，是一款能够把各大操作系统的软硬件产品完全兼容和直容的新型操作系统。其研发公司的系列产品主要包括以云针操作系统为核心的软件产品，合作开发、生产嵌入该操作系统的服务器、消费终端、物联网终端等硬件产品，以及虚拟化应用服务。

（6）深度操作系统（Deepin）。原名Linux Deepin，于2014年4月更名为Deepin，常被称为“深度 Linux”。该操作系统不仅仅对最优秀的开源产品进行集成和配置，还开发了基于 HTML5 技术的全新桌面环境、系统设置中心，以及音乐播放器、视频播放器、软件中心等一系列面向日常使用的应用软件。

（7）普华操作系统。普华操作系统产品的开发者以开源Linux为基础，结合业务应用的技术积累，对操作系统的性能、安全性、可靠性以及易用性进行优化和改进，针对不同的市场需求推出了服务器操作系统产品和桌面操作系统产品。普华操作系统支持X86、OpenPower、国产龙芯、申威和兆芯等架构，能满足电子政务、智慧城市、生产作业系统以及安全等多个领域的应用需求。

想一想

当前我国在国产操作系统研发方面还有哪些瓶颈？你认为该如何突破？

知识点3：鼠标及键盘在系统中的操作

鼠标是目前计算机普遍采用的输入设备之一。Windows中主要使用的是鼠标的左按键，称为主按键，右按键称为辅按键。对于习惯于左手操作的用户，可以调整左右按键的主辅设置。在以下讲述中，如果未加特殊说明，都是指主按键为左按键。

1. 鼠标的基本操作

鼠标的基本操作主要分为指向、单击、右击、双击、拖动五种。

当计算机处于不同的工作状态、鼠标处于不同的位置时，鼠标指针的形状将随之发生变化。在Windows中，常见鼠标指针形状及含义如表2-1-1所示。

表2-1-1 常见鼠标指针形状及含义

形状	含义	形状	含义
	标准选择		水平垂直调整
	帮助选择		移动指针，此时可以移动对象
	精确定位指针，在应用程序中绘制新对象		不可使用，当前鼠标操作无效
	文本选择		沿对角线调整
	后台运行，系统正在进行操作，要求用户等待		手写操作
	系统繁忙，不能进行其他操作		链接选择

2. 键盘在系统中的基本操作

键盘是计算机最主要的输入设备，利用键盘可以实现Windows提供的一切操作功能，利用快捷键还可以大大提高工作效率。表2–1–2列出了Windows提供的常用快捷键及其功能。

表2-1-2 Windows常用快捷键及功能

快捷键	功能	快捷键	功能
F1	打开“帮助”	Alt+F4	关闭当前应用程序
F2	重命名文件（夹）	Ctrl+Alt+Delete	打开Windows任务管理器
F3	搜索文件（夹）	Alt+PrintScreen	将当前活动程序窗口以图像方式复制到剪贴板
F5	刷新当前窗口	Delete（Ctrl+D）	删除所选项
Ctrl+C	复制	Shift+Delete	彻底删除所选项
Ctrl+X	剪切	Windows键	打开或隐藏“开始”菜单
Ctrl+V	粘贴	Windows键+R	打开“运行”对话框
Ctrl+A	选定全部内容	Windows键+E	打开“资源管理器”窗口

小贴士 在阅读网页或文档内容时，按住键盘上【Ctrl】键的同时将鼠标滚轮向上（或向下）滚动，就可以改变网页、文档的比例，网页或文档中的字体也随之放大（或缩小）。用此种方法也可将桌面图标放大或缩小。

练一练

1. 请用多种方法选择桌面的所有图标。
2. 使用快捷键打开Windows任务管理器，并用快捷键将任务管理器窗口以图片形式复制到Windows“画图”程序中，以“任务管理器窗口.bmp”给文件命名并将其保存到桌面。

知识点4：个性化环境设置

Windows具有极为人性化的操作界面，还有丰富的自定义选项，可以满足用户的个性化需求，如更改桌面主题、更换桌面背景、设置声音方案等。

1. 更改桌面主题

Windows系统提供多个桌面主题，用户只要选择某一个主题，就可以快速完成桌面背景、窗口颜色及声音方案等的个性化选择。

操作步骤如下：

在桌面空白处单击鼠标右键，从弹出的菜单中选择“个性化”选项，打开“个性化”设置窗口，如图2-1-3、图2-1-4所示。

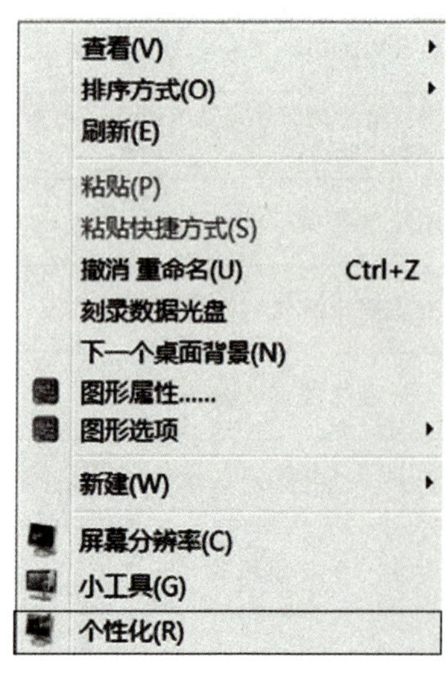

▲ 图2-1-3 选择“个性化”选项

▲ 图2-1-4 “个性化”设置窗口

小贴士　有丰富多彩的主题是Windows用户界面的一个显著特征，如果电脑已经连接到因特网，单击“联机获得更多主题”，可以到微软官网上下载更多的主题。

从Windows 7开始，Microsoft发明了一种新的主题格式——themepack。创建它是为了将所有主题资源打包在一个文件中，并且可以轻松共享这些主题。Windows 10支持.themepack和.deskthemepack格式。去微软官网下载主题文件，主题文件的扩展名为.deskthemepack，下载后，双击主题文件就可以正常使用了。

2. 更换桌面背景

单击“个性化”窗口下方的“桌面背景”，在“桌面背景”窗口中可以选择多张电脑中的图片作为可切换的桌面背景，还可以设置图片切换间隔时间以及是否无序播放。调整填充方式后，单击“保存修改”按钮，便可更改桌面背景，如图2-1-5所示。

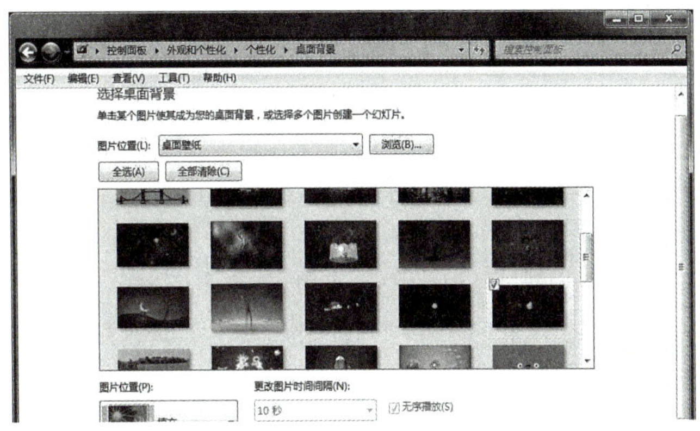

▲ 图2-1-5　“桌面背景”窗口

3. 更改窗口的颜色与透明度

单击个性化面板下方的“颜色”，在“颜色”窗口中，系统提供了多种配色方案可供选择。选择一种配色方案后，选择“浅色”或“深色”、“亮”或“暗”即可，如图2-1-6所示。

4. 设置声音方案

单击“个性化”窗口下方的“声音”按钮，在打开的“声音”对话框中，选择“声音”选项卡，在“声音方案”中，系统提供多种声音方案可供选择。可以通过“程序事件”对话框和“声音”选择下拉列表，设置个人喜欢的声音方案，如图2-1-7所示。

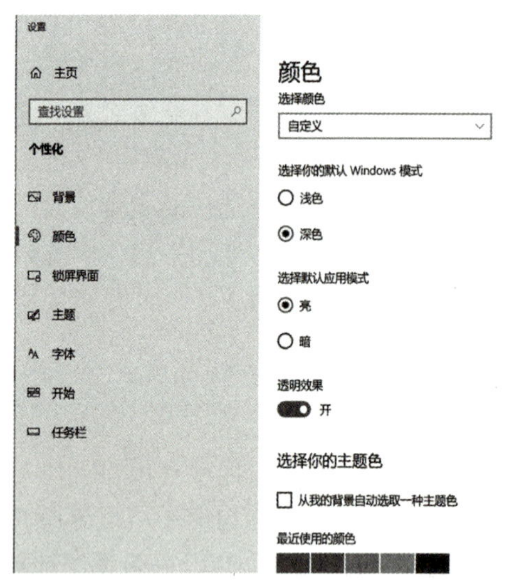

▲ 图2-1-6　窗口的颜色与透明度设置

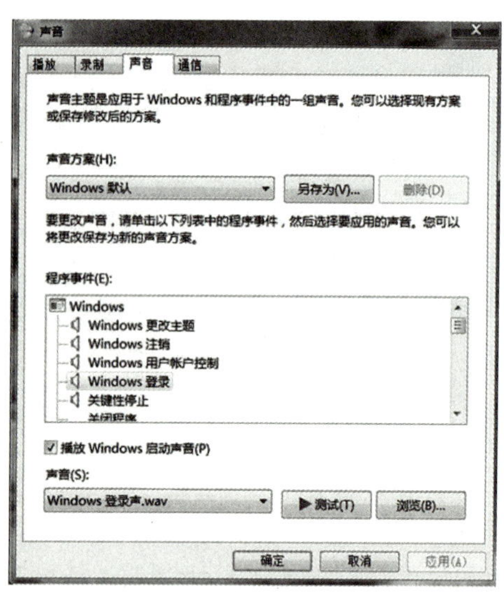

▲ 图2-1-7　系统声音设置

5. 设置屏幕保护

单击“个性化”窗口下方的“屏幕保护程序”，在打开的“屏幕保护程序设置”对话框中，设置个人喜欢的屏幕保护方案，如图2-1-8所示。

6. 设置桌面图标

在“个性化”窗口的左侧上方，单击“更改桌面图标”按钮，在打开的“桌面图标设置”对话框中，可以对桌面上的系统图标进行显示或隐藏的设置，还可以借助“更改图标”按钮设置桌面图标的样式，如图2-1-9所示。

▲ 图2-1-8　屏幕保护程序设置

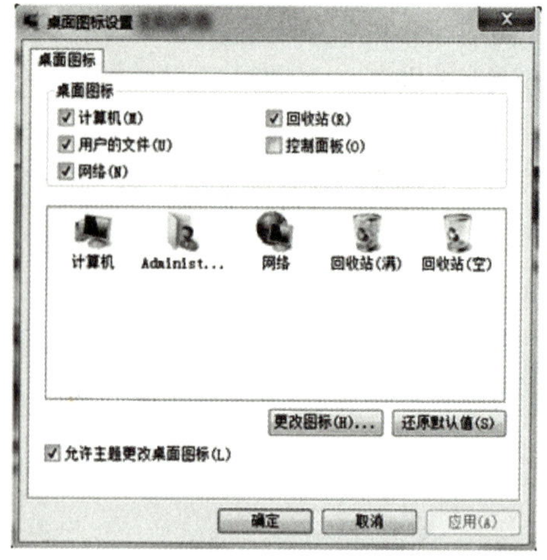

▲ 图2-1-9　桌面图标设置

练一练

1. 在网上搜集你最喜欢的电影的相关图片和声音，设置一个和这部电影相关的个性化主题，将该主题保存在电脑中并发送给你的朋友。
2. 将你电脑桌面上的“计算机”“回收站”和“网络”三个图标隐藏起来，然后考考你的同学，看他能不能找到。

知识点5：Windows的“帮助”功能

Windows提供了一系列的联机“帮助”功能，该功能所提供的可以说是“无微不至的帮助和技术支持”，能使用户方便地查找自己所需要的帮助信息。

下面介绍几种常用的获取帮助的方法。

1. 使用“开始”菜单中的“获取帮助”，如图2-1-10和图2-1-11所示。

▲ 图2-1-10 “开始”菜单中的“获取帮助”

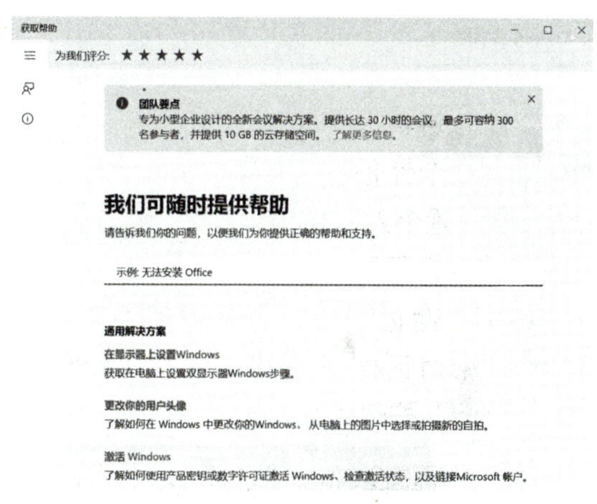

▲ 图2-1-11 “获取帮助”界面

2. 右击任务栏空白处，勾选“显示Cortana按钮”，然后就可以通过语音向小助手Cortana寻求帮助了。

3. 使用Windows 10任务栏的搜索框，如图2-1-12所示。

▲ 图2-1-12 Windows 10小助手Cortana按钮和搜索框

练一练

使用“Windows帮助和支持”查找“什么是记事本”，将查找到的帮助信息用快捷键复制到记事本文件中，以“记事本.txt”为文件名将该文件保存到桌面。

任务实施

1. 如何设置定时自动更换桌面背景效果？如何把网上的图片设置为桌面背景？

2. 将Windows登录的声音更改为自己喜欢的声音。

3. 打开“Windows帮助和支持”窗口，分别用【PrintScreen】键、【Alt+PrintScreen】组合键抓图并放到Windows画图程序中，观察并说出两种抓图效果有何不同。

4. 下载并安装一款打字软件，进行中英文录入练习。

任务评价

表2-1-6　任务评价表

任务完成情况	自我评价	小组评价
操作系统的基本设置应用	□完成　□待完善　原因：	☆☆☆☆☆
打字软件的使用	□完成　□待完善　原因：	☆☆☆☆☆

拓展提高

银河麒麟操作系统

银河麒麟操作系统（Kylin）拥有独创的kydroid技术，充分适应5G时代需求，打通手机、平板电脑、个人计算机等设备，实现多端融合。银河麒麟操作系统的界面如图2-1-13所示。

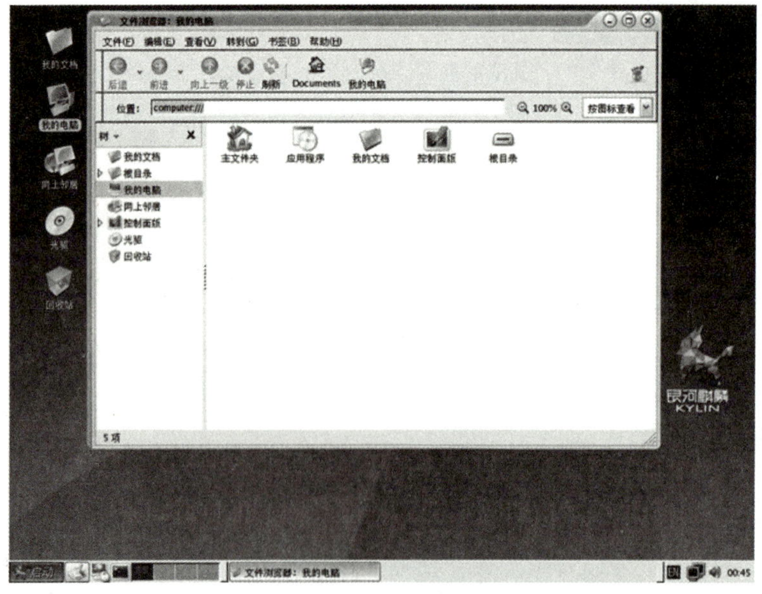

▲ 图2-1-13　银河麒麟操作系统界面

银河麒麟2.0操作系统完全版共包括实时版、安全版、服务器版三个版本，简化版是由服务器版简化而成的。经过权威机构进行了源码级鉴定表明，银河麒麟安全操作系统主要分为三层：最底层是自己加的“既不像内核，也不像虚拟机”的部分（主要是为了保证安全性、实时性等方面的任务，可自由替换加载），上面是 FreeBSD 的内核，最上面是 Linux 兼容库。开放给公众使用的系统不包括最底层的东西。完全版的银河麒麟操作系统是内核态多线程的。

2010年12月16日，两大国产操作系统——中标Linux操作系统和银河麒麟操作系统在上海正式宣布合并，双方今后共同以“中标麒麟”的新品牌统一出现在市场上，开发军民两用的操作系统。

两大操作系统的开发方中标软件有限公司和国防科技大学同时也缔结了战略合作协议。双方今后将共同开发操作系统，共同成立操作系统研发中心，共同开拓市场，并将在“中标麒麟”的统一品牌下发布统一的操作系统产品。

任务二　文件与文件夹操作

任务描述

设计师王先生习惯将新建或使用过的文件和文件夹保存在电脑桌面上，因此他电脑桌面上堆满了各类文件和文件夹。一次，他不慎将刚做好的文件“新品企划案”删除了，由于文件涉及商业机密，王先生很着急。请同学们帮助王先生找回“新品企划案”，并将其放置在安全的地方，再对电脑桌面上的文件和文件夹进行分类整理。

学习目标

1. 掌握文件或文件夹的命名规则。
2. 会辨识常见信息资源类型，会检索和调用信息资源。
3. 能对文件和文件夹进行移动、复制、加密、压缩与解压缩等操作。
4. 养成对系统资源条理性管理、安全性管理的良好习惯。

知识储备

在计算机系统中，计算机的信息是以文件的形式保存的，计算机所做的工作都是围绕文件展开的。这些文件包括操作系统文件、应用程序文件、文本文件等，它们根据不同的分类存储在磁盘上不同的文件夹中。因此，在使用计算机时如何对这些类型繁多、数目巨大的文件和文件夹进行管理非常重要。对文件和文件夹做分类整理能够减少查找相关资料的时间，提高工作效率。

知识点1：文件与文件夹的使用与管理

1. 基本概念

（1）文件。文件是一组有名称的相关信息的集合，它们以文件名的形式存放在磁盘、光盘上。文件的含义非常广泛，文件可以是一个程序、一段音乐、一幅画、一份文档，等等。例如，一款游戏软件是由一个或多个文件组成的。

（2）文件夹。文件夹不是文件，是存放文件的“夹子”，如同日常办公中用到的文件袋。在计算机中可以将一个文件或多个文件分门别类地放在建好的各个文件夹中，目的是为了便于查找和管理。可以在任何一个磁盘中建立一个或多个文件夹，在一个文件夹下还可以再建多级文件夹，一级接一级，形成层次结构，以便有条理地管理文件。文件夹的外观由文件夹图标和文件夹名组成。

（3）文件路径。文件路径是描述文件位置的一条通路。文件的组织结构是分层次的，即树形结构（倒置的树），所以在存取文件时，必须弄清文件的存取路径，例如，“E:\资料\jsj.docx”和“E:\图片\花”，如图2-2-1所示。

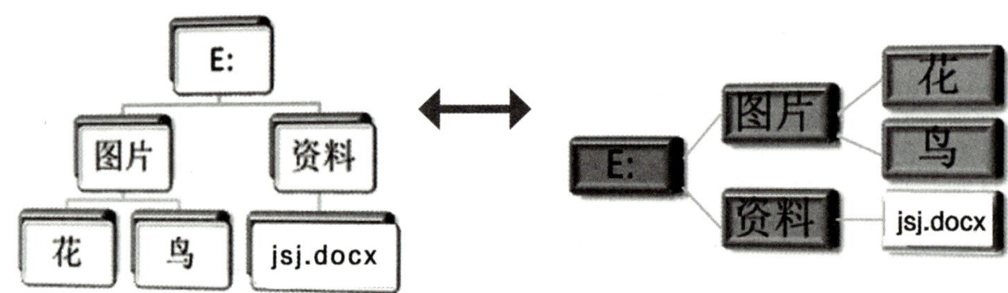

▲ 图2-2-1　文件组织结构

2. 文件与文件夹的命名规则

任何一个文件都有文件名，其格式为“文件名.扩展名”。常用文件类型、扩展名及图标如表2-2-1所示。

文件与文件夹的命名规则如下：

（1）在文件名或文件夹名中，最多可以有255个字符或127个汉字，其中包含驱动器和完整的路径信息。

（2）每一个文件的全名由文件名和扩展名组成，文件名和扩展名中间用符号“.”分隔，文件名的格式为“文件名.扩展名”，扩展名一般由系统自动给出。

（3）文件名可以使用汉字、26个英文字母（不区分大小写）、数字、部分符号、空格、下划线，也可以使用中西文混合名字，如“计算机jsj.docx”。

（4）不能用在文件名中的字符有 \ | / ： * ? “ ” < > 等。

（5）可以使用多分隔符的文件名，但只有最后一个分隔符后面的部分是文件的扩展名。

表2-2-1　常用文件类型、扩展名及图标

文件类型	扩展名	图　标	文件类型	扩展名	图　标
Word 文档文件	.docx	DOC	压缩文件	.rar	RAR
Excel 文档文件	.xlsx	XLS	Web网页文件	.htm或.html	HTML
PowerPoint 文件	.ppt或.pptx	PPT	帮助文件	.hlp	HLP
文本文件	.txt	TXT	批处理文件	.bat	BAT
位图文件	.bmp	BMP	常用音频文件	.mp3	MP3

（6）文件命名时要用有实际意义的字符，如“计算机作业.docx”。

（7）con、com1、com2、nul、lpt1、lpt2、lpt3、prn等文件名是系统预留的，不能用在文件或目录上，防止系统识别时混淆。

一个文件夹中不能有同名的文件或文件夹。一个汉字等效于两个字符，扩展名又称“类型名”或“文件后缀名”，用来标识文件的类型。文件的主名不能省略，扩展名可以省略。

3. 文件与文件夹的基本操作

（1）创建文件或文件夹

打开计算机窗口，单击需要建立文件夹的盘符，在其左窗口的空白处右击鼠标，在打开的快捷菜单中选择“新建”选项卡中的“文件夹”，在该盘下创建一个新文件夹“资料”，如图2-2-2所示。如果在新建的文件夹中再建子文件夹，可以打开该文件夹，重复上面的操作。文件的创建，要根据需要选择相应的软件，产生不同类型的文件。

（2）选中文件或文件夹

选择单个文件或文件夹：只需找到相应的文件或文件夹，然后用鼠标单击即可，被选中的文件突出显示。

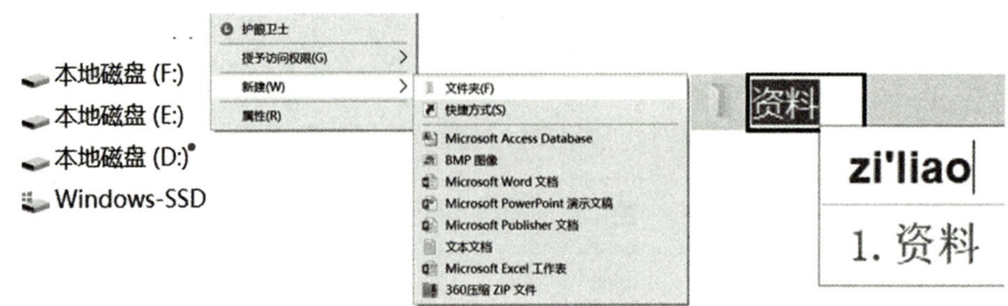

▲ 图2-2-2　创建文件夹

选择连续的文件或文件夹：单击需要选定的第一个文件或文件夹，按住【Shift】键并单击需要选定的最后一个文件或文件夹，则这两个文件或文件夹之间的所有文件或文件夹都被选中而突出显示，如图2-2-3所示。

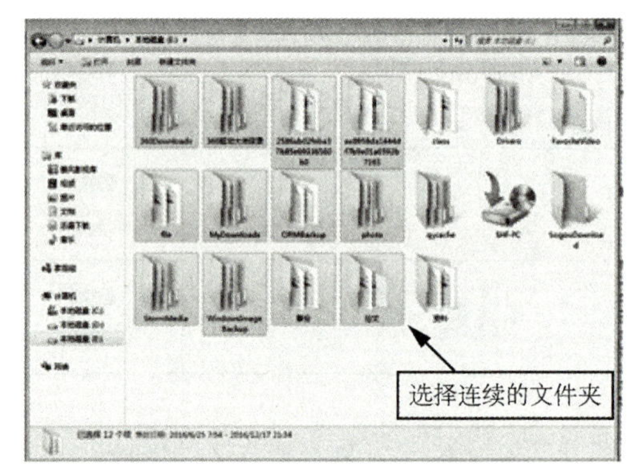

▲ 图2-2-3　选择连续的文件夹

选择不连续的文件或文件夹：单击选中第一个文件或文件夹，按住【Ctrl】键，再逐一单击其他想选定的文件或文件夹，被选中的文件和文件夹都呈突出显示，如图2-2-4所示。

选择全部文件或文件夹：在某一窗口中选择“组织”菜单，在下拉菜单中单击“全选”命令，该窗口中的全部文件和文件夹都被选定而呈突出显示；也可以将光标放在该窗口中，按住【Ctrl+A】组合键，窗口中的全部文件和文件夹则被选中并呈突出显示，如图2-2-5所示。

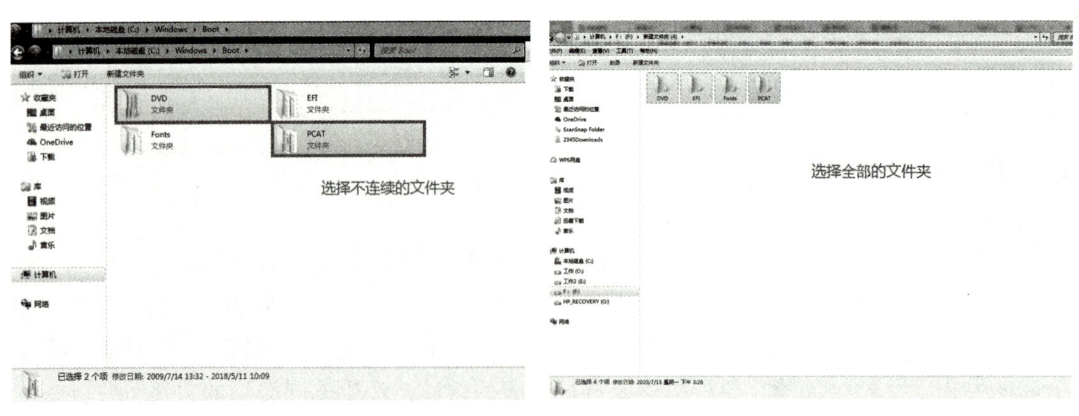

▲ 图2-2-4　选择不连续的文件夹　　▲ 图2-2-5　选择全部的文件夹

（3）复制、移动文件或文件夹

文件或文件夹的复制或移动的操作方法有多种，常见的有以下三种：

方法一：菜单命令方式（称为“三部曲”）

① 打开文件夹窗口选取需要复制或者移动的文件或者文件夹，右击鼠标，在弹出的快捷菜单中选取“复制”或者“剪切”命令。

② 进入目标文件夹中，右击鼠标，在弹出的快捷菜单中选取“粘贴”命令。

③ 系统将会对选中的文件或文件夹进行粘贴操作。

方法二：快捷键方式

按下【Ctrl+C】组合键可以对选中的文件或文件夹进行复制操作，按下【Ctrl+V】组合键可以对选中的文件或文件夹进行粘贴操作，按下【Ctrl+X】组合键可以对选中的文件或文件夹进行剪切操作。

> **小贴士**
>
> 在复制或移动过程中，文件或文件夹的副本都会被暂时存储在剪贴板上。剪贴板是内存中的一块区域，是为应用程序之间相互传送信息所提供的一个缓存区。

方法三：菜单功能方式

复制、移动文件或文件夹也可以通过菜单功能方式来实现，此时可以先在资源管理器中选取目标文件或文件夹，接着单击菜单栏的“组织”按钮，在弹出的下拉菜单中选择“复制”或者“剪切”命令。

（4）重命名文件或文件夹

选择要重命名的文件或文件夹，单击菜单栏的“组织”按钮，在下拉菜单中单击“重命名”命令，或单击右键，在弹出的快捷菜单中选择“重命名”命令。这时文件或文件夹的名称将处于编辑状态（蓝色反白显示），用户可直接键入新的名称进行重命名操作，如图2-2-6、图2-2-7所示。重要提示：重命名时要注意保留文件的扩展名。

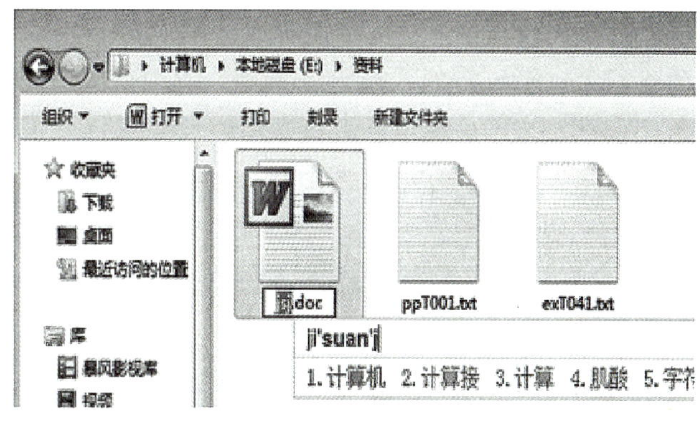

▲ 图2-2-6 文件重命名

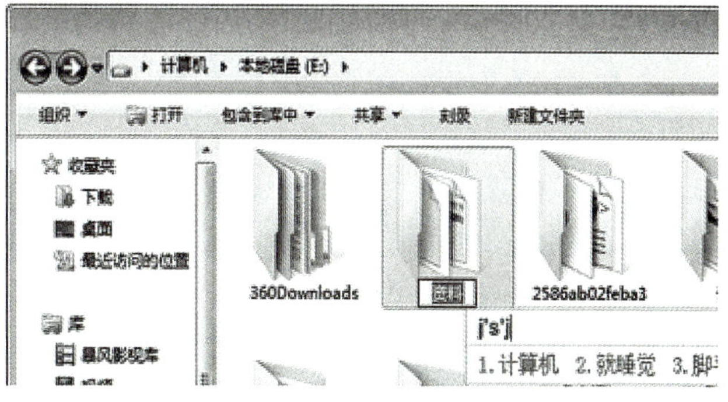

▲ 图2-2-7 文件夹重命名

小贴士

删除命令只是将文件或文件夹移入“回收站”，并没有将其从磁盘上清除，如果还需要使用该文件或文件夹，可以从“回收站”中恢复。此外，如果要彻底删除文件或文件夹，可以先选择要删除的文件或文件夹，然后按下【Shift+Delete】组合键。不论选择哪一种方法，Windows都会弹出一个“删除文件”对话框，如果确定要删除，单击“是”按钮，如果要取消则单击“否”按钮。

4. 搜索文件或文件夹

随着硬盘容量的飞速扩展，硬盘存放的文件越来越多，这给查找文件带来一个难题，因此采用适当的搜索办法来提高搜索效率是必不可少的。Windows系统自带了一个搜索功能，真正利用好这个功能对用户的搜索有很大的帮助。在用户查找一个文件并完成搜索过程之后，如果搜索的结果非常多，可以利用“搜索选项”中的“日期”“类型”“大小”或者“高级选项”等来设置具体的搜索选项，以缩小查询范围。搜索条件设置得越具体，搜索结果就越准确。

搜索时，如果关于文件的某些信息记得不是很清楚，可以利用通配符“？”和“*”来进行模糊查找。“？”号代表任何单个字符，“*”号可代表文件或文件夹名称中的一个或多个字符。例如，搜索“资料”文件夹下第三个字母是“T”的所有文本文件。应在“资料”文件夹窗口单击右上角的搜索窗口，输入“？？T*.TXT”，如图2-2-8所示。

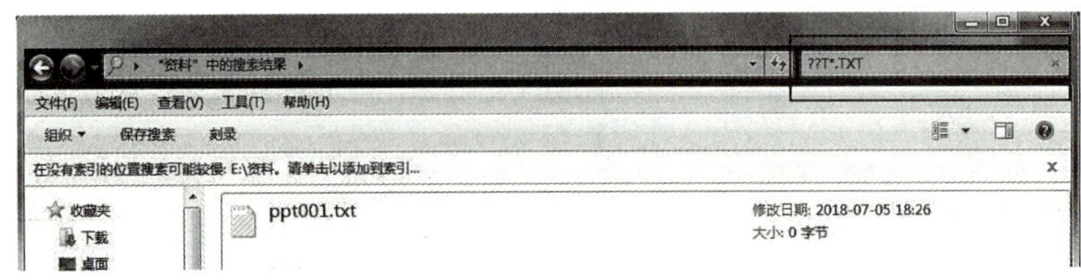

▲ 图2-2-8　高级搜索

5. 设置文件或文件夹的属性

“只读”属性：表示该文件或文件夹只允许被查看不允许被更改，如图2-2-9所示。“隐藏”属性：表示该文件或文件夹在常规显示中将不被看到。“存档”属性：表示该文件或文件夹已存档，可单击“高级”按钮，在高级属性对话框中设置。

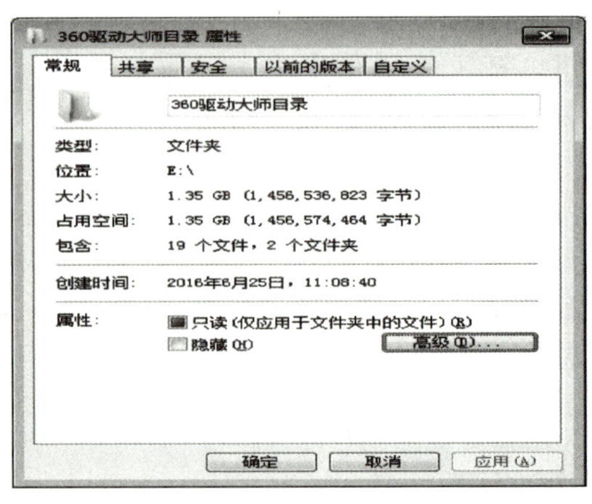

▲ 图2-2-9　设置文件夹只读属性

6. 文件的压缩和解压

用户通常使用WinRAR、WinZIP、好压等软件来进行文件的压缩和解压。不过，与Windows XP不同，Windows发展到后面的系统已经开始自带压缩功能，也能够对文件进行压缩和解压操作。

（1）压缩文件

选中要压缩的文件，单击鼠标右键打开快捷菜单，选择“发送到”弹出子菜单，选择“压缩（zipped）文件夹”菜单项，将选中的文件压缩为类型为“zip”的压缩文件，如图2-2-10所示。

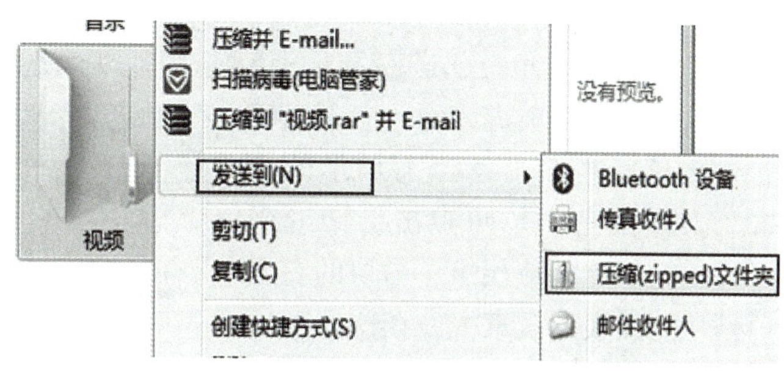

▲ 图2-2-10 压缩文件

（2）解压文件

全部解压：选中压缩文件，单击鼠标右键，选择“全部提取”菜单项。这时，会弹出一个窗口，让用户选择提取文件的保存位置。选择好位置后，单击“提取”按钮即可解压全部文件。

解压压缩包中的某个或某些文件：用鼠标左键双击压缩包，打开压缩文件列表，然后选中需要解压的文件，粘贴到指定的文件夹就可以了。

练一练

1. 在E盘根目录下分别创建名为“图片”和“资料”的两个文件夹。
2. 在“资料”文件夹下新建“jsj.docx”文件，将其复制到“图片”文件夹中并重命名为“计算机.docx”。
3. 将“资料”文件夹下的“jsj.docx”放到“回收站”中。

知识点2：Windows 资源管理器

“资源管理器”是Windows系统提供的资源管理工具，它可以以分层的方式显示计算机内所有文件的详细图表。用户可以用它查看电脑的所有资源，特别是它提供的树形文件系统结构，使用户能更清楚、直观地认识电脑中的文件和文件夹。

1. 启动Windows 资源管理器

启动Windows 资源管理器有两种方法：

（1）单击“开始”菜单，在弹出的菜单中选择“所有程序”，在一级子菜单中选择“附件”，在二级子菜单中选择“Windows 资源管理器”选项，如图2-2-11所示。

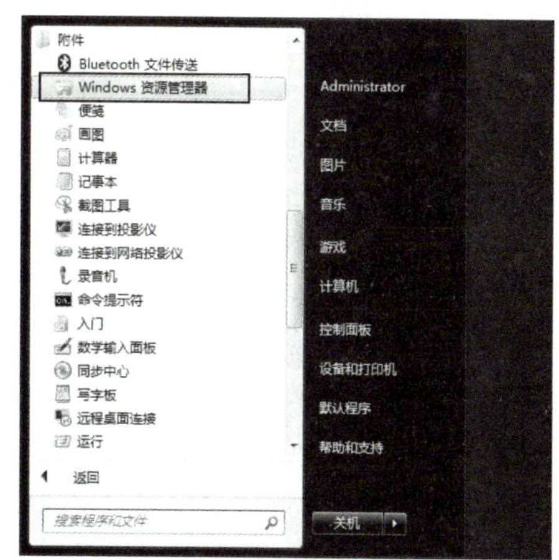

▲ 图2-2-11 “Windows 资源管理器”的启动

（2）鼠标指向“开始”菜单，单击鼠标右键，在弹出的快捷菜单中选择“打开Windows 资源管理器”选项。

2. Windows 资源管理器窗口界面

窗口的左上角是前进与后退按钮，在前进按钮旁边的向下箭头，给出浏览的历史记录或可能的前进方向；向下按钮右边的路径框中显示当前目录的位置，其中的各项均可点击，帮助用户直接定位到相应层级；窗口的右上角是功能强大的搜索框，在这里可以输入任何想要查询的搜索项。其他的工具面板则可视作新形式的菜单，其标准配置包括“组织”等诸多选项。“Windows资源管理器”窗口如图2-2-12所示。

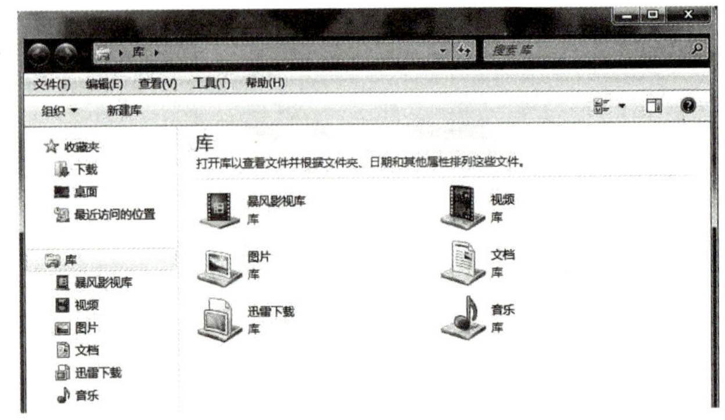

▲ 图2-2-12 “Windows 资源管理器”窗口

主窗口的左侧面板由两部分组成，位于上方的是收藏夹链接，如文档、图片等；位于下方的是树状的目录列表。目录列表面板中显示的内容自动居中，这样在浏览长文件名或多级目录时不必再拖动滑块以查看具体名称。另外，目录列表面板可折叠、隐藏，而收藏夹链接面板则无法隐藏。

3. 认识硬盘分区

打开“计算机”或“Windows 资源管理器”窗口，可以看见几个图标后是“C:”“D:”“E:”这样的字母加冒号形式，它们叫作“盘符”，如图2-2-13所示。盘符是Windows操作系统对磁盘存储设备设定的标识符，一般使用26个英文字母加上冒号“：”来标识，表示计算机内部的硬盘分区情况。由于早期的计算机一般安装有两个软盘驱动器，所以“A：”和“B：”两个盘符就用来表示软驱，硬盘设备从“C：”开始，光驱的盘符为最后一个盘符后面的字母加冒号。

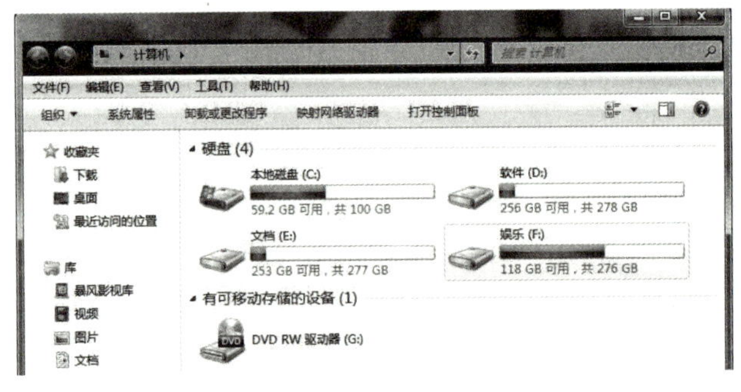

▲ 图2-2-13 硬盘分区

4. Windows 资源管理器窗口中的树形目录结构

Windows 资源管理器窗口中仍沿用DOS操作系统中的树形目录结构来管理文件和文件夹，如图2-2-14所示。其中根目录指每一个盘中最开始的那个目录。如C盘的根目

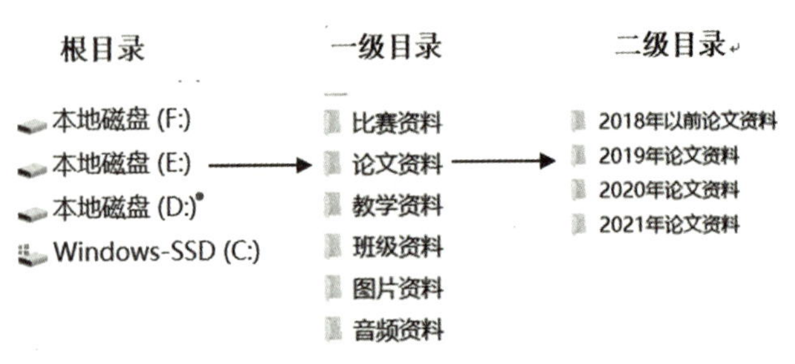

▲ 图2-2-14 树形目录结构示例

录就是“C:\”，即打开C盘就显示的目录。根目录下的所有文件夹都称为该根目录下的子目录。子目录包括一级子目录、二级子目录等，又可称为“父目录”和“子目录”。

5. Windows 资源管理器窗口的基本操作

（1）打开窗口：双击相应的应用程序图标。

（2）还原、最大化、最小化窗口：单击标题栏上控制按钮区中相应的按钮，如图2-2-15所示。

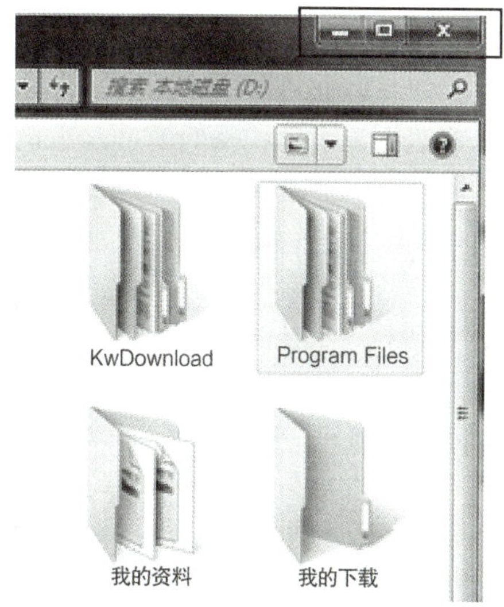

▲ 图2-2-15 窗口最小化、最大化和关闭按钮

（3）移动窗口：用鼠标选中标题栏，按住鼠标左键拖动，上下、左右移动窗口，改变窗口的位置，拖动窗口到新的位置后，松开鼠标即可。

（4）调整窗口大小：将鼠标指针指向窗口的上下边缘、两侧边框或窗口角时，指针变为上下双箭头、左右双箭头以及斜向双箭头，按住鼠标左键拖动，可以使窗口纵向或横向变大或缩小。

（5）切换窗口：方法一，单击任务栏上的窗口按钮；方法二，用【Alt+Tab】组合键来完成切换（按住后立即放开）；方法三，用【Alt+Esc】组合键来切换窗口，多用于切换已打开的窗口。

（6）关闭窗口：方法一，直接在标题栏上单击“关闭”按钮；方法二，使用【Alt+F4】组合键；方法三，单击控制菜单按钮，在弹出的控制菜单中选择“关闭”命令。

（7）排列窗口（最小化窗口不参加排列）：打开多个应用程序，鼠标指向任务栏空白处，单击鼠标右键，出现如图2-2-16所示的快捷菜单。有三种排列窗口的方法，分别是层叠窗口（图2-2-17）、横向平铺窗口和纵向平铺窗口。

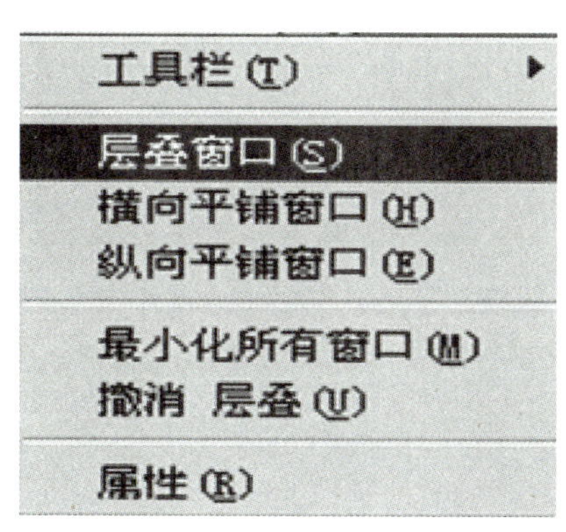

▲ 图2-2-16 多窗口的排列快捷菜单

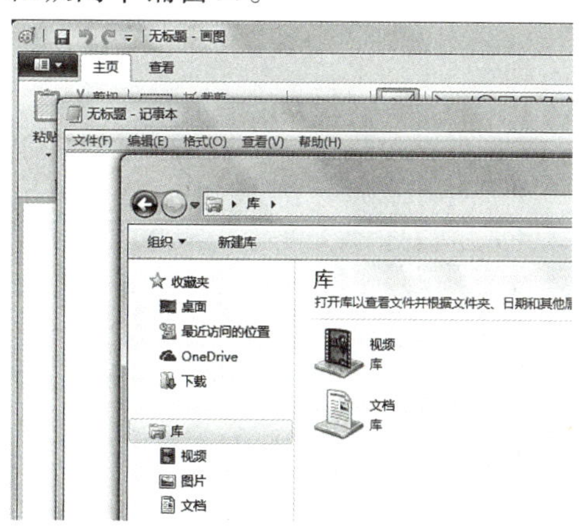

▲ 图2-2-17 层叠窗口

小贴士 活动窗口和非活动窗口的区别：当用户打开多个窗口时，其中只有一个窗口是活动窗口，该窗口是用户当前操作的窗口，标题栏呈蓝色；其余窗口都是非活动窗口，即未处在当前被操作状态（没有焦点），标题栏呈灰色。

6. Windows对话框

对话框是一种特殊的窗口，用户可以在对话框中输入信息或进行选择。对话框与窗口的本质区别是：窗口可以任意改变大小，也可以移动；对话框只能移动，不能改变大小。对话框一般包含标题栏、选项卡和标签、文本框、单选按钮、复选框和命令按钮等部分，如图2-2-18所示。

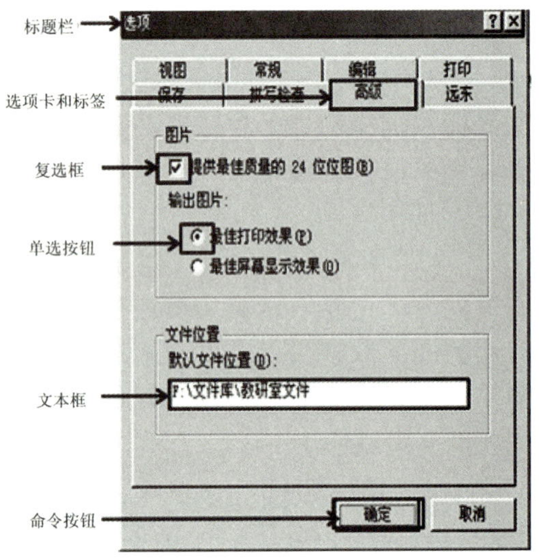

▲ 图2-2-18 Windows对话框

7. Windows菜单、快捷方式

Windows中的菜单是提供一组相关命令的清单。菜单的类型包括：控制菜单、快捷菜单、命令菜单，如图2-2-19所示。可单击控制按钮打开控制菜单，用于控制窗口状态；可右击鼠标打开快捷菜单，实现相应功能；命令菜单一般位于窗口第二行，用鼠标、键盘均可操作，是应用程序功能的汇总。

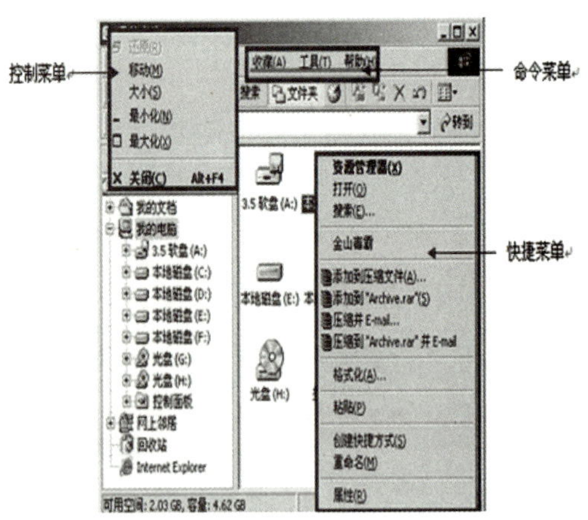

▲ 图2-2-19 Windows菜单、快捷方式

8. 菜单中的特殊符号

（1）分组线：对位于同一菜单中的菜单项进行分组。

（2）暗淡菜单项：表示当前该功能使用条件不成立。

（3）加粗菜单项：在快捷菜单中，表示双击鼠标执行的默认操作。

（4）单选标记（●）：表示该选项为排他性选项。

（5）复选标记（√）：可同时选中并起作用的选项。

（6）右三角标记（▶）：表示该菜单项还有下一级子菜单。

（7）省略号标记（...）：选中后将会弹出一个对话框。

（8）快捷按键：可使用【Alt】加字母选择某一菜单项。

练一练

1. 你有其他打开Windows资源管理器的方法吗?
2. 打开画图、记事本和Windows资源管理器三个窗口，然后按层叠窗口、横向平铺窗口、纵向平铺窗口三种方式显示窗口。
3. 在Windows资源管理器中打开快捷方式菜单和控制菜单。

知识点3："文件夹选项"的设置

"文件夹选项"是一个管理系统文件夹和文件的系统程序，可以从"控制面板"和任意一个文件夹中打开"文件夹选项"，从而进行相关的设置。

1. "文件夹选项"的打开方法

（1）单击桌面左下角的"开始"菜单，在弹出的菜单中单击"控制面板"，如图2–2–20所示；在弹出的"控制面板"中单击"工具"选项，在下拉菜单中单击"文件夹选项"，如图2–2–21所示。

（2）打开任意一个文件夹，在文件夹窗口中单击"工具"菜单，在下拉菜单中单击"文件夹选项"，如图2–2–22所示。

2. "文件夹选项"对话框的组成

"文件夹选项"由"常规""查看"和"搜索"三个选项卡组成，如图2–2–23所示。

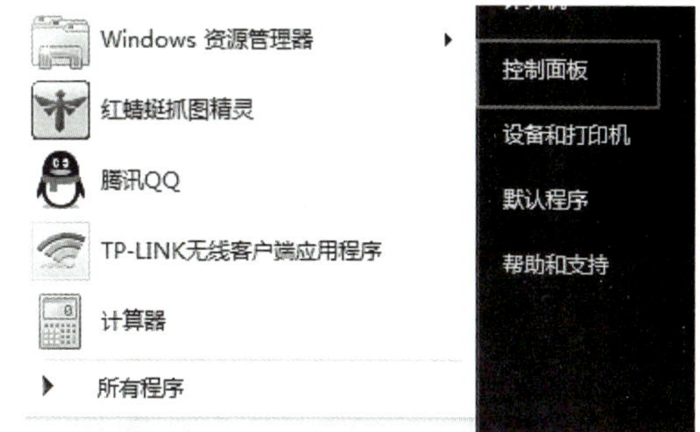

▲ 图2–2–20 打开"控制面板"

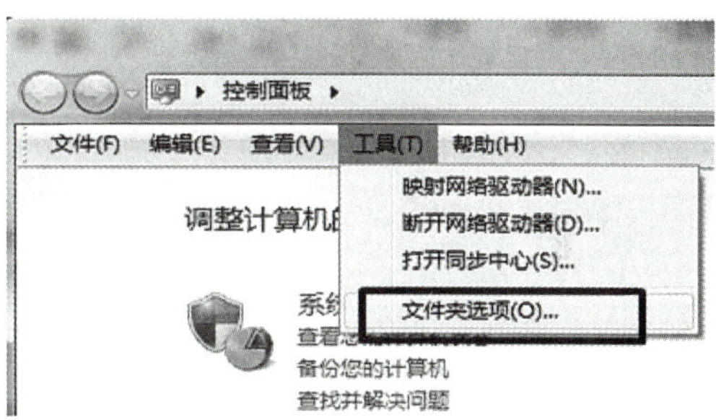

▲ 图2–2–21 选择"文件夹选项"（1）

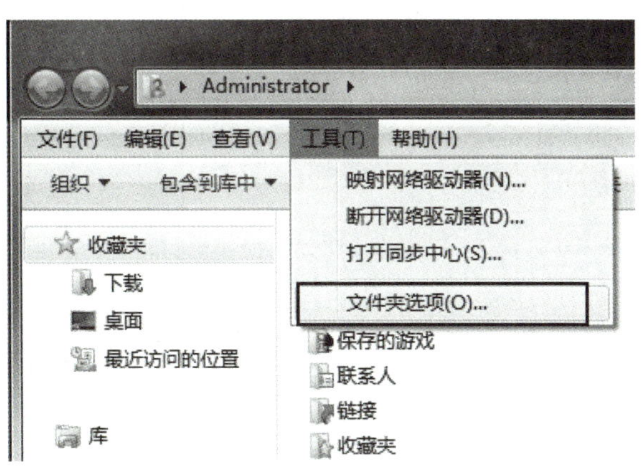

▲ 图2–2–22 选择"文件夹选项"（2）

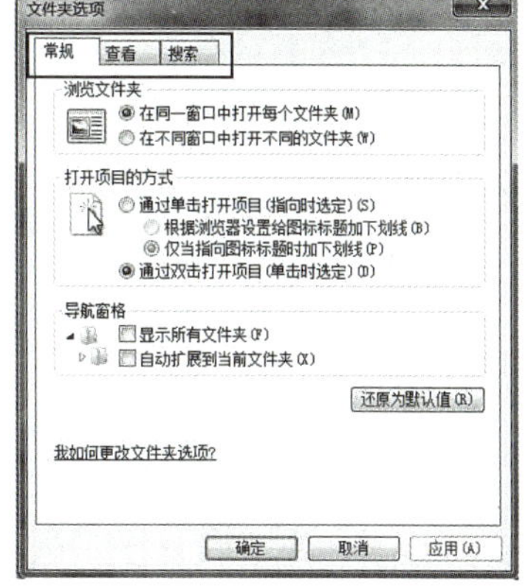

▲ 图2–2–23 "文件夹选项"对话框

3. “文件夹选项”的设置及其意义

在“常规”选项卡中可以设置浏览文件夹的方式、打开项目的方式，也可以进行导航窗格的设置，在“查看”选项卡中可以进行显示隐藏文件等设置，“搜索”选项卡主要设置搜索内容和搜索方式。

（1）多个文件夹的显示方式

文件夹是单独显示还是在同一窗口中显示，可以通过设置“浏览文件夹”来实现。

在“常规”选项卡中选择“浏览文件夹”为“在同一窗口中打开每个文件夹”，打开C盘中的“Windows”，一共打开了三个文件夹，但是文件夹显示的窗口只是在一个文件夹中显示出来，如图2-2-24所示。

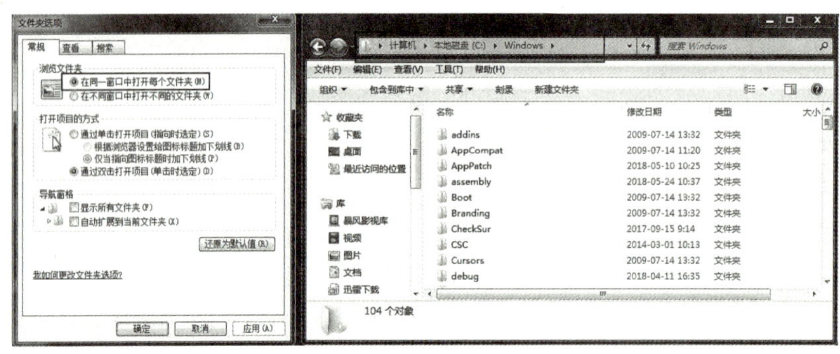

▲ 图2-2-24　在同一窗口中打开每个文件夹

在“常规”选项卡中选择“浏览文件夹”为“在不同窗口中打开不同的文件夹”，打开C盘中的“Windows”，打开的文件夹如图2-2-25所示，即在三个不同的窗口中显示三个文件夹。

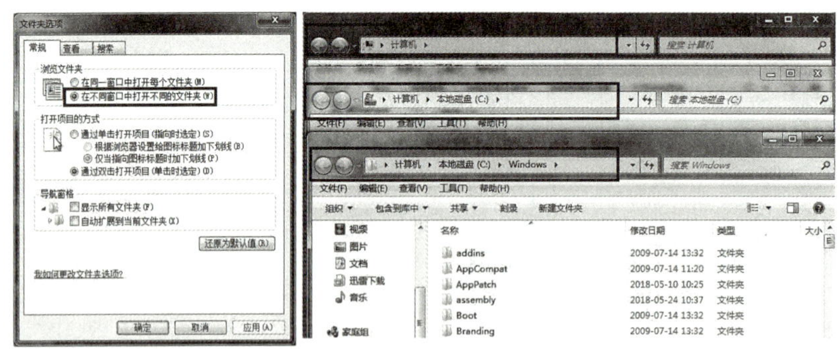

▲ 图2-2-25　在不同的窗口中打开不同的文件夹

（2）显示隐藏的文件夹

修改“查看”选项卡的设置，可以查看隐藏起来的文件或者文件夹，以及显示文件的扩展名。

打开C盘下的“Windows”，将“文件夹选项”中“查看”选项卡设置中“不显示隐藏的文件、文件夹或驱动器”和“隐藏已知文件类型的扩展名”选中，单击“确定”按钮后观察到，“Windows”文件夹下一共有107个对象，如图2-2-26所示。

在“文件夹选项”的“查看”选项卡中选择“显示隐藏的文件、文件夹和驱动器”，并将“隐藏已知文件类型的扩展名”选项取消，单击“确定”按钮后观察到，“Windows”文件夹下一共有108个对象，且所有的文件都有扩展名，如图3-2-27所示。

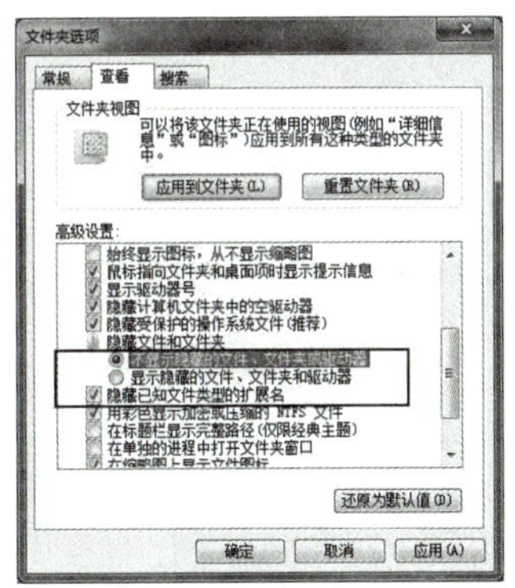
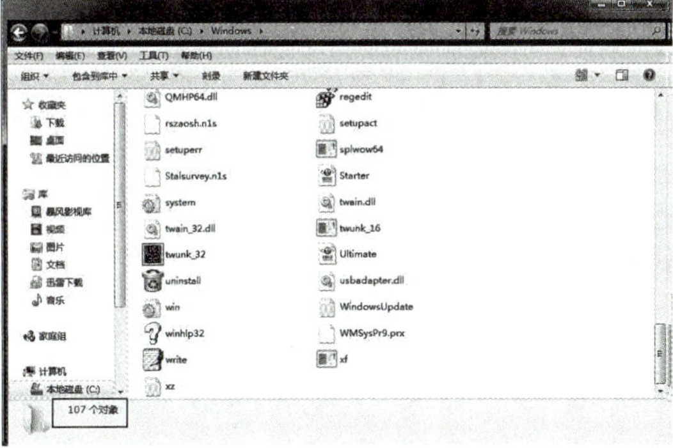

▲ 图2-2-26 隐藏文件后的文件夹

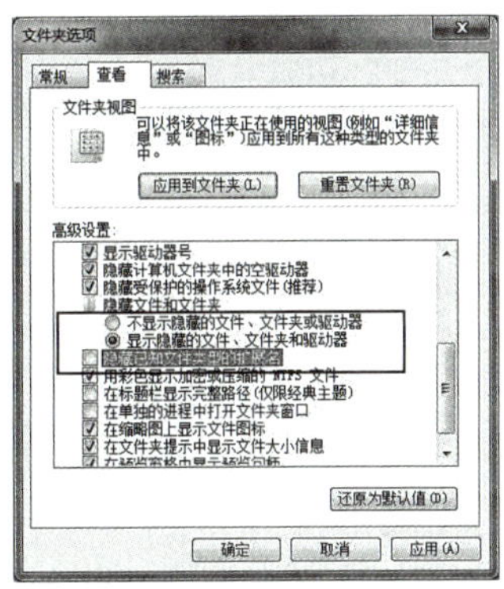

▲ 图2-2-27 显示隐藏文件和文件扩展名

小贴士

在“文件夹选项”中单击“搜索”，在“搜索没有索引的位置时”里面去掉“包含系统目录”选项，可以实现搜索提速。如果设置了系统文件不进行索引，而又要搜索系统文件，那么可以在“搜索方式”中将“在文件夹中搜索系统文件时不使用索引”一项选中。

练一练

1. 修改文件夹选项，将C盘中的隐藏文件以及文件扩展名显示出来。
2. 尝试在不同的窗口中打开不同的文件夹。
3. 不用【Ctrl】键和【Shift】键如何选中不连续的和连续的文件或文件夹？

任务实施

根据王先生遇到的问题整理他电脑桌面上的文件及文件夹，并写出操作步骤。

1. 将桌面文件和文件夹剪切到E盘“我的资料”文件夹中，按照文件类型进行分类，将文件分别移动到“文件”“图片”“视频”“音乐”“程序”五个文件夹中。

2. 给E盘下“我的资料”文件夹创建快捷方式并发送到桌面。

3. 查找“新品企划案”文件，找到后将其放在E盘根目录下，并为之设置隐藏属性。（注：如果找不到该文件，可以新建一个同名文件。）

4. 搜索“我的资料”文件夹下第三个字母是A的所有文本文件，将其移动到资料文件夹下的“FRT\TXT”文件夹中。

5. 把“视频”文件夹压缩后移动到F盘保存。

任务评价

表2-2-2　任务评价表

任务完成情况	自我评价	小组评价
桌面文件夹的整理	□完成　□待完善　原因：	☆☆☆☆☆
指定文件的搜索	□完成　□待完善　原因：	☆☆☆☆☆

拓展提高

文件或文件夹加密

对文件或文件夹加密，可以保护它们免受未经许可的访问。加密文件系统（EFS）是 Windows 的一项功能，是将信息以加密格式存储在硬盘上。

文件或文件夹的加密步骤：右键单击要加密的文件或文件夹，单击“属性”，在跳出的对话框中单击“常规”选项卡中的“高级”按钮，选择“加密内容以便保护数据”复选框，单击“确定”按钮，再次单击“确定”按钮，即完成加密操作，如图2-2-28所示。

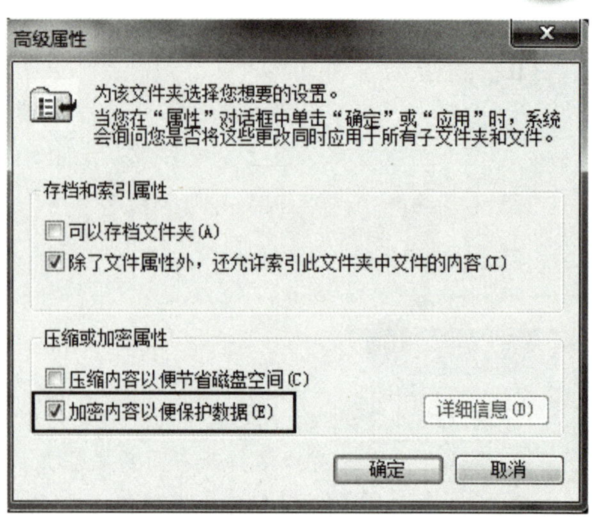

▲ 图2-2-28　文件或文件夹加密

项目三 网络应用与信息安全

任务一 认识网络

任务描述

小李同学家里新装了宽带网，安装人员只负责将家里的1个电脑连接到因特网，而小李同学家里有1个台式电脑、1个笔记本电脑、3个智能手机，这些都需要连接到因特网。请帮助小李同学购买必需的网络设备，组建家庭无线局域网。

学习目标

1. 了解网络的工作原理。
2. 了解常见网络设备的类型和功能。
3. 了解网络体系结构、通信协议的相关知识。
4. 会进行网络的连接和基本设置，会对家庭网络进行相关的设置。
5. 养成正确、安全使用网络的习惯。

知识储备

知识点1：网络的基本概念

计算机网络，顾名思义是由计算机组成的网络系统。在当今社会，计算机网络已成为我们社会结构的一个基本组成部分，人们通过计算机网络进行学习、工作、娱乐、通信、购物等活动。

1. 计算机网络的定义

根据IEEE高级委员会坦尼鲍姆博士的定义，计算机网络是一组自治计算机互联的集合。“自治（或自主）”是指每个计算机都有自主权，不受别人控制；“互联”则是指使用通信介质进行计算机连接，并达到相互通信的目的。计算机网络是把分布在不同地理区域的独立的计算机以及专门的外部设备利用通信线路互联成一个规模大、功能强的网络系统，从而使众多的计算机可以方便地互相传递信息，共享信息资源。网络中的各个计算机系统具有独立的功能，它们在脱离网络时，仍可独立单机使用。常见的计算机网络如图3-1-1所示。

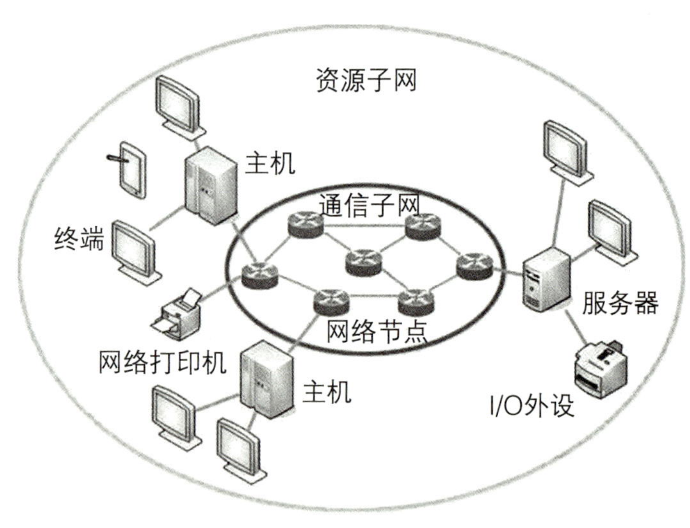

▲ 图3-1-1 常见的计算机网络图

2. 网络的功能

计算机网络系统具有以下丰富的功能，其中最重要的是资源共享和数据传输功能。

（1）资源共享

充分利用计算机网络中提供的资源是计算机网络组网的目的之一。资源包括软件资源和硬件资源。软件资源有形式多种多样的数据，如数字信息、消息、声音、图像等；硬件资源有各种设备，如打印机、传真机等。网络的出现使资源共享变得很简单，交流的双方可以跨越时空的障碍，随时随地传递信息。不管身处何方，用户都可以通过网络使用千里外的计算机资源。

（2）数据传输

计算机网络为分布在不同地点的计算机用户提供了快速传送信息的手段，因而为用户提供了前所未有的方便。网络中的计算机之间或计算机与终端之间，能够可靠地相互传递数据、程序或文件。例如，电子邮件可以使相隔万里的异地用户快速准确地相互通信。

（3）负载均衡

对于大型的任务或当网络中某台计算机的任务负荷过重时，可以将部分任务转交到其他比较空闲的计算机上去处理，从而使整个网络资源能互相协作，避免网络中的计算机忙闲不均，达到充分利用计算机资源的效果。

（4）提高系统的可靠性

在一个较为庞大的系统中，个别部件或计算机出现故障是很难避免的。当计算机互联成网络后，各计算机可以通过网络互为后备，当某一处计算机发生故障时，可以由别处的计算机代为处理，保证任务正常完成，避免系统瘫痪，从而提高了系统的可靠性。

（5）分布式网络处理

在计算机网络中，将综合性大型问题分解成若干个子任务，由网络上不同的计算机分别承担其中的一个子任务，共同运作来完成任务，提高了整个系统的效率。网络技术使解决复杂问题成为可能，从而大大降低成本。

想一想

1. 我们生活中哪些地方用到了计算机网络？
2. 计算机网络给我们的生活带来了哪些变化？

知识点2：常见的网络硬件设备

1. 网络线缆（Network Cable）

网络线缆是将一个网络设备（比如计算机）连接到另外一个网络设备时传递信息的介质，是网络的基本构件。不同的网络有不同连接线缆，如光纤（Fiber）、双绞线（Twisted Pair）、同轴电缆等。其中短距离一般使用双绞线，长距离使用光纤和同轴电缆。图3-1-2是双绞线和光纤的外观图。

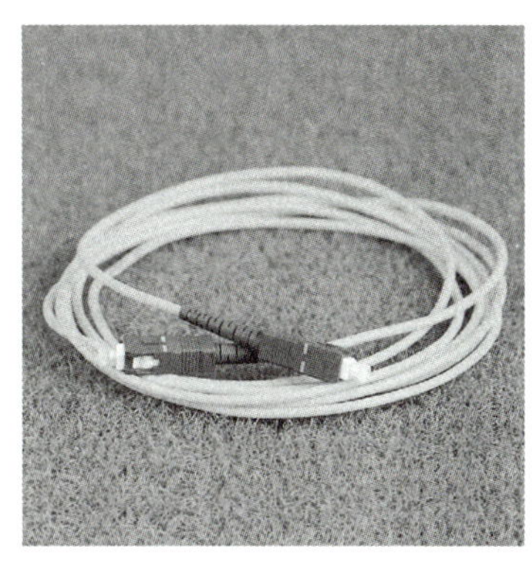

▲ 图3-1-2 双绞线（左）和光纤（右）

2. 网络接口卡（Network Interface Card，NIC）

网络接口卡负责将设备所要传递的数据转换为网络上其他设备能够识别的格式，再通过网络介质传输数据。它的主要技术参数为带宽、总线方式、电气接口方式等。网络接口卡的外观如图3-1-3所示。

每个网络接口卡都有一个物理地址（MAC地址），这个MAC地址在它出厂时由网络接口卡制造商写入网络接口卡的ROM芯片中。如果将网络接口卡插在计算机的主板中，这台计算机就具有了MAC地址。MAC地址是唯一的，不存在两块MAC地址相同的网络接口卡。

▲ 图3-1-3 网络接口卡

3. 集线器（Hub）

集线器是单一总线共享式设备，提供很多网络接口，负责将网络中多个计算机连在一起。所谓“共享”是指集线器所有用户（端口）共用一条数据总线，它们共享集线器的带宽进行彼此之间的通信。集线器只是简单地将输入的信号重复发给连接在它端口上的所有设备，因此平均每个用户（端口）传递的数据量、速率等受活动用户（端口）总数量的限制。集线器在LAN中扮演着中心连接点的角色，其外观如图3-1-4所示。

▲ 图3-1-4 集线器

4. 交换机（Switch）

交换机也称“交换式集线器”（Switched Hub）。同集线器一样，交换机完成局域网内的数据转发，但它的性能却较共享集线器（Shared Hub）大为提高。两者的根本区别在于交换机在发送和接收主机之间形成了一个虚电路，使各端口设备能独立地进行数据传递而不受其他设备的影响，表现在用户面前即各端口有独立、固定的带宽。此外，交换机还具备集线器欠缺的功能，如数据过滤、网络分段、广播控制等。交换机外观如图3-1-5所示。

▲ 图3-1-5 交换机

5. 路由器（Router）

路由器是一个重要的网络互联设备，它的主要作用是为收到的报文寻找正确的路径，并把它们转发出去。在局域网中，路由器从一个子网向另一个子网传递数据包，在网络建设中具有不可替代的作用。图3-1-6和图3-1-7是常见的两种路由器。

和交换机相比较，路由器通常用于局域网和广域网的互联，其传输速率低于交换机的传输速率。

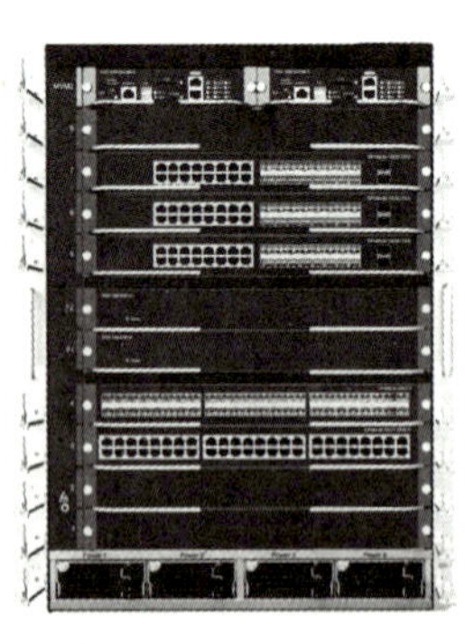

▲ 图3-1-6 网络机房中端路由器

▲ 图3-1-7 小型无线路由器

想一想

你身边有哪些是今天我们学到的网络硬件设备？它们分别有什么作用？

知识点3：计算机网络的分类

从不同的角度对网络有不同的分类方法，每种网络名称都有特殊的含义。用几种名称的组合或名称加参数更可以看出网络的特征，如“千兆以太网”表示传输率高达千兆的总线型网络。

1. 按地理位置分类

（1）局域网（LAN）：一般限定在较小的区域内，小于10 公里的范围，通常采用有线的方式连接。

（2）城域网（MAN）：规模局限在一座城市的范围内，一般是10—100公里的区域。

（3）广域网（WAN）：网络跨越国界、洲界，遍布全球。

局域网和广域网是网络的热点。局域网是组成其他两种类型网络的基础，城域网一般都加入了广域网。广域网的典型代表是因特网。

（4）个人网（Personal Area Network，PAN）：指个人范围（随身携带或数米之内）的计算设备（如计算机、电话、PDA、数码相机等）组成的通信网络。个人网既可以用于这些设备之间互相交换数据，也可以用于连接到高层网络或互联网。个人网可以是有线的形式，例如USB或者Firewire（IEEE1394）总线；也可以是无线的形式，例如红外（IrDA）或蓝牙。

2. 按传输介质分类

（1）有线网络：采用有线传输介质作为通信介质的网络称为有线网络。目前通用的有线传输介质有同轴电缆、光纤、双绞线等。

（2）无线网络（Wireless Network）：是采用无线通信技术实现的网络。无线网络既包括允许用户建立远距离无线连接的全球语音和数据网络，也包括为近距离无线连接进行优化的红外线技术及射频技术。它与有线网络的用途十分类似，最大的不同在于传输媒介的不同。它利用无线电技术取代网线，可以和有线网络互为备份。

3. 按拓扑结构分类

网络的拓扑结构是指网络中通信线路和站点（计算机或设备）的几何排列形式。

（1）星型拓扑网络：各站点通过点到点的链路与中心站相连，如图3-1-8所示。特点是很容易在网络中增加新的站点，数据的安全性和优先级容易控制，易实现网络监控，但中心节点的故障会引起整个网络的瘫痪。

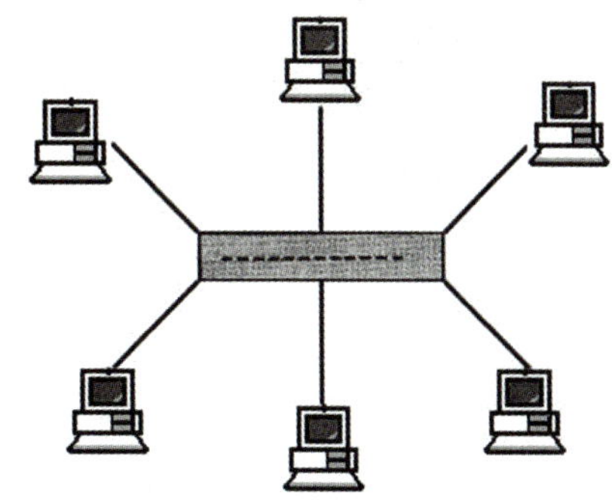

▲ 图3-1-8 星型拓扑网络

（2）环形拓扑网络：各站点通过通信介质连成一个封闭的环形，如图3-1-9所示。环形网容易安装和监控，但容量有限，网络建成后，难以增加新的站点。

（3）总线型拓扑网络：网络中所有的站点共享一条数据通道，如图3-1-10所示。总线型拓扑网络安装简单方便，需要铺设的电缆最短，成本低，某个站点的故障一般不会影响到整个网络。但介质的故障会导致网络瘫痪，总线型拓扑网络安全性低，监控比较困难，增加新站点也不如星型网容易。

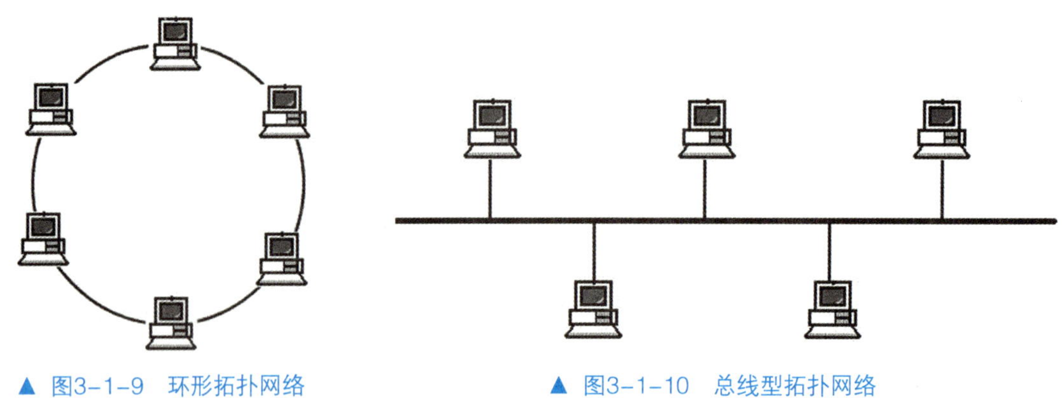

▲ 图3-1-9　环形拓扑网络

▲ 图3-1-10　总线型拓扑网络

树型网、簇星型网、网状网等其他类型的拓扑结构网络都是以上述三种拓扑结构为基础的。

知识点4：网络协议

计算机网络的通信是由不同类型的计算机设备之间通过协议（Protocol）来实现的。协议是一系列规则和约定的规范性描述，它定义了设备间通信的标准。使用哪一种设备并不重要，但这些设备一定要使用相同的协议。就像人们进行语言交流一样，是哪个国家的人并不重要，只要都讲相同的语言就可以沟通，参考图3-1-11。常用到的网络协议有：TCP/IP、X.25、IPX/SPX、SLIP、PPP、Frame Relay等。

1. IP地址

因特网是通过路由器将不同类型的物理网互联在一起的虚拟网络。为了使信息能准确传送到网络的指定站点，像每一部电话只有一个唯一的电话号码一样，各站点的主机（包括路由器）都必须有一个唯一的可识别的地址，称为IP地址。一台主机的IP地址由网络号和主机号两部分组成。

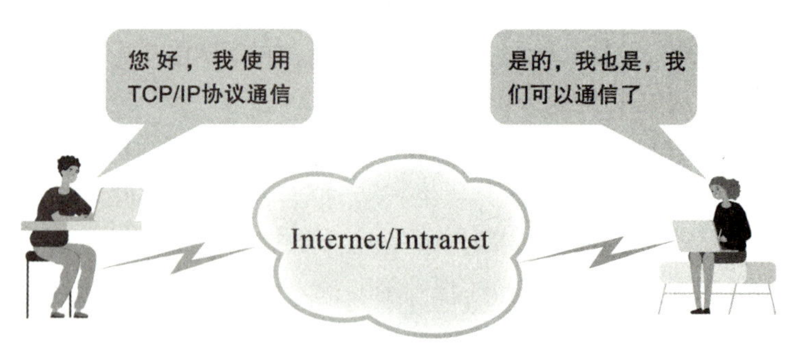

▲ 图3-1-11　用相同协议进行通信

IP地址用32个比特（4个字节）表示。为了便于管理，将每个IP地址分为4段（一个字节一段），用3个圆点隔开，每段用一个十进制整数表示。每个十进制整数的范围是0~255。例如，“202.111.122.66”和“202.201.80.1”都是合法的IP地址。

由于网络中的IP地址很多，所以又将它们按照第一段的取值范围分为5类：0—127为A类，128—191为B类，192—223为C类，D类和E类留作特殊用途。

2. 域名

由于IP地址采用四段式的数字过于抽象，非常难于记忆，因此有必要使用一种便于记忆的系统。这就好比我们记一个人的身份证号码不容易，可记他的名字却比较容易。根据这种情况，Internet又制定了另外一套新的规则，也就是采用方便记忆的域名（Domain Name）系统来定义网上电脑。

域名和IP地址都用来表示主机的地址，实际上是同一件事物的不同表示。用户可以使用主机的IP地址，也可以使用它的域名。从域名到IP地址或者从IP地址到域名的转换由域名服务器（DNS）完成。例如，“pku.edu.cn”是北京大学的一个域名，用户要访问北京大学的网站，既可以通过该域名访问，也可以通过北京大学网站服务器的IP地址访问。

3. 小型路由器的设置方法（办公室或家庭使用）

（1）正确连接

① 首先将宽带猫（Modem）接出来的网线连接到路由器的WAN口或因特网接口（一般为有特殊颜色的接口），如图3-1-12所示。

▲ 图3-1-12 连接路由器

② 再找一根网线，一端连接路由器的LAN接口，一端连接计算机的网卡接口。

（2）设置过程

① 首先打开IE浏览器，在浏览器地址栏输入路由器标签中的地址（一般为“192.168.1.1”或“192.168.0.1”，初始地址在路由器标签或说明上有），如图3-1-13所示。

▲ 图3-1-13 输入路由器标签中的地址

② 此时弹出路由器登录窗口，如图3-1-14所示，输入路由器标签中的默认账户和密码（一般为“admin”或“guest”）。

③ 登录路由器后点击“设置向导”，上网方式选择PPPOE（ADSL）。点击“下一步”，在用户名一栏输入宽带账号，在密码一栏输入宽带密码，其他选择默认设置，如图3-1-15所示。

如果使用的是静态地址，按照事先分配的地址内容设置即可。（注意：只有使用正确的宽带账号密码才能正常登录网络。）经过此步骤之后，路由器即可正常使用。

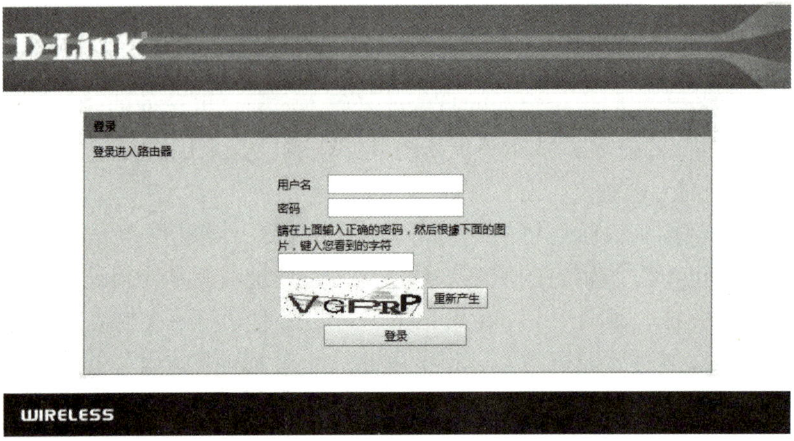

▲ 图3-1-14　登录进入路由器

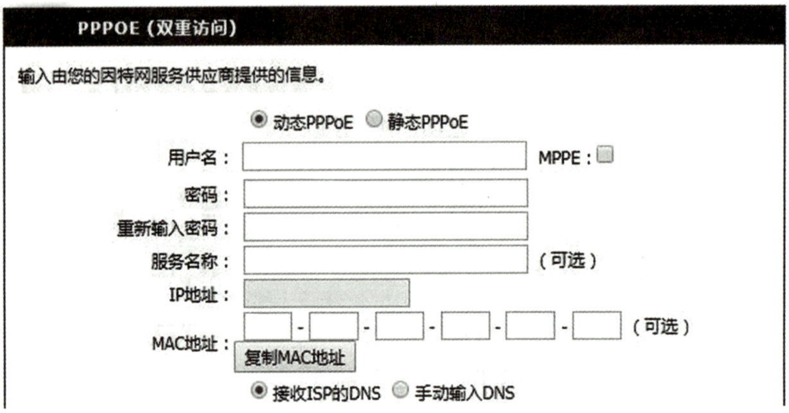

▲ 图3-1-15　设置ADSL用户

④ 无线网络设置

无线基本设置步骤：

点击左边的“无线设置”，进入设置界面。输入SSID号（此SSID就是以后用户使用无线时搜索的无线网线，用英文名称），信道选择“自动”，模式选择默认模式，频段带宽也选择默认模式，勾选“开启无线功能”和“开启SSID广播”，最后单击“保存”按钮。参考图3-2-16。

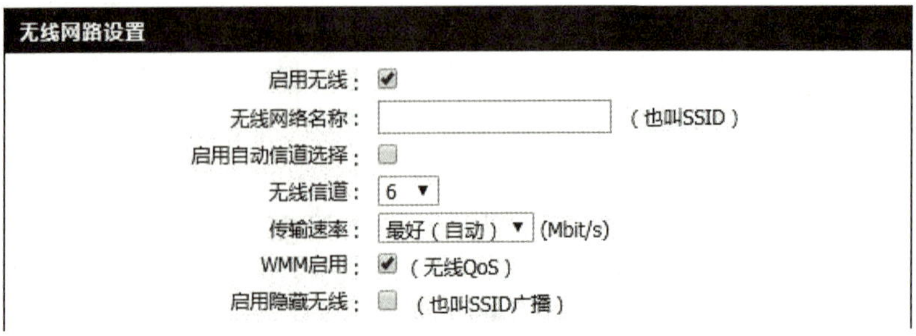

▲ 图3-1-16　无线参数基本设置

无线安全设置步骤（这里主要是设置无线连接的密码）：

点击左边“无线设置”中的无线安全设置，选择“WPA-PSK/WPA2-PSK”（目前这种加密方式最安全，不易被破解），认证类型、加密算法均选择默认模式；最后输入PSK密码，此密码是无线接入时使用的密码，要复杂点，最好是“数字+大小写字母+符号”的组合，比较安全。

想一想

1. IP地址和域名的区别是什么？
2. 如何修改电脑系统的IP地址？

任务实施

1. 小李同学首先必须购买一台小型家用无线路由器和两根网线。

2. 利用台式电脑配置路由器。

① 将台式电脑的IP地址设置为自动获取，设置完成后，在电脑浏览器中输入地址“192.168.0.1”，回车后就能登录路由器设置向导。

② 在路由器设置向导中找到外网（因特网）设置，将上网方式设置为拨号上网，并且是自动进行拨号，输入运营商提供的用户名和密码。以后只要电脑通电路由器就将自动拨号上网，带动整个家庭的外网。

③ 在路由器设置中找到无线设置选项，将无线网SSID（无线网的名称）修改成自己熟悉的名称，并在安全设置中设置无线网登录密码。

3. 将家里的笔记本电脑打开，通过无线网搜索到事先设置好的无线网名称，输入密码后连接成功即可上网。智能手机的设置方法和笔记本电脑上的设置类似。

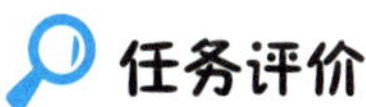

任务评价

表3-1-1　任务评价表

任务完成情况	自我评价	小组评价
台式电脑配置路由器	□完成　□待完善　原因：	☆☆☆☆☆
笔记本电脑设置上网	□完成　□待完善　原因：	☆☆☆☆☆

拓展提高

IPv4与IPv6

目前，全球因特网所采用的协议族是TCP/IP协议族。IP是TCP/IP协议族中网络层的协议，是TCP/IP协议族的核心协议。当前普遍使用的IP协议的版本号是4（简称“IPv4”），IPv4的地址位数为32位，也就是最多有2的32次方的电脑可以连到因特网上。近十年来由于互联网的蓬勃发展，IP地址的需求量越来越大，而可用的IP地址却越来越匮乏。

下一代互联网协议IPv6完美地解决了地址空间问题，它采用128位地址长度，几乎可以不受限制地提供地址。按保守方法估算，IPv6实际可分配的地址有这么多：整个地球的每平方米面积上可分配1 000多个地址。IPv6除了一劳永逸地解决了地址短缺问题以外，还考虑了在IPv4中解决不好的其他问题，主要涉及端到端IP连接、服务质量（QoS）、安全性、移动性、即插即用等。

任务二　网络信息的获取

任务描述

临近放假，小李同学计划到北京舅舅家玩，他希望了解一些与北京故宫相关的信息，如图3-2-1所示。同时，他还希望了解从南京到北京的火车车次、时间等情况，如图3-2-2所示。通过上节课的学习，我们已经成功地将小李同学的家庭电脑接入了因特网，现在让我们利用网络资源，帮他解决上述问题。

▲ 图3-2-1　故宫相关信息

南京到北京-火车票时刻表|车票预订

车站 南京 ⇄ 北京

高速动车(G) 立即查询

出发	历时/车次	到达	票价	
07:16 南京南	4时52分 G2578	12:08 北京南	¥445	买票
二等座(有票) 一等座(有票) 商务座(18张)				
08:04 南京南	4时34分 G102	12:38 北京南	¥445	买票
二等座(有票) 一等座(有票) 商务座(11张)				
08:33 南京南	4时35分 G172	13:08 北京南	¥445	买票
二等座(有票) 一等座(有票) 商务座(1张)				

查看全部28趟车次>

▲ 图3-2-2 从南京到北京的火车车次、时间等信息

学习目标

1. 了解目前常用的浏览器，能使用浏览器搜索信息，以及使用收藏夹等功能。
2. 能使用关键词在合适的搜索引擎中进行有效的信息收集。
3. 能正确判断网络上信息的价值。

知识储备

知识点：使用搜索引擎

1. 搜索引擎（Search Engine）的定义

搜索引擎指根据一定的策略，运用特定的计算机程序从互联网上搜集信息，在对信息进行组织和处理后，为用户提供检索服务，将用户检索相关的信息展示给用户的系统。常见的搜索引擎有百度等。

2. 搜索引擎基本的工作方式

（1）目录索引类搜索引擎

目录索引类搜索引擎提供目录检索服务，该服务适用于按指定的主题查找信息。这类搜索引擎将各种各样的信息按主题分成一些大类，再按细目一级级分成小类，一直到相关信息所在的网址，其搜索过程类似于在图书馆按分类目录查找所需要的书目一样。

此类搜索引擎的例子有新浪等，如图3-2-3所示。

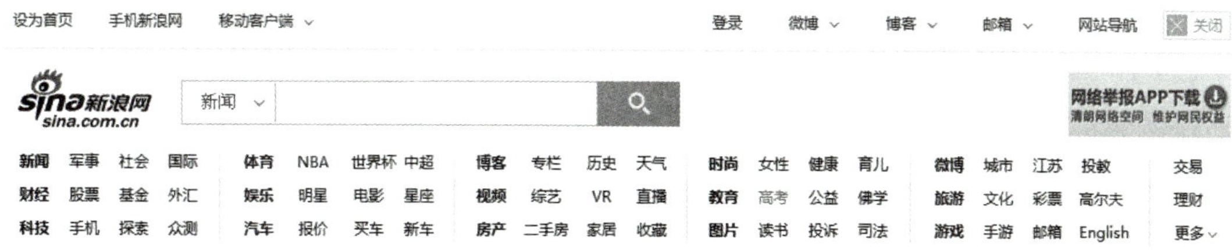

▲ 图3-2-3 新浪搜索引擎

目录索引类搜索引擎一般为链状的树型结构，由“总目录→专题目录→链接→网站”构成。

（2）全文搜索引擎

全文搜索引擎又称“关键词搜索引擎”，提供关键词检索服务，该服务适用于按只言片语来查找信息。这类搜索引擎根据输入的几个字、词或短语，在索引数据库里查找相关的信息所在的网址，其搜索结果通常会列出许多相关的网址，供用户选择。

此类搜索引擎的例子有百度等，如图3–2–4所示。

▲ 图3–2–4 百度搜索引擎

小贴士

表3–2–1 全文搜索引擎与目录索引类搜索引擎的对比

	全文搜索引擎	目录索引类搜索引擎
代表	百度、北大天网	新浪、搜狐、网易
特点	需要使用关键词进行查询	浏览主题，了解某一主题的相关资源
	信息资源多、复杂，不便于用户了解主题内容	网页内容丰富、分类清晰

3. 关键词的选择

用户在搜索栏内输入的字或词，在搜索引擎中称为“关键词”。关键词是获取良好搜索结果的前提，正确使用关键词，可以缩小搜索范围。关键词越少，搜索出的结果越多，因此可以使用多个关键词来缩小查询范围。多个关键词之间可以用空格分隔。在使用关键词搜索时，应注意以下几点：

（1）不使用口语作为关键词。

（2）使用两个或两个以上的关键词。

（3）注意关键词表述的准确性。

例如，要回答题目“多少级以上的地震会造成破坏？（A. 4.5级　B. 5级　C. 6级）”，可输入关键词“震级造成破坏”。

4. 搜索中常用的技巧

打开百度首页不会直接找到高级搜索设置，但在新闻、图片、视频等分平台上有高级搜索设置。针对不同的平台开启对应的高级搜索设置，这样更能发挥高级搜索的功能。高级搜索打开后的界面如图3-2-5所示。

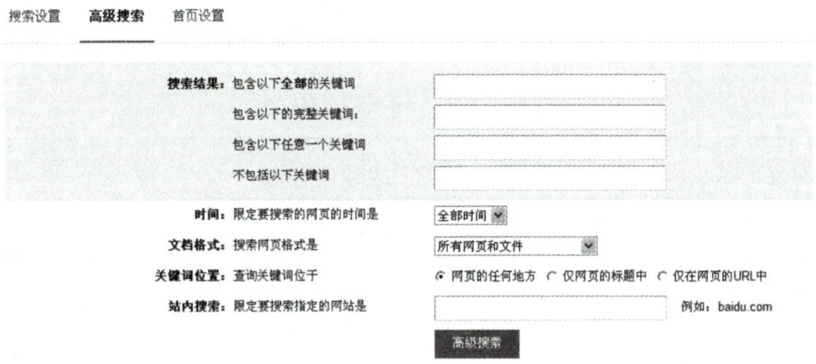

搜索设置 高级搜索 首页设置

搜索结果：包含以下全部的关键词
包含以下的完整关键词：
包含以下任意一个关键词
不包括以下关键词
时间：限定要搜索的网页的时间是 全部时间
文档格式：搜索网页格式是 所有网页和文件
关键词位置：查询关键词位于 网页的任何地方 仅网页的标题中 仅在网页的URL中
站内搜索：限定要搜索指定的网站是 例如：baidu.com
高级搜索

▲ 图3-2-5 百度高级搜索界面

小贴士

搜索小技巧：

1. 不要局限于一个搜索引擎。当搜索不到理想的结果时，试着用另外一个搜索引擎。

2. 强制搜索的方法：加英文双引号。

3. 使用加号“+”。例如，输入“+电脑+电话+传真”就表示要查找的内容必须同时包含“电脑”“电话”“传真”这三个关键词。

4. 使用减号“-”。例如，在搜索引擎中输入“神雕侠侣-电视剧”，则表示最后的查询结果中一定不包含“电视剧”。

练一练

上网搜索有关新能源汽车的资料，在班级同大家分享。

任务实施

使用浏览器进行浏览网页、收藏网页、保存网页中的图片等操作；利用搜索引擎查找有关北京故宫的相关信息，并查找从南京到北京的列车车次与时间表。

1. 启动搜索引擎（以百度为例）。

2. 打开百度首页，在搜索栏中输入关键词“北京故宫”，打开相关链接，浏览网页并收藏网页，将网页中的图片保存在自己创建的文件夹中。

3. 切换到百度的主页面，在搜索栏中输入关键词“南京至北京列车时刻表”，找到需要的信息。

如果你感兴趣，利用百度搜索两个介绍专利的网站，搜索一个关于手机防盗产品的专利技术，写出检索步骤并配上截图。

任务评价

表3-2-2　任务评价表

任务完成情况	自我评价	小组评价
浏览器的正确使用	□完成　□待完善　原因：	☆☆☆☆☆
搜索引擎的正确使用	□完成　□待完善　原因：	☆☆☆☆☆

拓展提高

整理浏览器的收藏夹

浏览器为用户提供了收藏夹，可以利用收藏夹对网址进行统一、有效的管理。操作步骤如下：

1. 在收藏夹中新建文件夹

① 单击“收藏夹”后选择“整理收藏夹”，弹出“整理收藏夹”对话框。

② 单击“新建文件夹”按钮，浏览器界面右侧框通常会出现一个新建的文件夹，默认名字为“新建文件夹”，将文件夹重命名为“文字”，如图3-2-6所示。

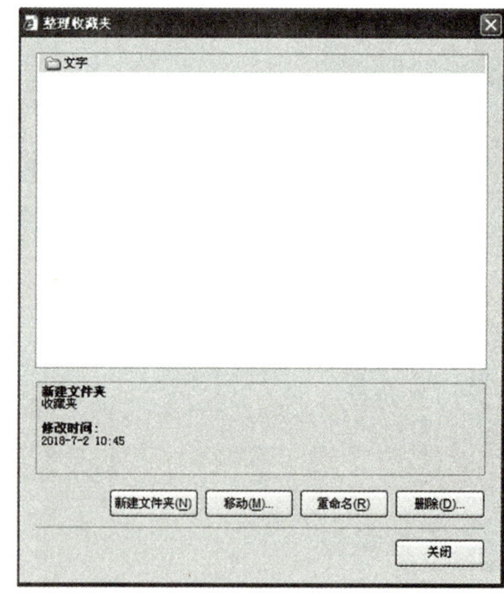

▲ 图3-2-6　在收藏夹中新建文件夹

③ 用同样的方法创建其他文件夹。

2. 整理网址

① 选择要保存的网址，如“军事_环球网”。单击“收藏夹”按钮，弹出“添加收藏”对话框，选中“文字”文件夹，单击“添加”按钮，如图3-2-7所示。

② 用同样的方法，将其他网址整理到相应的文件夹。

3. 删除网址

单击要删除的网址，再单击“删除”按钮，弹出确认是否删除文件的对话框，选择“是”，如图3-2-8所示。

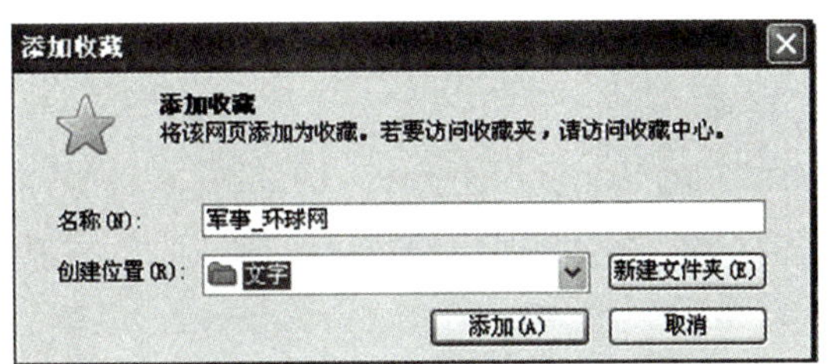

▲ 图3-2-7 在收藏夹中整理网址

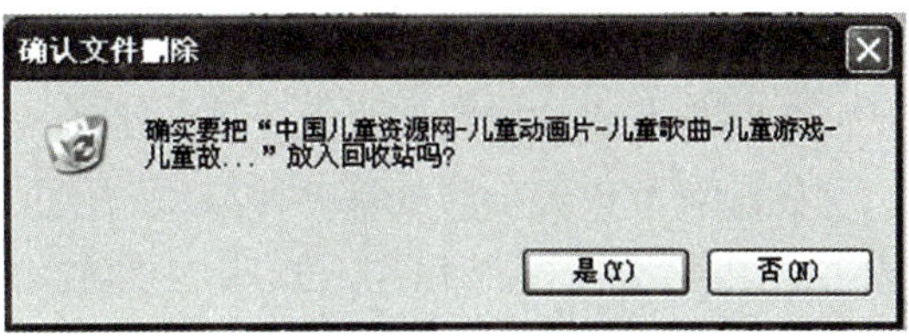

▲ 图3-2-8 确认是否删除文件

任务三 期刊信息资源检索与利用

任务描述

小李同学最近正在撰写自己的毕业论文，他想查阅一些专业方面的期刊论文作为文献综述的资料。他在学校可以通过图书馆网站登录常用的期刊网，那么，通过哪些查找方法，才能找到2020年以来关于“计算机网络安全”的专业论文？请你帮助他。

学习目标

1. 掌握文献检索的基本概念、原理及常用的检索技术。

2. 了解常用的期刊文献检索工具的收录范围及特点，能根据实际情况选择相应的工具进行信息检索。

3. 熟悉文献检索的方法、途径和步骤，能够从海量信息中检索到所需信息。

3. 提升个人信息素养，提高检索技巧，培养获取和利用网络信息资源的能力。

4. 能在信息资源检索中辨识有益与不良的网络信息，能合法合规地使用网络信息资源。

5. 能对网络信息资源的安全性、正确性和可信度进行评价。

知识储备

知识点1：期刊的分类

期刊(Periodical)又称杂志，是指有固定名称，用卷、期或者年、季、月顺序编号，按照一定周期出版的成册连续出版物。

1. 期刊的分类

期刊按内容特征可以分为综合性期刊、学术技术性期刊、通俗性期刊、科普性期刊、检索性期刊；按载体形式可以分为印刷型期刊和电子期刊；按出版频率可以分为年刊、半年刊、季刊、双月刊、月刊、半月刊、周刊等。

2. 国际标准连续出版物号（International Standard Serial Number，ISSN）

国际标准连续出版物号是国际通行的出版物代码，由8位阿拉伯数字组成，前后两组数字间用连字符“-”相连。如ISSN 1002-1027，最后一位为校验号，当校验号为10时，用罗马数字X表示。ISSN号只用于识别某一特定题名的连续出版物，不表示出版国别、语种、学科类别。

3. 中国标准刊号（China Standard Serial Number，CSSN）

中国标准刊号用于由中国新闻出版管理部门正式批准登记的报纸和期刊，用于报刊的发行、检索和管理，目的是使在中国登记的每一种报纸和期刊的每一个版本都有一个唯一的标准编码。如“CN 11-2746/G2”，“CN”为国别代码，“11-2746”为报刊登记号，由“地区代号-序号”组成；“G2”为分类号。

4. 学术期刊

学术期刊的内容主要以原创研究、综述文章、书评等形式的文章为主，展示研究领域的成果，起到公示的作用。学术期刊具有刊载原始文献、出版量大、报道分散、多作者等特点，是传递和累积科研信息的主要手段，是评价科研人员学术水平的工具。学术期刊还起着汇集其他类型文献信息的作用，是创新知识和信息的载体，在知识创新中发挥重要功能。

5. 核心期刊

某学科（某专业或某专题）的核心期刊是指该学科所涉及的期刊中，刊载相关论文较多、信息量较大的、论文学术水平较高的，能反映本学科最新研究成果及本学科前沿研究状况和发展趋势的，较受该学科读者重视的期刊。目前常用的中文核心期刊是指北大核心期刊和南大核心期刊。

知识点2：国内常用期刊数据库

1. 中国期刊全文数据库——中国知网（http://www.cnki.net）

中国期刊全文数据库是基于中国知识基础设施工程（China National Knowledge Infrastructure，CNKI）的重点项目之一，由清华大学、清华同方发起，始建于1999年6月，收录国内核心期刊和专业特色期刊的全文和题录。数据库包括理工（A、B、C三类）、农业、医药卫生、文史哲、经济法律与政治、教育与社会科学、电子技术与信息科学等专辑。

2. 万方数据库（https://www.wanfangdata.com.cn）

万方数据库是由万方数据公司开发的，涵盖期刊、会议纪要、论文、学术成果、学术会议论文的大型网络数据库，也是在中国和中国知网齐名的专业学术数据库。该数据库资料来源于中国科技信息研究所和国家各部委、中科院以及各级信息机构。收录范围包括期刊、会议、学位论文、标准、专利和名录等，是国内唯一的学术会议文献全文数据库。

3. 维普资讯网（http://www.cqvip.com/）

维普资讯网建立于2000年，与百度文库、百度百科有战略合作关系，是国内主流的学术传播平台，也是全球著名的中文专业信息服务网站。维普资讯网主要提供信息检索、文献获取、自主学习、学术写作、论文检测、论文发表、知识管理和文献保障、资源服务的、信息组织、数据挖掘等服务。

以上三个国内常见的数据库标识如图3-3-1所示。

▲ 图3-3-1　三个国内常用的数据库

小贴士

以上介绍的数据库网站均支持常用的检索查询功能。但是如果要下载文献资源，是需要付费的。在校学生如果想要免费下载资源，可以使用所在学校的图书馆网站中的相应登录入口，以校园注册用户的身份登录数据库进行免费下载。

练一练

1. 除了以上提到的几个常用网站，你还知道哪些工具或网站可以检索和下载文献？
2. 在百度等搜索引擎中能否直接下载我们需要的文献资源呢？

知识点3：文献检索的基本操作

1. 文献检索的基本方法

（1）首先根据需要选择数据库，如果是单库检索，则选择单一数据库；如果是跨库检索，则选择多个数据库。

（2）设置检索策略。

① 分析选题，抽取检索词。

② 选择什么检索方法？简单检索、高级检索还是专业检索？

③ 选择检索字段，输入检索词或检索表达式，设置检索条件等，进行检索。

④ 需要二次检索吗？如果检索结果不满意，应该调整检索策略，进行扩展或缩减，优化检索结果。

2. 检索方式

检索方式一般包括一框式检索、初级检索、高级检索、专业检索等。

知识点4：中文数据库检索步骤

下文以在中国知网检索为例，检索发表在核心期刊中的、有关道家思想在现代企业管理中的应用的文献，简要说明中文数据库检索步骤。

1. 一般的检索步骤

（1）分析任务要求，抽取检索词为“现代企业管理”“道家”（为了检索全面，还可以扩展相关词，如道家、道教、老子、庄子、无为、无神论等）。

（2）确定检索范围，本示例选择单库：中国期刊全文数据库。

（3）选择检索方式：一框式检索、初级检索、高级检索、专业检索等。

（4）选择检索字段，输入检索词。

（5）设置检索条件（这里应限定为核心期刊），进行检索。

（6）根据检索结果确定是否需要进一步筛选，如果需要，进行二次检索。

2. 使用中国期刊全文数据库（CNKI）检索

（1）进入方法

用浏览器直接搜索“中国知网”，进入中国知网首页，如图3-3-2所示。

通常情况下，在中国知网需要以个人用户身份登录并注册之后才能使用较为完整的功能。

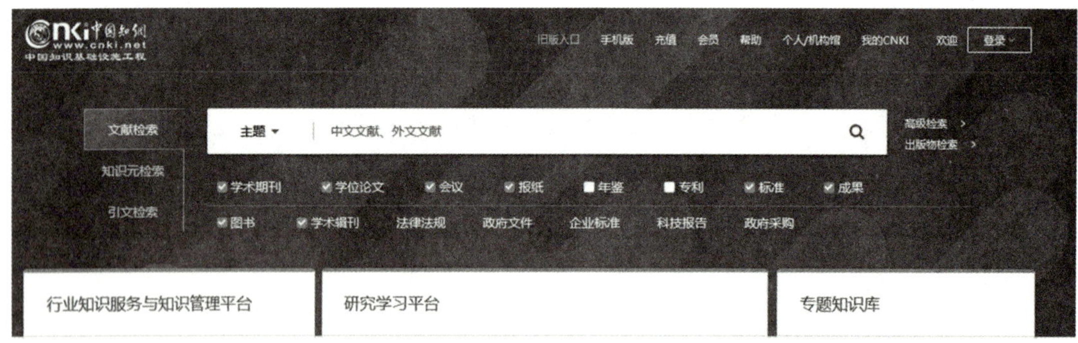

▲ 图3-3-2　中国知网首页

（2）了解检索界面和检索条件

在正式进行搜索前，应对数据库检索的界面（图3-3-3）和检索条件（图3-3-4）有所了解。

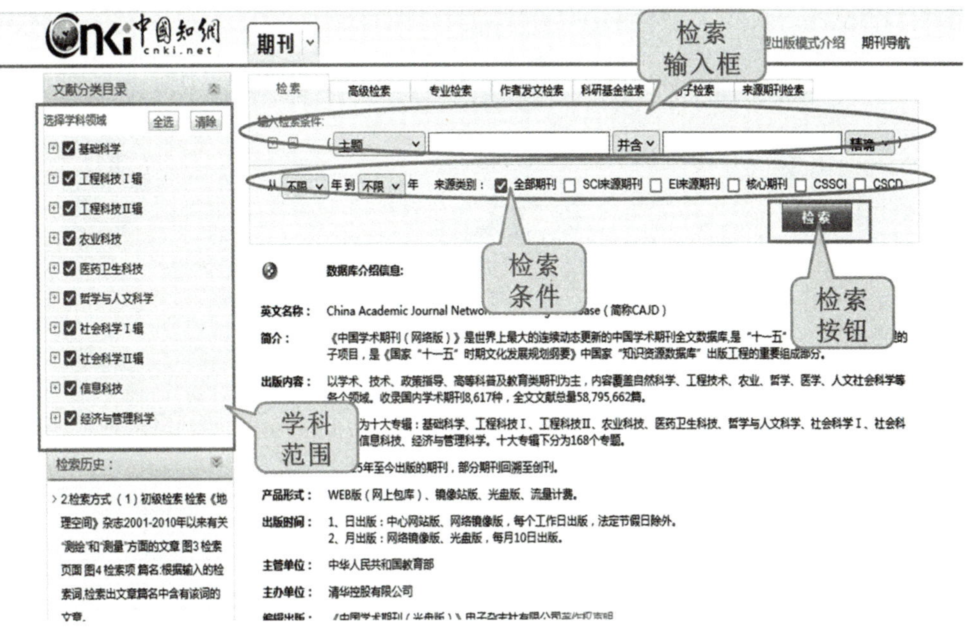

▲ 图3-3-3 中国期刊全文数据库检索的界面

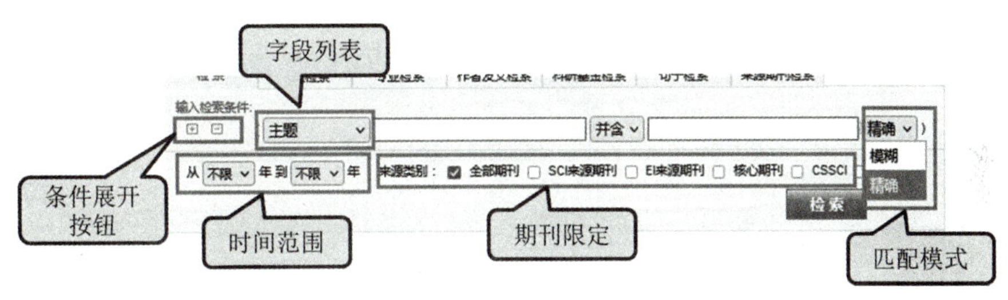

▲ 图3-3-4 检索条件

检索字段包括的内容较多（图3–3–5），以下是常用的字段及作用：

关键词：也称主题词，可检索含有该关键词的所有文章。

篇名：根据输入的检索词，检索文章篇名中含有该词的文章。

全文：在检索词输入任意字或词，可检索在全文任意处出现该字或词的文章。

作者：根据输入的检索词，检索作者姓名中含有该检索词的文章。

作者单位：可以检索到所有的该单位该作者的文章。

基金：可以检索到该基金项目的所有文章。

摘要：按照输入检索词对数据库中所收录文章的中文摘要进行检索。

分类号：根据《中国图书馆分类法》给的分类号来检索。

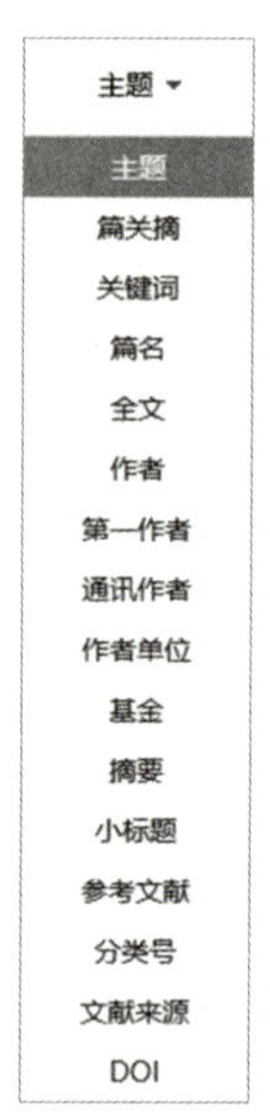

▲ 图3–3–5　检索字段包含的内容

（3）选择检索方式

①一框式检索

一框式检索方式方便快捷，如图3–3–6所示，检索过程主要分为三步：

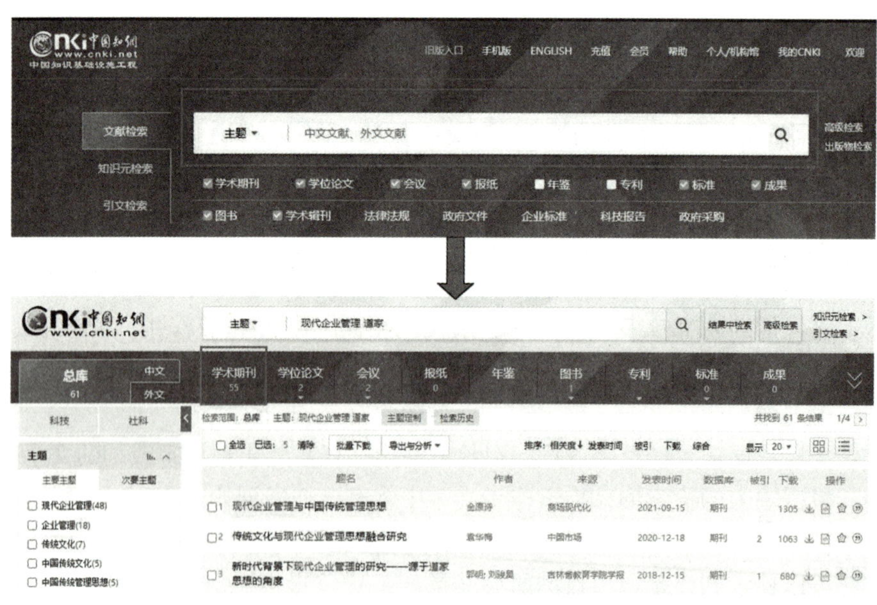

▲ 图3–3–6　一框式检索

第一步，确定检索范围。

在一框式检索栏的上方，点击检索设置，可以实现资源的添加或删除，也可以拖动各资源类型模块，调整资源顺序，检索结果页按所做的设置显示，如图3–3–7所示。

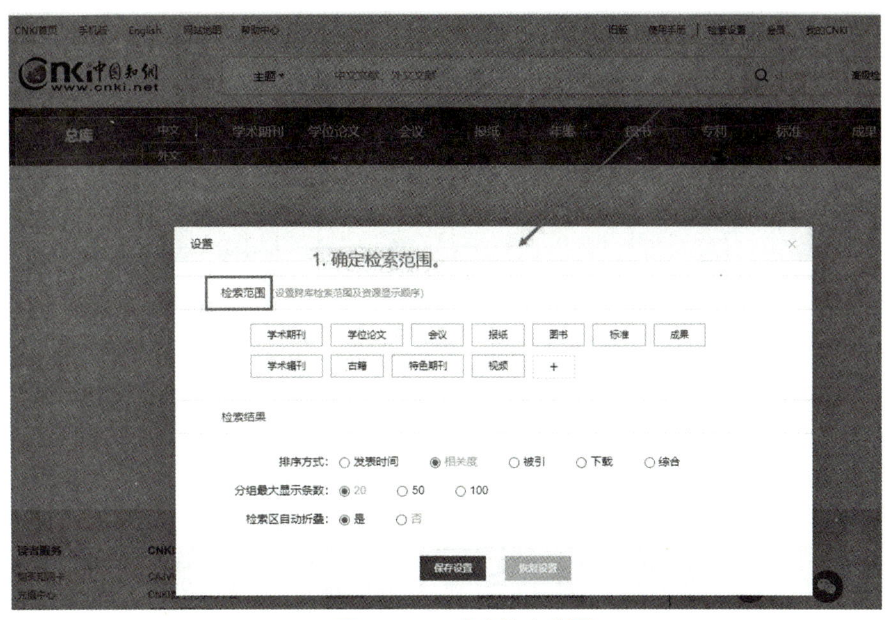

▲ 图3–3–7　确定搜索范围

第二步，选择检索字段。

总库提供的检索项很多，用户可以根据自己的需要选择对应的检索项。

第三步，输入检索词。

最后，我们在一框式检索栏中输入自己需要检索文献的关键词就可以了，如图3–3–8所示。

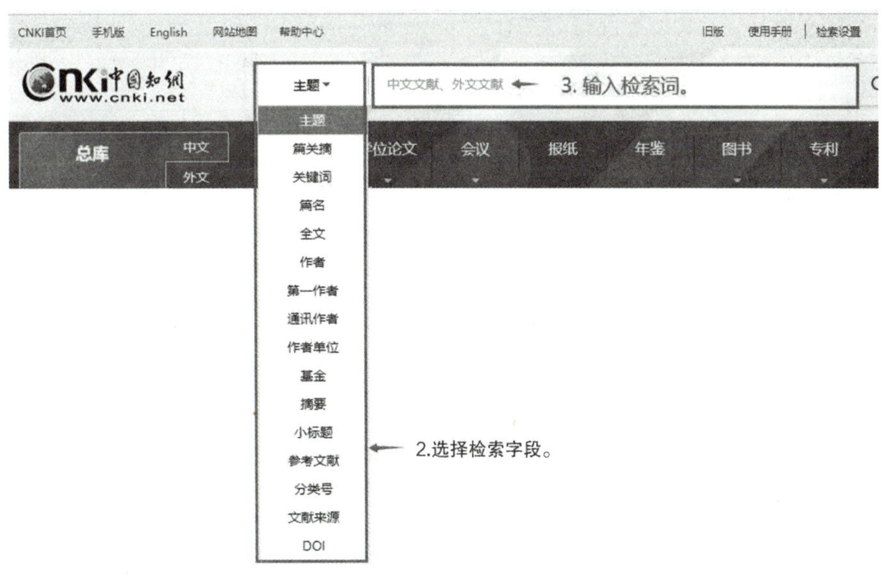

▲ 图3–3–8　选择检索字段和输入检索词

② 初级检索

登录全文检索系统后，系统默认进入“初级检索”界面，如图3-3-9所示。

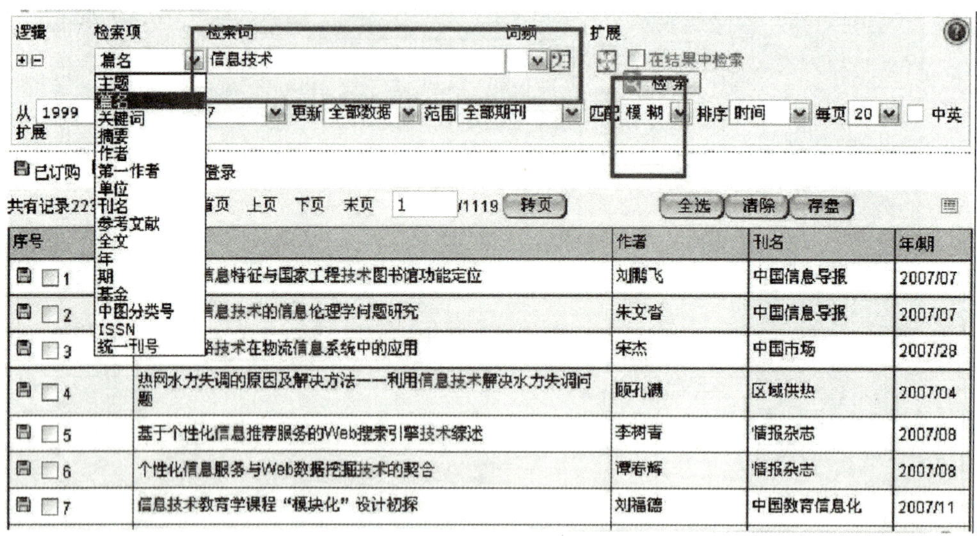

▲ 图3-3-9　初级检索

选择其中的一篇论文打开，可以利用中国知网的知网节对其进行信息分析。选择阅读原文或点击下载按钮下载原文，如图3-3-10所示。

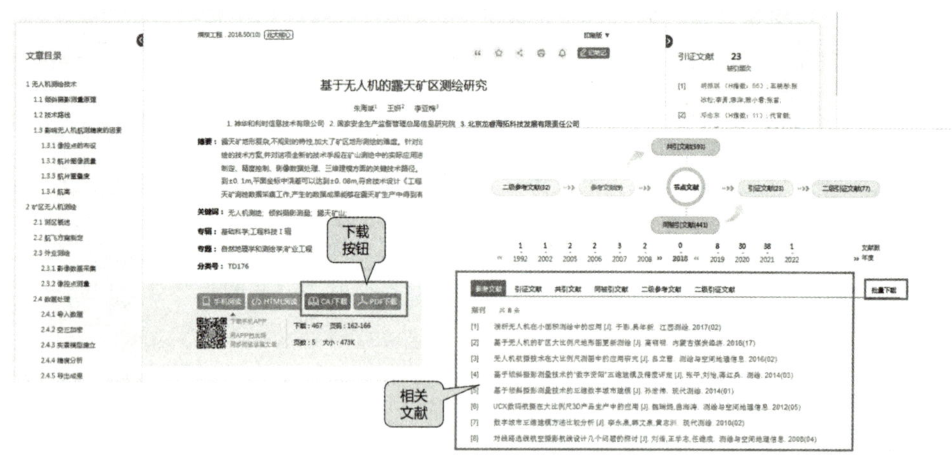

▲ 图3-3-10　知网节

小贴士　知网节即一篇文献的详细浏览页面，即从检索结果显示区选择一篇文献点击进去后的页面。该页面不仅提供单篇文献的详细信息，还提供该文献的扩展信息，如引证文献、同被引文献、相似文献、参考文献、相关文献作者、相关研究机构等。通过对这些文献的信息分析我们可以了解一个主题的来龙去脉，从而对我们自己的研究做更深入的指导。

如果要对结果进行进一步筛选，比如要选择在《测绘通报》杂志上发表的论文。在检索结果页面中的“检索字段”中选择“刊名”，在输入框中输入“测绘通报”，单击“结果中检索”按钮。对比结果可以看到，第一次检索结果为75条，第二次检索结果为9条，如图3-3-11所示。

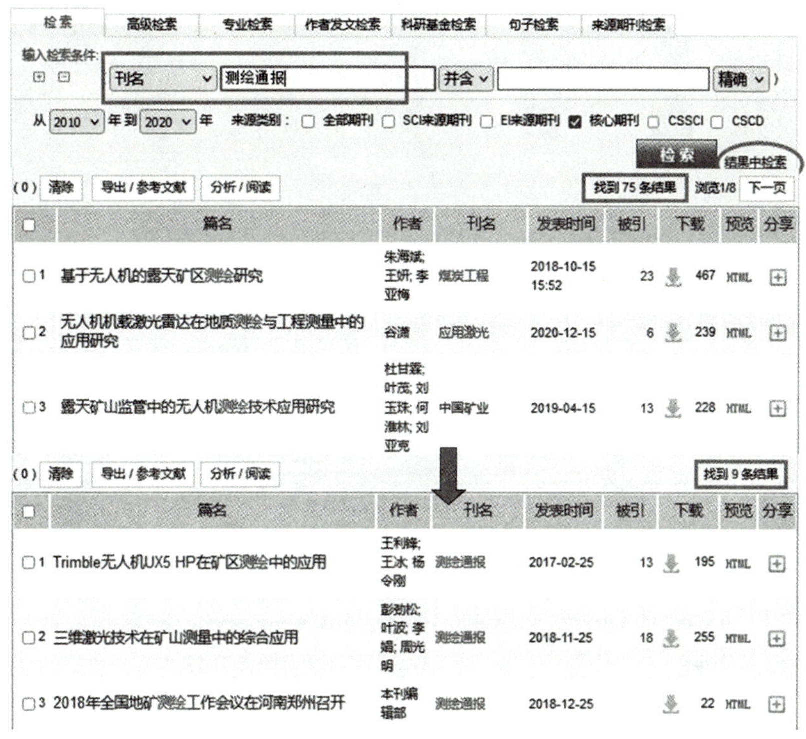

▲ 图3-3-11 二次检索

二次检索可以在当前检索结果范围内，再次提出检索条件，缩小检索范围。二次检索可以多次进行，使检索结果逐渐接近精确目标，如图3-3-12所示。

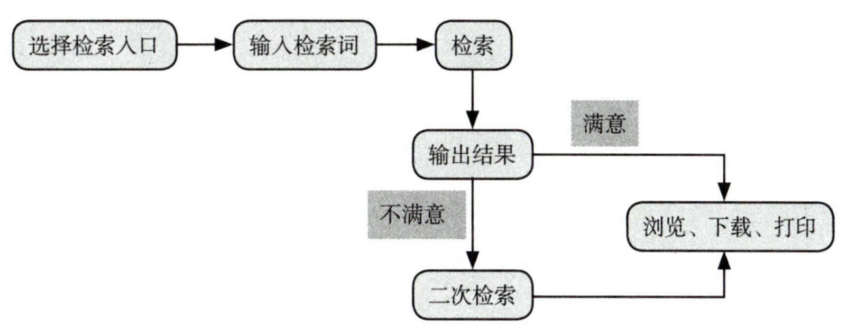

▲ 图3-3-12 二次检索条件设置

③ 高级检索

高级检索的一般步骤及结果如图3-3-13、图3-3-14、图3-3-15所示。

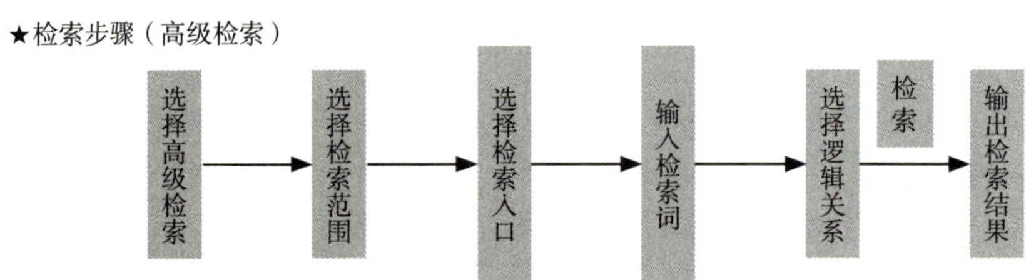

▲ 图3-3-13　高级检索步骤

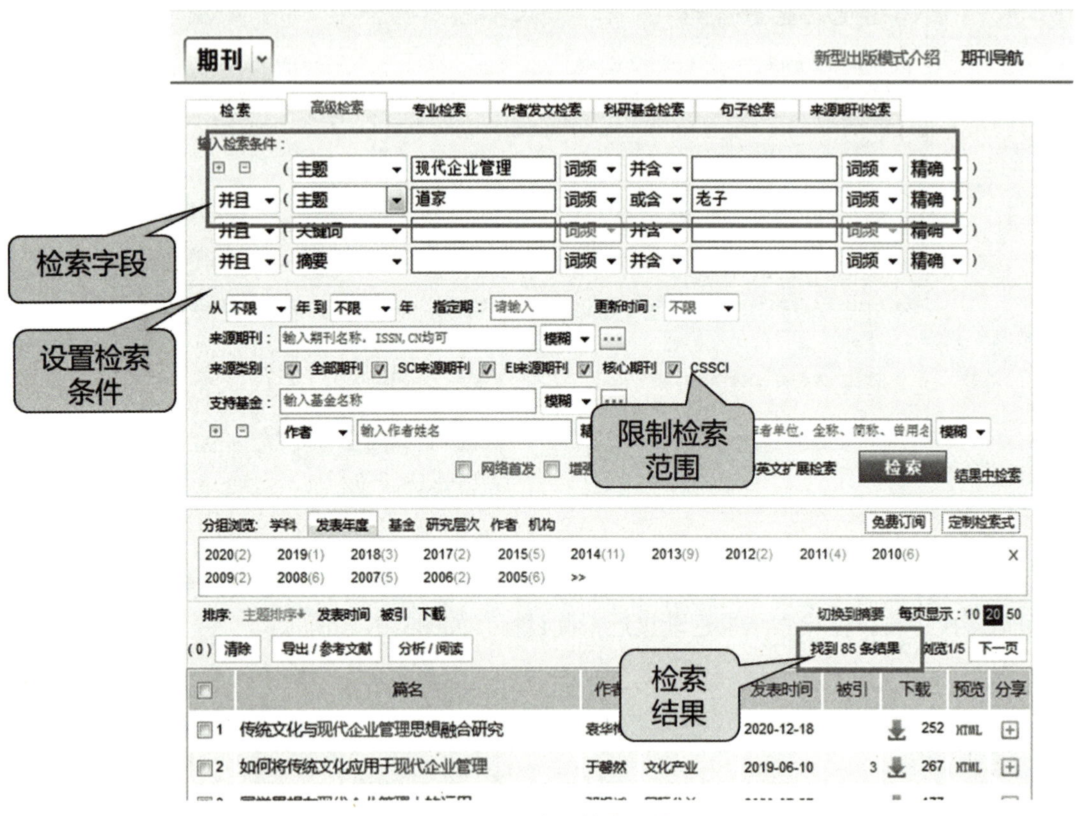

▲ 图3-3-14　高级检索及结果1

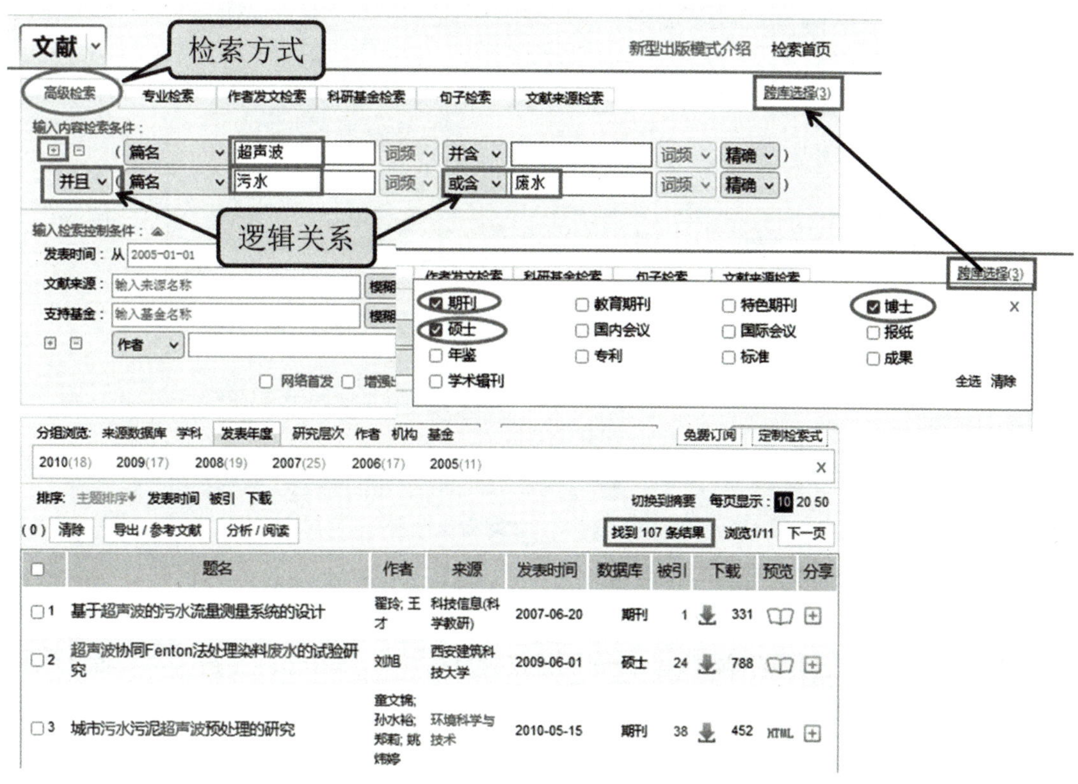

▲ 图3-3-15 高级检索及结果2

小贴士

使用初级检索方式或高级检索方式进行检索时，检索式的运算顺序是检索框排列先后顺序，即先运算第一个和第二个检索框，再运算第三个检索框、第四个检索框，等等。如果将检索词的顺序打乱可能就检索不到正确的结果了。

④ 专业检索

专业检索的一般步骤如图3-3-16、图3-3-17所示。

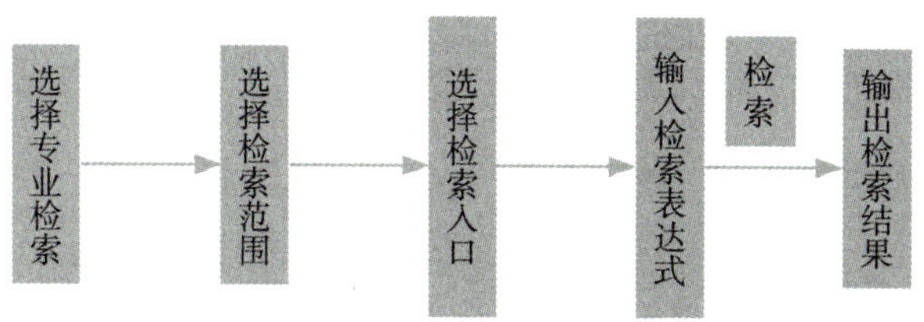

▲ 图3-3-16 专业检索步骤

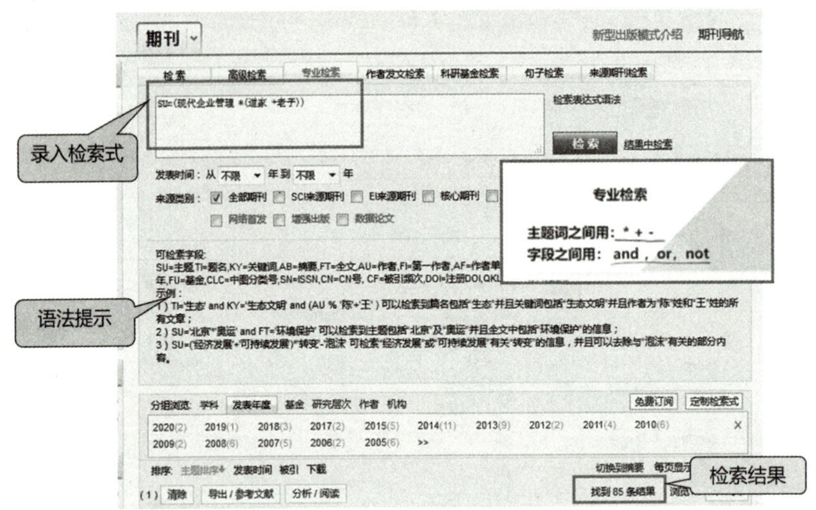

▲ 图3-3-17　知网专业检索

例：检索出姓“王”或姓“卢”的作者在《煤炭学报》上发表的题目是有关测量方面的文章。

分析任务要求，检索字段为3个，分别是作者姓名、期刊名称以及题名。三者之间是“与”的关系。可以根据题意写出逻辑式：

作者姓名=（姓“王”or姓“卢”）and 中文刊名=煤炭学报 and 题名=测量

要注意，知网的可检索字段如图3-3-8所示，按照检索表达式语法列出检索式为：

AU % '王'+'卢' and JN=煤炭学报 and TI=测量

具体步骤：首先，在“期刊”数据库下切换到“专业检索”选项卡，如图3-3-18所示，参考可检索字段，在检索框中按照检索表达式语法要求写出检索式：AU % '王'+'卢' and JN=煤炭学报 and TI=测量，单击“检索”按钮，查找出14条结果。

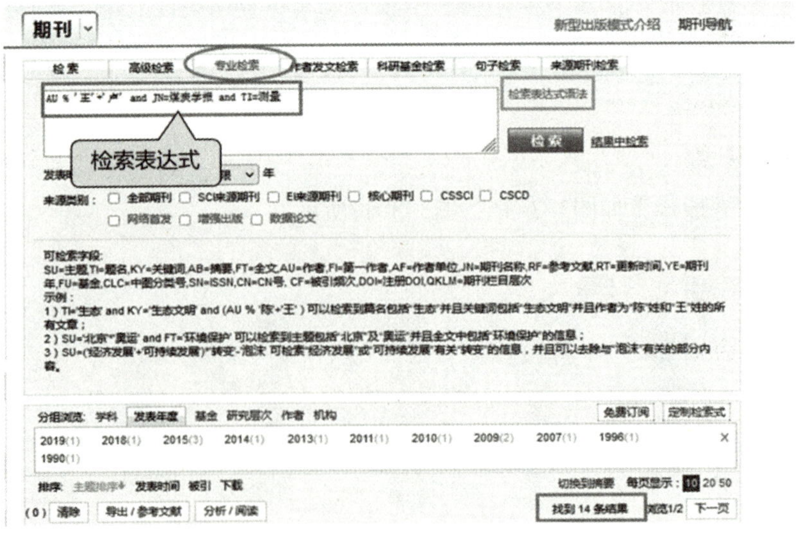

▲ 图3-3-18　知网的可检索字段

在专业检索页面单击“检索表达式语法”，可以弹出关于如何构造专业检索式的操作指南，如图3-3-19所示。

SU = 主题
TI = 题名
KY = 关键词
AB = 摘要
FT = 全文
AU = 作者
FI = 第一作者
AF = 作者单位
JN = 期刊名称
RF = 参考文献
RT = 更新时间
YE = 期刊年
FU = 基金
CLC = 中图分类号
SN = ISSN
CN = CN号
CF = 被引频次
DOI = 注册DOI
QKLM = 期刊栏目层次

▲ 图3-3-19 专业检索卡

练一练

1. 用高级检索方式检索《地理空间》杂志2018年至2022年有关“测绘”和“测量”方面的文章。
2. 用专业检索方式检索出姓“王”或姓“卢”的作者在《煤炭学报》上发表的题目是有关测量方面的文章。
3. 用跨库检索方式检索关于“信息技术与课程整合”的学位论文和会议论文。

小贴士

真正的信息检索高手不是拥有很多的检索工具知识，也不是知道最多的检索技巧，而是那些能够根据不同的查询要求，综合比较并灵活使用各种检索工具，同时对所要检索的内容有一定了解的人。

练一练

1. 在中国知网中检索2020年发表的、主题为“信息技术”的期刊文献，记录检索结果。选择其中一篇，记录该文献的题录信息以及与其相似的一篇文献的题目。

   记录结果：共找到__________篇文章；选择其中的一篇文章，该文章的题名是____________________，关键词是____________________，摘要是____________________，找到的相似文献是____________________。

2. 在中国知网中搜索南京大学计算机应用技术专业的优秀硕士论文。步骤提示：出版物检索—出版来源导航（学位授予单位导航）—南京大学—硕士—工学（计算机应用技术）—按优秀论文级别。

3. 请利用CNKI导航，检索出你所在学科专业的2种核心期刊。进入这2种核心期刊查看他们最新刊登的论文目录。

任务实施

现在你对期刊检索工具和检索方法有了一定的了解，请帮助小李同学检索自2020年以来关于“计算机网络安全”的专业论文。

1. 确定检索基本要求。需要查找计算机网络安全方面的相关文献，检索年限为2020年至今，关键词有“计算机”“网络”“安全”3个，可以通过中文数据库检索。

2. 确定检索工具，可以选择中国知网、万方数据库。

3. 开始检索。

（1）选择中国知网作为检索工具

① 打开中国知网首页。

② 选择“期刊”全文数据库。

③ 选择“高级检索”方式。

④ 确定检索字段为“关键词”，检索词为“计算机”“网络”“安全”，匹配模式均为“模糊”。

⑤ 确定逻辑关系为“与”。

⑥ 在检索框的相应位置依次输入检索词“计算机”“网络”“安全”。

⑦ 选择发表时间为“2020年至今”。

⑧ 检索文献并得到检索结果。

⑨ 按照“被引频次”排序后查看第一篇论文的题录信息并查阅相似文献。

（2）选择万方数据库作为检索工具

① 打开万方数据库首页。

② 选择“期刊”全文数据库。
③ 选择“专业检索”方式。
④ 确定检索字段为“关键词”，检索词为“计算机”“网络”“安全”。
⑤ 确定逻辑关系为“与”。
⑥ 选择发表时间为“2020年至今”。
⑦ 给出检索式：关键词（“计算机”AND“网络”AND“安全”）。
⑧ 检索文献并得到检索结果。
⑨ 按照“被引频次”排序后查看第一篇论文的题录信息并查阅相似文献。

任务评价

表3-3-1　任务评价表

任务完成情况	自我评价	小组评价
了解期刊文献检索工具的特点	□完成　□待完善　原因：	☆☆☆☆☆
利用文献检索工具展开有效检索	□完成　□待完善　原因：	☆☆☆☆☆

拓展提高

布尔逻辑检索（Boolean Logic）

布尔逻辑检索是通过布尔逻辑算符来实现的，这些运算符能把一些具有简单概念的检索词（或检索项）组配成一个具有复杂概念的检索式，用以表达用户的检索要求。

逻辑运算符有三种：

· 逻辑与(AND)
· 逻辑或(OR)
· 逻辑非(NOT)

运算优先级(　)>NOT>AND>OR

1. 逻辑与：AND

常用“*”“AND”表示，检索时，命中信息同时含有两个概念，专指性强，如图3-3-20所示。可以缩小检索范围，提高查准率。

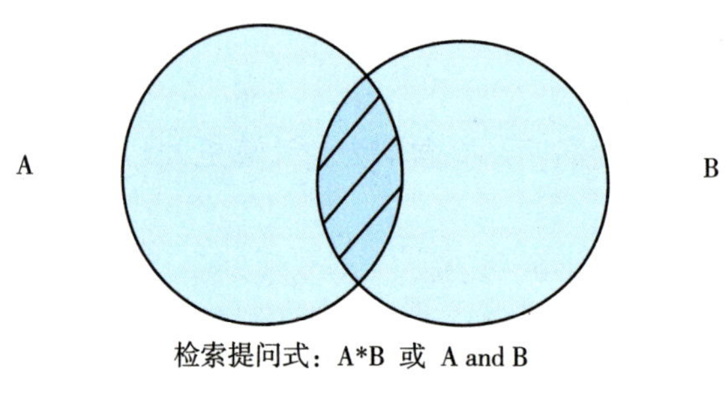

▲ 图3-3-20 逻辑与

2. 逻辑或：OR

示例：color OR colour

常用“+”“|”表示，检索时，命中信息包含所有关于逻辑A或逻辑B或同时有A和B，如图3-3-21所示，可以扩大检索范围，提高查全率。

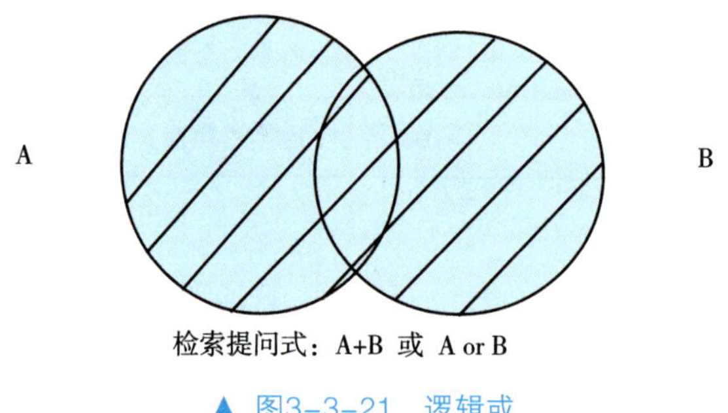

▲ 图3-3-21 逻辑或

3. 逻辑非：NOT

示例：human NOT animal

常用“-”表示，命中信息包含逻辑A、不包含逻辑B或同时有A和B的，如图3-3-22所示，排除了不需要的检索词，可以排除不必要的信息，提高查准率。

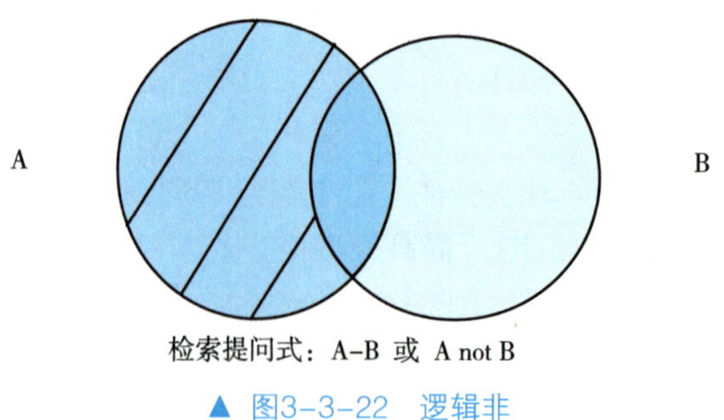

▲ 图3-3-22 逻辑非

任务四 信息安全的保障

任务描述

小李同学喜欢上网聊天。有一天，他发现自己的QQ上收到一则留言，里面是一位陌生网友发来的一个名为“重要通知.xlsx”的文件，他没多想就下载并打开了该文件。没想到，打开这个文件后，他的QQ就再也登录不上去了。请帮助小李同学解决这个问题，并学习有关信息安全的知识。

学习目标

1. 了解信息安全的含义，建立对信息安全的正确认识。
2. 理解信息安全的威胁种类，识别可能面临的威胁和风险。
3. 了解信息安全技术，能够针对不同的安全威胁采用相应的保护方法。
4. 培养对信息安全的敏感意识，养成良好的安全习惯。

知识储备

知识点1：信息安全及基本内涵

信息安全是信息的影子，哪里有信息哪里就存在信息安全问题。其实，信息安全是个古已有之的话题。长期以来，人们往往把信息理解为军事、政治、经济等社会生活中的情报，而信息安全也往往被理解为情报的真实性、保密性。现代意义上的信息安全概念形成于电子通信技术，特别是数字技术问世之后，其内涵随着现代信息技术发展与应用逐步丰富起来。

现代信息安全的基本内涵最早由信息技术安全评估标准（Information Technology Security Evaluation Criteria，ITSEC，又称“橘皮书”）定义。ITSEC阐述和强调了信息安全的CIA三元组目标，即保密性（Confidentiality）、完整性（Integrity）和可用性（Availability）。这一界定获得了业界的公认，成为现代意义上的信息安全的基本内涵。按照信息处理系统ISO74982的定义，在 OSI 参照模型框架内能选择提供的安全性服务有五个，即身份认证、访问控制、数据保密性、数据完整性、不可否认性。

1. 身份认证（Authentication）

身份认证的服务方式有以下三种：同层实体身份认证、数据源身份认证、同层实体相互身份认证。同层实体身份认证的目的是为了向同一层的实体证明高层所声明的那个实体确实是会话过程中所说的那个实体，它可以防止实体假冒现象的发生，一般用于会话建立阶段。 数据源身份认证是保证接收方所收到的消息确实来自发送方的这个实体。同层实体相互身份认证与同层实体身份认证完全一样，只是这时的身份认证是双方相互确认，其攻击和防御的方法与同层实体身份认证也是相同的。

2. 访问控制（Access Control）

访问控制的目的是为了限制访问主体对访问客体的访问权限。访问控制是针对那些没有合法访问权限的用户访问系统资源，或是合法用户因操作不当对系统资源造成破坏等行为加以控制。

3. 数据保密性（Confidentiality）

数据保密的目的是为了确保信息在存储、传输以及使用过程中不被未授权的实体所访问，从而防止信息的泄露，防止攻击者获取信息流中的控制信息。

4. 数据完整性（Integrity）

数据完整性的目的是为保证信息在存储、传输以及使用过程中不被未授权的实体更改或损坏，不被合法实体进行不适当的更改，从而使信息保持内部、外部的一致性。

5. 不可否认性(Non–Repudiation)

不可否认性是用来防止对话的两个实体中任一实体否认自己曾经执行过的操作，保证两个实体不能对自己曾经接收或发送过任何信息进行抵赖。

目前，信息安全学科已经成为一门独立的学科，任何一个现有学科都无法完全包含信息安全学科，我国也已经形成了完整的信息安全学科体系。

小贴士

党的二十大报告指出，要“健全网络综合治理体系，推动形成良好网络生态”“加快建设网络强国”“创造人类文明新形态”，这为深化网络文明建设指明了前进方向。

练一练

请讨论：有没有绝对安全的信息系统？

知识点2：信息安全面临的常见威胁

随着互联网越来越发达，信息的重要程度越来越高，威胁信息安全的事件也层出不穷。威胁信息安全的因素是多种多样的，从现实来看，主要有以下几种情况。

1. 计算机病毒

计算机病毒在《中华人民共和国计算机信息系统安全保护条例》中定义如下：“计

算机病毒，是指编制或者在计算机程序中插入的破坏计算机功能或者毁坏数据，影响计算机使用，并能自我复制的一组计算机指令或者程序代码。”计算机病毒本身是一段人为编制的特殊程序，能插入计算机程序中破坏计算机的功能或毁坏数据，从而给计算机造成损害甚至严重破坏。由于其具有自我复制能力，感染能力很强，可以快速蔓延，具有一定的潜伏期，往往难以根除，这些特性与生物意义上的病毒非常类似，所以被称为计算机病毒。

计算机病毒一般具有寄生性、破坏性、传染性、潜伏性和隐蔽性的特征。

2. 网络黑客

“黑客”一词是英文 Hacker 的音译，是指在未经授权的情况下专门入侵他人系统或网络，进行不法行为的人。全世界现在有 20 多万个黑客网站，在无所不在的信息网络世界里，无网不入的黑客已经成为信息安全的严重威胁。黑客的动机很复杂，有的是为了获得心理上的满足，在黑客攻击中显示自己的能力；有的是为了追求一定的经济利益和政治利益；有的则是为恐怖主义势力服务甚至就是恐怖组织的成员；有的直接受政府敌对势力的指挥和操纵。

2015 年，俄罗斯黑客利用推特（Twitter）中那些看似是照片的数据侵入了美国国防系统，入侵了美国政府，并攻陷了美国国防部多台电脑。这些俄罗斯黑客组织技术极具创新性。他们的机器每天检测不同的推特账户，一旦账户被注册，入侵用户电脑的行为就会被激活。当用户发送推特信息，例如网址、数字、信件等时，其电脑就会自动转到特定网址，用户信息也会随之被解码。

3. 网络犯罪

网络犯罪是随着互联网的产生和广泛应用而出现的。在我国，网络犯罪多表现为诈骗钱财和信息破坏，犯罪内容主要包括金融欺诈、网络赌博、非法资本操作等。目前网络犯罪主体更多地由松散的个人转化为信息化、网络化的高智商集团和组织，其跨国性也不断增强。日趋猖獗的网络犯罪对国家的信息安全以及基于信息安全的经济安全、文化安全、政治安全等构成了严重威胁。

在2015年5月，北京市公安局推出了全国首个警民联动的网络诈骗信息举报平台——猎网平台。这个平台开创了警企协同打击网络犯罪的创新机制和模式。猎网平台大数据显示，网络诈骗实际上仍然以“忽悠”为主，如不法分子会将付款二维码贴在共享单车车身上，甚至替换掉车身原有二维码，很多初次使用共享单车的用户很容易误操作将费用转给对方。

4. 预置陷阱

预置陷阱就是在信息系统中人为地预设一些陷阱，以干扰和破坏计算机系统的正常运行。在对信息安全的各种威胁中，预置陷阱是其中最可怕，也最难以防范的威胁。

海湾战争爆发前夕，美国特工从伊拉克的通信中截获了伊拉克从法国购买一批用于防空系统的计算机打印机的情报，遂秘密派遣特工将带有固化病毒的芯片安装在这批打印机上。当美国发动空袭时，先通过遥控激活这些病毒，使病毒迅速侵入伊拉克防空系统的主计算机，致使伊拉克整个指挥系统瘫痪，美国从而轻而易举获得了战争的局部胜利。

5. 垃圾信息

垃圾信息是指利用网络传播的违反所在国法律及社会公德的信息。垃圾信息种类繁多，主要有政治反动信息、种族和宗教歧视信息、暴力信息、黄色淫秽信息、虚假欺诈信息、冗余过时信息、人们所不需要的广告信息等。全球互联网上的垃圾信息日益增多、泛滥成灾，已对信息安全造成了严重威胁。

垃圾邮件是垃圾信息的重要载体和表现形式之一。通过发送垃圾邮件进行阻塞式攻击，成为垃圾信息侵入的主要途径。其对信息安全的危害主要表现在，攻击者通过发送大量邮件，污染信息社会，消耗受害者的宽带和存储器资源，使之难以接受正常的电子邮件，从而大大降低工作效率。某些垃圾邮件之中包含有病毒、恶意代码或某些自动安装的插件等，只要打开邮件，它们就会自动运行，破坏系统或文件。

6. 隐私泄露

随着网络消费时代的到来，信息化服务快速普及，互联网商业模式不断创新，线上线下服务快速融合，网络通信特别是移动互联网的发展快速普及，使得消费者通过一部智能手机就可以享受各种线上线下服务。然而，消费者在享受移动互联网快速发展带来的各种利好时，个人隐私信息泄露、盗用、贩卖事件时有发生，骚扰、诈骗电话和垃圾邮件仍然肆虐，成为全社会和广大消费者普遍担忧的问题。

以手机APP为例，隐私泄露的主要问题有：

（1）个人信息泄露情况相当严重，信息泄露途径和表现形式多样。个人信息泄露途径主要是未经本人同意，暗自收集个人信息，经营者或不法分子故意泄露、出售或者非法向他人提供个人信息，网络服务系统存在漏洞，从而造成个人信息泄露；在个人隐私信息被泄露的情况下，最常见的情况就是接到诈骗电话、推销电话和收到短信骚扰、垃圾邮件等。

（2）手机APP过度采集个人信息呈现普遍趋势。根据调查，手机APP需要获取的权限种类繁多，最突出的是获取位置信息、访问联系人权限，以及在非必要情况下获取用户隐私的权限，这些都增加了个人信息泄露的风险。

（3）消费者阅读手机APP应用权限和用户协议或隐私政策的频次和深度有待提高和拓展。调查显示，较多使用者从不或者偶尔阅读手机APP应用权限和用户协议或隐私政策等文字说明。而且，由于网络技术知识欠缺和文字表述篇幅有限等原因，一些使用者不会通读APP提供的隐私政策文字说明，有的使用者或大致浏览，或阅读重点章节，了解并不深入，容易遗漏重点信息或关键描述。还有很大一部分使用者因为不授权就无法使用APP，所以只是草草阅读APP的应用权限和用户协议或隐私政策。

（4）个人信息泄露后的应对措施不足。在个人信息泄露情况发生后，用户最担心信息被用于从事诈骗窃取活动或交给第三方；但值得注意的是，选择消极应对和自认倒霉的使用者不在少数，用户的主动维权意识有待加强。

（5）个人信息安全意识较强但缺乏有效的保护手段。个人安全意识薄弱和监管不到位是手机APP出现个人信息安全问题的主要原因。一方面，消费者与手机APP服务提供商之间往往处于不对等的地位，消费者只能同意或被迫同意格式条款和信息获取权限的设置；另一方面，消费者虽有自我保护的意识，但不知如何更有效地保护自己的权益。

练一练

1.（多选题）以下属于公民个人信息的是________。

A. 姓名　　B. 身份证　　C. 电话号码　　D. 住址

2. 请讨论：公民个人信息泄露所带来的危害有哪些？

知识点3：常用的信息安全技术

信息安全技术主要用于防止系统漏洞，防止外部黑客入侵，防御病毒破坏和对可疑访问进行有效控制等，同时还应该包含数据灾难与数据恢复技术，即在计算机发生意外、灾难等，还可使用备份还原及数据恢复技术将丢失的数据找回。典型的、基础的信息安全技术有以下几大类。

1. 加密技术

在保障信息安全各种功能特性的诸多技术中，密码技术是信息安全的核心和关键技术，通过数据加密技术，可以在一定程度上提高数据传输的安全性，保证传输数据的完整性。

信息加密的目的是保护网内的数据、文件、口令和控制信息，保护网上传输的数据。数据加密技术主要分为数据传输加密和数据存储加密。数据传输加密技术主要是对传输中的数据流进行加密。

一个数据加密系统包括加密算法、明文、密文以及密钥。密钥控制加密过程和解密过程。加密过程是通过加密系统把明文（原始的数字信息），按照加密算法变换成密文（变换后的数字信息）的过程。加密系统的密钥管理是一个非常重要的问题，因为一个加密系统的全部安全性是基于密钥的。

数据加密算法有很多种，按照发展进程来看，经历了古典密码、对称密钥密码和公开密钥密码几个阶段。古典密码算法有替代加密、置换加密；对称加密算法包括 DES 和 AES；非对称加密算法包括RSA、背包密码、McEliece 密码、椭圆曲线等。目前在数据通信中使用最普遍的算法有DES 算法、RSA 算法和PGP 算法。

目前最有影响的公钥密码算法是 RSA，它能抵御到目前为止已知的所有密码攻击。

2. 防火墙

防火墙是设置在内部网和外部网、专用网和公共网之间，或是网络安全域之间的一系列部件的组合，是一套防御系统的总称。

防火墙可以监控进出网络的通信量，仅让安全、核准了的信息进入，同时又抵制对企业构成威胁的数据。防火墙主要有包过滤防火墙、代理防火墙和双穴主机防火墙三种类型，并在计算机网络得到了广泛的应用。

随着安全性问题上的失误和缺陷越来越普遍，对网络的入侵不仅来自高超的攻击手段，也有可能来自配置上的低级错误或不合适的口令选择。因此，防火墙的作用是防止不希望的、未授权的通信进出被保护的网络。防火墙可以达到以下几个目的：一是可以限制他人进入内部网络，过滤掉不安全服务和非法用户；二是防止入侵者接近你的防御设施；三是限定用户访问特殊站点；四是为监视因特网安全提供方便。

3. 入侵检测

随着网络安全风险系数不断提高，作为对防火墙及其有益的补充，入侵检测系统（Intrusion Detection Systems，IDS）能够帮助网络系统快速发现攻击的发生，它扩展了系统管理员的安全管理能力，提高了信息安全基础结构的完整性。

入侵检测系统是一种对网络活动进行实时监测的专用系统，该系统处于防火墙之后，可以和防火墙及路由器配合工作，用来检查一个 LAN 网段上的所有通信，记录和禁止网络活动，可以通过重新配置来禁止从防火墙外部进入的恶意流量。入侵检测系统能够对网络上的信息进行快速分析或在主机上对用户进行审计分析，通过集中控制台来管理、检测。

理想的入侵检测系统的功能主要有：用户和系统活动的监视与分析；异常行为模式的统计分析；重要系统和数据文件的完整性监测和评估；操作系统的安全审计和管理；入侵模式的识别与响应，包括切断网络连接、记录事件和报警等。

在本质上，入侵检测系统是一种典型的“窥探设备”。它不跨接多个物理网段，无须转发任何流量，而只需要在网络上被动地、无声息地收集它所关心的报文即可。

4. 系统容灾

一个完整的网络安全体系，只有防范和检测措施是不够的，还必须具有灾难容忍和系统恢复能力。因为任何一种网络安全设施都不可能做到万无一失，一旦发生漏防漏检事件，其后果将是灾难性的。此外，天灾人祸、不可抗力等所导致的事故也会对信息系统造成毁灭性的破坏。这就要求即使发生系统灾难，也能快速恢复系统和数据，这样才能完整地保护网络信息系统的安全。目前主要有基于数据备份和基于系统容错的系统容灾技术。

数据备份是数据保护的最后屏障，不允许有任何闪失，但离线介质不能保证安全。数据容灾通过 IP 容灾技术来保证数据的安全。数据容灾使用两个存储器，在两者之间建立复制关系，一个放在本地，另一个放在异地。本地存储器供本地备份系统使用，异地容灾备份存储器实时复制本地备份存储器的关键数据。

存储、备份和容灾技术的充分结合，构成一体化的数据容灾备份存储系统。随着存储网络化时代的发展，传统的功能单一的存储器，将逐渐让位于一体化的多功能网络存储器。

为了保证信息系统的安全性，除了运用技术手段，还需要必要的管理手段和政策法规支持。确定安全管理等级和安全管理范围，制定网络系统的维护制度和应急措施等进行有效管理。借助法律手段强化保护信息系统安全，防范计算机犯罪，维护合法用户的安全，有效的打击和惩罚违法行为。

随着云计算、大数据、物联网等技术的飞速发展，云安全技术、大数据的安全分析模型、物联网安全、移动安全等相关的安全技术将会得到更多的关注。

练一练

有两个用户小李和小王，小李想把一段明文通过双钥加密的技术发送给小王，小王有一对公钥和私钥，那么加密解密的过程如下：

小王将他的________传送给小李；

小李用小王的________加密她的消息，然后传送给小王；

小王用他的________解密小李的消息。

任务实施

通过检查小李同学的计算机发现，小李同学平时喜欢上网、聊天等，但是他却不注意计算机的安全，他的计算机上连简单的杀毒软件都没有安装。应该推荐他安装一些常用的免费杀毒软件，并经常更新病毒库，保证计算机的安全。同时，也要提醒他注意上网安全，在计算机上进行安全操作。例如，不随意打开不知名的文件，不随意打开邮件中的附件等。

1. 保护他的计算机不受病毒侵害的有效措施是什么？

2. 如果你是他，你准备安装哪款杀毒软件？请写出获取、安装以及使用杀毒软件的具体方法和步骤。

3. 如果是他的手机感染了病毒，该怎么做？如何保护手机的信息安全？

任务评价

表3-4-1 任务评价表

任务完成情况	自我评价	小组评价
了解信息安全风险和应对方法	□完成 □待完善 原因：	☆☆☆☆☆
发现信息安全漏洞	□完成 □待完善 原因：	☆☆☆☆☆
防范信息安全隐患	□完成 □待完善 原因：	☆☆☆☆☆

拓展提高

网络信息安全

在网络环境下使用计算机，信息安全是一个非常重要的问题。这是因为信息在传输、存储和处理过程中，其安全有可能受到多种威胁。例如，在传输过程中信息被窃听（包括文件或程序的非法拷贝），信息被篡改、伪造等。为了确保网络信息安全，在系统和软件设计时通常会采取如下安全措施。

1. 真实性鉴别。对通信双方的身份和所传送信息的真伪能准确地进行鉴别。

2. 访问控制。控制用户对数据资源的访问权限，防止未经授权使用或修改数据。

3. 数据加密。保护数据秘密，未经解密其内容不会显露。

4. 数据完整性。保护数据不被非法修改，使数据在传送前后保持完全相同。

5. 数据可用性。保护数据在任何情况下（包括出现系统故障时）不会丢失。

6. 防止否认。接收方要发送方承认信息是他发出的，而不是他人冒名发送的，发送方也要求接收方不否认已经收到信息。

7. 审计管理。监督用户活动，记录用户的操作过程。

项目四 文档处理

任务一 文字录入与编辑

任务描述

来到新校园，丰富多彩的社团活动正在如火如荼地开展，你也加入自己心仪的社团了吧。在活动中，你一定能认识很多新朋友。但是，在活动中向不同的人一次又一次地介绍自己真的很麻烦，还有点小小的尴尬。那么，就让我们来制作一张个性化的个人小名片，方便送给新朋友。这样做不仅简单高效，还显得很有诚意呢。

学习目标

1. 熟悉文档处理软件的工作界面和视图方式。
2. 掌握新建、打开、保存、关闭、打印文档的方法。
3. 会输入文档内容，如文本、符号、日期等。
4. 能够对文档进行选择、复制、移动、删除、撤销、恢复、查找和替换等基本操作。
5. 提升软件操作能力，培养自主学习和团队协作的能力。

知识储备

知识点1：文字处理的应用场景

文字处理是信息化办公的重要组成部分，广泛应用于人们日常生活、学习和工作的方方面面，帮助人们制作出精美的图文信息。文字处理常用在以下场景中。

办公应用：在工作中，经常要写工作计划总结、会议议程、通知公告等办公文档，这些工作都需要使用文字处理软件进行文字录入和排版。

日常生活：在日常生活、学习中，记录学习笔记，做账单、电子相册、宣传手册、海报，制作个人简历，准备汇报材料等，都需要用到文字处理软件进行图文编辑。

专业排版：在广告制作、报刊编辑、书籍出版、包装设计等领域，需要利用专业排版软件进行制作。专业排版软件有InDesign、北大方正、CorelDRAW等，图像处理软件有Adobe Photoshop、ACDseet等。这些软件功能强大，能制作出精美作品，但操作者需要有一定的专业软件操作技能。

知识点2：常用的文档编辑软件

（1）Word文档编辑

Word文档编辑是目前大多数办公用户使用的应用软件，即使是没使用过的用户也可以通过基础入门教程来完成文档编辑的学习。

（2）WPS文档编辑

WPS即Word Processing System，中文意为文字编辑系统，是金山软件公司开发的一种办公软件。它具有丰富的全屏幕编辑功能，提供各种控制输出格式及打印功能，打印出的文稿既美观又规范，基本上能满足文字工作者编辑和打印各种文件的需求。该应用可以实现与他人协同工作，用户可在任何地点访问文件。

（3）腾讯文档

腾讯文档是一款可多人同时编辑的在线文档软件，支持手机、电脑、iPad等多类型设备。可在网页，微信和QQ内直接使用。方便用户随时随地办公和学习，提升协作效率。Word，Excel，PPT和PDF全部可以使用腾讯文档进行在线编辑。

（4）石墨文档

石墨文档是一款写作工具，可实现多端实时同步，网页端、微信端，手机、iPad、电脑上均可轻松工作；支持全员远程办公，高效协作，自动储存，任何改动实时云端保存，减少文件丢失现象；信息在线汇总，避免多版本资料反复传递。石墨文档的夜间模式能够让用户在晚上办公的时候眼部感觉更加舒适，从而保护视力。

（5）讯飞文档

讯飞文档最大的特点是提供语音输入功能，如果不方便打字的话可以通过语音识别录入文字，记录效率高；该应用另一个特点是能实现多人协作，且编辑功能比较丰富。

知识点3：文档的基本操作

1. 创建文档

（1）执行“文件”选项卡中的“新建”命令，单击“空白文档”按钮，再单击“创建”按钮即可创建一个空白文档，如图4-1-1所示。

（2）直接按下键盘上的【Ctrl+N】组合键也可创建一个空白文档。

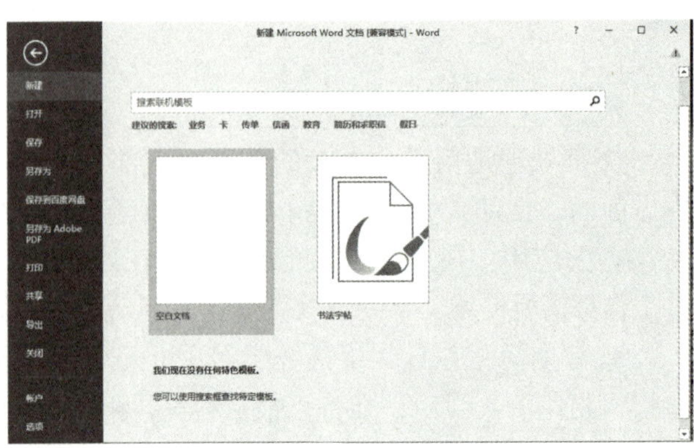

▲ 图4-1-1　创建文档

小贴士 每次启动Word 2016 时都会自动新建一个名为“文档1”的空白文档，不采用上述两种方法也可以进入新文档窗口录入文本。

练一练

1. 搜索联机模板“通告”，选择“欢迎新生通知”，或使用配套教学素材中的“欢迎新生通知.docx”。

2. 学会自定义快速访问工具栏。

2. 输入文档内容

（1）录入文本

打开Word 2016 文档，可以看到在编辑区中有个不断闪烁的光标，可以在此处输入文本，光标会指示下一个字符输入时将要出现的位置。

如果输入汉字，需要切换到中文输入状态下，可以按【Ctrl+Shift】组合键进行输入法的选择，也可以用【Ctrl+空格】组合键在中英文输入法之间切换。

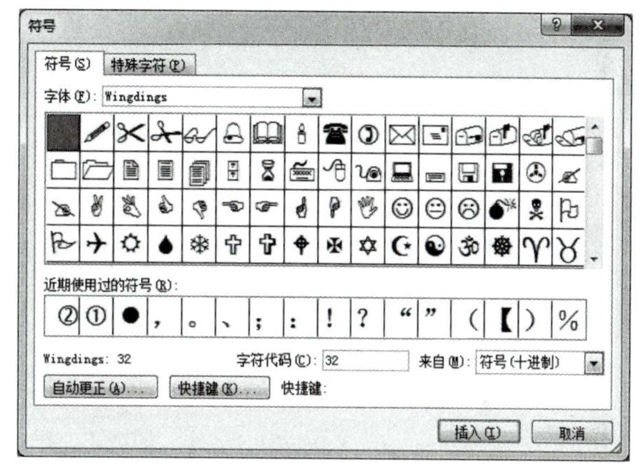

▲ 图4-1-2 插入符号

（2）插入符号

录入文本时，有时需要输入一些键盘上没有的特殊符号，如✿、ঙ、©、✌等，可以单击“插入”中的“符号”，在弹出的下拉列表中单击“其他符号”选项，实现符号的插入，如图4-1-2所示。

（3）插入日期和时间

将光标定位到要插入日期的位置，单击“插入”中“文本”里的“日期和时间”，选择相应格式完成日期和时间的插入，如图4-1-3所示。

3. 保存文档

对文档进行相应的编辑后，可通过Word 2016 的保存功能将其存储到磁盘中，以便日后查看和使用。如果不保存，编辑的文档内容就会丢失。

（1）保存新建未命名的文档

要保存文档时，执行“文件”选项卡中的“保存”命令，选择保存位置，在弹出的“另存为”对话框中输入文件名，文档即可保存成功，如图4-1-4所示。

直接按下【Ctrl+S】组合键，也可以进行文档保存的操作。

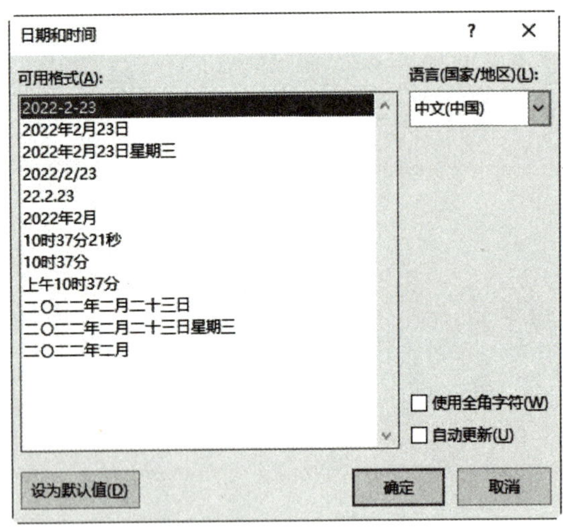

▲ 图4-1-3　插入日期和时间

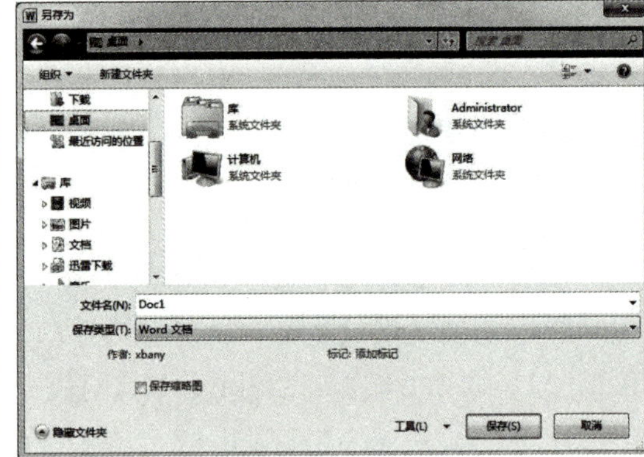

▲ 图4-1-4　保存文档

练一练

1. 打开配套教学素材中的“欢迎新生通知.docx”，输入“年级和班级”“课程名称”“开学日期”“学习用品名称”“家庭作业要求”“升入下一年级的要求”“考试和集体活动”“活动日期”“联系人信息”“职务”“姓名”等信息。
2. 设置文档显示比例为120%。

（2）保存已命名的文档

已经保存过的文档如果经过修改，可以直接按下保存按钮，系统将自动以同一文件名将文件重新保存，覆盖原有的文档内容。

如果不想覆盖原有的文档内容，可以执行“文件”选项卡中的“另存为”菜单命令，选择其他保存位置，在开启的“另存为”对话框中输入新的文档名称，再按“保存”按钮，可将文件存为另一个文档。

4. 关闭文档

要关闭Word 2016 编辑窗口，可单击窗口右上角的关闭按钮 X ，也可执行“文件”选项卡中的“关闭”命令，或按下【Ctrl+F4】或【Alt+F4】组合键。

小贴士　应用【Alt+F4】组合键关闭当前应用程序，应用【Ctrl+F4】组合键关闭当前应用程序中的当前文本。

5. 打开已保存的文档

要对已经保存的文档重新打开加以修改，执行“文件”选项卡中的“打开”命令，或使用【Ctrl+O】或【Ctrl+F12】组合键，依次选择文档所在的位置和文件夹，再选择需要打开的文档名称，单击“打开”按钮即可打开文档，如图4-1-5所示。

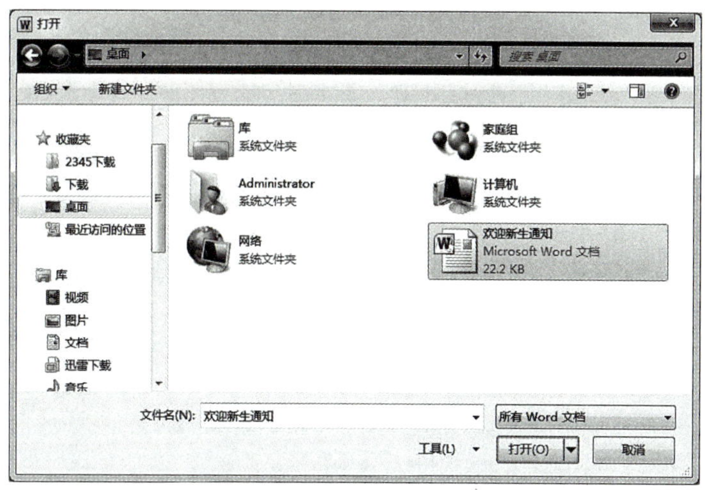

▲ 图4-1-5　打开已保存的文档

练一练

1. 将Word 2016中文档自动保存时间间隔改成15分钟。
2. 设置最近使用的文档的数目为“8”。

知识点4：编辑文档

打开“欢迎新生通知.docx”，对该文档进行编辑。

1. 选择文本

对文本进行复制、移动或设置格式等操作时，要先将其选中，从而确定编辑的对象。文本被选定后呈反相显示。要取消选定，用鼠标单击所选对象以外的任何位置即可。

（1）选择任意文本：从起始文本开始，按住鼠标左键，拖动鼠标到文本结尾处。

（2）选择词语：双击要选择的词语。

（3）选择一行：将鼠标指针指向某行左侧的空白处，当指针变成向右的箭头时，单击左键则选中该行全部文本，如图4-1-6所示。

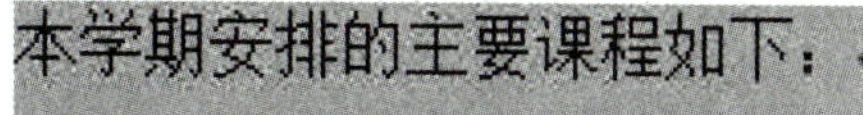

▲ 图4-1-6　选择一行

（4）选择一句话：按住【Ctrl】键，同时单击该句中任意位置。

（5）选择分散文本：先拖动鼠标选中第一个文本区域，再按住【Ctrl】键不放，然后拖动鼠标选择其他不相邻的文本，选择完成后释放【Ctrl】键即可，如图4-1-7所示。

为了更好地了解孩子在学校学习的情况，请您关注这些主要考试和集体活动的时间，以便督促孩子的学习生活。请您务必准时参加学生家长会和其他重要的汇报活动，再次感谢您。↵

▲ 图4-1-7　选择分散文本

（6）选择垂直文本：按住【Alt】键，同时按住鼠标左键拖动出一块矩形区域，选择完成后释放【Alt】键即可，如图4-1-8所示。

欢迎您在方便的时候参观我们的
关的内容有任何意见或建议，请您与
让我们共同努力，让孩子拥有更

▲ 图4-1-8　选择垂直文本

（7）选择一个段落：将鼠标指针指向该段落左侧的空白处，当指针变成向右的箭头时，双击左键即完成选择。

小贴士

将光标插入点定位到某段落的任意位置，然后连续单击鼠标左键3次也可选中该段落。

（8）选择整篇文档：有下面四种方法。

方法一：将鼠标指针指向编辑区左边的空白处，当指针变成向右的箭头时，连续单击鼠标左键3次。

方法二：将鼠标指针指向编辑区左边的空白处，当指针变成向右的箭头时，按住【Ctrl】键，同时单击鼠标左键。

方法三：在“开始”选项卡的“编辑”组中单击“选择”按钮，在弹出的下拉列表中单击“全选”选项。

方法四：按下【Ctrl+A】或【Ctrl+小键盘数字5】组合键。

按下【Ctrl+Shift+End】组合键，可快速选择从当前位置到文档结尾处的所有文本。

2. 复制文本

（1）选择要复制的文本，执行“开始”选项卡中“剪贴板”中的“复制”命令，然后将光标移至目标位置，执行“开始”选项卡中“剪贴板”中的“粘贴”命令。

（2）按【Ctrl+C】组合键进行复制，按【Ctrl+V】组合键进行粘贴。

（3）如果要复制的内容在同一文档中，可选择要复制的文本，按住【Ctrl】键，用鼠标拖动选中的文本到目标位置。

3. 移动文本

（1）选择要移动的文本，执行“开始”选项卡中“剪贴板”中的“剪切”命令，然后将光标移至目标位置，执行“开始”选项卡中“剪贴板”中的“粘贴”命令，完成移动操作。

（2）按【Ctrl+X】组合键进行剪切，按【Ctrl+V】组合键进行粘贴。

（3）如果要移动的内容在同一文档中，可选择要移动的文本，直接用鼠标拖动选中的文本到目标位置。

4. 删除文本

要删除文本，最基本的方法是用键盘，按【Backspace】键删除光标前一个字符，按【Delete】键删除光标后一个字符。要删除大段文本，可先选择要删除的内容，按【Delete】键。删除完成后，Word会自动调整该段后面部分的文本实现对齐。

5. 撤销与恢复

当删除了不该删除的文本或图形，错误地替换了文档中的文本，或者错误地设置了某种格式时，可以撤销错误的操作，只需按【Ctrl+Z】组合键即可，或者使用快速访问工具栏上的“撤销”按钮，这样会撤销上一个执行的操作。当然，还可以利用“撤销”按钮右侧的下拉列表框，选择某个（或若干个）要撤销的操作。

如果使用撤销功能撤销了某个操作，之后又想把它复原回来，只需按【Ctrl+Y】组合键，或者使用快速访问工具栏上的“恢复”按钮，恢复上一次撤销的操作。同理，还可以利用“恢复”按钮右侧的下拉列表框，选择某个（或若干个）要恢复的撤销操作。

6. 查找与替换

如果想要知道某个字、词或一句话是否出现在文档中及出现的位置，或者希望快速定位到需要修改的文档位置，可通过Word的“查找”功能进行查找。当发现某个字或词全部输错了，可以通过Word的“替换”功能进行替换。

（1）查找

执行“开始”选项卡中“编辑”中的“查找”命令，在“导航”中设置“查找内容”为“您”，文档中将突出显示要查找的全部内容，如图4-1-9所示。

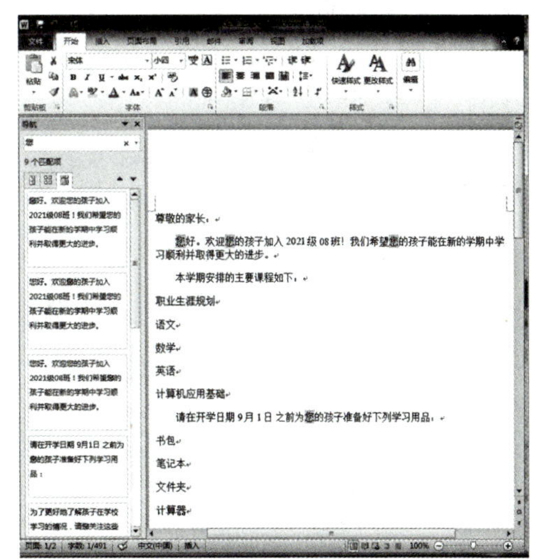

▲ 图4-1-9 查找

（2）替换

执行“开始”选项卡中“编辑”中的“替换”命令，在弹出的“查找与替换”对话框中的“替换”选项卡里设置“查找内容”为“您”，设置“替换为”为“你”，按下“替换”按钮可逐个替换，按下“全部替换”按钮可一次性全部替换文档中相关内容，如图4-1-10所示。

替换完成后，会跳出一个对话框，告诉用户完成了多少项的替换操作，这时直接按下“确定”按钮即可，如图4-1-11所示。在本例中，共替换9处，操作完成后，按下“关闭”按钮。

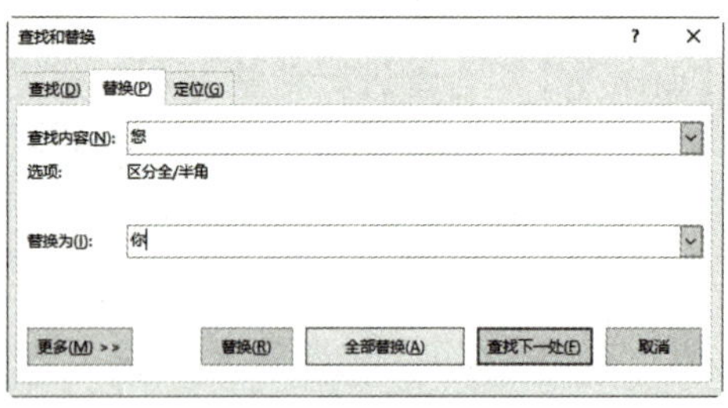

▲ 图4-1-10　替换

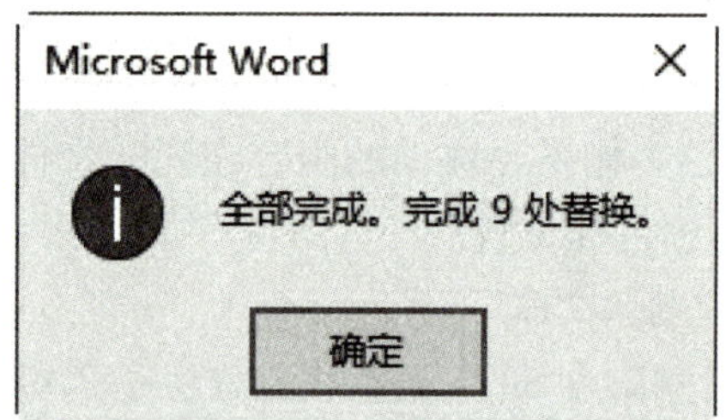

▲ 图4-1-11　替换完成

用鼠标单击在“导航”窗格搜索框右侧的下拉按钮，在弹出的下拉菜单中也可找到替换功能。

（3）高级替换

替换时，还可以连文字格式一起替换，这就是Word 2016 的高级替换功能。

① 执行“开始”选项卡中“编辑”中的“替换”命令，在弹出的“查找与替换”对话框中的“替换”选项卡里设置“查找内容”为“你”，设置“替换为”为加粗的“您”，单击“更多”按钮。

② 设定替换文字的格式。将鼠标在“替换为”框中单击一下，再按下“格式”按钮，选择“字体”命令，如图4-1-12所示。

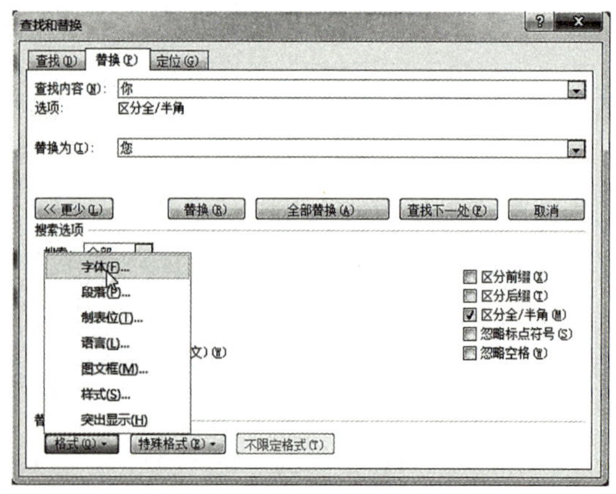

▲ 图4-1-12　设定替换文字的格式

③ 在弹出的“替换字体”对话框中的“字体”选项卡里设置“字形”为“加粗”，按下“确定”按钮，如图4–1–13所示。

④ 回到“查找与替换”对话框，确认替换格式是否正确，按下“替换”选项卡中“全部替换”按钮，完成高级替换，如图4–1–14所示。

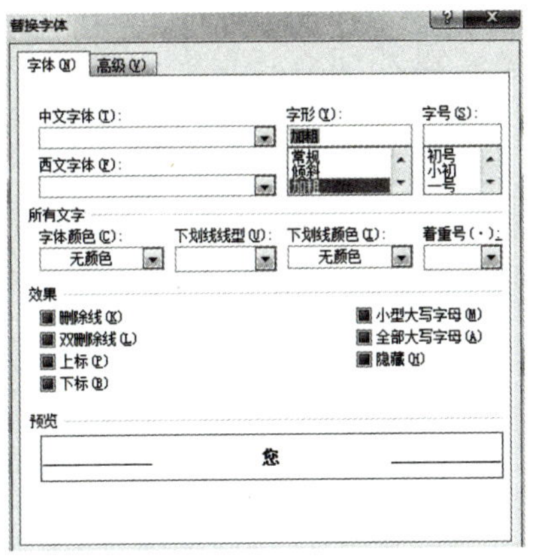

▲ 图4–1–13　替换字体

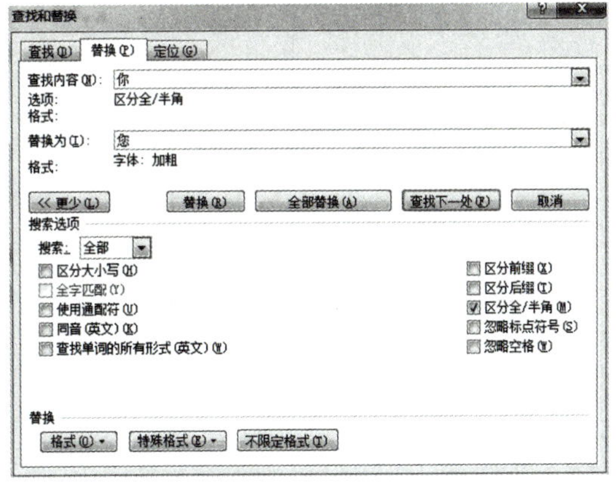

▲ 图4–1–14　完成高级替换

练一练

1. 在配套教学素材中的“欢迎新生通知.docx”中完成查找、替换操作。
2. 将本学期安排的主要课程安排在同一段落内，用顿号分隔。
3. 删除空行，让通知在一页内显示。

任务实施

参考以下个人小名片的相关文字，制作个性化个人小名片，并将结果保存为“个人小名片.docx”。

参考文字：

个人小名片

姓名：何某某

英文名：Carol

班级：设计创想班

班级职务：信息课代表

QQ：××××××××

电话：×××××××××××

生日：3月16日

星座：双鱼座

爱好：摄影、古典音乐、打羽毛球、养宠物……

座右铭：人生最大的快乐是致力于一个自己认为伟大的目标。

1. 文档的创建

启动Word 2016，新建一个空白文档。

2. 文档内容的编辑

① 根据个人实际情况，录入小名片相关信息，包含姓名、班级、班级职务、QQ、电话、生日、爱好、座右铭等。

② 设置文档显示比例为“150%”。

③ 为个人小名片选择合适的背景图，要求能体现中学生年轻活泼、充满朝气的特点，要简单明了、色彩柔和，能突出文字内容，不可太过复杂。

3. 文档的保存

将文档命名为“个人小名片.docx”并保存。

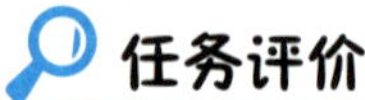

任务评价

表4-1-1 任务评价表

任务完成情况	自我评价	小组评价
中英文文本内容的输入	□完成 □待完善 原因：	☆☆☆☆☆
Word 2016 版面内容美化	□完成 □待完善 原因：	☆☆☆☆☆
按要求保存文档	□完成 □待完善 原因：	☆☆☆☆☆

拓展提高

文档权限的管理

Word 2016 文档可以设置密码，防止未经授权的人打开或进行修改。

在Word 2016 里执行“文件”菜单中的“另存为”命令，在弹出的“另存为”对话框中，选择“工具”右侧的下拉三角按钮 工具(L) ▾，在下拉选项中单击“常规选项”，在这里可以对“打开文件时的密码”和“修改文件时的密码”两项进行设置。

在“打开文件时的密码”里输入密码，单击“确定”按钮后，系统会再让用户输入一次密码进行确认。保存文档退出后，以后打开该文档时必须输入正确的密码才能够打开。

在“修改文件时的密码”里输入密码，单击“确定”按钮，同样地，系统会再让用户输入一次密码进行确定。保存文档退出后，如果不输入修改文档的密码，文档只能以“只读”形式打开。如果此时修改了文档，只能换个文件名进行“另存为”保存，而不能直接将修改的结果保存在原文档中。

任务二 文档格式的设置与编排

任务描述

寒冬盛开的梅花傲霜斗雪、清逸幽雅，以其超凡脱俗的气质绽放于天地之间。作家李榕桦在她的《几生修得到梅花》中用优美的文笔赞美了梅花特立独行的风骨，请阅读这篇美文，并对文章进行格式的设置与编排，使版面布局更合理、更清晰，便于阅读。

学习目标

1. 能够对文档进行字体、文字效果、首字下沉、文字方向等字符格式化设置。
2. 能够对文档进行段落、项目符号和编号、中文版式、边框和底纹等段落格式化设置。
3. 能够对文档进行页面设置、页眉和页脚、分栏、插入分隔符等页面格式化设置。
4. 养成规范操作的良好习惯，提升审美能力、分析能力和信息化职业素养。

知识储备

知识点1：字符格式化

如果希望制作出的文档更加规范，在完成内容的输入后，还需要对其进行必要的格式设置，如设置文本格式，设置段落格式，以及通过设置项目符号和编号使文档的结构、条理更加清晰。

1. 字体

在Word文档中输入文本后，默认显示的字体为“宋体”，字号为“五号”，字符颜色为“黑色”。根据操作需要，可以通过“开始”选项卡的“字体”组对这些格式进行更改，如图4-2-1所示。

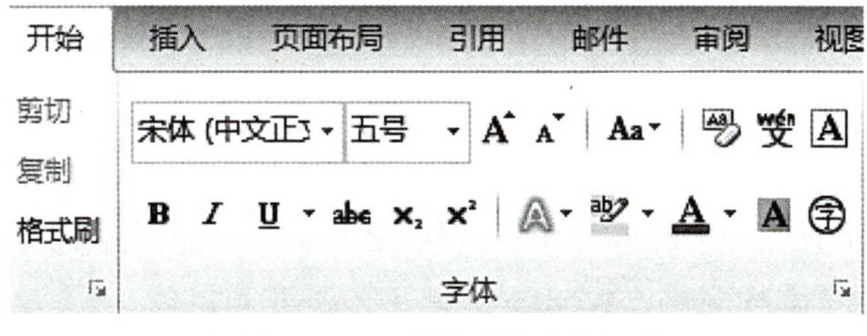

▲ 图4-2-1 设置“字体”格式

在“字体”组中，点击右下角的下拉三角对话框启动器，在弹出的“字体”对话框中进行多种样式的设置，如图4-2-2所示。用户可以设置中西文的字体、字形、字号、字体颜色等。有必要的话，也可以给文字加下划线或者着重号。在“效果”中可以给选中的内容添加删除线、上下标，设置字母大小写以及是否要隐藏等。

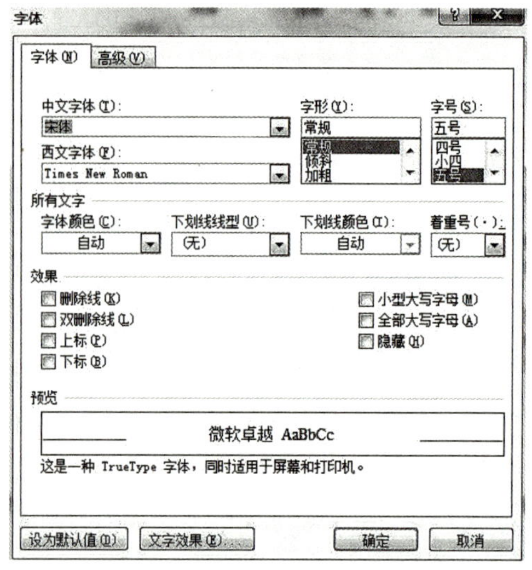

▲ 图4-2-2 “字体”对话框

在“高级”选项卡中，可以设置字符间距。字符间距指各字符间的距离，通过调整字符间距可使文字排列得更紧凑或者更疏散，如图4-2-3所示。

单击“文字效果”，在“设置文本效果格式”对话框中还可以对文本的填充色、边框、阴影以及三维格式等进行设置，如图4-2-4所示。

小贴士 选中文本后，按下【Ctrl+B】组合键可设置加粗效果，按下【Ctrl+I】组合键可设置倾斜效果。

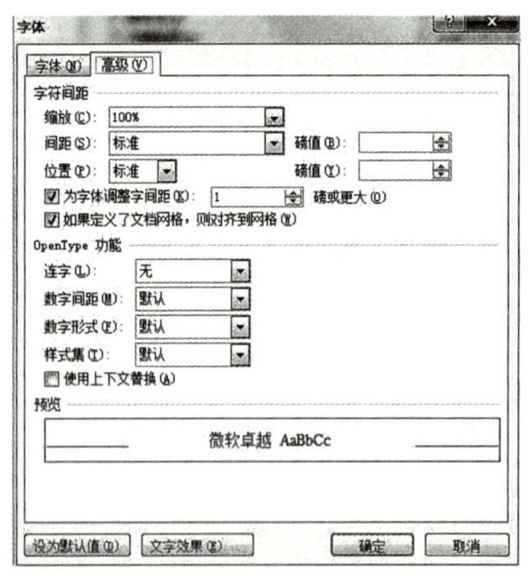

▲ 图4-2-3 字体“高级”选项卡

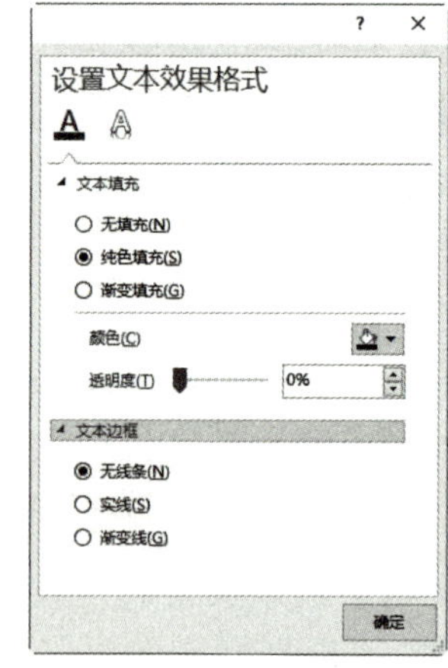

▲ 图4-2-4 “设置文本效果格式”对话框

在“字体”组中，用户还可以给文字加拼音，设置带圈字符等。

小贴士 字号是指字符的大小，常用的字号从初号到八号字，初号字比八号字大得多。也可以用“点数”作为字符大小的计量标准，点数越大字越大。在通常情况下，Word默认使用的是五号字体。

2. 文本效果

单击“字体”组中的一个“文本效果和版式”按钮，在下拉列表中选择需要的效果样式，如图4-2-5所示。其中，单击“轮廓”右侧的三角形可以进行文本轮廓的各种设置，单击“阴影”右侧的三角形可以进行阴影效果的参数设置，单击“映像”右侧的三角形可以进行文本映像效果的设置，单击“发光”右侧的三角形可以进行文本发光效果设置。

▲ 图4-2-5 文本效果

3. 首字下沉

为了使文档更美观或者要突出重要性和特殊效果，有时需要将文档中某一段的第一个字放大，这就是“首字下沉”。

用鼠标单击“插入”选项卡的“文本”组“首字下沉”按钮，在下拉列表中单击“首字下沉选项”命令，在弹出的“首字下沉”对话框中设置所选文字的字体、下沉行数、距正文等参数，单击“确定”按钮完成设置，如图4-2-6所示。

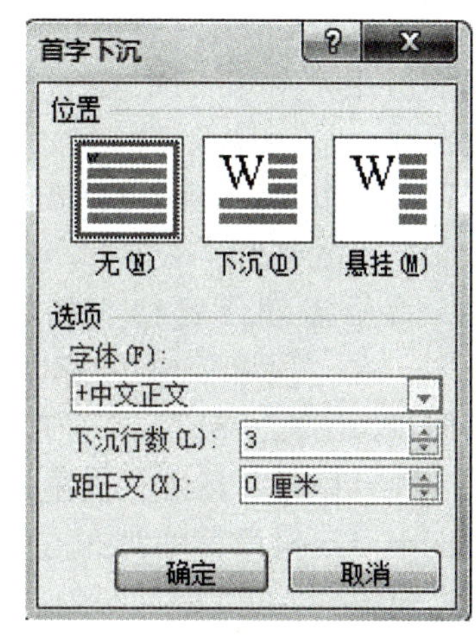

▲ 图4-2-6 “首字下沉”对话框

4. 文字方向

通常情况下，文档的排版方式为水平排版。如果需要对文档进行竖排排版，用鼠标单击“布局”下的“页面设置”组“文字方向”按钮，进行文字方向的设置。也可以在“文字方向”下拉列表中单击“文字方向选项”命令，在弹出的“文字方向”对话框中设置所选文字的方向、应用范围等参数，单击“确定”按钮完成设置，如图4-2-7所示。

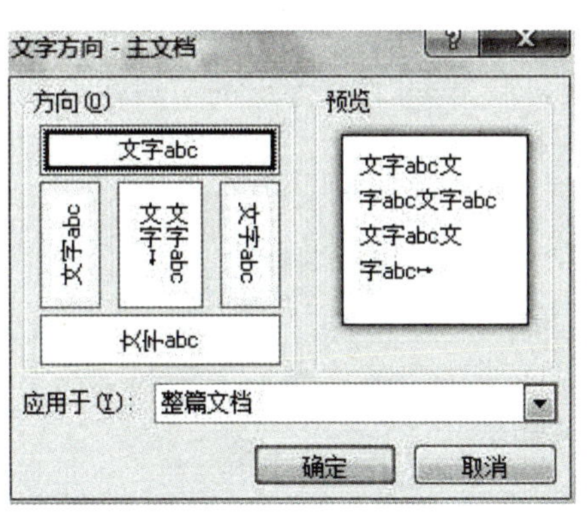

▲ 图4-2-7 “文字方向”对话框

练一练

1. 打开配套教学素材中的“再别康桥.docx”，将中文文本设置为“蓝色”“11号”。给第一行文本加粗，第二行文本加绿色双波浪下划线，第三行文本加着重号，第四行文本加删除线。

2. 给第五行文本设置“缩放”为“120%”。第六行文本设置“间距”为“加宽”，“磅值”为“1磅”。针对第七行文本中的“不”和“是”字，设置其“位置”为“提升”，其“磅值”为“3磅”；针对同一行的“清”和“上”字，设置其“位置”为“降低”，其“磅值”为“3磅”。给第八行文本设置合适的阴影和三维格式。
3. 在第九行文本中为“篙”字添加拼音，为“寻”字加圆形增大圈号，给“梦”字加上“口”型增大圈号。
4. 给第一行文本设置首字下沉。

知识点2：段落格式化

1. 段落

当用户在文档中输入文字满一行时，文字就会自动转入下一行，这称为“自动换行”，而以【Enter】回车键为结束标志的整段文字就被称为“段落”。

▲ 图4-2-8 设置段落格式

选中需要设置格式的内容，点击“开始”，在“段落”组中可以看到一些常用的功能，如图4-2-8所示。合理设置这些格式后，可使文档结构清晰、层次分明。

在“段落”组中，点击右下角的下拉三角对话框启动器，在弹出的“段落”对话框中可以对段落的对齐方式、缩进、间距等格式进行设置，如图4-2-9所示。

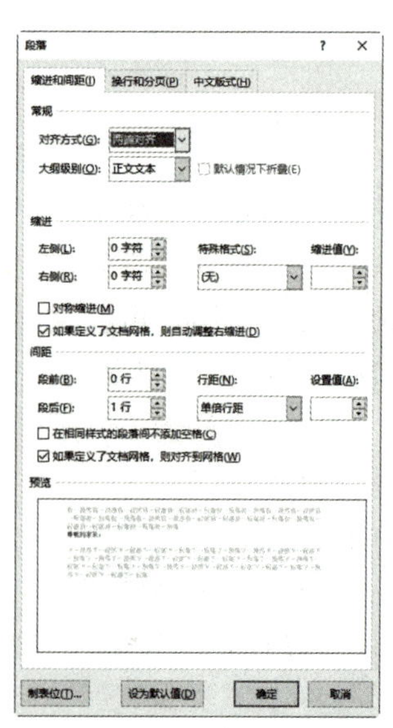

▲ 图4-2-9 “段落”对话框

（1）对齐设置

在Word中，文本对齐的方式有左对齐、居中对齐、右对齐、两端对齐、分散对齐五种。

① 左对齐：将文字左对齐（通常一篇文档中的文字都是左对齐的）。

② 居中对齐：将文字居中对齐。

③ 右对齐：将文字右对齐（如作者的署名、日期等信息要放置在末尾的最右端）。

④ 两端对齐：将文字左右两端（末行除外）同时对齐，并根据需要增加文字间距。

⑤ 分散对齐：使段落两端同时对齐，并根据需要增加字符间距。

小贴士　从表面上看，“左对齐”和“两端对齐”这两种对齐方式没有什么区别，但当行尾输入一个较长的英文单词并被迫换行时，若使用“左对齐”方式，文字会按照不满页宽的方式进行排列；若使用“两端对齐”方式，文字的距离将被拉开，从而自动填满页面。

（2）设置段落开头的缩进格式

缩进的格式分左缩进、右缩进、首行缩进、悬挂缩进四种。

① 左缩进：指整个段落左边界距离页面左侧的缩进量。

② 右缩进：指整个段落右边界距离页面右侧的缩进量。

③ 首行缩进：指段落首行第一个字符的起始位置距离页面左侧的缩进量，一般缩进量为两个字符。

④ 悬挂缩进：指段落中除首行以外的其他行距离页面左侧的缩进量。悬挂缩进方式一般用于一些比较特殊的场合。

（3）设置间距和行距

间距是指两个段落之间的距离，分为段前距离和段后距离两种。行距是指一个段落内的行与行之间的距离，分单倍行距、1.5倍行距、2倍行距、最小值、固定值、多倍行距等6种。

小贴士　选中要设置行距的段落，然后单击“段落”组中的行和段落间距按钮，在弹出的下拉列表中可设置行距的大小。

2. 项目符号和编号

为了更加清晰地显示文本内部的结构与关系，用户可在文档中的各个要点前添加项目符号和编号。

项目符号指添加在段落前的符号，一般用于并列关系的段落，如图4-2-10所示。

对有一定顺序或层次结构的段落，可为其添加编号，如图4-2-11所示。

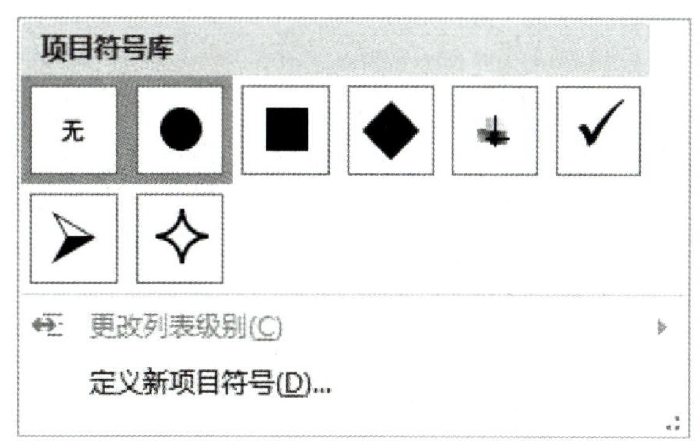

▲ 图4-2-10　项目符号库

3. 中文版式

在中文版式中，可以很简单地设置文字的汉字特征，如纵横混排、合并字符、双行合一，如图4-2-12所示。

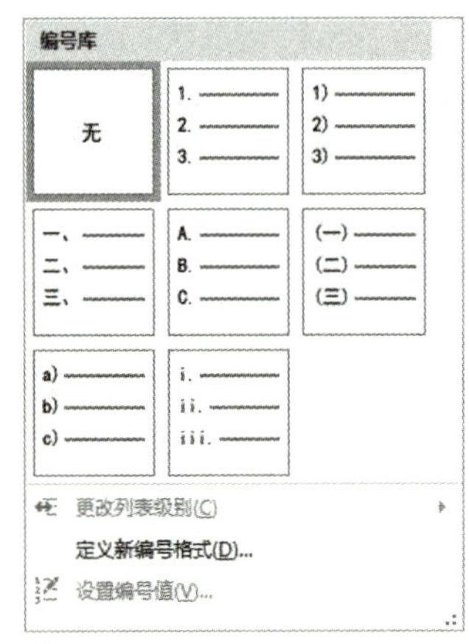

▲ 图4-2-11　编号库

▲ 图4-2-12　中文版式

小贴士

默认情况下，在以“一”“1”“a”等编号开始的段落中，按下回车键换到下一段时，下一段会自动产生连续的编号。如需取消，按下【Ctrl+Z】组合键或再次按下回车键，可取消自动产生的编号。

练一练

1. 对配套教学素材“再别康桥.docx”中文文本进行如下设置：左缩进2字符，段前0.3行，0.9倍行距。
2. 给第十一、十二行添加项目符号❁，设置项目符号为绿色。给第十三、十四行添加编号1、2……

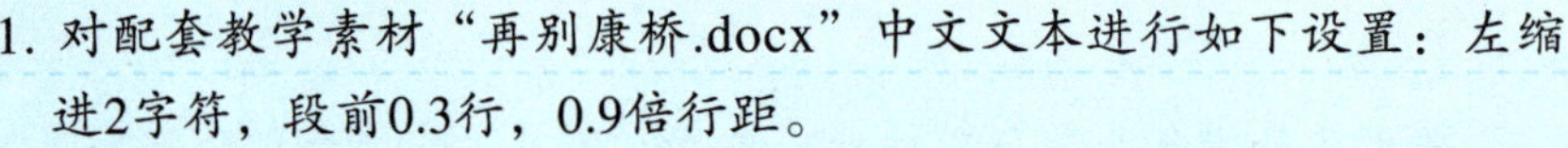

3. 将第九行文字“一支”设置为“纵横混排”，文字“青草”设置为“合并字符”，第十五行文字“1928.11.6中国海上”设置为“双行和一”。

4. 边框和底纹

在Word 2016 中，可分别对文本、段落和页面添加边框、底纹效果，使某些内容醒目突出。

（1）边框

在“段落”组中单击“下框线”旁的下三角按钮⊞·，在列表中选择符合需要的边框。也可以在菜单中选择“边框和底纹”命令，在“边框和底纹”对话框的“设置”“样式”“颜色”“宽度”列表中选择需要的边框样式，并设置该边框的应用范围，如图4-2-13所示。

单击“选项”按钮，可在弹出的“边框和底纹选项”对话框中调整边框与段落间的距离，如图4-2-14所示。

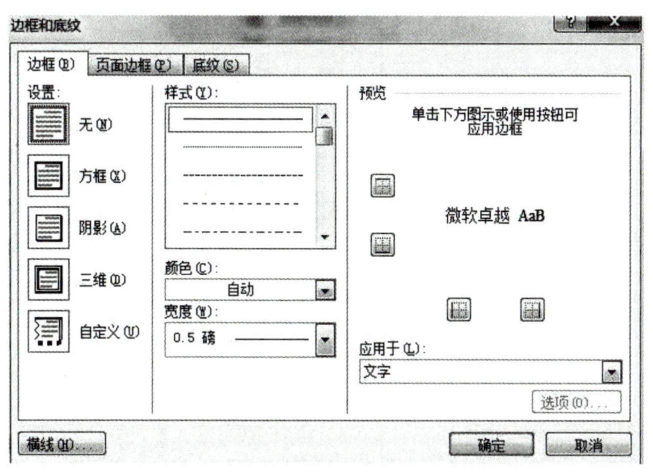

▲ 图4-2-13 “边框和底纹”对话框

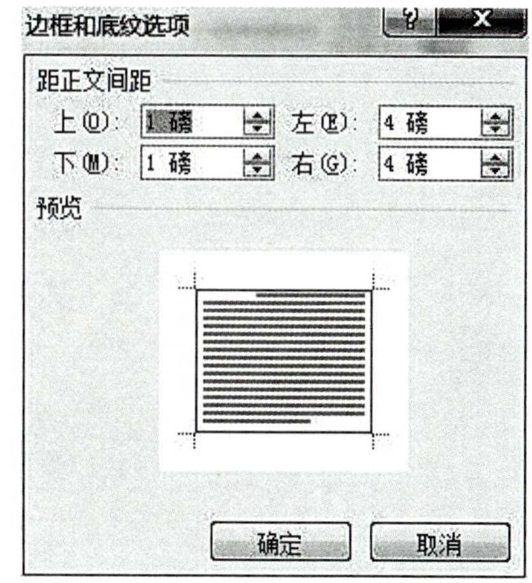

▲ 图4-2-14 “边框和底纹选项”对话框

（2）底纹

在“边框和底纹”对话框里选择“底纹”选项卡，在“填充”和“图案”列表中选择需要的底纹样式，并设置该底纹的应用范围，如图4-2-15所示。

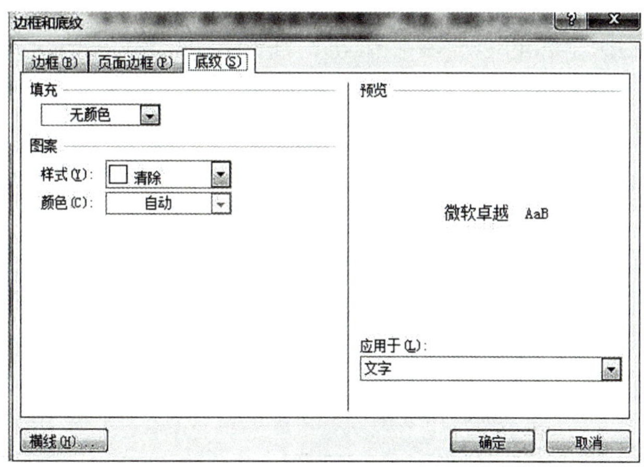

▲ 图4-2-15 “底纹”选项卡

（3）页面边框

在“边框和底纹”对话框里选择“页面边框”选项卡，在“设置”“样式”“颜色”“宽度”“艺术型”列表中选择需要的页面边框样式，并设置该边框的应用范围，如图4-2-16所示。

（4）页面背景

在“设计”选项卡的“页面背景”组中，单击“页面颜色”按钮，可设置页面的颜色或填充效果，如图4-2-17所示。

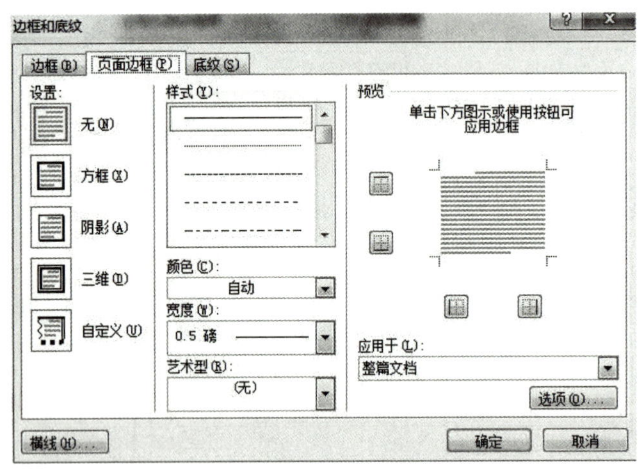

▲ 图4-2-16 “页面边框”选项卡

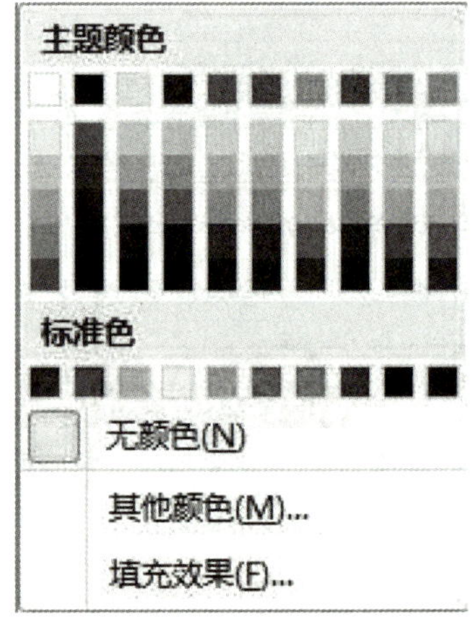

▲ 图4-2-17 页面颜色

（5）水印

添加水印是指将文本或图片以水印的方式设置为页面背景。文字水印多用于说明文件的属性，如一些重要文档带有“机密”字样的水印。图片水印大多用于修饰文档，如一些杂志的页面背景通常为一些淡化后的图片。

在“页面背景”组中，单击“水印”按钮，在弹出的下拉列表中可根据需要选择水印的样式，如图4-2-18所示。

使用颜色较深的图片作为水印时，应勾选“冲蚀”复选框降低图片色彩，以便清晰地显示文本内容，如图4-2-19所示。

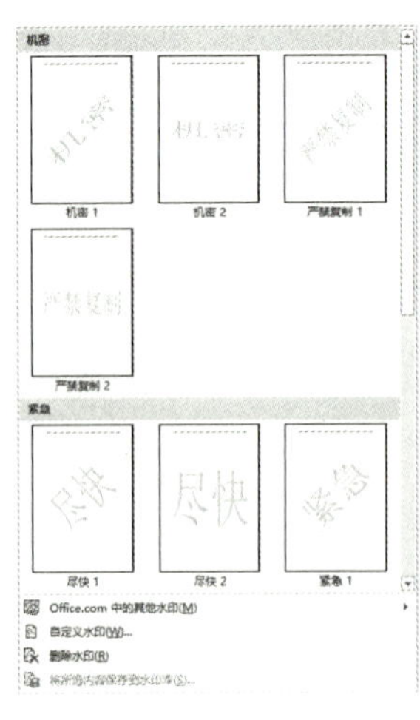

▲ 图4-2-18 水印

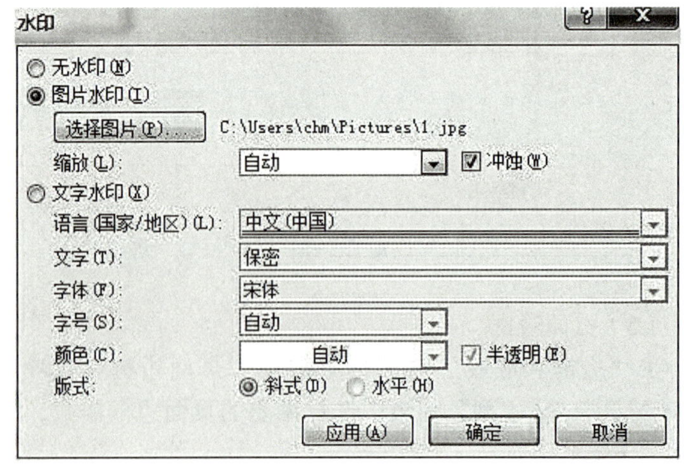

▲ 图4-2-19 自定义水印

练一练

1. 给配套教学素材“再别康桥.docx”中文文本第十行添加波浪形浅绿色方框，给第十一行添加黄色底纹。
2. 为文章添加艺术型页面边框，设置文档背景颜色为“新闻纸”纹理，给文章添加自定义水印“康桥.jpg”（见配套教学素材），给图片设置“冲蚀”效果。

知识点3：页面格式化

要想打印出一份令人赏心悦目的文档，就必须先对文档进行编辑和格式设置，对文档的页面进行合理设置，最后进行打印预览和打印。

1. 页面设置

打开Word 2016 文档后，选择“页面布局”选项卡，在“页面设置”组中单击右下角的下拉三角对话框启动器，弹出“页面设置”对话框。页面设置包括四个选项卡，分别是“页边距”“纸张”“版式”“文档网格”。

（1）页边距

页边距是指文档四周的空白区域，但在页边距区域也可根据需要放置页眉、页脚、页码等。“页面设置”对话框中已设有上、下、左、右页边距的默认值，用户可根据需要加以修改。如打印的文档需要装订，还要设置装订线的位置和边距。当然还可以根据需要设置纸张方向和页码范围，如图4-2-20所示。

（2）纸张

在该选项卡里，可设定打印纸张的纸型（即大小）、纸张来源等。常见的纸型有A4、A5、B5、16开、32开、大32开等，当然也可以自定义纸张的大小，如图4-2-21所示。

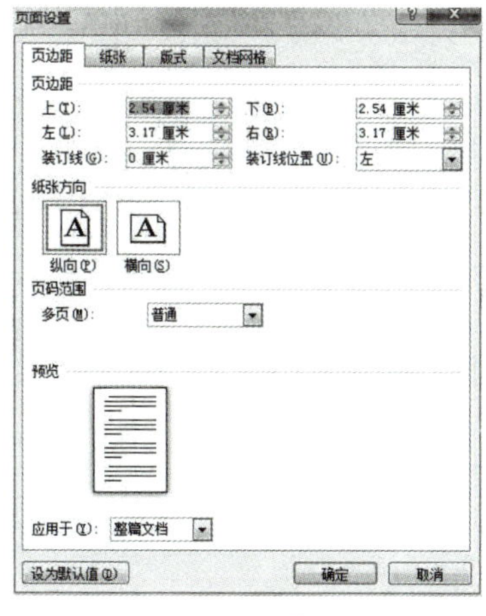

▲ 图4-2-20 “页边距”选项卡

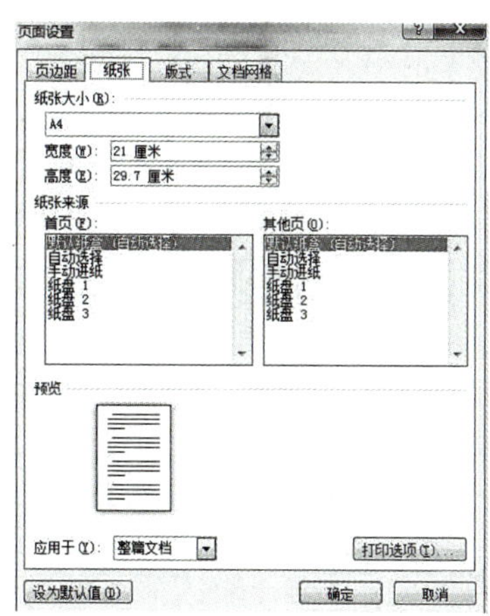

▲ 图4-2-21 “纸张”选项卡

（3）版式

在该选项卡里，可设定节的起始位置，对页眉和页脚进行距边界距离的设定，还可设置奇偶页不同或首页不同，设置页面的垂直对齐方式，如图4-2-22所示。

在“版式”选项卡里，还可添加行号和选择编号方式，如图4-2-23所示。

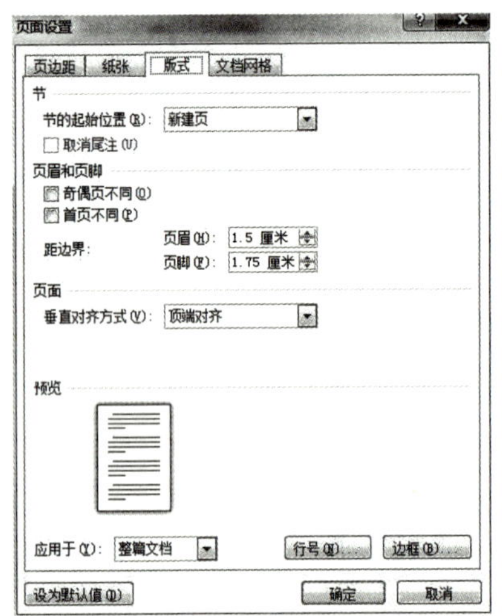

▲ 图4-2-22　“版式”选项卡

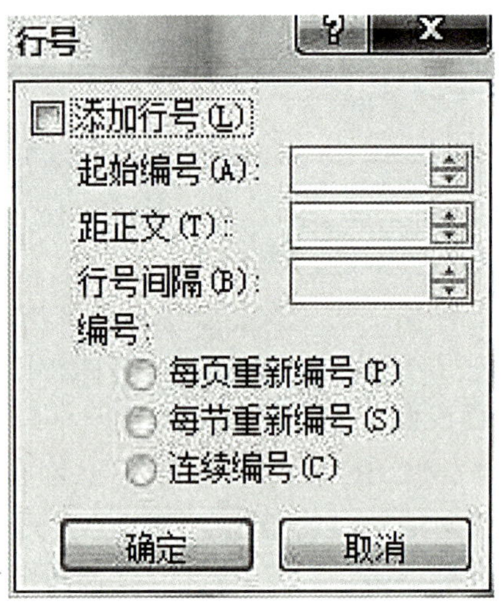

▲ 图4-2-23　“行号”对话框

（4）文档网格

在该选项卡里，可设定文字方向（水平或垂直），分若干栏，使用绘图网格，设置每行多少个字符、每页多少行等，如图4-2-24所示。

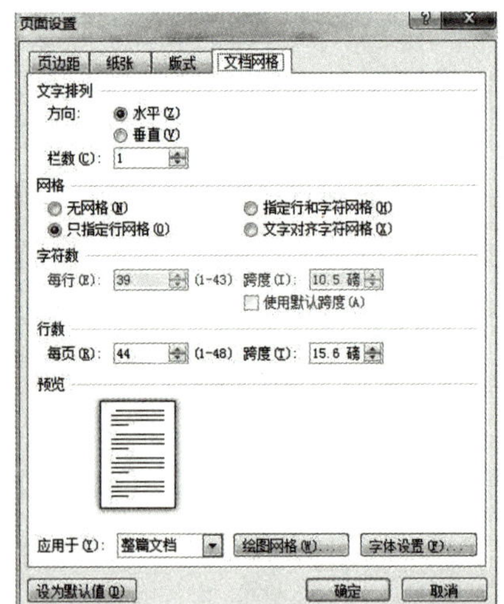

▲ 图3-2-24　“文档网格”选项卡

2. 页眉和页脚

一般情况下，页眉和页脚分别出现在文档的顶部和底部，在其中可以插入时间、日期、页码、单位名称、文件名或章节名等内容。

（1）页眉

在“插入”下的“页眉和页脚”组中，单击“页眉”按钮，在弹出的下拉列表中有多种内置样式的页眉，用户可根据需要自行选择，如图4-2-25所示。

（2）页脚

在“插入”下的“页眉和页脚”组中，单击“页脚”按钮，在弹出的下拉列表中有多种内置样式的页脚，用户可根据需要自行选择，如图4-2-26所示。

（3）页码

在文档中插入页码，可以快速定位到要查找的页面。

3. 分栏

在报刊上，常常可以看到文章被分成若干个小块，以便文档看起来层次分明，这种排版效果叫“分栏”。

在“页面设置”组中单击“分栏”按钮，在弹出的下拉列表中选择分栏方式。若单击“更多分栏”，可在弹出的“分栏”对话框中进行更详细的设置，如图4-2-27所示。

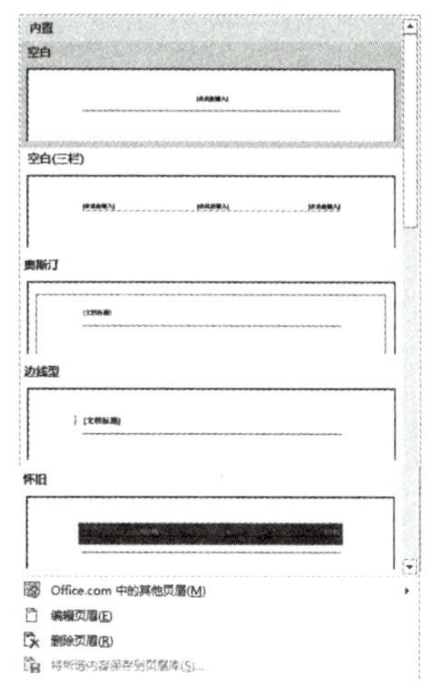

▲ 图4-2-25 页眉

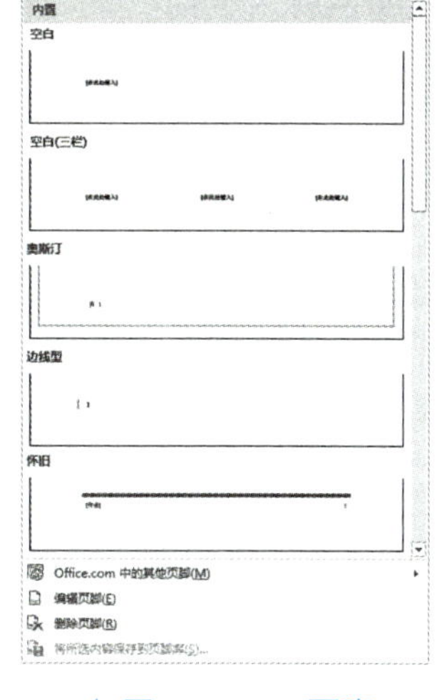

▲ 图4-2-26 页脚

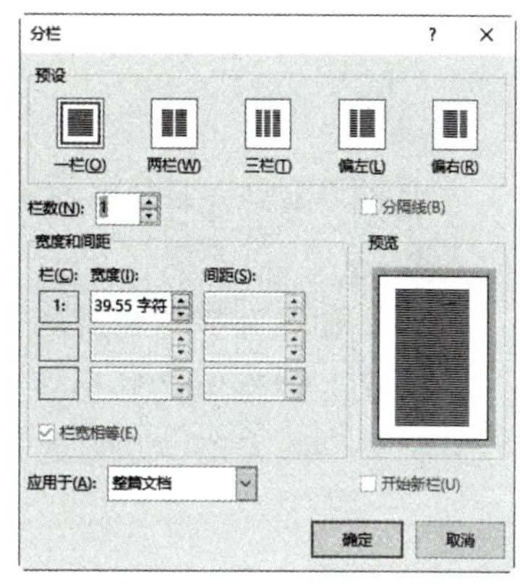

▲ 图4-2-27 “分栏”选项卡

如果要对全文进行分栏排版，无须选择任何内容，直接执行分栏操作即可。

4. 分隔符

（1）分页符

当文本或图形等内容填满一页时，Word 会插入一个自动分页符并开始新的一页。如果要在某个特定位置强制分页，可手动插入分页符，这样可以确保章节标题总在新的一页开始。操作步骤为：在“页面设置”组中单击“分隔符”下拉框，选择分页符，在插入点手动插入分页符。

（2）分栏符

对文档（或某些段落）进行分栏后，Word 文档会在适当的位置自动分栏。若希望某一内容出现在下栏的顶部，则可用插入分栏符的方法实现。操作步骤为：在“页面设置”组中单击“分隔符”下拉框，选择分栏符，在插入点手动插入分栏符。

（3）自动换行符

自动换行符用来结束当前行，并强制文字在图片、表格或其他项目的下方继续。使用后文字将在下一个空行（且该空行不包含与左边距或右边距对齐的表格）上继续。操作方法为：在“页面设置”组中单击“分隔符”下拉框，选择“自动换行符”，在插入点位置可强制断行（换行符显示为灰色的“↓”）。与直接按回车键不同，这种方法产生的新行仍将作为当前段的一部分。

（4）分节符

节是文档的一部分。在没有插入分节符之前，Word 将整篇文档视为一节。在需要改变行号、分栏数或页眉、页脚、页边距等特性时，需要创建新的节。操作方法为：在“页面设置”组中单击“分隔符”下拉框，选择相应的分节符类型即可。

练一练

1. 将配套教学素材“再别康桥.docx”的页边距设置为上下各2厘米，左右各3厘米。
2. 给文档添加页眉“点一盏心灯”，并将之设置为“楷体、小五号、橙色”，设置页脚为传统型页码。
3. 将文档英文前四行设置为等宽两栏，并加分隔线。

任务实施

按要求编排散文《几生修得到梅花》，并将文档保存为“几生修得到梅花.docx”。

1. 字符格式化

① 打开配套教学素材中的“几生修得到梅花.docx”，将文章标题设置为“黑体、四号、居中”，作者姓名设置为“居中”，正文为“楷体、四号”。第一、二段文本设置为“蓝色”，第五段文本设置为“橙色”（深色50%）。

② 设置第四段中的文字“暗香浮动”的字符缩放为“150%”，句子“梅以形势为第一”设置为“加粗、紫色”，文字“以”和“第”设置为“字符位置提升3磅”，“势”字设置为“字符位置降低3磅”。

③ 给第五段中的“虬”字添加拼音，“嶙峋”两字分别设置三角形增大圈号；“疏影……黄昏”设置为“加粗、紫色”，加绿色双波浪下划线；“不要……乾坤”设置为“加粗、紫色”，加着重号；“几生修得到梅花”设置为“加粗、紫色”，加删除线。

④ 给第三段设置首字下沉。

⑤ 将第六段中的文字“何方……放翁”设置为“加粗、紫色”。

2. 段落格式化

① 第三段进行如下设置：右缩进1个字符，段后0.5行，1.5倍行距。

② 给第一、二段添加项目符号“☺”，给第四、五、六段设置首行缩进2字符。

③ 将第六段中的文字“冰肌……疏美”设置为二号。其中，“冰肌……圣洁，”设置为双行合一，“横斜”设置为纵横混排，“疏美”设置为合并字符。

④ 给第三段设置上下波浪线、左右点画线，底纹为蓝色（个性色1、淡色80%）。将第五段中的文字“只有梅花是知己”设置为“紫色、加粗、倾斜”，加外粗内细方框、橄榄色（个性色3、淡色80%）底纹。

⑤ 为文章添加艺术型页面边框，设置文档背景颜色为“新闻纸”纹理，给文章添加自定义水印“梅花.jpg”（见配套教学素材），图片无须冲蚀。

3. 页面格式化

① 设置页边距为上下各2厘米，左右各3厘米。

② 添加页眉“《几生修得到梅花》美文欣赏”，并将之设置为“宋体、小五号、深红色”。设置页脚为传统型页码。

③ 将第四段分为等宽两栏，加分隔线。

④ 美文编排好后，保存为“几生修得到梅花.docx”，参考图4-2-28。

如果你感兴趣，可以挑选一篇你喜爱的散文，对其进行文本、段落、页面格式化的设置。你还可以挑选合适的背景图，对文档进行适当的美化，使其更富表现力。

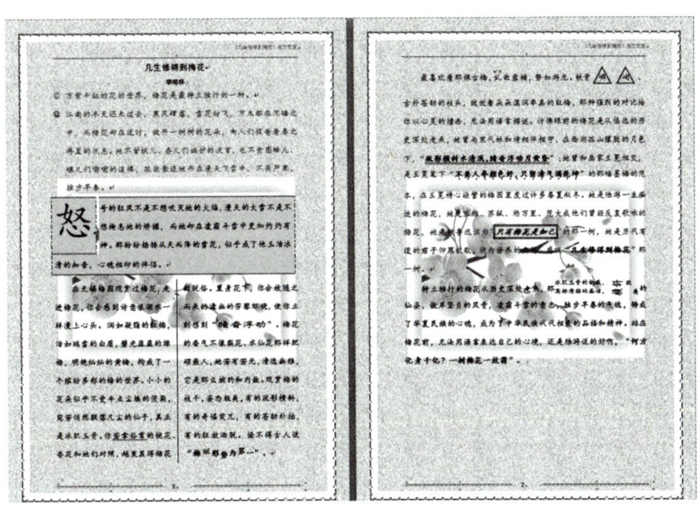

▲ 图4-2-28 《几生修得到梅花》排版效果参考

任务评价

表4-2-1 任务评价表

任务完成情况	自我评价	小组评价
字符的格式化	□完成 □待完善 原因：	☆☆☆☆☆
段落的格式化	□完成 □待完善 原因：	☆☆☆☆☆
页面的格式化	□完成 □待完善 原因：	☆☆☆☆☆

拓展提高

格式刷的使用

Word 2016 提供的格式复制方法将选中的段落或字符的格式整个复制到新的段落或字符上。

先选定文档中带有格式的文字或段落，再单击常用工具栏上的“格式刷”按钮，此时鼠标变为刷子形状，将鼠标指针移动到需复制格式的文字或段落上，按下鼠标左键并拖动鼠标刷过，即可将新格式应用到目标文字或段落上。

单击“格式刷”按钮后会出现的刷子形状的鼠标指针，只能复制一次格式，当放开鼠标左键时，鼠标指针便恢复原状。如果有多个不连续的位置需要复制相同的格式，可双击“格式刷”按钮，然后拖动鼠标分别刷过这些位置。当操作完成之后，按【Esc】键取消复制格式操作。

任务三　文档表格的创建与编辑

任务描述

学期结束了，小李同学邀请几名在上海的朋友乘坐高铁到南京游玩。为了方便朋友们统一订票，他需制作一张从上海到南京的列车时刻表供朋友们订票使用。请你帮助他完成从上海到南京列车汇总表的设计，要求列车时刻汇总表中要注明票价及剩余票数，表格应简洁、美观，数据应清晰、便于查看，如图4-3-1所示。

上海—南京列车汇总表（2021/8/15）

车次	始/终到站	发车时间	到达时间	票价（单位：元）			剩余票数	平均票价（单位：元）
				商务座（软卧）	一等座（硬卧）	二等座（硬座）		
G676	上海虹桥/南京南	8：38	10：23	428	228	135	102	263.66
D3068	上海虹桥/南京南	10：08	12：30		184	115	99	149.5
K234	上海/南京	11：09	15：00	140.5	92.5	46.5	65	93.16
G7108	上海虹桥/南京	11：38	13：40		219.5	139.5	30	179.5
K464	上海/南京	11：47	16：18	140.5	92.5	46.5	126	93.16
剩余总票数							422	

▲ 图4-3-1　列车时刻汇总表效果图

学习目标

1. 掌握文档表格的基本操作。
2. 能够根据实际情况，合理编辑并修饰表格。
3. 能够从工作需求角度出发，对表格中的数据进行适当的分析处理。
4. 提高收集数据、筛选数据的能力，培养数据分析能力，养成严谨、务实的工作态度。

知识储备

知识点1：表格的创建与编辑

1. 创建表格

表格是一种简明、直观的表达方式，在文档中经常使用表格来对数据进行简单的分析及统计。在Word 2016 中插入表格的方法有四种：自动创建简单表格、插入表格命令、手工绘制复杂表格和文本转换为表格。

（1）自动创建简单表格

① 在“插入”选项卡下，单击“表格”组中的“表格”按钮。

② 在展开的下拉列表中选择n×m表格，则可在光标所在处插入一张m行n列的表格，如图4-3-2所示。

（2）插入表格命令

① 在“插入”选项卡下，单击“表格”组中的“表格”按钮，在展开的下拉列表中选择“插入表格...”命令。

② 在打开的对话框中，设置表格的列数和行数，如图4-3-3所示。

③ 单击“确定”按钮即可在光标所在处插入一张表格。

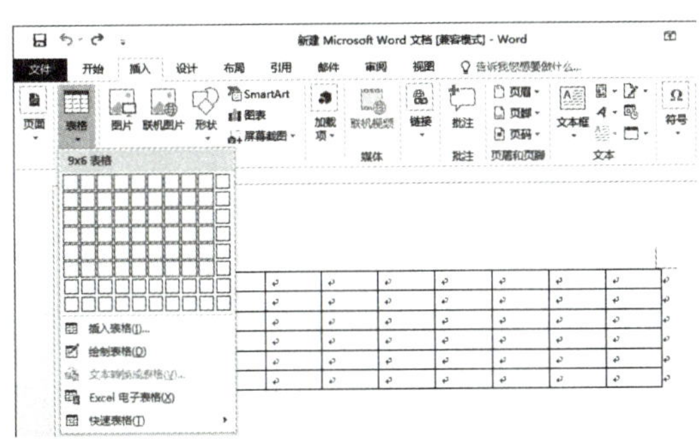

▲ 图4-3-2　自动创建简单表格

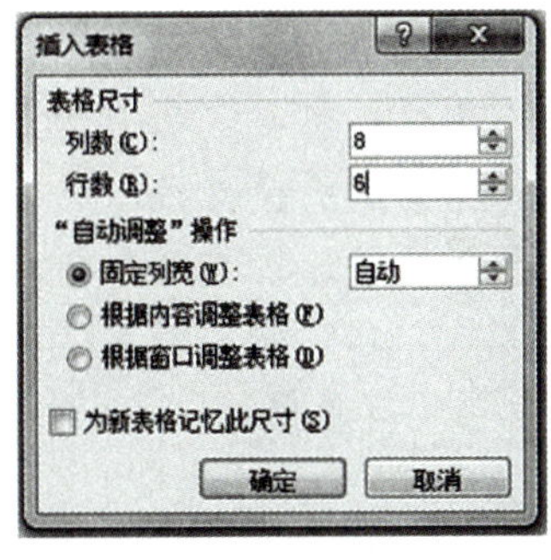

▲ 图4-3-3　“插入表格”对话框

使用“插入表格”命令来创建表格时，可以直接设置表格中列的宽度。

（3）手工绘制复杂表格

① 在“插入”选项卡下，单击“表格”组中的“表格”按钮，在展开的下拉列表中选择“绘制表格”命令，此时鼠标指针变成铅笔形状，表明鼠标处于“手动制表”状态。

② 按下鼠标左键拖动鼠标笔形指针绘出表格外框，如图4-3-4所示。

③ 拖动鼠标笔形指针，在表格中绘制水平线或垂直线，手动绘制一张新表，如图4-3-5所示。

▲ 图4-3-4　绘制表格外框

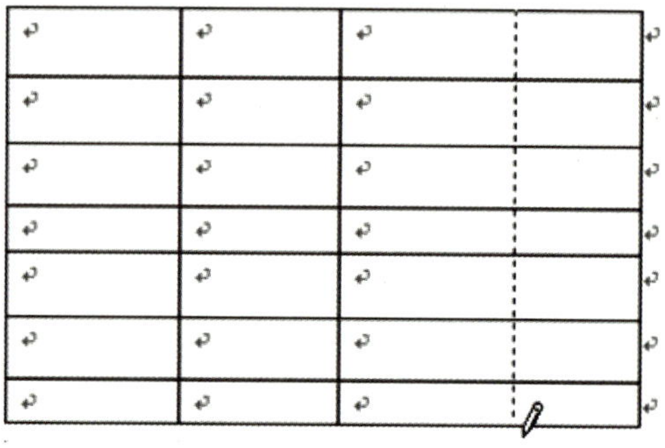

▲ 图4-3-5　绘制表格内框线

小贴士

在手工绘制复杂表格时，拖动鼠标笔形指针，不仅可以在表格中绘制水平线或垂直线，还可以在单元格中绘制斜对角线。

绘制表格时，若表格绘制有误，可使用“绘图”设计组中的“橡皮擦”按钮（在“表格工具”中的“布局”选项卡中），使鼠标指针变成橡皮形，把橡皮形鼠标移到要擦除线条的一端，拖动鼠标到另一端，便可擦除选定的线条，如图4-3-6所示。

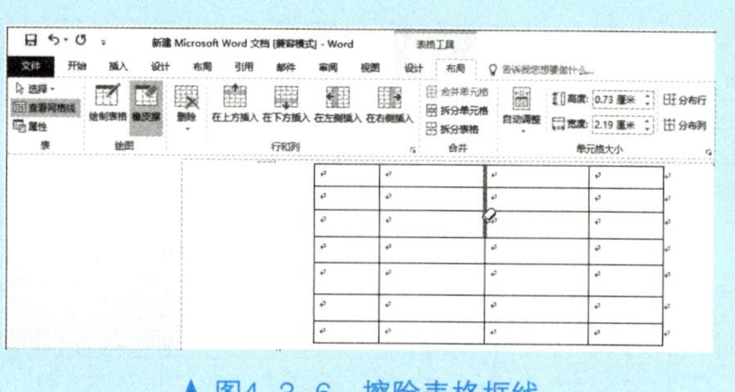

▲ 图4-3-6　擦除表格框线

（4）文本转换为表格

① 输入表格所需的各行各列的数据，各列数据间使用【Tab】键键入制表分隔符。

② 选定所有文本行，在“插入”选项卡下，单击“表格”组中的“表格”按钮，在展开的下拉列表中选择“文本转换成表格...”命令。

③ 在“将文字转换成表格”对话框中键入表格列数，在“文本分隔位置”选项中，选定“制表符”单选项，单击“确定”按钮，便可实现文本到表格的转换，如图4-3-7所示。

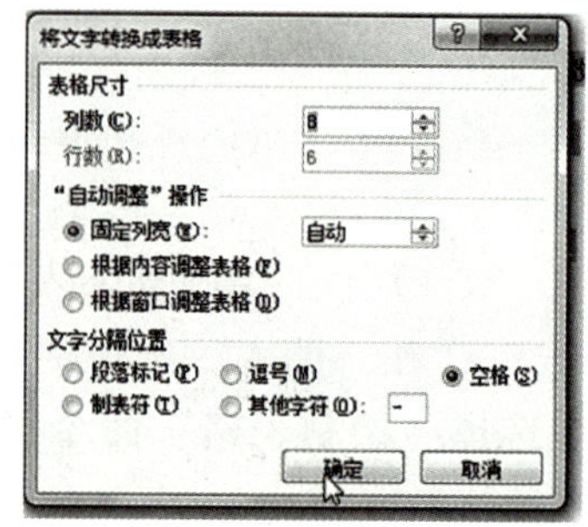

▲ 图4-3-7　将文本转换成表格

2. 在表格中输入文本

建立空表格后，可以将光标移到表格的单元格中输入

小贴士

将文字转换成表格时，Word 2016 会根据文本中的分隔符自动识别分隔符类型及表格所需列数，若自动判断有误可根据需要手动调整。在Word 2016 中，文字分隔位置所用的分隔符号除了常用的制表符外，还有段落标记、逗号、空格等，用户也可以自定义其他字符作为分隔符号。

表格中的文字同样也可以转换成纯文本格式。如需将表格中的文字转换为文字，可在选中表格后，选择“表格工具”中的“布局”选项卡中的“数据”组，单击“转换为文本”按钮，如图4-3-8所示。设定好文字分隔符后单击“确定”按钮，便可将表格转换为文本。

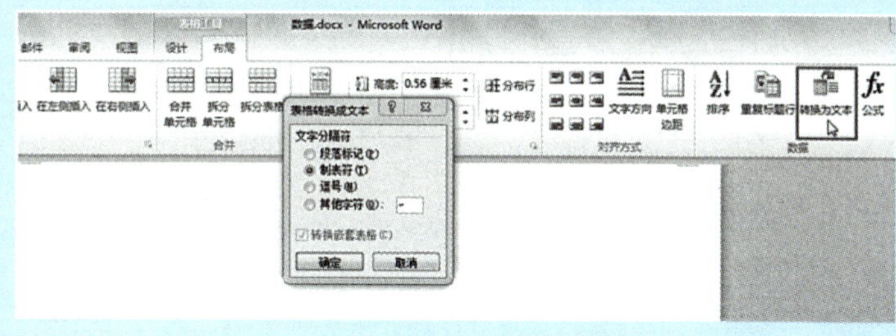

▲ 图4-3-8　将表格转换成文本

文本。按【Tab】键可将光标移到下一个单元格，按【Shift+Tab】组合键可将光标移到上一个单元格，按上、下箭头可将光标移到上、下一行。

编辑单元格中的文本与编辑文档中其他文本的方法一样，可以选定、插入、删除、复制和移动单元格中的文本。

3. 选定表格

要对表格进行修改，必须先选定要修改的表格或单元格。

（1）选定单元格或单元格区域：将鼠标指针移到要选定的单元格的选定区（单元格左侧边框靠内一侧），当指针由“I”变成“↗”形状时，单击鼠标选定单元格；向上、下、左、右拖动鼠标可选定相邻的多个单元格。

（2）选定表格的行：将鼠标指针移到文本选定区，指向要选定的行，单击鼠标选定一行；向上或向下拖动鼠标可选定表中相邻的多行。

（3）选定表格的列：将鼠标指针移到表格中要选定的列最上面的边框线上方，当鼠标指针由“I”变成“⬇”形状时，单击鼠标选定一列；向左或向右拖动鼠标可选定表中相邻的多列。

（4）选定不连续的单元格：在表格中要选定多个不连续的区域，可以按住【Ctrl】键，依次用鼠标选中多个不连续的区域。

（5）选定整个表格：单击表格左上角的移动控制点✥可以选定整张表格。

4. 单元格地址命名

在Word 2016 中，表格中的单元格地址命名规则与Excel中对单元格的命名相同，以“列编号+行编号”的形式对单元格进行命名。其中，列以字母A、B、C……Z和AA、AB……编号，行以自然数编号，如图4-3-9所示。

在Word 2016中，引用单元格区域时，以“：”代表连续单元格区域，以“，”代表不连续的单元格区域，如图4-3-10、图4-3-11所示。

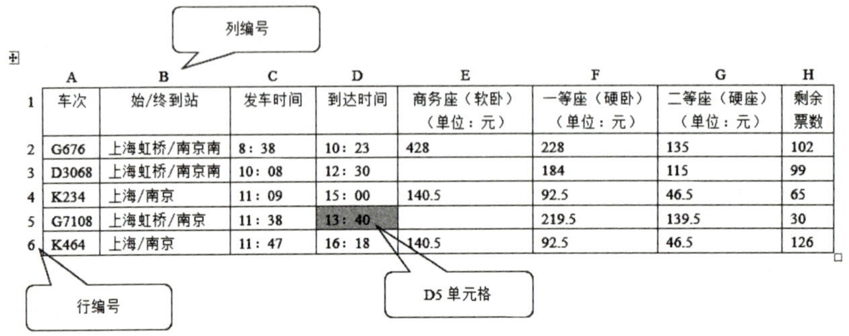

	A	B	C	D	E	F	G	H
1	车次	始/终到站	发车时间	到达时间	商务座（软卧）（单位：元）	一等座（硬卧）（单位：元）	二等座（硬座）（单位：元）	剩余票数
2	G676	上海虹桥/南京南	8：38	10：23	428	228	135	102
3	D3068	上海虹桥/南京南	10：08	12：30		184	115	99
4	K234	上海/南京	11：09	15：00	140.5	92.5	46.5	65
5	G7108	上海虹桥/南京	11：38	13：40		219.5	139.5	30
6	K464	上海/南京	11：47	16：18	140.5	92.5	46.5	126

▲ 图4-3-9　Word 2016 中表格单元格地址命名规则

	A	B	C	D	E
1	车次	始/终到站	发车时间	到达时间	商务座（软卧）（单位：元）
2	G676	上海虹桥/南京南	8：38	10：23	428
3	D3068	上海虹桥/南京南	10：08	12：30	
4	K234	上海/南京	11：09	15：00	140.5
5	G7108	上海虹桥/南京	11：38	13：40	
6	K464	上海/南京	11：47	16：18	140.5

C3,D5

▲ 图4-3-10　连续单元格区域引用

	A	B	C	D	E
1	车次	始/终到站	发车时间	到达时间	商务座（软卧）（单位：元）
2	G676	上海虹桥/南京南	8：38	10：23	428
3	D3068	上海虹桥/南京南	10：08	12：30	
4	K234	上海/南京	11：09	15：00	140.5
5	G7108	上海虹桥/南京	11：38	13：40	
6	K464	上海/南京	11：47	16：18	140.5

C3:D5

▲ 图4-3-11　不连续单元格区域引用

5. 插入或删除行与列

使用表格时，经常会出现行数或列数不够或者过多的情况。在Word 2016中有多种方法来插入/删除行或列。

（1）插入行与列

在表格需要插入行或列的位置选中行或列，选择“表格工具”中“布局”选项卡的“行和列”组，按照需求选择“在上方插入”“在下方插入”“在左侧插入”或“在右侧插入”按钮，可在当前位置插入新行或新列。

“在上方插入”/“在下方插入”按钮：在当前行（或选定的行）的上面或下面插入与选定行数相同数量的行。

“在左侧插入”/“在右侧插入”按钮：在当前列（或选定的列）的左侧或右侧插入与选定列数相同数量的列。

若要为表格尾部追加新的一行，还可以使用以下两种操作方法来完成：将光标定位于表格最后一行的右侧边框外，按回车键可在下方追加一行；将光标定位于最后一行最右一列单元格中，按【Tab】键追加一行。

（2）删除行与列

在表格中选中需要删除的行或列，选择“表格工具”中“布局”选项卡的“行和列”组，单击“删除”按钮，在打开的下拉列表中选择“删除行”或“删除列”命令，可删除被选中的行或列。

小贴士

1. 如果需要在表格中插入若干单元格，可以执行以下操作：在需要插入单元格的位置选择需插入的单元格行数、列数，选择“表格工具”中“布局”选项卡中的“行和列”组，单击下拉三角对话框启动器，打开“插入单元格”对话框。

活动单元格右移：在选定的单元格区域的左侧插入新的单元格，此时选中的单元格及其右边的单元格将向右移动相应的列数。

活动单元格下移：在选定的单元格区域的上方插入新的单元格，此时选中的单元格及其下方的单元格将向下移动相应的行数，如图4-3-12所示。

整行/整列插入：插入行或列。

2. 如果要删除表中的某些单元格，可以选定要删除的单元格区域，选择“表格工具”中“布局”选项卡中的“行和列”组，单击“删除”下拉列表中的“删除单元格...”命令，其单元格删除方式与插入单元格的方式相对应。

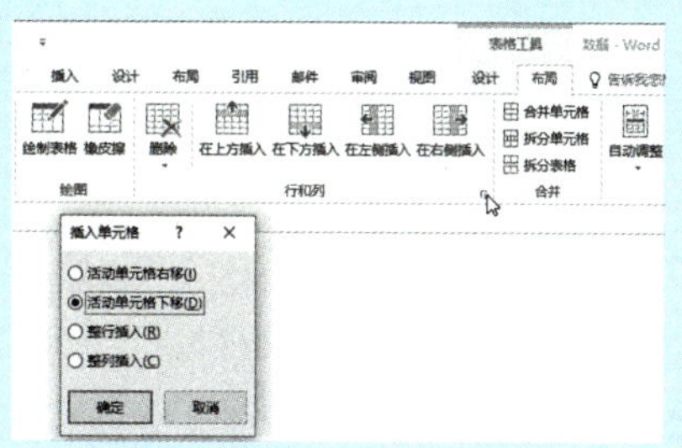

▲ 图4-3-12 插入单元格

6. 拆分或合并单元格

在创建复杂表格时，往往需要将表格的某一行或某一列中的多个单元格合并为一个单元格，或者将某一个单元格拆分成多个小单元格。Word 2016 中的“合并单元格”和“拆分单元格”命令可以快速完成单元格的合并与拆分操作。

上海一南京列车汇总表（2021/8/15）

车次	始/终到站	发车时间	到达时间	票价（单位：元）			剩余票数
				商务座（软卧）	一等座（硬卧）	二等座（硬座）	
G676	上海虹桥/南京南	8：38	10：23	428	228	135	102
D3068	上海虹桥/南京南	10：08	12：30		184	115	99
K234	上海/南京	11：09	15：00	140.5	92.5	46.5	65
G7108	上海虹桥/南京	11：38	13：40		219.5	139.5	30
剩余总票数							

▲ 图4-3-13 合并单元格

（1）合并单元格

在表格中选中要合并的单元格，选择“表格工具”中“布局”选项卡中的“合并”组，单击“合并单元格”按钮，如图4-3-13所示。

（2）拆分单元格

选中要拆分的单元格或者将光标定位于要拆分的单

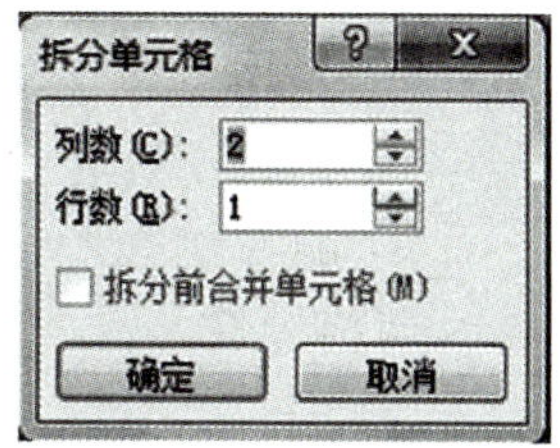

▲ 图4-3-14 拆分单元格

元格中，选择“表格工具”中“布局”选项卡中的“合并”组，单击“拆分单元格”按钮，在“拆分单元格”对话框中设置好需拆分的行数和列数，单击“确定”按钮，如图4-3-14所示。

小贴士

如果拆分时选中了多个单元格，并在“拆分单元格”对话框中选中了“拆分前合并单元格”复选框，则表示拆分前先将选中的多个单元格合并成一个单元格，然后再将这个单元格拆分为指定行数、列数的单元格。

7. 拆分或合并表格

如果要拆分一个表格，先将光标置于拆分后成为新表格的第一行的任意单元格中，选择“表格工具”中“布局”选项卡的“合并”组，单击“拆分表格”按钮，这样就在光标所在行的上方插入一个空段，把表格拆分成两张表格。

如果要合并两个表格，只要删除两个表格之间的换行符即可。

练一练

1. 说一说在Word 2016 中有几种创建表格的方法，各有什么优势与不足。
2. 总结创建复杂表格的方法。

知识点2：表格格式设置

1. 调整行高和列宽

一般情况下，Word 2016 能根据数据内容自动调整单元格行高和列宽。如果有特殊需要，也可以手动调整表格的行高或列宽。调整行高或列宽的方法有两种：拖动鼠标和使用菜单命令。

（1）拖动鼠标调整行高/列宽

调整行高：移动鼠标指针到需要调整行的下框线上，当鼠标指针变为“÷”形状时，按住鼠标左键向上或向下拖动至合适位置，然后松开鼠标左键即可。

调整列宽：移动鼠标指针到需要调整列的右框线上，当鼠标指针变为“+||+”形状时，按住鼠标左键向左或向右拖动至合适位置，然后松开鼠标左键即可。

小贴士

如果想要精确调整行高或列宽，只要在拖动鼠标时按住【Alt】键，垂直/水平标尺上就会显示行高/列宽的数据。

如果按【Shift】键的同时拖动鼠标，则只调整左列的列宽，右列的列宽保持不变。

选定单元格后，拖动该单元格的左列或右列框线时，只影响该单元格及左侧或右侧相邻单元格的列宽，其他单元格列宽不变。

（2）使用菜单命令调整行高/列宽

① 选择要修改行高或列宽的行或列。

② 选择“表格工具”中“布局”选项卡的“单元格大小”组，在“高度”栏中设置行高，在“宽度”栏中设置列宽，如图4-3-15所示。

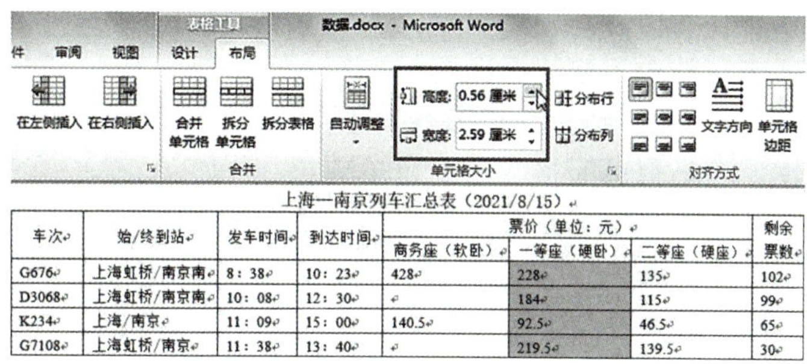

上海—南京列车汇总表（2021/8/15）

车次	始/终到站	发车时间	到达时间	票价（单位：元）			剩余票数
				商务座（软卧）	一等座（硬卧）	二等座（硬座）	
G676	上海虹桥/南京南	8：38	10：23	428	228	135	102
D3068	上海虹桥/南京南	10：08	12：30		184	115	99
K234	上海/南京	11：09	15：00	140.5	92.5	46.5	65
G7108	上海虹桥/南京	11：38	13：40		219.5	139.5	30

▲ 图4-3-15　表格中行高与列宽的设置

使用“表格属性”对话框也可以设置表格的行高与列宽。操作方法为：选定要修改行高或列宽的行或列，选择“表格工具”中“布局”选项卡的“表”组，单击“属性”按钮（或指向表格任意位置按鼠标右键，在打开的快捷菜单中选择“表格属性...”命令）。在“表格属性”对话框中，可以在“行”选项卡中设置行高，在“列”选项卡中设置列宽，如图4-3-16所示。

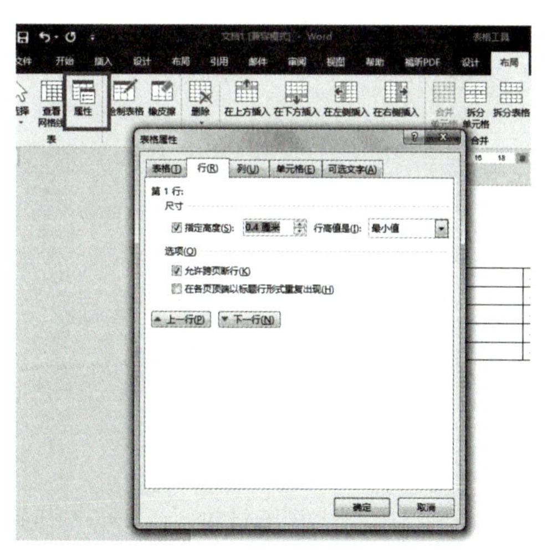

（a）“行”选项卡

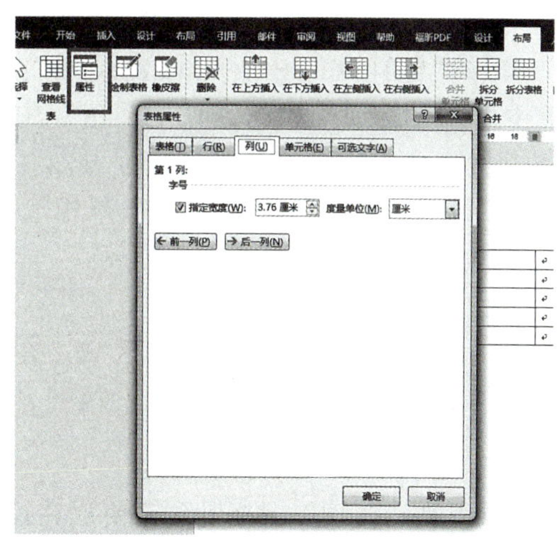

（b）“列”选项卡

▲ 图4-3-16　用“表格属性”命令设置行高与列宽

2. 使用表格自动套用格式

合理使用Word 2016 中内置的表格样式，可以起到快速美化表格的作用，减少设置步骤，提高工作效率。操作方法：将光标定位于表格中，选择“表格工具”中“设计”选项卡的“表格样式”组，选择其中一种表格样式，如图4-3-17所示。

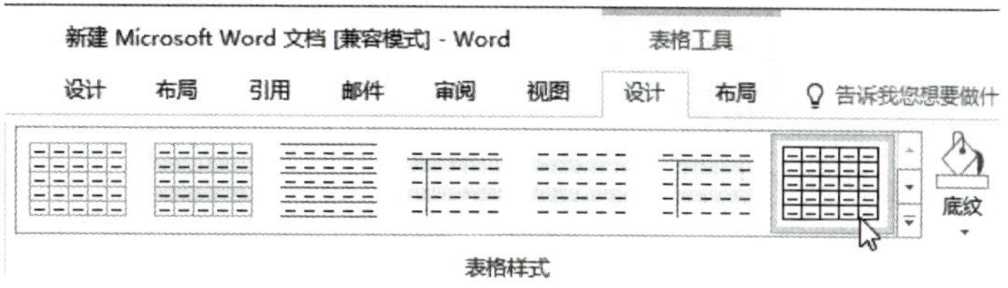

▲ 图4-3-17　表格样式的应用

如果Word 2016 内置的表格样式不能完全满足需要，用户还可以修改已有的内置表格样式或新建表格样式。在表格样式中可以设置的格式选项有：整个表格、标题行、末行、最左列、最右列、奇行条纹、偶行条纹、左上角单元格、右上角单元格、左下角单元格和右下角单元格等，如图4-3-18所示。

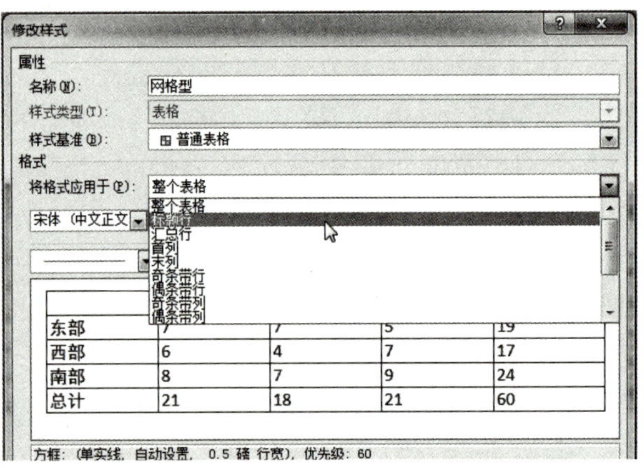

▲ 图4-3-18 修改/新建表格样式

3. 设置表格边框与底纹

在Word 2016 中，可以使用现成的表格样式来设置表格的边框与底纹，也可以自定义表格的边框与底纹格式。

（1）设置表格边框

选中整张表格或需要设置边框的单元格区域，选择“表格工具”中的“设计”选项卡，在“边框”组的“笔样式”中可以设置线型，“笔画粗细”中可以设置线条粗细，“笔颜色”中可以设置线条颜色。线条的相关设置完成后可以在框组中的“边框”下拉列表中根据需要选择相应的框线类型，如图4-3-19所示。

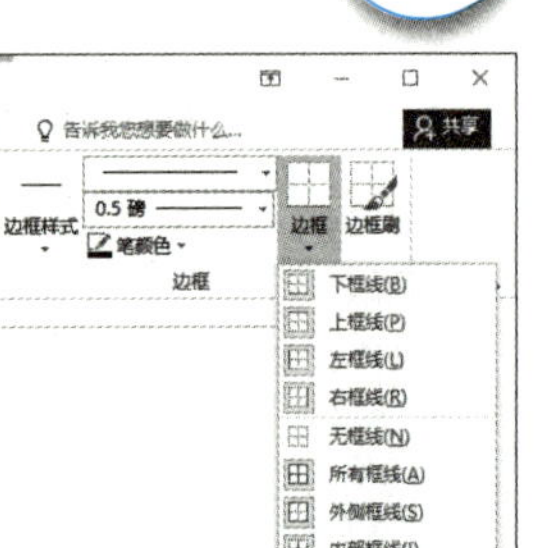

▲ 图4-3-19 设置表格边框线

（2）设置边框底纹

选中需要设置底纹的单元格区域，在“表格样式”组中单击“底纹”按钮，在下拉列表中选择所需的底纹颜色。

小贴士

在对表格的边框与底纹进行格式设置时，还可以单击“边框”组中的按钮，在打开的“边框和底纹”对话框中为所选表格或单元格设置边框和底纹。在对话框中为表格设置边框和底纹的方法与为文字或段落设置边框和底纹的方法基本相同。

4. 表格对齐方式及文字环绕设置

在“表格属性”对话框中，可以改变表格在页面中的对齐方式，也可以将表格与文字排版成类似文绕图的形式。操作步骤如下：

① 将光标定位于表格中，选择“表格工具”中“布局”选项卡的“表”组，单击

“属性”按钮，打开“表格属性”对话框中的“表格”选项卡窗口，如图4-3-20所示。

② 在“尺寸”组中，选择“指定宽度”复选框后，可设定具体的表格宽度。

③ 在“对齐方式”组中，可设定表格在页面中的位置。

④ 在“文字环绕”组中，可设定文字是否环绕表格。

5. 文字对齐方式及文字方向设置

在Word 2016 中插入表格，单元格中的文字默认的对齐方式是在单元格的左上方。如果用户要对表格中文字对齐方式及文字方向进行设置，操作步骤如下：

① 选中单元格区域，选择“表格工具”中“布局”选项卡的“对齐方式”组，在9种文字对齐方式中单击所需要的对齐方式的按钮，如图4-3-21所示。

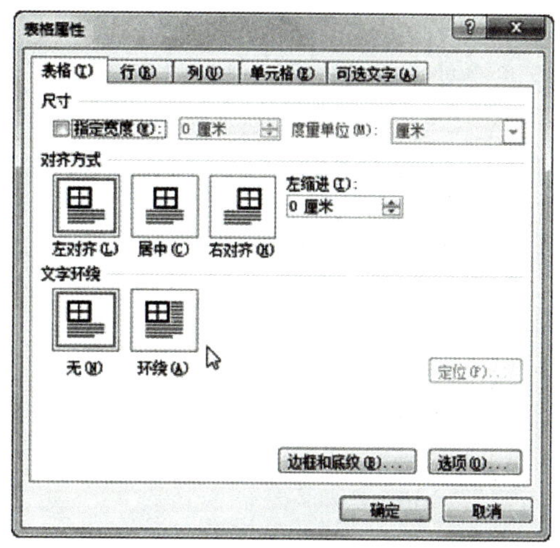

▲ 图4-3-20 “表格属性”对话框中的“表格”选项卡

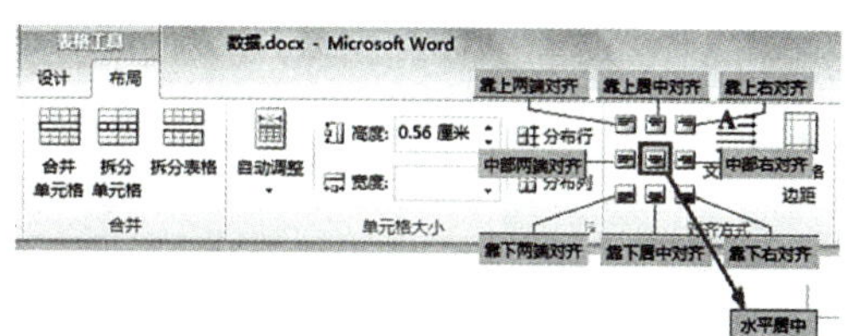

▲ 图3-3-21 表格中文字对齐方式的设置

小贴士 在“对齐方式”组中设置的文本对齐方式将作用于整个单元格，如需单独设置单元格中数据的文本对齐方式，可以使用单元格垂直对齐方式与段落对齐方式相结合的方法进行设置。

在“表格属性”对话框中的“单元格”选项卡中可以设置单元格中文本的垂直对齐方式，与段落对齐方式中“文本左对齐”“居中”和“文本右对齐”相结合，可以完成表格中文本的9种对齐方式的设置，如图4-3-22、图4-3-23所示。

▲ 图4-3-22 单元格文本垂直对齐方式

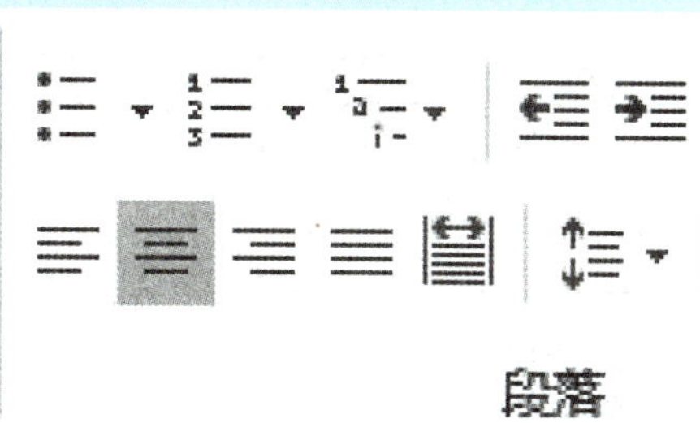

▲ 图4-3-23 段落对齐方式

② 将光标定位于需要改变文字方向的单元格中，选择“表格工具”中“布局”选项卡的“对齐方式”组，单击“文字方向”按钮，可改变该单元格的文字方向。

练一练

1. 说一说在Word 2016 中设置表格的边框及底纹有哪几种方法，并实际操作。
2. 利用Word 2016 创建本学期课程表，并美化该课程表。

知识点3：表格中数据的计算和排序

1. 计算

Word 2016 提供了对表格数据求和、求平均值等常用的计算功能，利用这些计算功能可以对表格中的数据执行一些简单的运算，并方便快捷地得到计算结果。

（1）函数计算

将光标定位于在要放置计算结果的单元格中，选择“表格工具”中“布局”选项卡的“数据”组，单击“公式”按钮。在打开的“公式”对话框中输入公式（如“=SUM(LEFT)”），单击“确定”按钮，如图4-3-24所示。

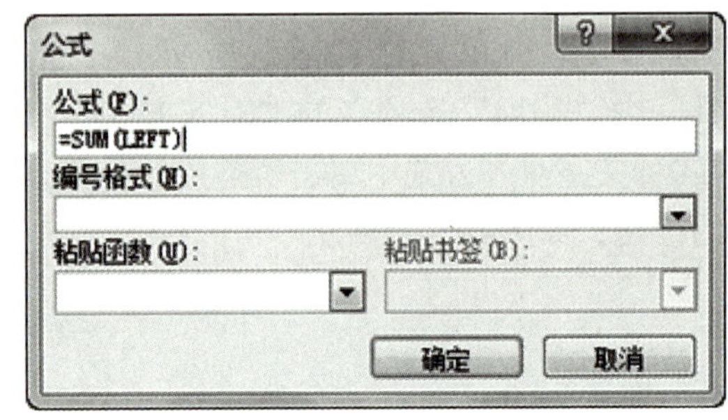

▲ 图4-3-24　“公式”对话框

小贴士

在“公式”对话框中，可在“粘贴函数”下拉列表框中选择所需的函数，常用函数的含义如表4-3-1所示。

表4-3-1　函数的含义

函　数	作　用
SUM ()	计算括号中指定的参数的总和
COUNT ()	计算括号中指定的参数中数值型数据的数量
AVERAGE ()	计算括号中指定的参数的平均值
MAX ()	计算括号中指定的参数的最大值
MIN ()	计算括号中指定的参数的最小值

在Word 2016 表格中，进行表格函数计算时，可指定对当前单元格上、下、左、右等方向的单元格进行计算，函数计算时其参数的含义如表4-3-2所示。

表4-3-2　函数计算中参数的含义

参　数	含　义
ABOVE	当前单元格上方所有数值数据参与计算
BELOW	当前单元格下方所有数值数据参与计算
LEFT	当前单元格左侧所有数值数据参与计算
RIGHT	当前单元格右侧所有数值数据参与计算

在进行表格函数计算时，除可使用当前单元格上、下、左、右等方向单元格进行计算外，也可以直接指定参与计算的单元格地址，如“=SUM(B3∶F3)”。

（2）复制函数公式

① 复制计算公式所在的单元格，在下一个要计算结果的单元格中粘贴公式。

② 鼠标指针指向粘贴公式的单元格中的数值数据，按右键，在弹出的快捷菜单中单击“更新域...”命令，更新该单元格的计算结果，如图4-3-25所示。

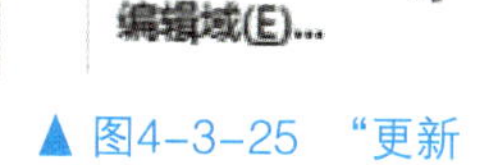

▲ 图4-3-25 “更新域”命令

（3）公式计算

将光标定位于要放置计算结果的单元格中，选择“表格工具”中“布局”选项卡的“数据”组，单击“公式”按钮，在打开的“公式”对话框中输入公式（如“=B3+C3+D3+E3+F3”），单击“确定”按钮。

2. 排序

制作完数据表格后，为了更清楚地查看和分析数据，用户往往会对数据进行排序。排序时，可以依据某列或某几列（最多可以是三列）的数据以升序或降序来重新排列表中数据的次序。

如果是在简单表格中进行排序，可以选中整张表格，选择“表格工具”中“布局”选项卡的“数据”组，单击“排序”按钮，在打开的“排序”对话框中选择“有标题行”，可以按标题行排序，Word 2016会自动将第一行默认为表格的列标题行，如图4-3-26所示。

在排序时，需注意所选单元格区域不能包含合并的单元格。如果表格表头中包含有合并的单元格，排序时则需按列排序。具体操作方法为：选中表格中要排序的数据行区域，选择“表格工具”中“布局”选项卡的“数据”组，单击“排序”按钮，在打开的“排序”对话框中设置“主要关键字”为“列X”，选择好排序方式后，单击“确定”按钮完成排序，如图4-3-27所示。

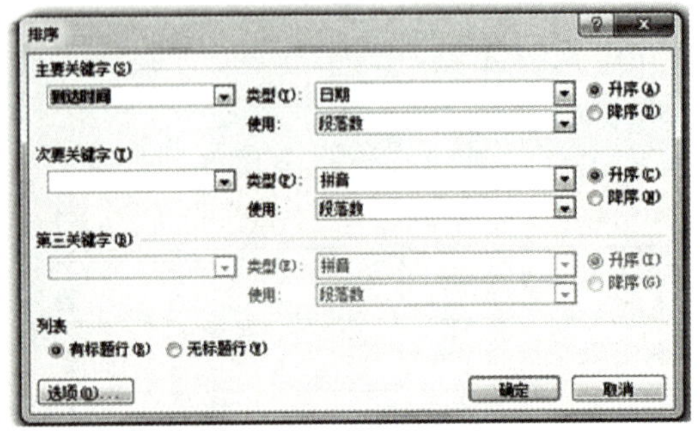

▲ 图4-3-26　按列标题排序

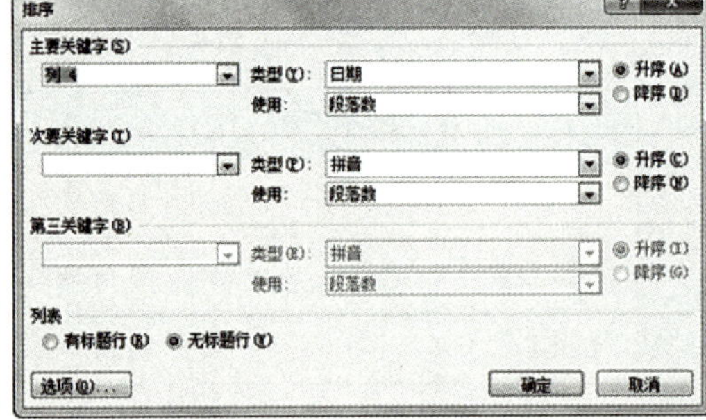

▲ 图4-3-27　按列排序

练一练

1. 计算配套教学素材“期末考试成绩汇总表.docx”中各科的平均分。
2. 说一说表格排序中“主要关键字”“次要关键字”和“第三关键字”的含义。

任务实施

参考表格4-3-3的数据，制作2021年8月15日的列车汇总表，并保存为“列车汇总表.docx”。

表4-3-3　上海—南京列车汇总表（2021/8/15）

车　次	始发/终点站	发车时间	到达时间	商务座（软卧）/元	一等座（硬卧）/元	二等座（硬卧）/元	剩余票数	平均票价
D3068	上海虹桥/南京南	10：08	12：30		184	115	99	
G676	上海虹桥/南京南	8：38	10：23	428	228	135	102	
K234	上海/南京	11：09	15：00	140.5	92.5	46.5	65	
G7108	上海虹桥/南京	11：38	13：40		219.5	139.5	30	
K464	上海/南京	11：47	16：18	140.5	92.5	46.5	126	
剩余总票数								

1. 表格的创建与编辑

① 启动Word 2016，新建一个空白文档。在文档中输入表格标题“上海—南京列车汇总表（2017/8/15）”，设置文字为“三号、宋体、加粗”，颜色为“水绿色、个性色5、深色50%”，居中。

② 插入8×6表格，按照样表输入表格数据。设置表格中文字为“五号、宋体”，第一行及第一列单元格数据文字加粗。

③ 在列车汇总表最右侧添加一列，输入列标题“平均票价”，标题文字加粗；在表格下方添加一行，输入行标题“剩余总票数”，标题文字加粗。

④ 设置表格第1列列宽为1.5厘米，第2列列宽为3.5厘米，第3、4、8、9列列宽均为1.3厘米，第5、6、7列列宽均为1.75厘米。

⑤ 在表格上方插入新行，在E1单元格中输入“票价”。

⑥ 选中A1和A2单元格，合并单元格。重复该步骤，分别合并B1∶B2单元格、C1∶C2单元格、D1∶D2单元格、E1∶G1单元格、H1∶H2单元格、I1∶I2单元格和A8∶G8单元格。

2. 表格格式的设置

① 将光标定位于表格中，设置表格样式为“浅色底纹-着色5”。

② 选中整张表格，设置表格外框线为“1.5磅单实线”，颜色为“水绿色、个性色5、深色25%”；设置表格内框线为“0.75磅单实线”，颜色为“水绿色、个性色5、深色 50%”。

③ 选中第三行，设置其上框线为“0.75磅双实线”，颜色为“橄榄色、个性色3、深色25%”。选中最下面一行，设置边框类型为“上框线”。

④ 选中第一行，在“表格样式”组中选择底纹为“橄榄色、个性色3、淡色80%”。

⑤ 将光标定位于表格中，设置表格“居中对齐”。

⑥ 选中表格第一、第二行，设置对齐方式为“水平居中”。重复该步骤，设置第一列、A8:G8单元格（即“剩余总票数”单元格）对齐方式为“水平居中”，其余单元格对齐方式为“中部两端对齐”。

3. 表格中数据的计算和排序

① 将光标定位于I3单元格，输入函数“=AVERAGE(E3:G3)”，重复该步骤，计算出I4:I7单元格结果。

② 将光标定位于H8单元格，单击“公式”按钮，输入函数“=SUM(ABOVE)”。

③ 选择表格中A3:I7单元格区域，按“列4”（“到达时间”列）升序排序。

④ 微调表格格式，美化表格。（注意：排序后由于数据行的变化有可能导致框线格式与需求不符。）

如果你感兴趣，可以记录自己9月到12月每月的各项开支，利用Word表格功能设计出一张日常开支表。

任务评价

表4-3-4　任务评价表

任务完成情况	自我评价	小组评价
表格的创建与编辑	□完成　□待完善　原因：	☆☆☆☆☆
表格的格式设置	□完成　□待完善　原因：	☆☆☆☆☆
表格中数据的计算	□完成　□待完善　原因：	☆☆☆☆☆
表格中数据的排序	□完成　□待完善　原因：	☆☆☆☆☆

拓展提高

表格标题行的重复

默认情况下，当表格跨越多页时，除第一页外的其他页面中将不再显示标题行。为了便于阅读，可以为表格设置“重复行标题”，具体操作方法为：选中需要在其他页中显示的标题行（可以是一行也可以是多行），在“表格工具”中的“布局”选项卡中单击“重复标题行”按钮。

任务四　文档的版面设置与编排

任务描述

中央电视台的《中国诗词大会》节目让大家感受到了中华诗词的美，小李同学也深受感染。想到自己学过的Word 2016 操作，他便想用Word 2016 把自己喜欢的诗词用特定的版式展示给同学，让更多的同学体验中国的传统文化，如图4-4-1所示。

▲ 图4-4-1　参考版式

学习目标

1. 掌握对图片、图形、艺术字等元素的基本操作。

2. 能够增强文档效果，制作风格合适、重点突出的文档页面。

3. 能够结合纸张大小进行页面设置，并实现文档打印。

4. 理解各类注解的应用场合，并能灵活应用。

5. 培养审美意识、想象力和创新意识。

知识储备

知识点1：图片的应用

在Word 2016文档中，可以插入多种格式的图形文件，也可以直接绘图。如果需要，用户不仅可以任意放大、缩小图片，改变图片的纵横比例，还可以对图片进行裁剪、控制色彩、与绘制的图或其他图形进行组合等操作。

1. 插入图片

将来自配套教学素材中的图片“lb.jpg”插入到当前文档中，操作步骤如下：

① 将插入点定位在插入图片的位置。

② 单击“插入”选项卡中“插图”组的“图片”按钮 ，打开“插入图片”对话框。在对话框中点击所需的图片，并单击“插入”按钮，完成图片的插入。

小贴士

用上述方法插入图片时，Word 2016 提供了三个选项：

1. 插入：图片嵌入在当前文档中。如果原始图片被删除或移动，它仍存在于文档中；即使原始图片被更新，文档也不会反应更新内容。

2. 链接到文件：插入图片的链接，在文档中显示图片，但文档文件将会变小（通常会显著变小），因为图片在Word 2016 之外。如果原始文件被移动或删除，那么在查看文档时图片不可用，同时会看到警告信息。如果图片被更新，Word 2016 文件中的图片也会随之更新。如果文件大小是一个考虑的因素，而图像文件的可用性并不重要，那么该选项是最好的选择。

3. 插入和链接：图片既嵌入文档又链接到原始文件。如果原始文件被更新，文档中的图片也会更新以反映原始文件的变化。因为文件是被嵌入的，因此比起“链接到文件”，该文档会更大，但是文档不会比仅“插入图片”更大。如果文件大小不是要考虑的因素，但要考虑更新，那么这是最好的选择。

2. 插入联机图片

用户可以将Word 2016 联机图片插入到文档中，操作方法如下：

① 将插入点定位在要插入联机图片的位置。

② 单击“插图”组中的“联机图片”按钮 ，弹出“插入图片”窗口，如图4-4-2所示。

③ 在“输入搜索词”框中输入要搜索的联机图片的名称，在“结果类型”列表框选择一个图片类型，单击“搜索必应”按钮。系统开始搜索图片，并将搜索到的结果显示在列表框中。

④ 选择某一幅图片后，双击该图片即可将其插入。

▲ 图4-4-2 “联机图片”窗口

3. 图片的格式化

对于插入到Word 2016 文档中的图片、图形，Word 2016 默认它和文档正文的关系是嵌入式。

单击已插入到文档中的图形，这时该图形边框会出现8个控制点，系统自动打开图片工具“格式”选项卡，如图4-4-3所示。这时就可以对该图形进行简单的编辑和修改，如图片大小的处理、重设图片背景等。

▲ 图4-4-3 图片工具“格式”选项卡

（1）图片大小的处理

移动鼠标到控制点上，当鼠标指针显示为双向箭头时，拖动鼠标使图片边框移动到合适位置，释放鼠标，便可缩放图片的大小。

用户可在图片工具“格式”选项卡上“大小”组中的“高度”和“宽度”框输入一个大小。或单击“大小”组中的“对话框启动器”按钮，打开“布局”对话框，然后在“大小”选项卡中进行精确设置，如图4-4-4所示。

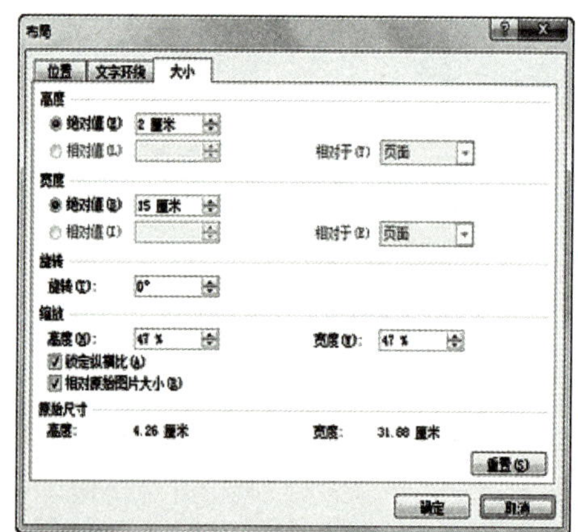

▲ 图4-4-4 “布局”中的“大小”选项卡

（2）裁剪图片

① 选定需要裁剪的图片。

② 打开图片工具“格式”选项卡，单击“大小”组中的“裁剪”按钮。

③ 将鼠标指针移到图片的控制点处，拖动鼠标可裁剪图片中不需要的部分。

（3）设置图片样式

用户可以对插入到Word 2016 中的图片进行图片样式的设置，可快速修饰美化图片，操作步骤如下：

① 选定需要应用样式的图片。

② 打开图片工具“格式”选项卡，单击“图片样式”列表框选择图片样式，可在Word 2016 文档中预览该图片的样式效果，如图4-4-5所示。

（4）调整图片颜色

① 选定需要调整图片颜色的图片。

② 打开图片工具“格式”选项卡，单击“调整”组中的“颜色”命令下侧的下拉按钮，在出现的列表框中执行不同的命令即可调整图片的颜色饱和度、色调以及其他效果。

（5）删除图片背景

删除图片背景是指删除图片主体部分周围的背景，如图4-4-6所示，操作步骤如下：

（a）应用前

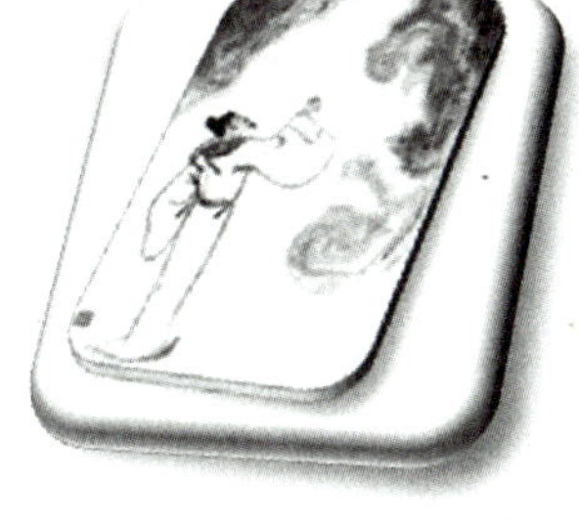

（b）应用后

▲ 图4-4-5 应用图片样式前后的对比

▲ 图4-4-6 删除背景的图片

① 选定需要删除背景的图片。

② 打开图片工具“格式”选项卡，单击“调整”组中的“删除背景”按钮，图片进入背景编辑状态，如图4-4-7所示，同时功能区显示“背景消除”选项卡，如图4-4-8所示。

③ 拖动图片中的控制点调整删除的背景范围。

▲ 图4-4-7 删除背景的编辑状态

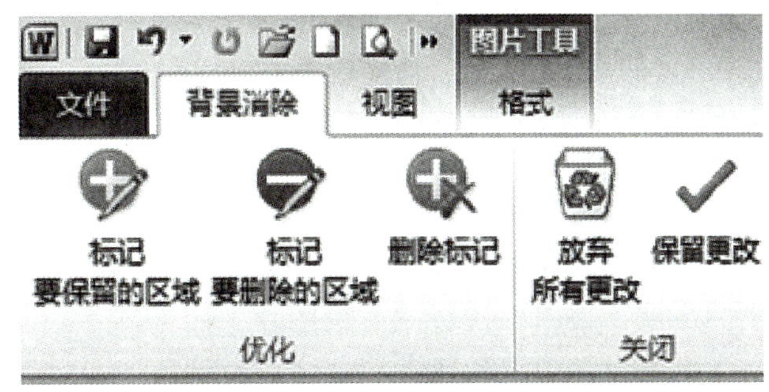

▲ 图4-4-8 背景消除

④ 使用“标记要保留的区域”和“标记要删除的区域”按钮，修正图片中标记，提高消除背景的准确度。

⑤ 设置完成后，单击“保留更改”按钮。

小贴士　二十大报告中提到：中华优秀传统文化源远流长、博大精深，是中华文明的智慧结晶，其中蕴含的天下为公、民为邦本、为政以德、革故鼎新、任人唯贤、天人合一、自强不息、厚德载物、讲信修睦、亲仁善邻等，是中国人民在长期生产生活中积累的宇宙观、天下观、社会观、道德观的重要体现，同社会主义核心价值观主张具有高度契合性。

（6）为图片设置艺术效果

可以为插入的图片设置像铅笔素描、画图笔画、发光散射等特殊效果，操作步骤如下：

① 选定需要应用艺术效果的图片。

② 打开图片工具“格式”选项卡，单击“调整”组中的“艺术效果”按钮，在弹出的列表中，选择需要的艺术效果。

小贴士　用户也可以设置图片的水印效果，方法如下：选中图片，在“图片工具”的“格式”选项卡的“排列”组中单击“环绕文字”命令，选择“衬于文字下方”命令；在“调整”组中单击“颜色”按钮，在“重新着色”集合中选择“冲蚀”效果。

当图片衬于文字下方时，很有可能当用户再次编辑该图片时，发现很难选定需要的对象。此时可以使用“选择对象”工具，该工具默认启动方式为：在“开始”选项卡的“编辑”组中单击“选择”按钮，在打开的下拉菜单中执行“选择对象”命令 选择▾。当然，如果经常使用该工具，不妨将它添加到“快速访问工具栏”中。

（7）重设图片

要使图片恢复到插入时的状态，操作步骤如下：

① 选定需要重设的图片。

② 打开图片工具“格式”选项卡，单击“调整”组中的“重设图片”按钮，在弹出的命令列表框中执行“重设图片”命令。

4. 图片的位置和环绕方式

Word 2016中图形的插入方式有两种：浮动式和嵌入式。浮动式图片可以插入在图形层，独立于文本，可在页面上精确定位，可以衬托在文本或其他对象的下层，也可以浮在它们的上层。嵌入式图片直接放在插入点处，占据文本处的位置。Word 2016 默认插入图片为嵌入式图片。

在“图片工具”的“格式”选项卡中，“排列”组用于设置图片的位置和环绕方式，如图4-4-9所示。

设置图片位置和环绕方式的操作方法有以下三种：

（1）选中图片，在“排列”组中单击“环绕文字”按钮，在下拉列表中选择一种合适的环绕方式。在这种设置中，除了“嵌入文本行中”方式外，其他设置的都是四周型环绕方式。

（2）选中图片，在“排列”组中单击“环绕文字”按钮，在下拉列表中选择一种合适的环绕方式。

（3）选择“位置”或“自动换行”下拉列表中的“其他布局选项”命令，弹出“布局”对话框。在该对话框中，对图片位置和环绕方式进行更多设置，如图4-4-10和图4-4-11所示。

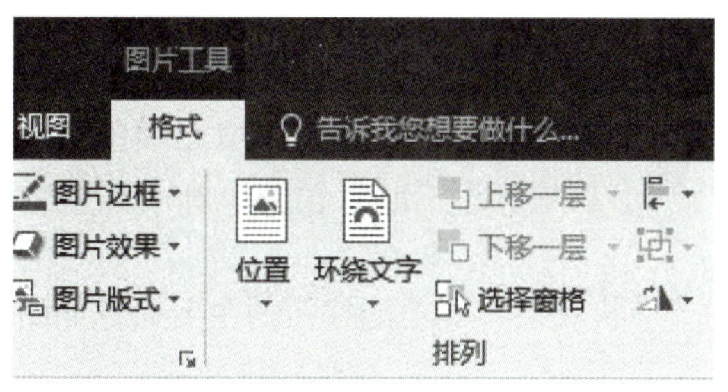

▲ 图4-4-9 图片的排列

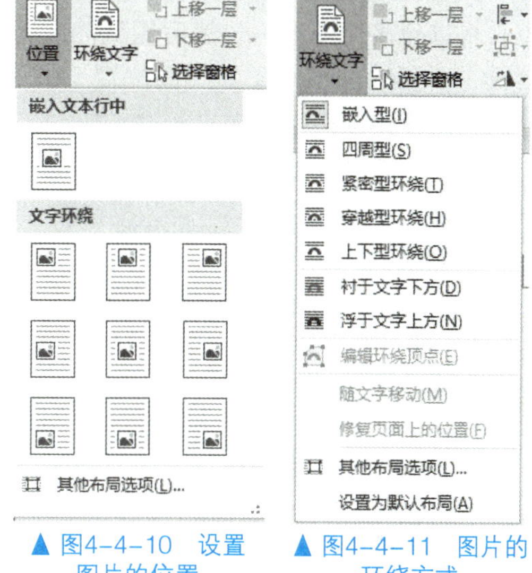

▲ 图4-4-10 设置图片的位置

▲ 图4-4-11 图片的环绕方式

练一练

1. 在 Word 2016 中插入图片后，如果用户希望形成水印，即文字与图案重叠，即能看到文字又能看到图案，应该怎么操作?
2. 有时候窗口上方找不到“图片工具”的“格式”选项卡，你知道这是为什么吗?

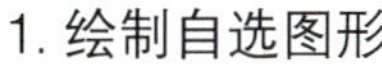

知识点2：绘制图形

1. 绘制自选图形

单击“插入”菜单下“插图”组中的“形状”按钮，弹出如图4-4-12所示的形状列表。选择一种需要的形状，可在当前文档插入点处绘制图形。

形状绘制完成后，系统同时打开绘图工具“格式”选项卡。用户可使用选项卡中的各种命令按钮对形状进行处理，如设置形状样式等。

2. 为图形添加文字

右键单击该图形，在快捷菜单中单击“添加文字”命令，然后键入要添加的文字。某些图形如直线等不能添加文字。

3. 改变图形大小

选中一幅图片使其周边出现操作点，将鼠标指向图片的边或角的操作点上，当鼠标指针成为双向箭头形状时，沿箭头方向拖动鼠标可放大或缩小图片的高度、宽度。采用这个方法逐个调整图片的高度与宽度，直到满足需要为止。

4. 调整图形的位置和叠放顺序

单击选定一个对象（按下【Shift】键，再单击图形对象，可选择多个图形），然后用鼠标拖动（也可使用箭头移动键），移动图形对象到其他位置（也可在按下【Ctrl】键的同时，使用箭头移动键进行微调）。

如果要改变形状的顺序，可单击绘图工具“格式”选项卡上“排列”组的“上移一层”按钮或“下移一层”按钮。

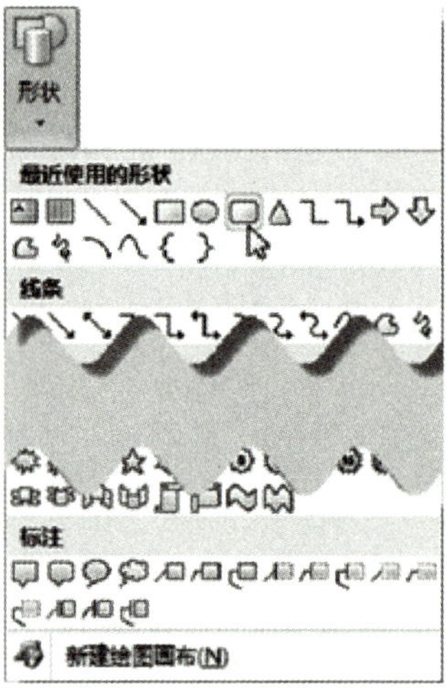

▲ 图4-4-12 “形状”按钮及列表框

5. 修饰图形

利用绘图工具“格式”选项卡上“形状样式”组中的“样式”列表和“形状填充”“形状轮廓”“形状效果” 等功能按钮可对图形进行样式的修饰，如填充颜色、三维旋转等。例如，对图4-4-13所示的形状进行“形状填充”“形状轮廓”和“形状效果”修饰后，四个形状的效果如图4-4-14所示。

“样式”列表和“形状填充”“形状轮廓”“形状效果”等功能按钮的主要命令如图4-4-15至图4-4-18所示。

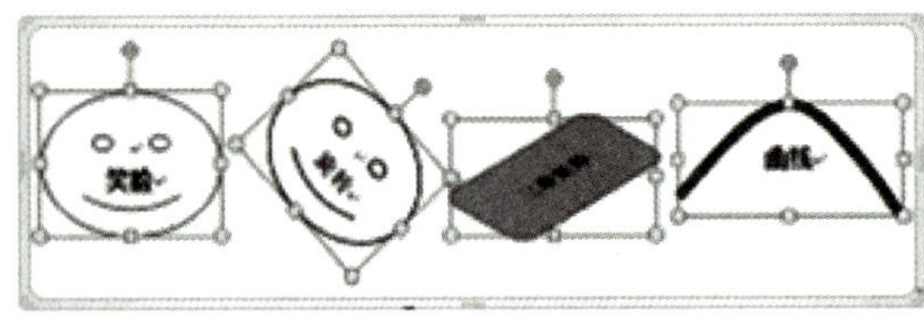

▲ 图4-4-13　绘图示例

▲ 图4-4-14　修饰后的形状

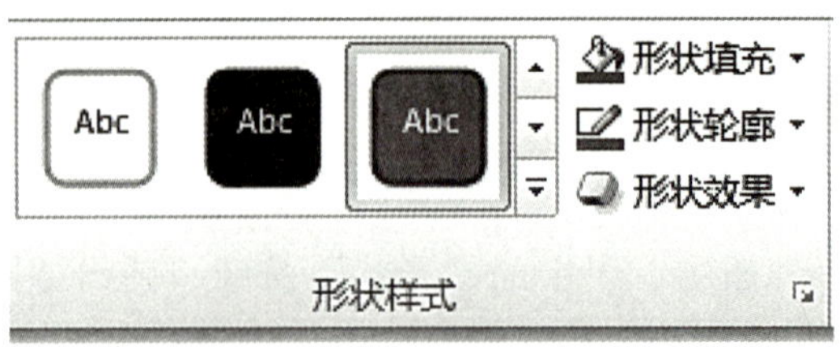

▲ 图4-4-15　“样式”列表

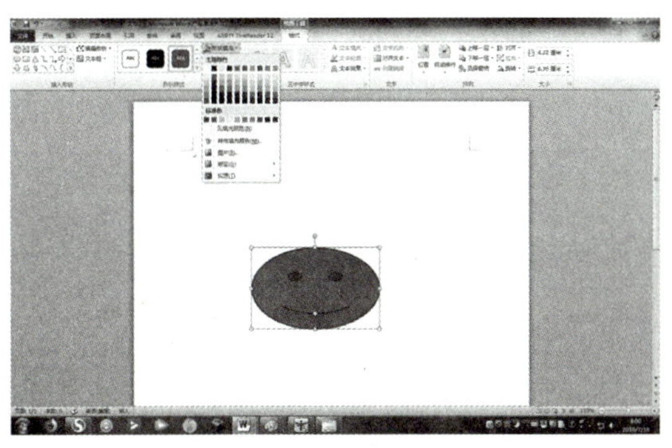

▲ 图4-4-16 “形状填充”功能列表

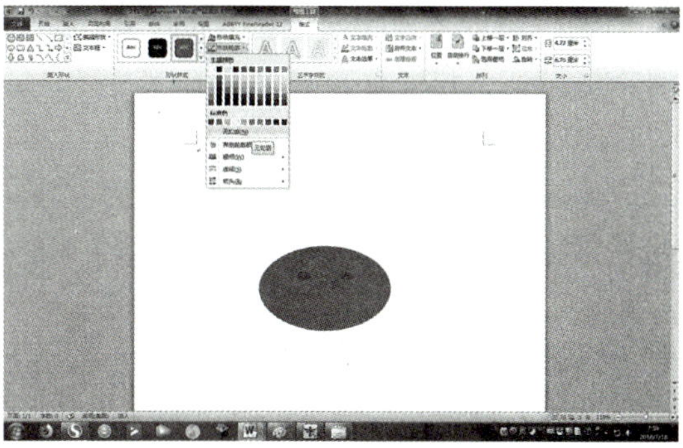

▲ 图4-4-17 “形状轮廓”功能列表

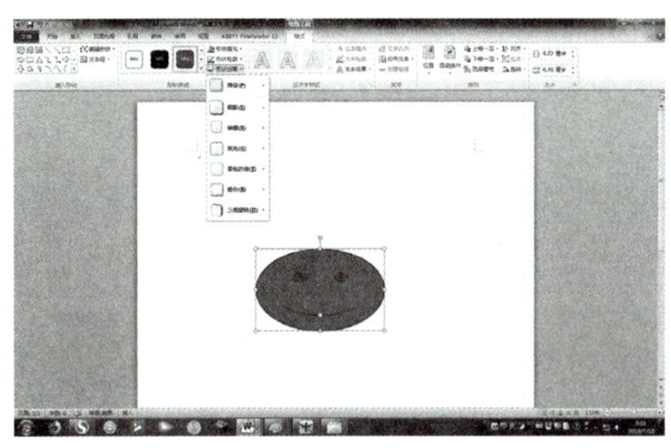

▲ 图4-4-18 “形状效果”功能列表

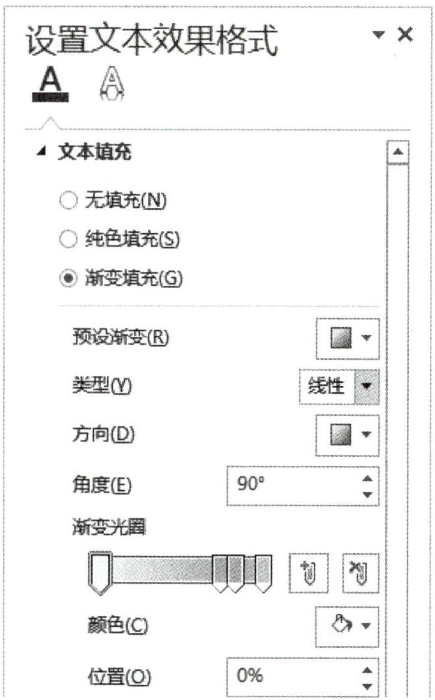

▲ 图4-4-19 “设置文本效果格式”对话框

“形状填充”“形状轮廓”“形状效果”的使用方法如下：

① 选定需要进行形状填充、形状轮廓或形状效果设置的形状图形。

② 如对“笑脸”形状进行线性向右从红到白的渐变填充，这时可打开绘图工具“格式”选项卡，单击“形状样式”组中的“形状填充”按钮，在弹出的列表框单击“渐变”选项，弹出下级菜单并执行“其他渐变”命令，打开如图4-4-19所示的“设置文本效果”对话框。

③ 对图形的形状进行轮廓和效果的设置，方法与设置“形状填充”的方法类似。

6. 使图形对象对齐

单击绘图工具“格式”选项卡上“排列”组中的“对齐”按钮，执行弹出的命令列表框中的相关对齐命令，可快速地将多个选定的图形对齐。

7. 组合与取消图形

选定要组合或取消组合的图形，右击鼠标并执行快捷菜单中“组合”菜单项下“组合/取消”命令（或单击绘图工具“格式”选项卡上“排列”组的“组合”按钮或“取消组合”按钮），可组合或取消图形。

8. 插入SmarArt图形

Word 2016 中的SmartArt 图形是预设了的列表、流程、循环、层次结构、关系、矩阵、棱锥图、图片8种类别的图形，每种类型的图形有各自的作用。

单击“插入”选项卡上“插图”组中的“SmartArt”按钮，打开如图4-4-20所示的“选择SmartArt图形”对话框。

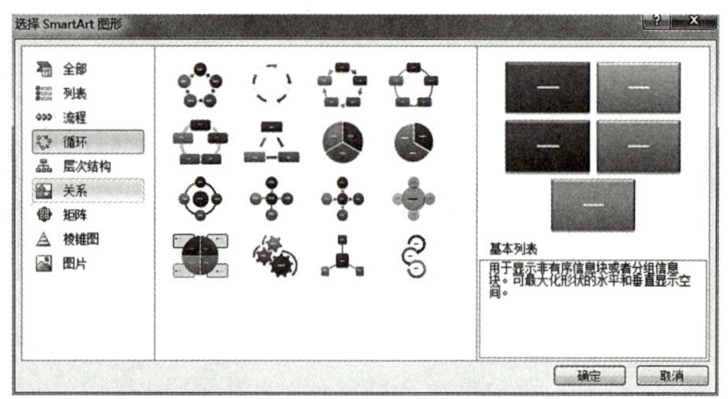

▲ 图4-4-20 “选择SmartArt图形”对话框

练一练

1. 配套教学素材中有一张方形图片如图4-4-21所示，请将其设置成如图4-4-22所示的样式。

▲ 图4-4-21 方形图片

▲ 图4-4-22 圆形图片

2. 新建一个Word文档，然后在文档中插入一个如图4-4-23所示的SmartArt图形，最后给文档以“SmartArt的使用.docx”命名并保存。

时间
地点
人物
起因
经过
结果
记叙文六要素

▲ 图4-4-23 SmartArt图形

知识点3：艺术字的使用

Word 2016 有一个为文字建立图形效果的功能，即艺术字效果，该功能常用于各种海报、文档标题的设置，以增加视觉效果。艺术字的设置方法如下：

① 打开需要插入艺术字的文档，选定插入点的位置。

② 单击“插入”选项卡上“文本”组中的“艺术字”按钮。

③ 在弹出的艺术字样式列表中，如图4-4-24所示，选择一种样式，插入点处即显

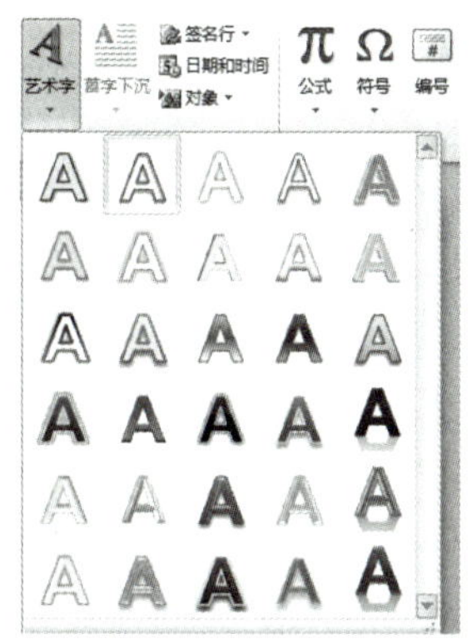

▲ 图4-4-24 艺术字按钮与命令列表

示图形框和艺术字占位符，如图4-4-25所示。

④ 单击占位符输入文本，如“送孟浩然之广陵”。

⑤ 切换到绘图工具“格式”选项卡，通过各选项组中的命令按钮进行格式化设置。

▲ 图4-4-25 艺术字图形框和艺术字占位符

练一练

1. 艺术字制作好后，如果想改变艺术字的字体或者文字内容，该如何操作？
2. 如何把文档中现有的文字变成艺术字？

知识点4：使用文本框

文本框属于一种图形对象，它实际上是一个容器，可以放置文本、表格和图形等内容。用文本框可以创造特殊的文本版面效果，实现与页面文本的环绕、呈现脚注或尾注等效果。文本框内的文本可以进行段落和字体设置，并且文本框可以移动、调节大小。使用文本框可以将文本、表格、图形等内容像图片一样放置在文档中的任意位置，实现图文混排。文本框的常见使用方法如下：

1. 建立文本框

建立文本框有以下两种方法：

（1）插入一个具有内置样式的文本框。打开“插入”选项卡，单击“文本”组中的“文本框”按钮，从弹出的下拉列表框中选择一种文本框样式。

（2）插入空文本框。单击“文本”组中的“文本框”按钮，从弹出的下拉列表框中执行“绘制文本框”命令。按住鼠标左键拖动调整文本框到所需的大小与形状之后放开，这时插入点已移到空文本框处，用户可输入文本。

2. 编辑文本框

文本框也是一种自选图形，因此可以用“绘图”工具栏对文本框进行设置，如利用“绘图工具”菜单对文本框进行三维、阴影、边框的线型和颜色、填充颜色等效果的设置，也可以改变文本框的大小和位置。要设置文本框的格式，可以打开选定对象的“设置形状格式”对话框来进行操作。操作方法有以下三种：

（1）选定文本框并右击鼠标，在弹出的快捷菜单中选择“设置形状格式”命令，如图4-4-26所示。

（2）选定文本框，单击“绘图工具”的“格式”选项卡中的“形状样式组”对话框启动器。

（3）选定文本框，执行“绘图工具”的“格式”选项卡中的命令，如“形状填充”中的“其他渐变”等命令。

无论是图片、文本框、艺术字、自选图形，还是数学公式，都可以实现图文混排。在设置这些对象的环绕方式时，除单击自身工具栏“格式”选项卡中的“环绕文字”按钮外，还可以打开各自的“布局”对话框，在“文字环绕”选项卡中选择所需要的环绕方式。

3. 文本框的删除

在页面视图中，选定要删除的文本框，直接按【Delete】键可删除文本框。删除文本框时，文本框中的文本、图形等对象也一同被删除。

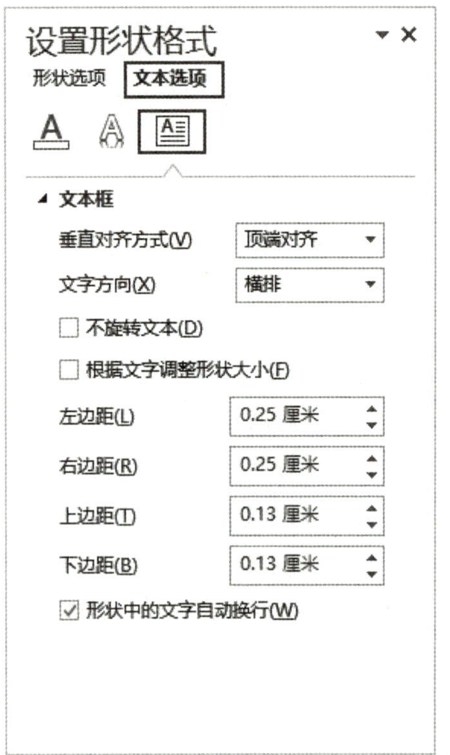

▲ 图4-4-26 “设置形状格式”对话框

练一练

1. 在文档中插入文本框有几种方法？
2. 在需要移动文本框时可以通过鼠标直接拖动，你知道如何用键盘来移动文本框的位置吗？

知识点5：插入公式

在编辑科技性的文档时，通常需要输入数学公式，其中含有许多数学符号和运算公式。Word 2016 提供编写和编辑公式的内置支持，可以满足日常大多数公式和数学符号的输入和编辑需求。利用Word 2016 中的公式编辑器，只要选择公式工具“设计”选项卡中相关的命令并键入数字和变量，就可以建立复杂的数学公式。

1. 插入内置公式

Word 2016 内置了一些公式，供用户选择插入，操作步骤如下：

将光标置于需要插入公式的位置，单击“插入”选项卡“符号”组“公式”旁边的下拉按钮，然后选择“内置”公式下拉列表罗列的所需的公式。例如，选择“二次公式”，则可在光标处插入相应的公式，如图4-4-27所示。

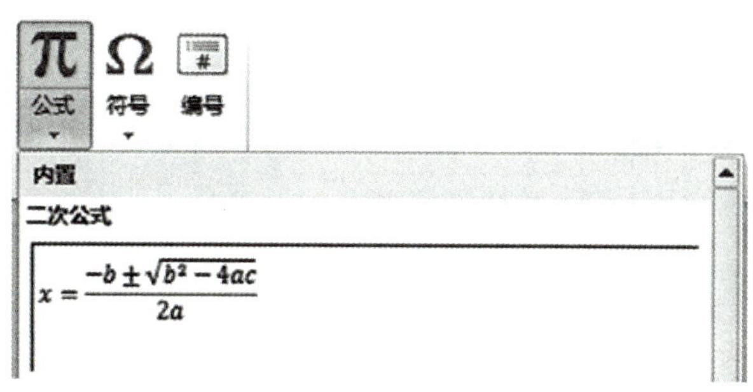

▲ 图4-4-27 插入公式

2. 插入新公式

如果系统的内置公式不能满足要求，用户可以插入自己编辑的公式来满足个性化要求。

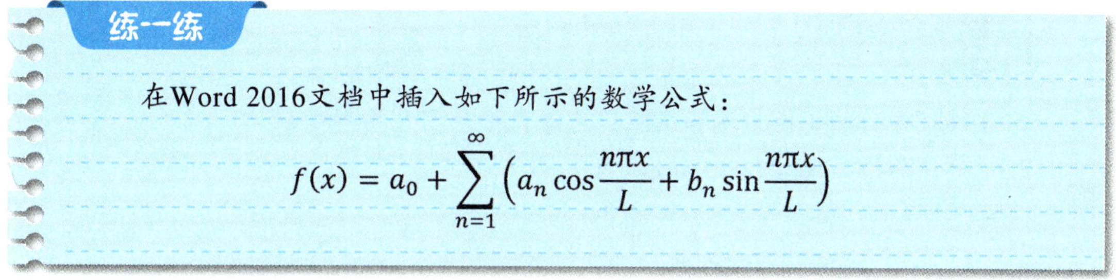

练一练

在Word 2016文档中插入如下所示的数学公式：

$$f(x)=a_0+\sum_{n=1}^{\infty}\left(a_n\cos\frac{n\pi x}{L}+b_n\sin\frac{n\pi x}{L}\right)$$

知识点6：插入尾注和题注

尾注一般位于文档的末尾，列出引文的出处等。本任务中，我们可以利用尾注对诗歌的作者做一个背景介绍。脚注和尾注由两个关联的部分组成，包括注释引用标记和其对应的注释文本。

题注是给图片、表格、图标、公式等项目添加的名称和编号，方便读者查找和阅读。

1. 插入尾注

① 将光标移到要插入尾注的位置，单击“引用”选项卡“脚注”组的“插入尾注”按钮。

② 单击时立即在文档相应位置右上角插入一个尾注序号（通常是罗马字母）上标，同时在文档左下方展开“尾注”任务窗格。其中系统自动插入一个尾注序号，此序号对应正文中的尾注序号上标，在此序号后面输入尾注内容，如图4-4-28所示。

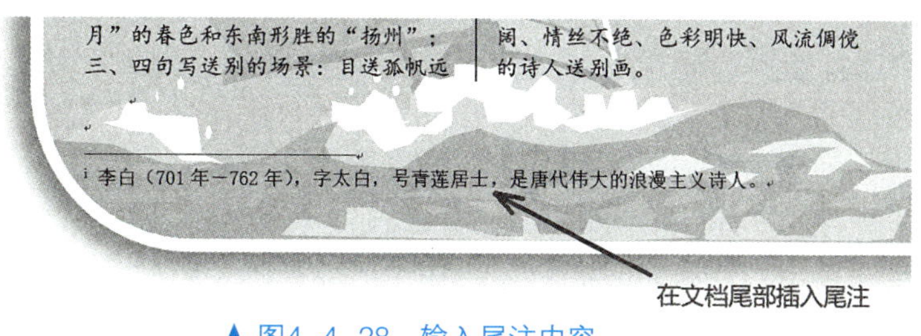

▲ 图4-4-28 输入尾注内容

2. 插入题注

① 选择要添加题注的对象，单击“引用”选项卡上“题注”组中的“插入题注”按钮，弹出“题注”对话框。

② 在“标签”列表中，选择最能恰当地描述选定对象的标签。如果列表中没有提供合适的标签，可单击“新建标签”按钮，在“标签”框中输入新的标签，如输入“图”；在“编号”中选择相应的编号，如图4-4-29所示，然后单击“确定”按钮。

③ 在“题注”栏中键入要显示在标签之后的任意文本，包括标点，单击“确定”按钮即可。

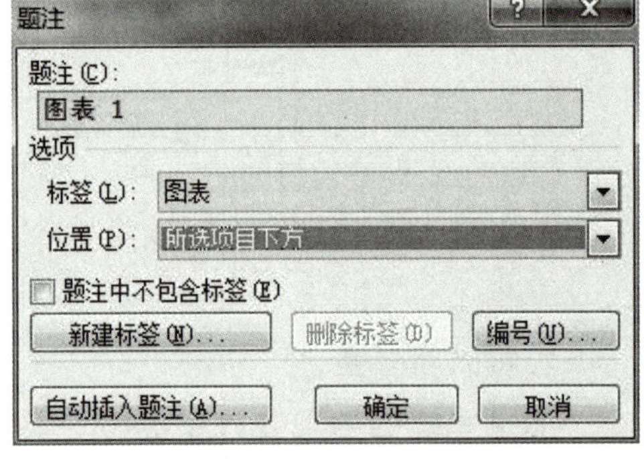

▲ 图4-4-29　新建标签和编号

练一练

1. 在海报中的相关地方添加尾注，为海报中的图片添加题注。
2. 说一说脚注、尾注与题注的区别。

知识点7：打印预览与打印文档

1. 打印预览

单击“快速访问工具栏”上的“打印预览和打印”按钮，或选择“文件”选项卡中的“打印”命令，进入“打印及打印预览”状态。图4-4-30所示的是一屏显示三页的效果。

再次单击“文件”选项卡或按下【ESC】键，退出“打印及打印预览”状态。如果认为合适则可以单击“打印”按钮，打印输出。

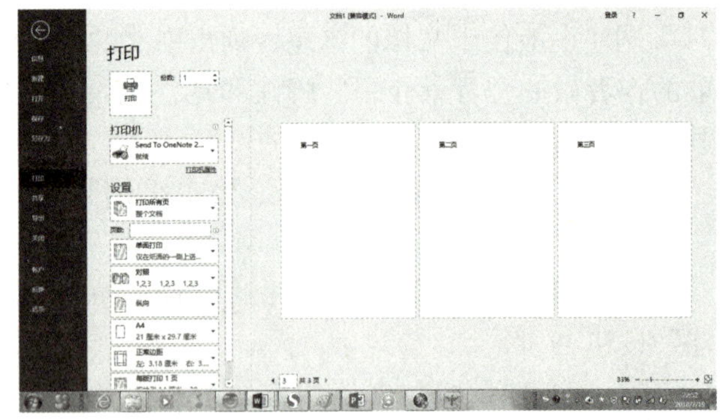

▲ 图4-4-30　打印预览

2. 打印

（1）快速打印：选择直接打印时，单击“快速访问工具栏”上的“快速打印”按钮，或在“打印及打印预览”窗口中单击“打印”按钮，都可以实现一次打印全部文档。

（2）一般打印：单击“文件”选项卡中的“打印”命令（或按【Ctrl+P】组合键），进入“打印及打印预览”状态，进行相关的设置，如打印的页面范围、打印的份数、打印的方式等。

练一练

1. 如何打印文档的指定页面？
2. 怎样将“快速打印”添加到“快速访问工具栏”？

任务实施

1. 新建一个Word 2016 文档，录入一首唐诗或宋词，应用文本框对文章进行合理排版。下面以《送孟浩然之广陵》（内容见配套教学素材）为例。

送孟浩然之广陵

李白

故人西辞黄鹤楼，烟花三月下扬州。

孤帆远影碧空尽，唯见长江天际流。

译诗

老朋友孟浩然，辞别西楚的黄鹤楼；阳春三月烟花如海，他去游历扬州。一叶孤舟，远远地消失在碧空尽头；只见浩浩荡荡的长江，向天际奔流！

题解

这是送别诗，寓离情于写景。首句点出送别的地点：一代名胜黄鹤楼；二句写送别的时间与去向：“烟花三月”的春色和东南形胜的“扬州”；三、四句写送别的场景：目送孤帆远去，只留一江春水。诗以绚丽斑驳的烟花春色和浩瀚无边的长江为背景，极尽渲染之能事，绘出了一幅意境开阔、情丝不绝、色彩明快、风流倜傥的诗人送别画。

（1）在文档合适位置插入竖型文本框，将诗词原文放置于文本框内。并依次单击“形状填充”按钮和“形状轮廓”按钮，将其设置为“无填充颜色”和“无轮廓”。

（2）对文本框内文本进行格式化。参考格式如下：

① 标题设置为“隶书、三号”，字符间距加宽为“5磅”。

② 作者设置为“宋体、五号、底端对齐”。

③ 正文设置为“宋体、小四、黑色、阴文效果、居中对齐”，段前间距和段后间距均为“0.5行”。

④ “译诗”和“题解”文字所在的段落设置为“隶书、四号、居中对齐”。

⑤ 将“译诗”的正文所在段落设置为“隶书、小四”，段后间距为“1行”，行间距为最小值“20磅”，分为两栏。

⑥ 将“题解”的正文所在段落设置为“楷体、小四”，段落首行缩进2个字符，分为两栏。

（3）设置文本框的环绕方式为“上下型环绕”，效果如图4-4-31所示。

2. 对文档中插入的图片进行适当的编辑和修饰，并且实现水印效果，将文章排版成图文并茂、生动活泼的文档。

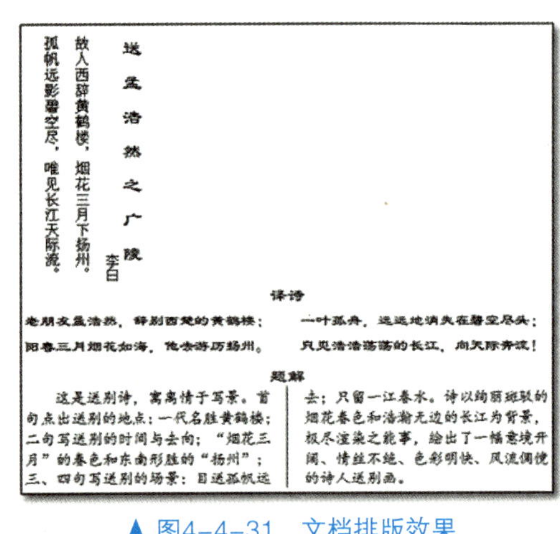

送孟浩然之广陵

李白

故人西辞黄鹤楼，烟花三月下扬州。

孤帆远影碧空尽，唯见长江天际流。

译诗

老朋友孟浩然，辞别西楚的黄鹤楼；阳春三月烟花如海，他去游历扬州。

一叶孤舟，远远地消失在碧空尽头；只见浩浩荡荡的长江，向天际奔流！

题解

这是送别诗，寓离情于写景。首句点出送别的地点：一代名胜黄鹤楼；二句写送别的时间与去向："烟花三月"的春色和东南形胜的"扬州"；三、四句写送别的场景：目送孤帆远去；只留一江春水。诗以绚丽斑驳的烟花春色和浩瀚无边的长江为背景，极尽渲染之能事，绘出了一幅意境开阔、情丝不绝、色彩明快、风流倜傥的诗人送别画。

▲ 图4-4-31　文档排版效果

参考步骤如下：

① 将素材图片lb.jpg插入到文档合适的位置。

② 选中图片，设置“图片样式”为“旋转、白色”。

③ 调整图片的位置和大小，如旋转在唐诗左侧、图片高度与文本框等高等。

④ 在联机图片中搜索“船”，找到所需图片，并双击将之插入文档。

⑤ 调整图片大小，使其覆盖整篇文档。

⑥ 设置图片的“颜色模式”为“冲蚀”，“图片样式”为“圆形对角”，将图片进行水平翻转，修改图片效果为“橄榄色、18pt发光、个性色3”发光变体效果。

3. 创建艺术字，并作为唐诗的标题。

参考步骤如下：

① 将艺术字设置为“隶书、40磅、加粗”，艺术字样式选择“渐变填空-水绿色、着色1、反射”，并以“浮于文字上方”环绕方式插入文章。

② 将艺术字竖排显示，并适当调整大小，移动至唐诗的右侧，使其作为唐诗的新标题。

③ 创建艺术字“古诗赏析”，设置为“隶书、48磅、加粗”，艺术字样式选择“填充、白色、轮廓-着色1、阴影”，单击“艺术字样式”组中“文本效果”按钮，选择“双波形2”形状。

④ 选中艺术字，在“绘图工具”的“格式”选项卡的“形状样式”组中单击“形状填充”按钮，选择“渐变”中的“其他渐变”命令，在弹出的“设置形状格式”对话框中设置艺术字的填充颜色效果，在渐变填充的“预设渐变”下拉列表框中选择合适的效果，如图4-4-32所示，单击“确定”按钮即可。

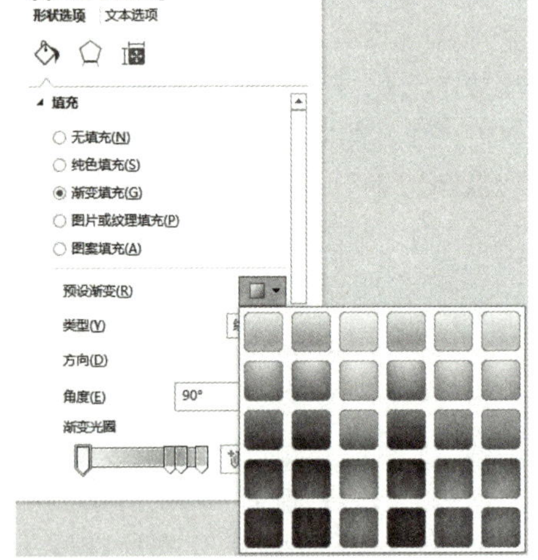

▲ 图4-4-32　设置艺术字的填充效果

4. 在文档合适位置插入关于李白的注释，并为海报中的图片添加描述内容。

参考步骤如下：

① 将光标移到要插入注释的位置，单击“引用”选项卡“脚注”组的“插入尾注”按钮，插入注释内容：“李白（701—762），字太白，号青莲居士，是唐代伟大的浪漫主义诗人。”字体设置为“宋体、五号”，如图4-4-33所示。

② 选中需要插入题注的图片，右键选择“插入题注”，在新建标签中输入“图”，

在编号中选择相应的编号格式，单击“确定”按钮，在“图1”后面输入文字“李白举杯送友”，如图4-4-34所示。

▲ 图4-4-33 尾注效果图　　▲ 图4-4-34 题注效果图

任务评价

表4-4-1 任务评价表

任务完成情况	自我评价	小组评价
图片的应用	□完成 □待完善 原因：	☆☆☆☆☆
文本框的应用	□完成 □待完善 原因：	☆☆☆☆☆
艺术框的应用	□完成 □待完善 原因：	☆☆☆☆☆

拓展提高

自动生成目录

所谓目录就是文档中标题的列表，可以将其插入到指定的位置。通过目录可以了解文档论述了哪些主题，并快速定位到某个主题。

Word 2016 系统提供了自动生成目录的方法，但前提是必须对各级标题设置标题样式。

1. 插入目录

① 对文档标题、节标题设置标题样式，在大纲视图中修改和组织标题的层次关系。

② 单击要插入目录的位置，打开“引用”选项卡，再单击“目录”按钮，弹出其命令列表，如图4-4-35所示。

③ 在内置的目录列表中选择一种，这里可执行“自定义目录”命令，打开如图4-4-36所示的“目录”对话框并自动切换到“目录”选项卡。

④ 在该对话框中，设置好各选项，单击“确定”按钮，则在插入点处生成目录。

2. 目录的修改与更新

在编辑了文档中的标题或其他文本之后，就需要手动更新目录。例如，如果编辑了一个标题并将其移动到其他页，就需要保证目录反映出经过修改的标题和页码。目录更新步骤如下：

① 单击要更新的索引、目录或者其他目录的左侧。

② 按【F9】键，或单击鼠标右键，在弹出的快捷菜单中选择“更新整个目录”命令，如图4-4-37所示。

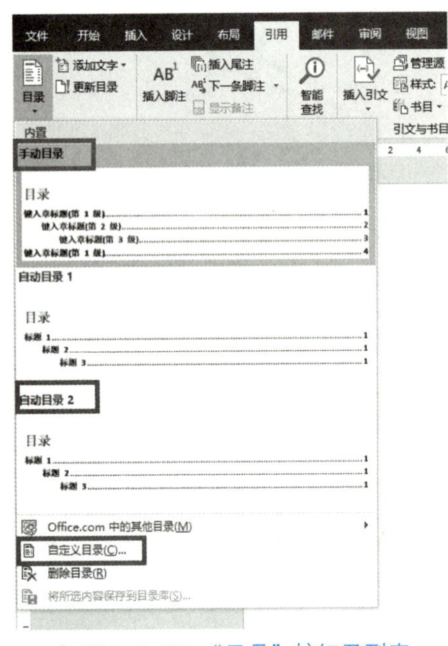

▲ 图4-4-35 “目录”按钮及列表

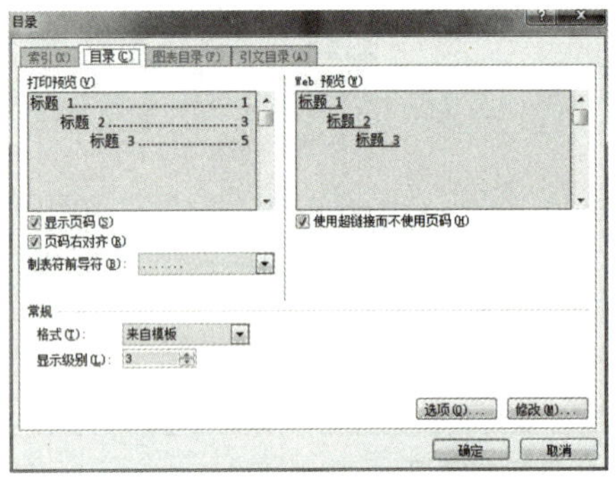

▲ 图4-4-36 “目录”对话框

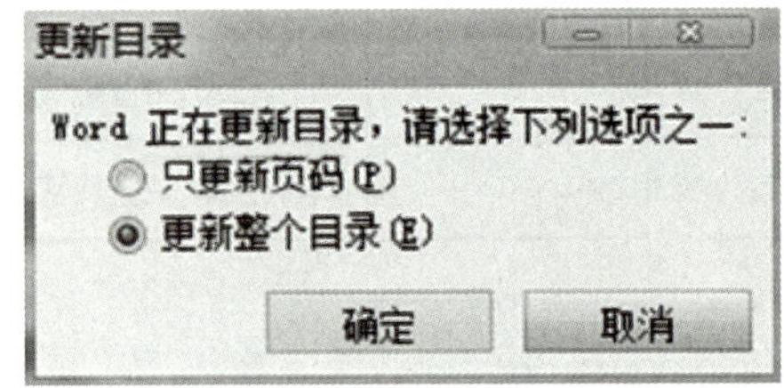

▲ 图4-4-37 更新目录

任务五 批量合并打印

任务描述

学期结束时，班级里评选出三好学生、优秀学生干部、技能标兵等各类荣誉称号。老师拿来了空白的奖状，想请你帮忙打印并且邮寄给获得荣誉称号的同学们。你能完成这项任务吗？奖状和信封标签效果图如图4-5-1和图4-5-2所示。

▲ 图4-5-1 奖状效果图

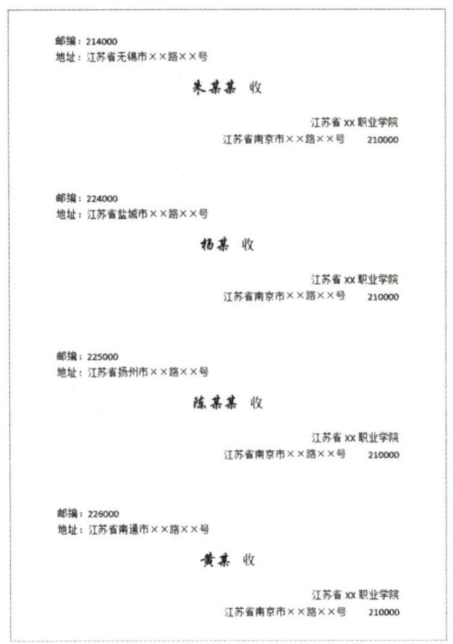

▲ 图4-5-2 信封标签效果图

学习目标

1. 掌握邮件合并的基本操作。
2. 理解邮件合并的应用场合，并作出适当选择。
3. 能够根据实际情况，灵活设置邮件合并的标签参数。
4. 能够从节约环保、打印效果等角度出发，合理设置纸张规格并进行排版。
5. 培养精细、高效、务实的工作态度。

知识储备

知识点1：邮件合并基本步骤

Word 2016 的邮件合并功能，可以通过在模板文档中插入来自Excel表格等数据源的信息，批量自动生成主体内容不变、部分内容基于数据源固定变化的新文档。该功能适合用来创建信封、邀请函、工资条、成绩单、标签等数量众多、主要内容重复的格式文档。操作步骤如下：

① 打开或新建一篇需要进行邮件合并的文档，完成排版工作。

② 在“邮件”选项卡中，单击“开始邮件合并”组中的“选择收件人”按钮，在下拉菜单中选择“使用现有列表”，如图4-5-3所示。

③ 在弹出的“选择数据源”对话框中，选中数据表文件，如图4-5-4所示。

④ 单击“编写与插入域”组中的“插入合并域”按钮，在下拉菜单中选择需要插入的字段名称，文档内光标位置处会出现如图4-5-6所示的字段名称。

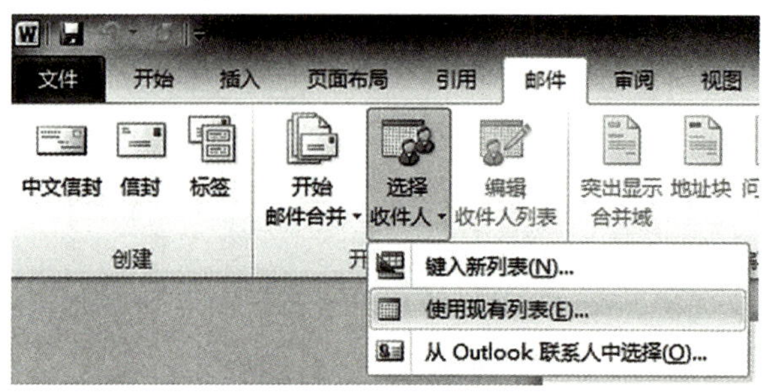

▲ 图4-5-3　选择收件人

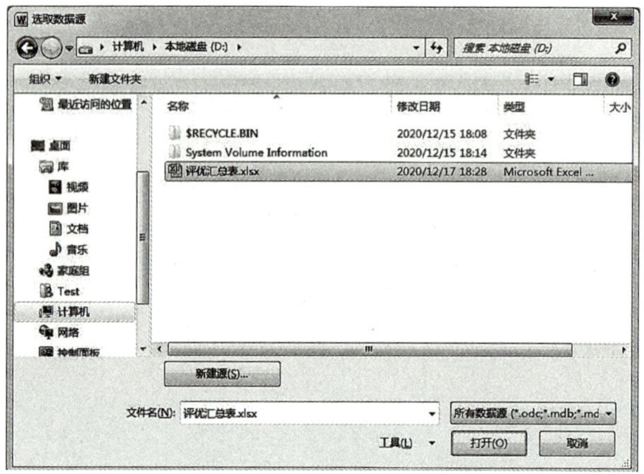

▲ 图4-5-4　选择数据源

作为数据源的表格可以是Excel格式，也可以是Word格式。数据源表格应符合数据库的特征。

1. 第一行为字段名。

2. 第二行开始为记录行，且每条记录占一行。

3. 字段各行前不含表格标题。

Excel格式的文件还需要选择工作表，如图4-5-5所示。

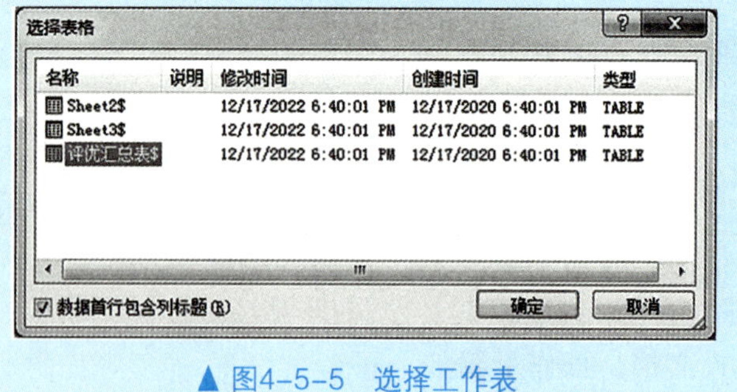

▲ 图4-5-5　选择工作表

⑤ 单击“预览结果”按钮，可以预览邮件合并后的效果，如图4-5-7所示。然后，适当调整版式。

⑥ 单击“完成并合并”按钮，在下拉菜单中选择“编辑单个文档”，在弹出的“合并到新文档”对话框中，根据合并需要进行选择，如图4-5-8所示。

⑦ 最后，逐页检查合并后生成的新文档，确保合并后的新文档在排版等各方面没有问题，如图4-5-9所示。

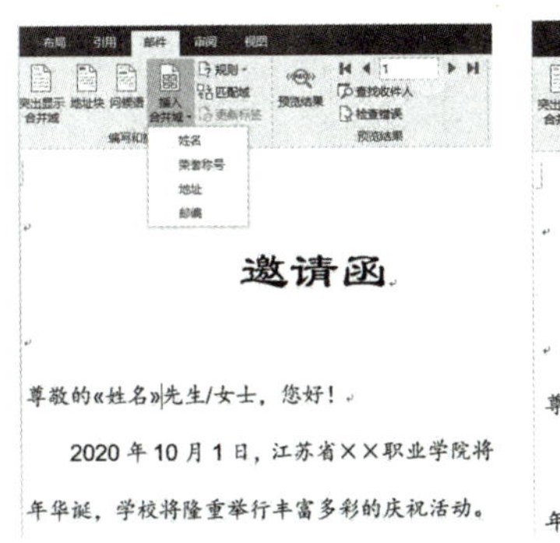

▲ 图4-5-6 插入合并域

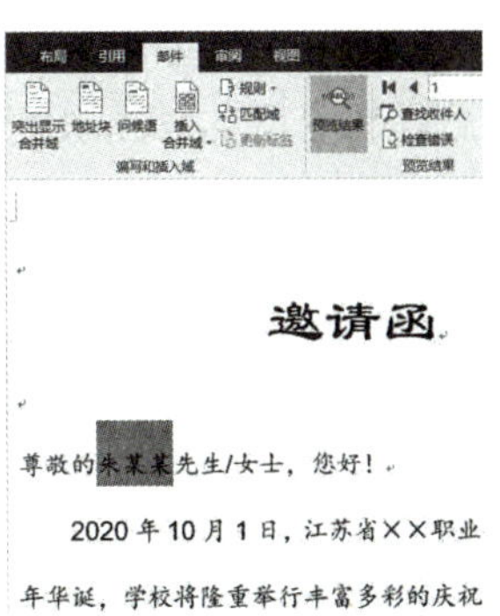

▲ 图4-5-7 预览结果

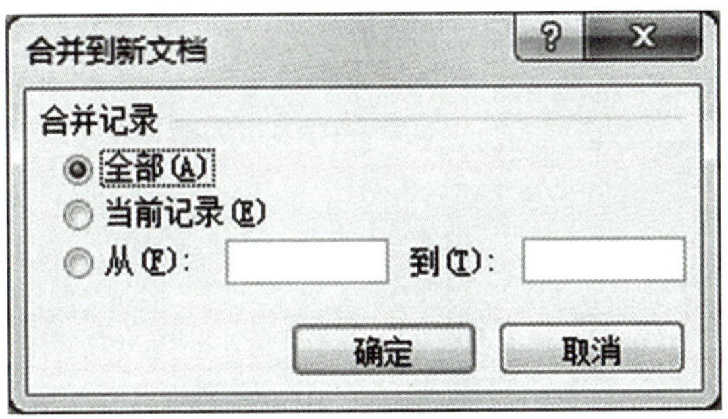

▲ 图4-5-8 合并到新文档

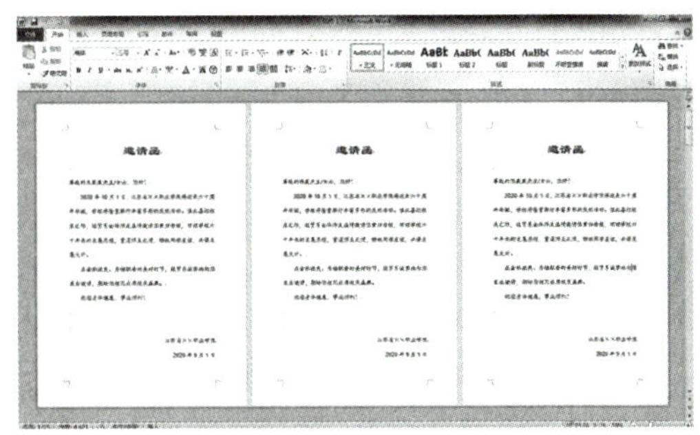

▲ 图4-5-9 完成邮件合并

练一练

1. 尝试使用配套教学素材，完成本例中邀请函的邮件合并。
2. 如果数据源表格中包含标题行，会对邮件合并操作产生什么影响？

知识点2：使用邮件合并制作标签

使用邮件合并的标签功能，能够将多张内容雷同的标签打印到一张纸上。只需要编辑一张标签，就能够自动完成所有标签的邮件合并。这项功能既节约了纸张，也极大地提高了工作效率，非常实用。操作步骤如下：

① 新建Word 2016 文档，在“邮件”选项卡中，单击“开始邮件合并”按钮，在下拉菜单中选择“标签”，如图4-5-10所示。

② 在“标签选项”对话框中，根据实际情况选择打印机，之后单击“新建标签”按钮，如图4-5-11所示。

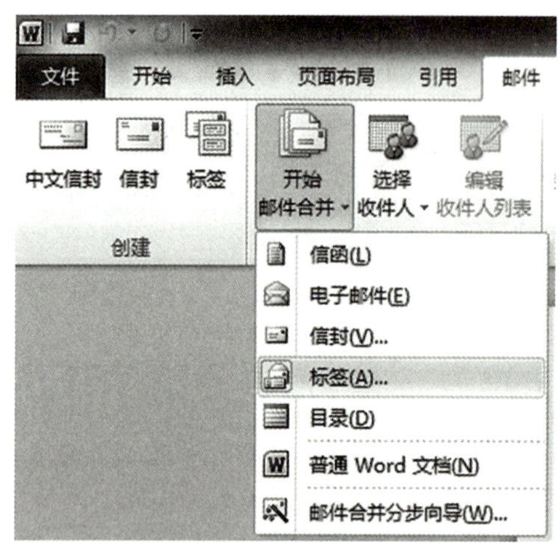

▲ 图4-5-10　标签邮件合并

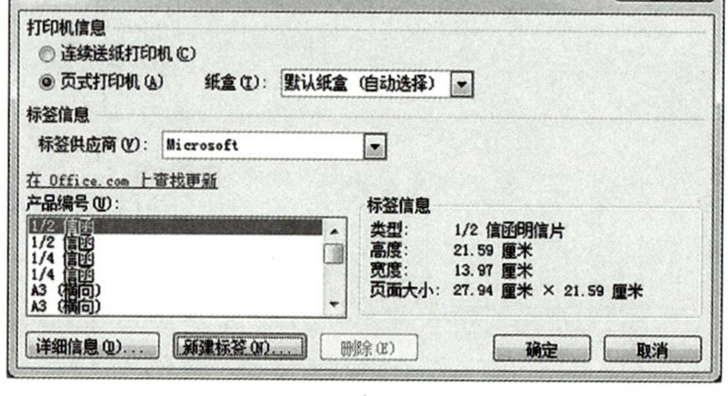

▲ 图4-5-11　“标签选项”对话框

③ 在“标签详情”对话框中，设置纸张、标签行列数、标签大小、边距以及纵向与横向跨度值，并为新建的标签命名，如图4-5-12所示。

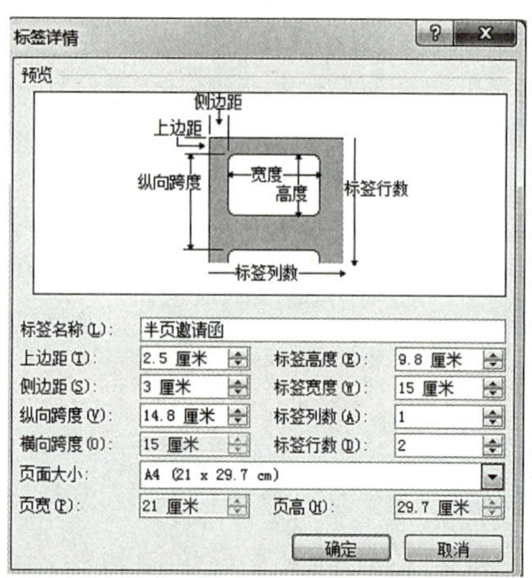

▲ 图4-5-12　“标签详情”对话框

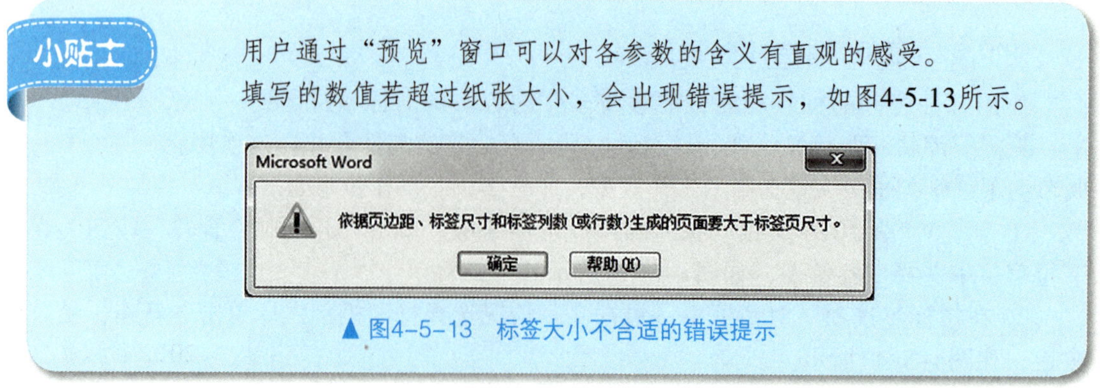

小贴士

用户通过“预览”窗口可以对各参数的含义有直观的感受。
填写的数值若超过纸张大小，会出现错误提示，如图4-5-13所示。

▲ 图4-5-13　标签大小不合适的错误提示

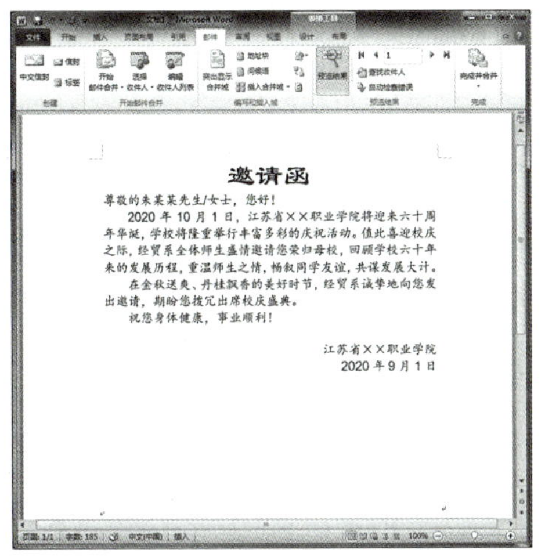

▲ 图4-5-14　完成第一个标签

④ 在左上角第一个标签内录入文档并排版。按照知识点1的步骤②至步骤⑤操作，对第一个标签完成合并域的插入，预览结果并调整版面，如图3-5-14所示。

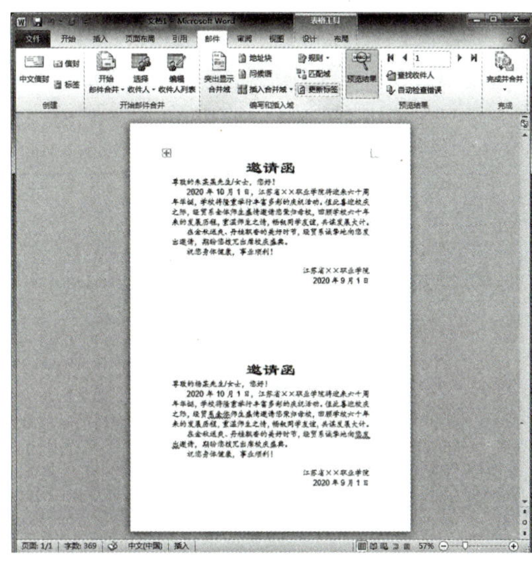

▲ 图4-5-15　更新标签

⑤ 单击“编写和插入域”组中的“更新标签”按钮，可自动填写其他标签的内容，如图3-5-15所示。

⑥ 按照知识点1的步骤⑥至步骤⑦操作，完成邮件合并，再对合并后的新文档进行检查。

练一练

1. 尝试使用配套教学素材，完成本例中邀请函的邮件合并。
2. 在“标签详情”对话框中设置各参数时有哪些需要注意的地方？

任务实施

根据配套教学素材“评优汇总表.xlsx”或“评优汇总表.docx”，使用Word 2016的邮件合并功能，完成奖状与信封标签的制作。参考文字如下：

×××同学：

在我校2021—2022学年第一学期中表现突出，被评为：

×××

特发此状，以资鼓励。

××职业学院

2022年1月6日

参考步骤如下：

1. 根据奖状大小设定纸张与边距

测量奖状的大小以及可打印区域的位置，设定纸张大小与页边距。本例设定纸张为26厘米×18厘米，横向；上、下边距分别为7.5厘米与2.5厘米；左右边距为2厘米，如图4-5-16所示。

2. 编辑奖状内容并完成邮件合并

① 录入奖状的文字并进行排版。

② 使用邮件合并功能，插入“评优汇总表”数据源中的“姓名”与“荣誉称号”，预览结果。

③ 合并成新文档，检查每一页内容，保存新文档，如图4-5-17所示。

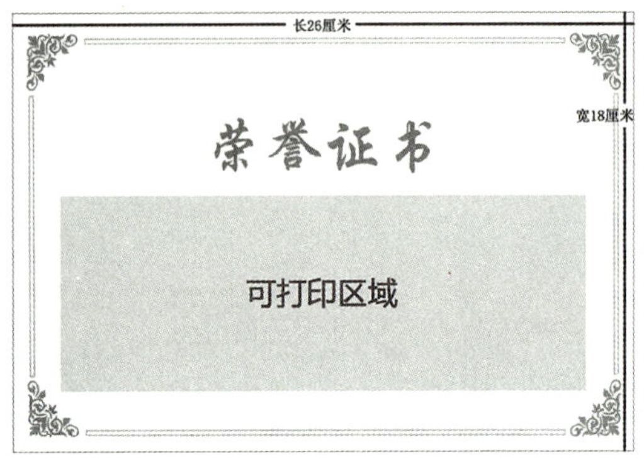

▲ 图4-5-16　根据奖状大小设定纸张与边距

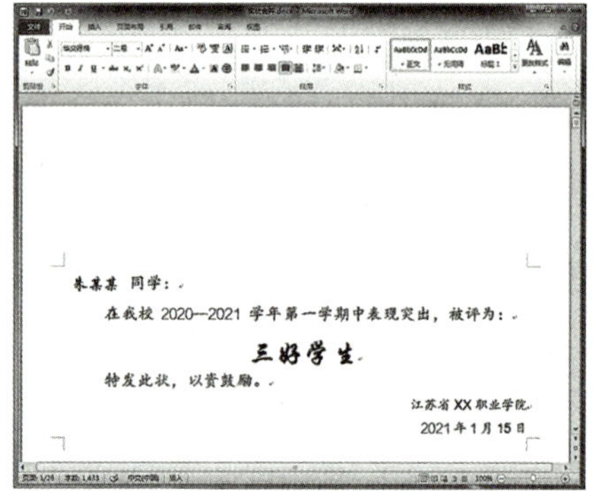

▲ 图4-5-17　合并生成奖状

3. 使用邮件合并制作信封标签

① 根据信封大小，设定“标签详情”中各参数的值。本例按照每张A4纸可打印4张标签设定，如图4-5-18所示。

② 完成邮件合并，检查每一页内容，保存新文档，如图4-5-19所示。

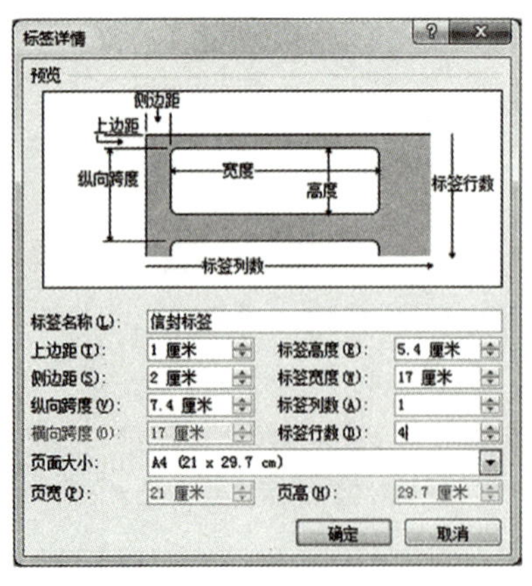

▲ 图4-5-18　标签参数设置

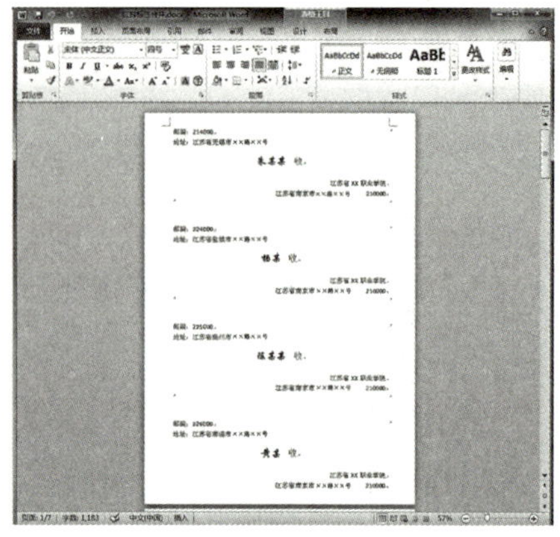

▲ 图4-5-19　合并生成信封标签

最后，请使用邮件合并与表格，制作“学生综合素质报告单”。

任务评价

表4-5-1 任务评价表

任务完成情况	自我评价	小组评价
页面设置	□完成 □待完善 原因：	☆☆☆☆☆
数据源的使用	□完成 □待完善 原因：	☆☆☆☆☆
邮件合并的应用	□完成 □待完善 原因：	☆☆☆☆☆

拓展提高

打印标准中文信封封面

针对直接在标准中文信封上打印信息的需求，Word 2016 提供了“信封制作向导”功能，用户可以非常方便地在标准中文信封上打印包括邮政编码框等在内的信封封面。

单击“邮件”选项卡中的“中文信封”按钮，开启“信封制作向导”对话框。按照提示操作，可以批量打印信封封面，如图4-5-20所示。

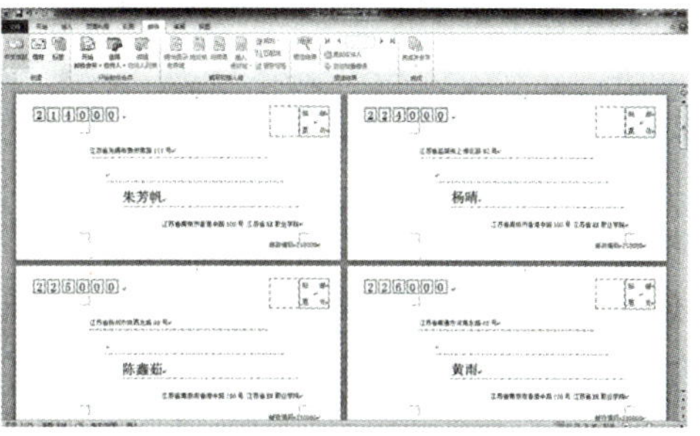

▲ 图4-5-20 使用“信封制作向导”合并生成中文信封封面

任务六 文档处理综合应用

任务描述

学校将举行一次校园“爱心义卖”大型公益活动，为保障活动的顺利开展，学生会宣传部做了充分的前期策划工作，设计并制作“爱心义卖”活动方案、家委会邀请函来提高活动宣传力度。请帮助宣传部利用Word 2016来实现活动方案的制作。要求活动方案内容清晰，排版合理，美观大方。参考样式如图4-6-1所示。

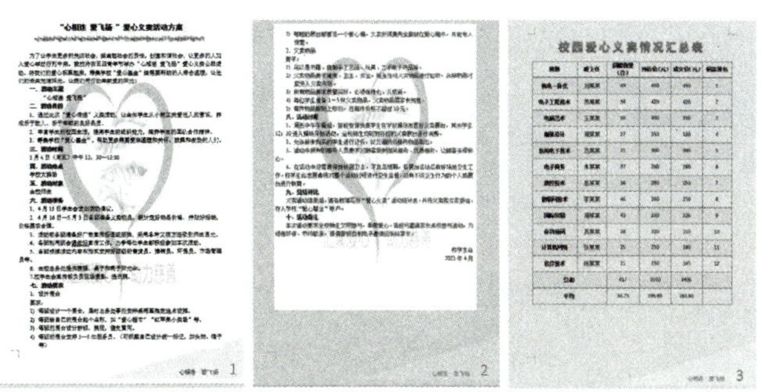

▲ 图4-6-1 参考样式

学习目标

1. 熟悉文档编辑排版的制作流程与基本原则。

2. 能够根据需求对文档版面进行合理设置与编排。

3. 能够以文档整体风格对表格进行编辑及美化。

4. 能够巧用邮件合并提高工作效率。

5. 培养学生独立思考、探索的综合应用能力，树立关爱他人的社会意识，提升审美分析能力和信息化职业素养。

知识储备

Word 2016 文档内容编辑与格式设置、图文混排设置、表格制作、文档页面设置。

任务实施

子任务一：文档内容编辑与格式设置

1. 文档内容编辑

（1）创建文本

在桌面上创建一个以“爱心义卖”为文件名的Word文档，打开配套教学素材“爱心义卖活动方案.txt”文件，并复制文中所有内容至“爱心义卖”Word文档。

（2）查找和替换

文中“队员”一词使用不恰当，均需改为“学生”。光标定位在文中任意位置，打开替换对话框，在“查找内容”中输入“队员”，在“替换为”中输入“学生”，单击“全部替换”按钮完成内容的纠正，如图4-6-2所示。

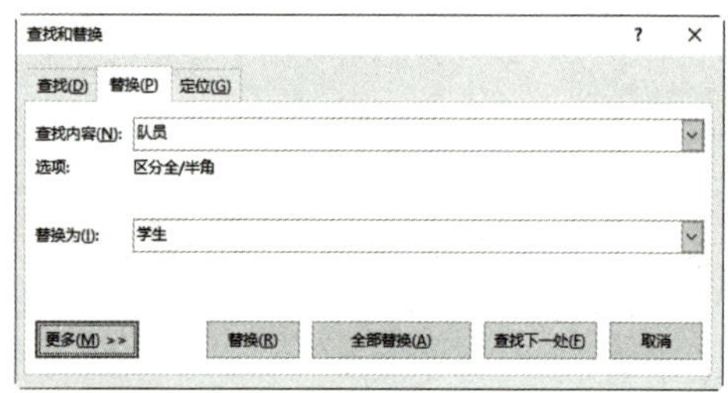

▲ 图4-6-2 查找和替换设置

> **小贴士** 可以单击“审阅”菜单下的“拼写和语法”纠正错误，单击“字数统计”可完成字数统计。

2. 文档格式设置

（1）字符格式设置

① 选中标题行“‘心相连 爱飞扬’爱心义卖活动方案”，将其设置为“三号、黑体”，如图4-6-3所示。

② 选中正文内容（除大标题外所有内容），打开“字体”对话框，设置中文字

体为“宋体”，西文字体为“Times New Roman”，字形为“常规”，字号为“小四”，如图4-6-4所示。

③将文中所有小标题字体进行加粗设置，用【Ctrl+B】组合键快速完成。

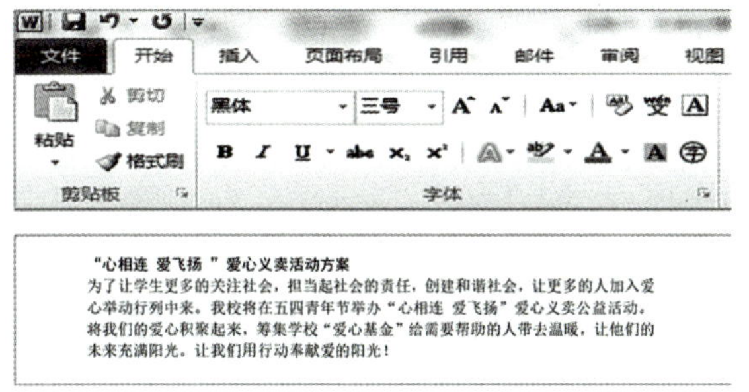

▲ 图4-6-3 标题格式设置

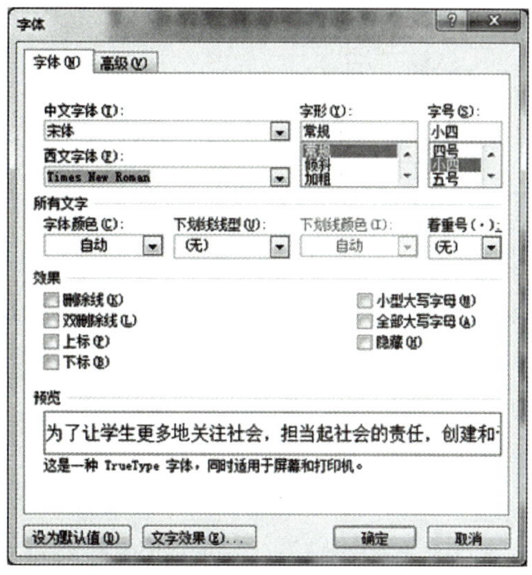

▲ 图4-6-4 正文字体格式设置

小贴士 可缩小文档的显示比例来查看文字大小在整篇文档中是否合适。

（2）段落格式设置

①设置大标题行的段落格式。选中大标题“‘心相连 爱飞扬’爱心义卖活动方案”，打开“段落”格式设置对话框，设置标题行对齐方式为“居中”，段后间距为“1行”。

②选中正文内容，打开“段落”格式设置对话框，设置对齐方式为“两端对齐”，首行缩进2字符，行间距为固定值18磅，如图4-6-5所示。

③将文中落款“校学生会 2021年4月”的对齐方式设置为“右对齐”。

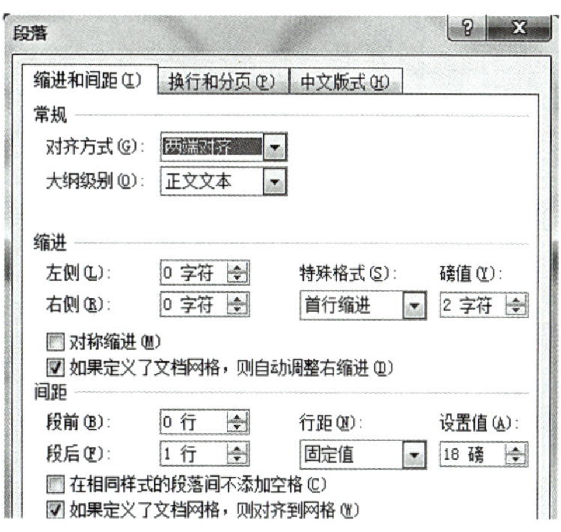

▲ 图4-6-5 正文段落格式设置

练一练

Word 2016 提供了多种文字样式模板，能快速解决设计格式的难题，尝试应用模板来巧妙地制作大标题样式。

子任务二：图文混排设置

1. 插入图文

（1）插入编号

为文中“设计展台”和“义卖物品”的内容分别加序列号。选中“设计展台”中的“每班设计一个展台……由专人保管。”文字，单击编号下拉三角按钮，在编号库中选择“1）”编号样式，完成序列号的设置，如图4-6-6所示。用相同的操作完成“义卖物品”内容中序号的设置。

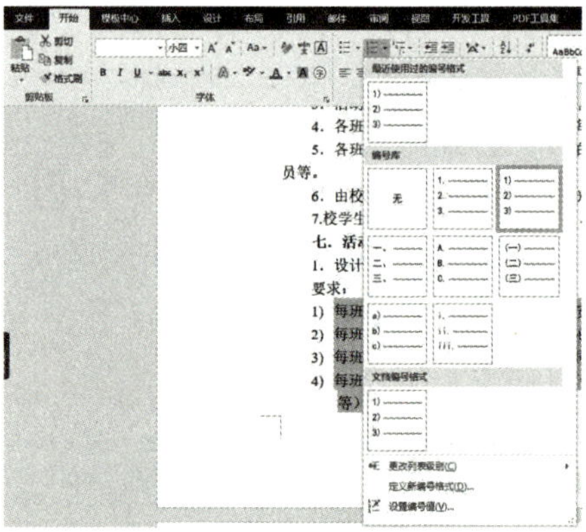

▲ 图4-6-6　编号设置

（2）插入艺术分隔线

① 在大标题和正文间插入艺术分隔线，美化文档并区分正文和标题的内容。光标定位在正文第一段前，单击“插入”面板中的“图片”按钮，打开“插入图片”窗口，选择配套教学素材中的“ 艺术分割线”插入，效果如图4-6-7所示。

② 设置分隔线的艺术效果为“浅色屏幕”，效果如图4-6-8所示。

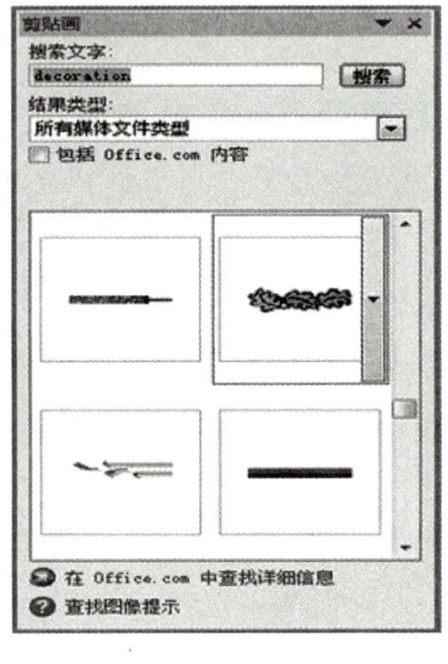

▲ 图4-6-7　插入艺术分隔线

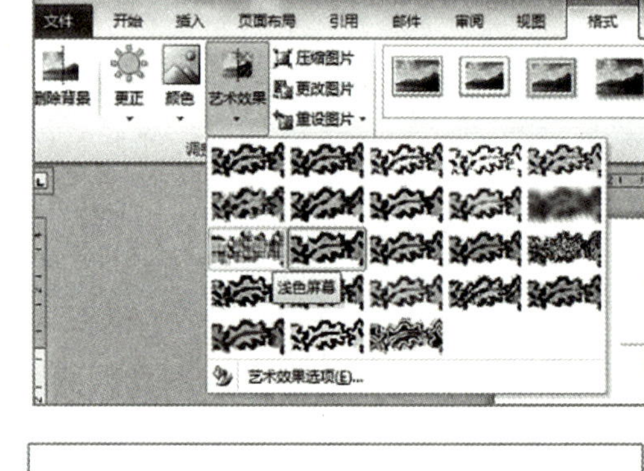

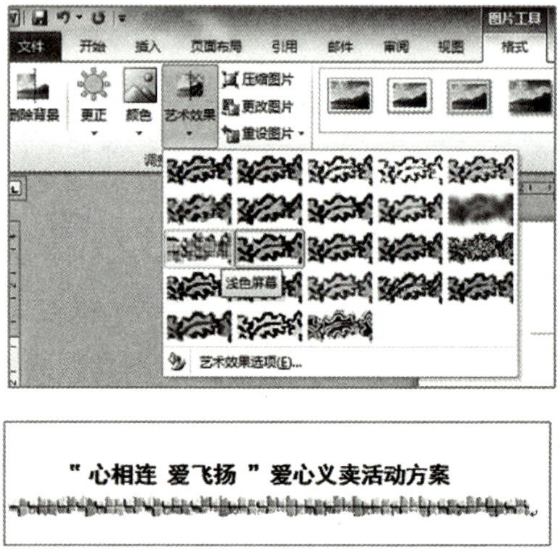

“心相连 爱飞扬”爱心义卖活动方案

▲ 图4-6-8　艺术效果设置

（3）制作底纹

① 在文中任意位置单击鼠标，单击“插入”面板中的 图片 按钮，选择配套教学素材“爱心互助图案.jpg”，单击“插入”。

② 选中图片，单击 颜色 按钮，设置为“冲蚀”样式，如图4-6-9 所示。

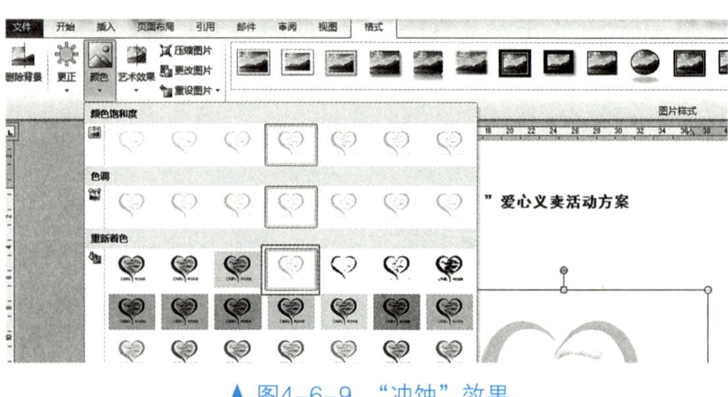

▲ 图4-6-9　“冲蚀”效果

③ 选中图片，单击面板中设置图片大小的扩展按钮，打开“布局”对话框，去掉“锁定纵横比”前面的钩，设置图片大小为高“18厘米”、宽“15厘米”，设置参数如图4-6-10所示。

④ 设置图片的文字环绕方式为“衬于文字下方”，按下“确定”按钮，并复制图片至第二页，参数设置如图4-6-11所示，底纹最终设置效果如图4-6-12所示。

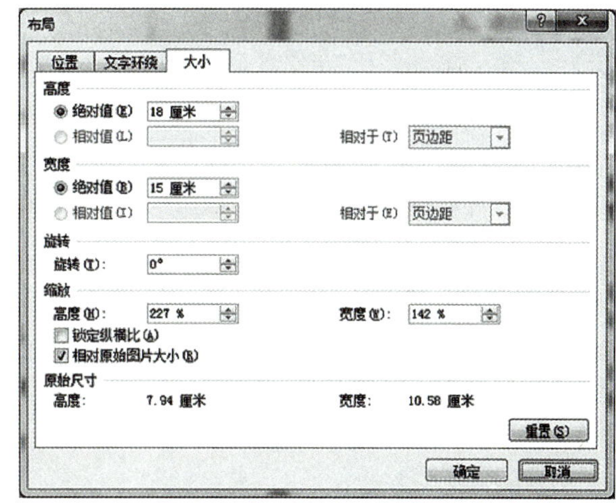
▲ 图4-6-10　图片大小设置参数

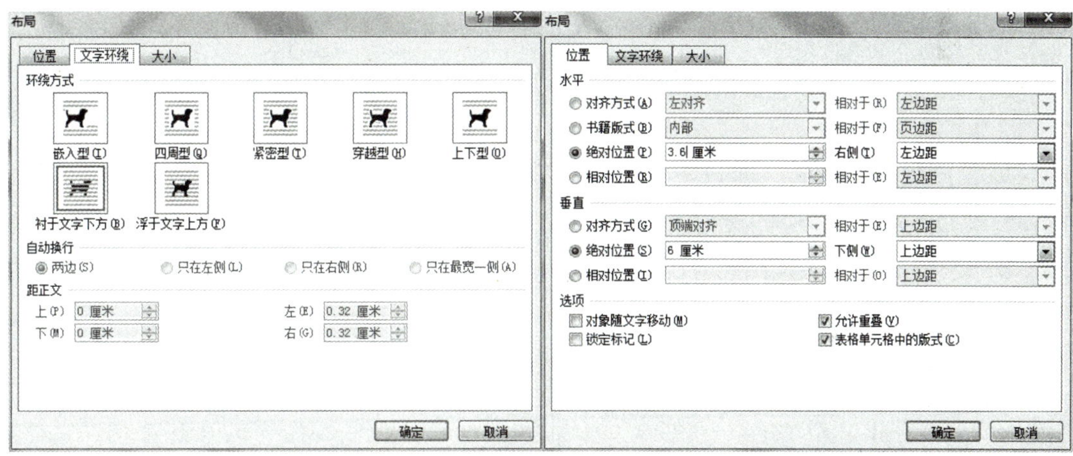
（a）文字环绕方式　　（b）图片位置

▲ 图4-6-11　参数设置

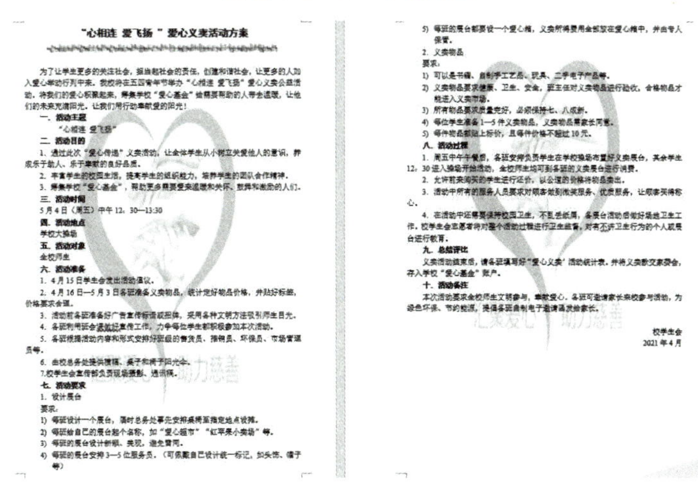
“心相连 爱飞扬 ”爱心义卖活动方案

为了让学生更多的关注社会，担当起社会的责任，创建和谐社会，让更多的人加入爱心举动行列中来。我校将在五四青年节举办“心相连 爱飞扬”爱心义卖公益活动。将我们的爱心积聚起来，筹集学校“爱心基金”给需要帮助的人带去温暖，让他们的未来充满阳光。让我们用行动奉献爱的阳光！

一、活动主题

“心相连 爱飞扬”

二、活动目的

1、通过此次“爱心传递”义卖活动，让全体学生从小树立关爱他人的意识，养成乐于助人、乐于奉献的良好品质。

2、丰富学生的校园生活，提高学生的组织能力，培养学生的团队合作精神。

3、筹集学校“爱心基金”，帮助更多需要爱来温暖和关怀、鼓舞和激励的人们。

三、活动时间

5月4日（周五）中午12：30—13:30

四、活动地点

学校大操场

五、活动对象

全校师生

六、活动准备

1、4月15日学生会发出活动倡议。

2、4月16日—5月3日各班准备义卖物品，统计定好物品价格，并贴好标签，价格要求合理。

3、活动前各班准备好广告宣传标语或招牌，采用各种文明方法吸引师生目光。

4、各班利用班会搞好宣传工作，力争每位学生都积极参加本次活动。

5、各班根据活动内容和形式安排好班级的售货员、推销员、环保员、市场管理员等。

6、由校总务处提供横幅、桌子和椅子阳光伞。

7.校学生会宣传部负责现场摄影、通讯稿。

七、活动要求

1、设计展台

要求：

1）每班设计一个展台，届时总务处事先安排桌椅至指定地点设摊。

2）每班给自己的展台起个名称，如“爱心超市”“红苹果小卖场”等。

3）每班的展台设计新颖、美观，避免雷同。

4）每班的展台安排3—5位服务员。（可佩戴自己设计统一标记，如头饰、帽子等）

5）每班的展台都要设一个爱心箱，义卖所得费用全部放在爱心箱中，并由专人保管。

2、义卖物品

要求：

1）可以是书籍、自制手工艺品、玩具、二手电子产品等。

2）义卖物品要求健康、卫生、安全，班主任对义卖物品进行验收，合格物品才能进入义卖市场。

3）所有物品要求质量完好，必须保持七、八成新。

4）每位学生准备1—5件义卖物品，义卖物品需家长同意。

5）每件物品都贴上标价，且每件价格不超过10元。

八、活动过程

1、周五中午午餐后，各班安排负责学生在学校操场布置好义卖展台，其余学生12：30进入操场开始活动，全校师生均可到各班的义卖展台进行消费。

2、允许前来购买的学生进行还价，以公道的价格将物品卖出。

3、活动中所有的服务人员要求对顾客做到微笑服务、优质服务，让顾客买得称心。

4、在活动中还需要保持校园卫生，不乱丢纸屑，各展台活动后做好场地卫生工作，校学生会志愿者将对整个活动过程进行卫生监督，对有不讲卫生行为的个人或展台进行教育。

九、总结评比

义卖活动结束后，请各班填写好“爱心义卖”活动统计表，并将义卖款交学生会，存入学校“爱心基金”账户。

十、活动备注

本次活动要求全校师生文明参与，奉献爱心。各班可邀请家长来校参与活动，为绿色环保、节约能源，提倡各班自制电子邀请函发给家长。

校学生会

2021年4月

▲ 图4-6-12　底纹设置效果

小贴士

为文档添加底纹，可烘托主题，又可统一文档的整体风格，是编辑美化文档的常用方式。图片格式设置可根据文档的内容需求来进行调整，特别是底纹设置不宜太花哨，要与全文统一风格。

练一练

选中图片并右击鼠标打开快捷菜单，可实现对图片格式的快捷设置，请对应工具栏面板中的按钮选项，一一练习，选出自己最习惯的操作方式即可。

子任务三：表格制作

1. 创建表格

（1）输入标题行

内容为“校园爱心义卖情况汇总表”。

（2）插入表格

另起一行，单击插入面板中“表格”按钮的下拉键，单击“插入表格”按钮，插入5列×15行的表格，如图4-6-13所示。

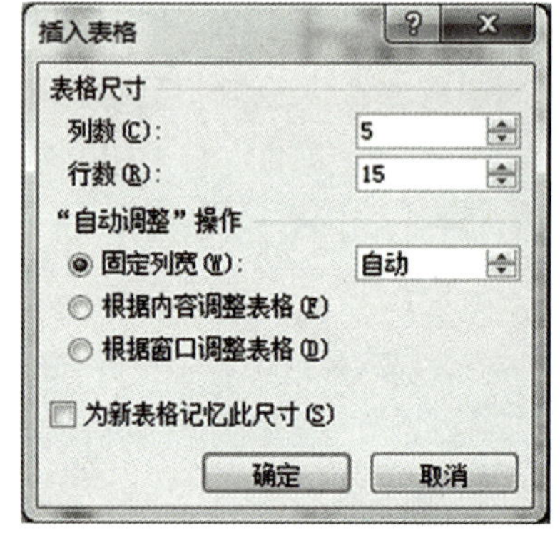

▲ 图4-6-13 创建表格

2. 编辑表格

（1）输入内容

按照样稿在表格内输入内容，如图4-6-14所示。

（2）合并单元格

选中A14至B14，单击布局面板中的▦按钮合并单元格，同样合并单元格A15至B15，如图4-6-15所示。

校园爱心义卖情况汇总表

班级	班主任	捐赠数量（件）	预估价（元）	成交价（元）
机电一体化	刘某某	49	450	450
电子工程技术	苏某某	34	420	420
电脑艺术	王某某	50	400	395
服装设计	周某某	27	350	320
医用电子技术	范某某	31	300	300
电子商务	朱某某	37	260	260
数控技术	高某某	36	260	250
物联网技术	李某某	46	260	250
国际贸易	周某某	43	230	226
体育休闲	吕某某	18	220	210
计算机网络	张某某	25	250	180
软件技术	陈某某	21	150	145
总和				
平均				

▲ 图4-6-14 表格内输入内容

校园爱心义卖情况汇总表

班级	班主任	捐赠数量（件）	预估价（元）	成交价（元）
机电一体化	刘某某	49	450	450
电子工程技术	苏某某	34	420	420
电脑艺术	王某某	50	400	395
服装设计	周某某	27	350	320
医用电子技术	范某某	31	300	300
电子商务	朱某某	37	260	260
数控技术	高某某	36	260	250
物联网技术	李某某	46	260	250
国际贸易	周某某	43	230	226
体育休闲	吕某某	18	220	210
计算机网络	张某某	25	250	180
软件技术	陈某某	21	150	145
总和				
平均				

▲ 图4-6-15 合并单元格

3. 表格计算

（1）计算总和

光标定位在C14单元格，单击布局面板中的 *fx* 按钮，打开公式对话框，设置“公式”为“=SUM(ABOVE)”，单击“确定”按钮计算出“捐赠数量”总和，依次分别计算“预估价”“成交价”的总和。

（2）计算平均值

光标定位在C15单元格，单击布局面板中的*fx*按钮，删除公式框中的内容，保留“=”，选择粘贴函数中的“AVERAGE”，并在括号中输入计算区域“c2：c13”，参数设置如图4-6-16所示。单击“确定”计算出“捐赠数量”平均值，依次分别计算“预估价”“成交价”的平均值。计算结果如图4-6-17所示。

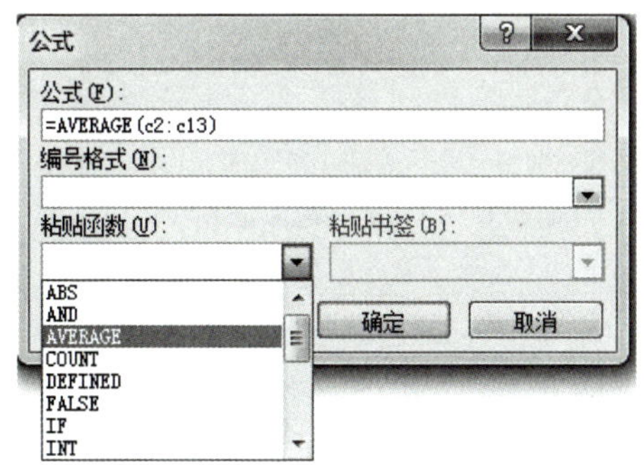

▲ 图4-6-16　平均值计算

校园爱心义卖情况汇总表

班级	班主任	捐赠数量（件）	预估价（元）	成交价（元）
机电一体化	刘某某	49	450	450
电子工程技术	苏某某	34	420	420
电脑艺术	王某某	50	400	395
服装设计	周某某	27	350	320
医用电子技术	范某某	31	300	300
电子商务	朱某某	37	260	260
数控技术	高某某	36	260	250
物联网技术	李某某	46	260	250
国际贸易	周某某	43	230	226
体育休闲	吕某某	18	220	210
计算机网络	张某某	25	250	180
软件技术	陈某某	21	150	145
总和		417	3550	3406
平均		34.75	295.83	283.83

▲ 图4-6-17　总和、平均值计算结果

4. 表格排序

（1）插入列

在最后一列右侧添加一列，单击最后一列任意处或选中最后一列，用鼠标右击打开快捷菜单，选择“插入”选项，单击“在右侧插入列”，如图4-6-18所示，输入标题行内容为“捐款排名”。

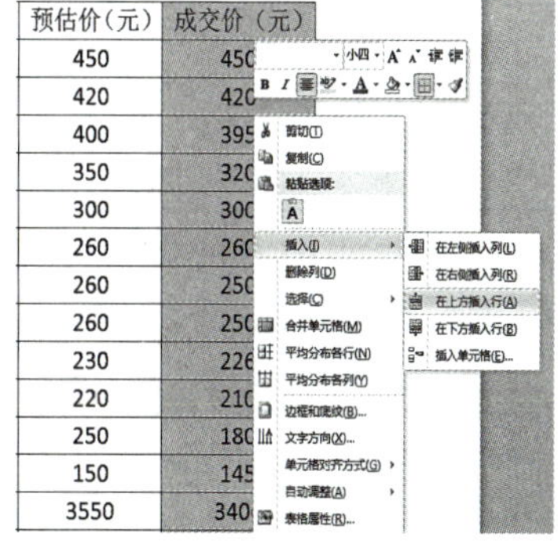

▲ 图4-6-18　插入列设置

（2）排序

选中表格第1至13行，单击布局中的按钮，打开排序对话框，如图4-6-19所示，分别设置“列表”“主要关键字”“排序方式”，单击“确定”按钮完成排序，最后在捐款排名中输入名次，如图4-6-20所示。

▲ 图4-6-19　排序参数设置

校园爱心义卖情况汇总表

班级	班主任	捐赠数量（件）	预估价（元）	成交价（元）	捐款排名
机电一体化	刘某某	49	450	450	1
电子工程技术	苏某某	34	420	420	2
电脑艺术	王某某	50	400	395	3
服装设计	周某某	27	350	320	4
医用电子技术	范某某	31	300	300	5
电子商务	朱某某	37	260	260	6
数控技术	高某某	36	260	250	7
物联网技术	李某某	46	260	250	8
国际贸易	周某某	43	230	226	9
体育休闲	吕某某	18	220	210	10
计算机网络	张某某	25	250	180	11
软件技术	陈某某	21	150	145	12
总和		417	3550	3406	
平均		34.75	295.83	283.83	

▲ 图4-6-20　排名

（3）美化表格

① 标题行设置。选中表格大标题“校园爱心义卖情况汇总表”，单击“插入”面板中的按钮，选择合适的样式，如图4-6-21所示。设置艺术字为“黑体、一号”，字间距加宽“2磅”。右击艺术字边框，打开“其他布局”选项，设置对齐方式为“居中”，如图4-6-22所示。

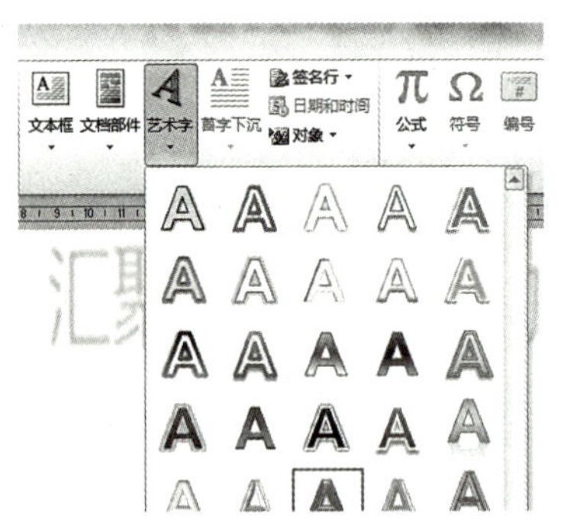
▲ 图4-6-21 艺术字样式设置

▲ 图4-6-22 艺术字布局设置参数

② 表格套用格式。单击表格任意处，在“设计”面板中选择表格套用格式样式“浅色网格-着色5”。

③ 调整行高、列宽。选中第一列，在右击弹出的快捷菜单中选择“表格属性”，将列宽调整为5厘米。选中整张表格，同上操作设置行高为1.2厘米。

④ 文字对齐。在表格中右击弹出的快捷菜单中选择“单元格对齐方式”并设置为“水平居中”，效果如图4-6-23所示。

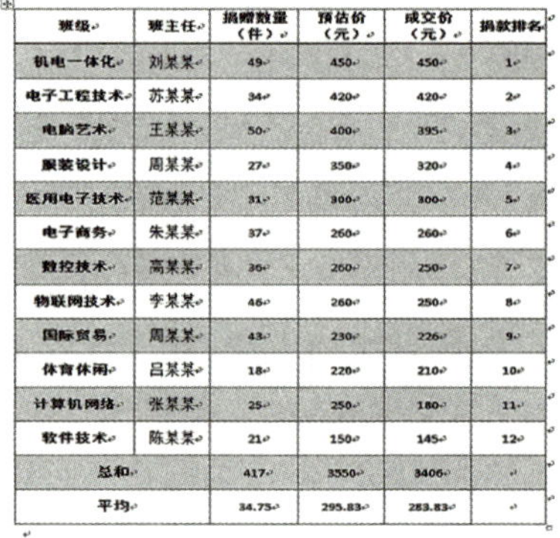
校园爱心义卖情况汇总表

班级	班主任	捐赠数量（件）	预估价（元）	成交价（元）	捐款排名
机电一体化	刘某某	49	450	450	1
电子工程技术	苏某某	34	420	420	2
电脑艺术	王某某	50	400	395	3
服装设计	周某某	27	350	320	4
医用电子技术	范某某	31	300	300	5
电子商务	朱某某	37	260	260	6
数控技术	高某某	36	260	250	7
物联网技术	李某某	46	260	250	8
国际贸易	周某某	43	230	226	9
体育休闲	吕某某	18	220	210	10
计算机网络	张某某	25	250	180	11
软件技术	陈某某	21	150	145	12
总和		417	3550	3406	
平均		34.75	295.83	283.83	

▲ 图4-6-23 表格样式

▲ 图4-6-24 页面参数设置

子任务四：文档页面设置

1. 页面设置

单击“页面布局”面板中的按钮，选择“自定义边距”，参数设置如图4-6-24所示。

2. 页眉页脚设置

单击“插入”面板中的页码按钮，单击“页面底端”选择“三角形2”样式。插入光标至页码数字前，输入文字“心相连 爱飞扬”，并将其设置为“黑体、小四号”，页码数字的颜色设置为“黑色”，调整页码底纹及文字的位置及大小，效果如图4-6-25所示。

3. 保存文档

仔细检查文档，可缩小显示比例，查看整个文档的排版效果，做最后的调整，最后单击“保存”按钮完成文档的编辑。

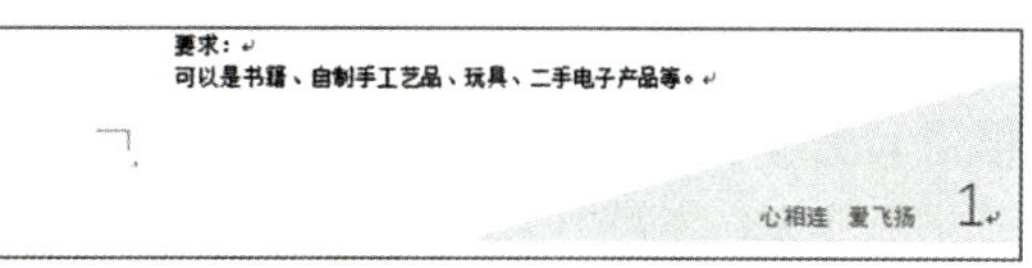

▲ 图4-6-25 页脚设置

如果你感兴趣，请再设计一份家委会邀请函，纸张大小为15厘米×20厘米，要求版面设计符合义卖主题、美观大方、有个性。邀请函内容要简明扼要、重点突出，需要写明家委会委员所属班级。家委会名单在配套教学素材“家委会名单.xlsx”中提取，请用邮件合并的方式完成此项任务。

任务评价

表4-6-1 任务评价表

任务完成情况	自我评价	小组评价
文档内容编辑与格式设置	□完成 □待完善 原因：	☆☆☆☆☆
图文混排设置	□完成 □待完善 原因：	☆☆☆☆☆
表格制作	□完成 □待完善 原因：	☆☆☆☆☆
文档页面设置	□完成 □待完善 原因：	☆☆☆☆☆

拓展提高

修改Word文档属性

Word文档属性包括作者、标题、主题、关键词、类别、状态和备注等项目。用户通过设置Word文档属性，可以管理Word文档。在Word 2016 中设置Word文档属性的步骤如下：

1. 打开Word 2016文档窗口，单击“文件”中的“信息”按钮。在打开的“信息”面板中单击“属性”按钮，并在打开的下拉列表中选择“高级属性”选项，如图4-6-26所示。

▲ 图4-6-26 “属性”按钮

2. 在打开的“文档

属性”对话框中切换到“摘要”选项卡，分别输入作者、单位、类别、关键词等相关信息，并单击“确定”按钮，如图4-6-27所示。

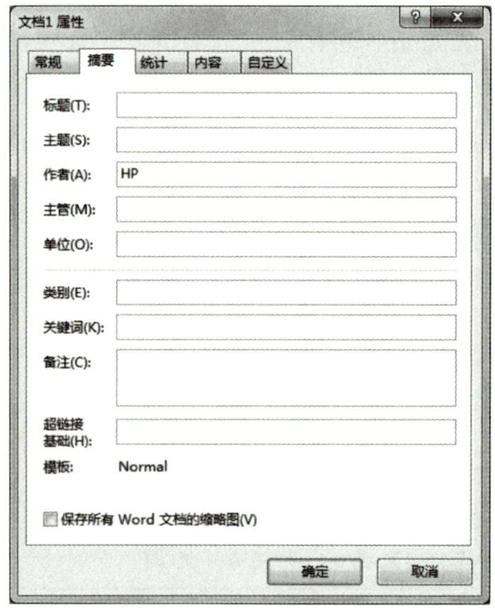

▲ 图4-6-27　修改文档属性

项目五 电子表格处理

任务一 电子表格的创建

任务描述

因工作需要，王先生要制作“某地区近三年上半年平均气温统计表”，请你帮助他完成。样表中包含年份、月份、月平均气温、近三年月平均气温等项目，请使用Excel电子表格制作。样表如图5-1-1所示。

	A	B	C	D	E	F	G	H
1	某地区近三年月平均气温统计表							（单位：℃）
2	年份	一月	二月	三月	四月	五月	六月	上半年月平均气温
3	2020年	2.3	5.1	10.6	15.7	24.5	30.1	
4	2021年	2.5	5.3	10.9	15.1	24.2	29.6	
5	2022年	2.2	5.2	10.3	15.3	25	30.5	
6	近三年月平均气温							

▲ 图5-1-1 某地区近三年上半年平均气温统计表参考图

学习目标

1. 掌握创建表格的方法。
2. 掌握不同类型数据的输入方法。
3. 掌握工作簿、工作表、单元格的概念。
4. 掌握数据自动填充的方法。
5. 应用常用公式对电子表格中的数据进行计算。
6. 增强谨慎处理数据的意识。

知识储备

知识点1：电子表格的应用场景

电子表格是一种人们在日常工作、生活中常用的高效的办公工具。使用电子表格可以帮助用户正确地完成数据的采集、加工和处理，并能通过有效的数据分析，对数据进行可视化展示。在信息化和智能化时代，数据越来越珍贵，并将成为未来最有价值的资源。

应用场景1：在流行病疫情防控的阶段，疫情防控每天会产生大量需要核查的疫情防控数据，每日疫情在线填报表单、实时数据整理、疫情数据可视化呈现……这些工作中有大量数据需要核实、汇总。利用电子表格高效处理数据的功能，可以实现疫情防控数据核查精准快速、避免遗漏。

应用场景2：在网上购物普及的今天，各大电商平台拥有大量的客户。电商平台除了要提升自身服务和产品质量外，还需要关注购买量、用户量、目标客户群，要优化产品布局，不断推出满足客户需求的产品；要挖掘潜在客户，找到适合自己的促销策略，提升店铺的成交总额。这些工作要求分析处理大量的数据，利用电子表格能够完成许多复杂的数据运算，帮助使用者做出合理的决策；同时还可以将数据进行可视化呈现，增强数据的表达力和可读性。

知识点2：电子表格的基本操作

1. 常用的电子表格软件

目前，可用来处理电子表格的软件较多，有的在计算机终端和移动端均可使用，如常用的微软Office Excel、国产的金山WPS表格。

在线表格允许用户随时随地使用计算机、APP或者微信小程序打开表格软件，使用在线方式创建、查看、编辑表格，并与他人通过网络进行文件共享和协作办公。

练一练

1. 你能用几种方法启动 Excel 2016？说一说 Excel 2016 工作界面各个功能区的作用。
2. 请用多种方法退出 Excel 2016。

知识点3：新建和保存文档

1. 新建工作簿

打开 Excel 2016 ，在“文件”选项中选择“新建”选项，在右侧选择“空白工作簿”，再点击界面右下角的“创建”图标就可以新建一个空白的工作簿文件，如图5-1-2所示。

2. 从模板创建空白表格

打开 Excel 2016 ，在“文件”选项中选择“新建”选项，在右侧可以看到很多表格模板，如图5-1-3所示。用户可以选择所需要的模板创建空白表格。选择好模板后可以单击界面右下角的“创建”按钮，如图5-1-4所示。

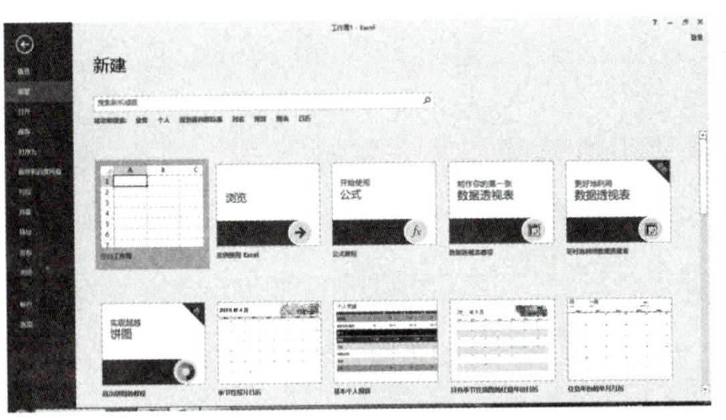

▲ 图5-1-2 新建工作簿

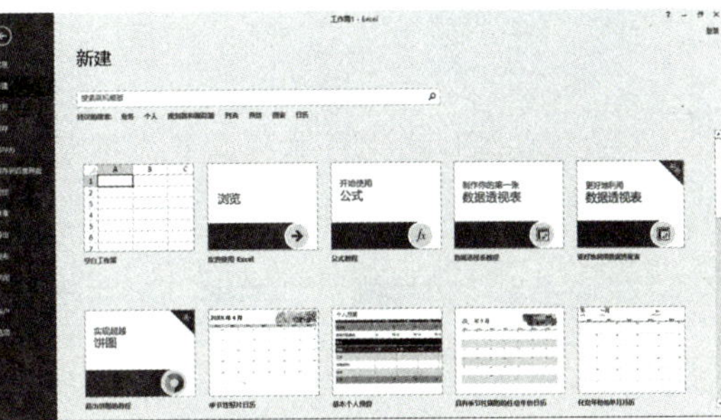

▲ 图5-1-3 表格模板

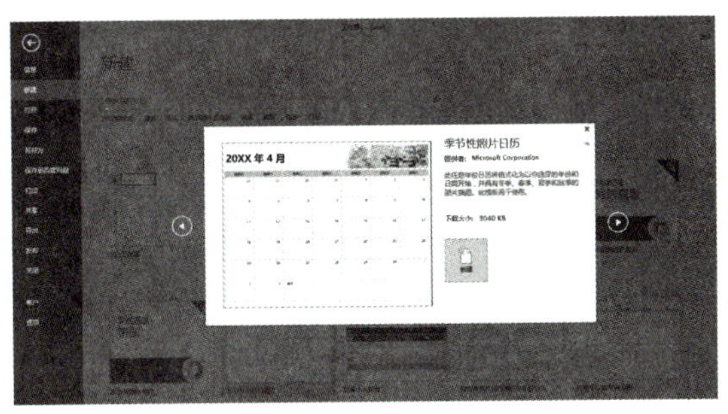

▲ 图5-1-4 从模板创建空白表格

3. 保存文件

（1）在“文件”菜单下单击“保存”按钮，在弹出的“另存为”对话框中选择文件的保存位置，然后更改文件名，单击“保存”按钮，完成对文件的保存。

（2）按【Ctrl+S】组合键后弹出“另存为”对话框，按照上一个方法中的步骤就可以保存文件了。

练一练

1. 新建一个“练习.xlsx”文件。
2. 说一说由模板创建工作簿的优缺点。

知识点4：撤销与恢复

在 Excel 2016 中，用户可以撤销和恢复的操作多达 100 项，甚至在保存工作表之后也可以进行此类操作。用户还可以重复任意次数的操作。

要撤销一项或多项操作，单击快速访问工具栏上的撤销按钮 或者按下【Ctrl+Z】组合键。要同时撤销多项操作，单击撤销按钮旁的下三角按钮 ，从列表中选择要撤销的操作，然后单击鼠标，Excel 2016 将撤销所有选中的操作。要恢复撤销的操作，单击快速访问工具栏上的恢复按钮 。

练一练

在工作表中任意输入几个数据，尝试使用撤销及恢复操作。

知识点5：工作簿、工作表、单元格的概念

1. 工作簿

工作簿是用来储存并处理工作数据的文件，其扩展名为“.xlsx”。每一个工作簿可以拥有许多不同的工作表，工作簿中一般可建立255个工作表。

2. 工作表

工作表是 Excel 2016 完成工作的基本单位，每张工作表中的内容相对独立。工作表是由列和行所构成的“存储单元”组成。这些“存储单元”被称为“单元格”。输入的所有数据都是保存在“单元格”中，这些数据可以是一个字符串、一组数字、一个公式、一个图形或声音文件等。工作表的名字显示在工作簿文件窗口底部的标签里。可以在标签上单击工作表的名字，实现在同一工作簿中切换不同的工作表。如果已知的某个工作表名没有在底部的标签中显示，可以通过按下标签滚动按钮来将它移动到当前的显示标签中。

3. 工作簿和工作表之间的关系

工作簿和工作表的关系就像书本和页面的关系，每个工作簿中可以包含多张工作表，工作簿所能包含的最大工作表数受内存的限制。默认每个新工作簿中包含1个工作表，启动Excel 2016 程序后，在Excel 2016界面的下方可以看到工作表标签，默认的名称为“Sheet1”。

4. 单元格与活动单元格

每个单元格都有固定的地址，如“A3”就代表了A列、第3行的单元格。同样，一个地址也表示唯一的一个单元格，如“B5”指的是B列与第5行交叉位置上的单元格。活动单元格是指正在使用的单元格，其外有一个黑色的方框，此时输入的数据都会被保存在该单元格中。

想一想

1. 指出 Excel 2016 工作簿名和工作表名的位置，并说出工作簿和工作表之间的关系。
2. 说一说单元格与活动单元格的区别。

知识点6：输入数据

1. 快速输入数据

单击某个单元格，然后在该单元格中键入数据，按【Enter】键纵向移到下一个单

元格，或按【Tab】键横向移到下一个单元格。若要在单元格中另起一行输入数据，按【Alt+Enter】组合键输入一个换行符。

若要输入一系列连续数据，如日期、月份或渐进数字，在一个单元格中键入起始值，然后在下一个单元格中再键入一个值，建立一个模式。比如，如果用户要使用序列1、2、3、4、5 ……在前两个单元格中键入“1”和“2”。选中包含起始值的单元格，然后拖动填充柄，覆盖要填充的整个范围。要按升序填充，从上到下或从左到右拖动鼠标；要按降序填充，从下到上或从右到左拖动鼠标。

2. 设置数据格式

若要应用数字格式，单击要设置数字格式的单元格，然后在“开始”选项卡上的“数字”组中，指向“常规”，然后单击要使用的格式。

若要更改数据的字体，选中要设置数据格式的单元格，然后在“开始”选项卡上的“字体”组中，选择要使用的格式。

练一练

1. 在 Excel 2016 中输入表5-1-1中的数据。

表5-1-1　某省上半年降雨量统计表

（单位：毫米）

地区	一月	二月	三月	四月	五月	六月
北部	121.50	156.30	182.10	167.30	218.50	225.70
中部	219.30	298.40	198.20	178.30	248.90	239.10
南部	89.30	158.10	177.50	198.60	286.30	303.10

2. 将表格标题设置成“宋体、16号”，将表格内文字设置为“宋体、12号”，将文件保存为“llx.xlsx”。

知识点7：表格的操作

1. 插入单元格、行、列

选中单元格，在活动单元格内右击鼠标，选择“插入”，在弹出的对话框中选择所需的单元格、行或列，就可在当前选中区域前实现插入，如图5-1-5所示。

2. 移动数据

选中需要移动的数据，按住鼠标左键不放，拖动数据即可实现移动操作。

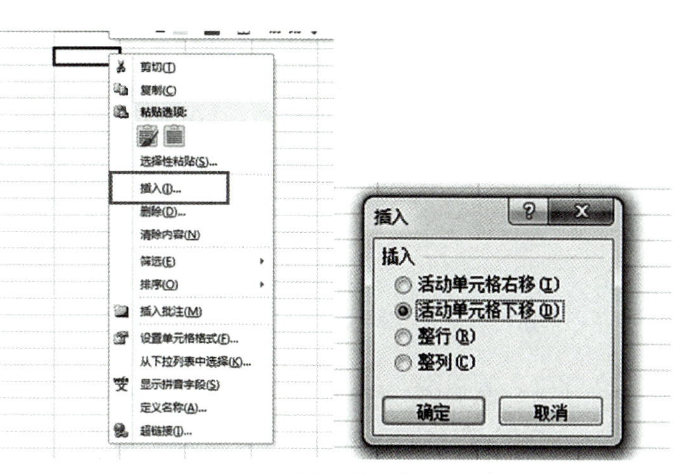

▲ 图5-1-5　插入单元格、行、列

3. 删除数据

选中需要删除的数据，按【Delete】键，就可清除单元格内的数据。

练一练

1. 打开“llx.xlsx”，在“某省上半年降雨量统计表”中最右边插入一列，在该列第一行输入“平均值”，在表格最下面插入两行，最后一行第一列单元格中输入“最高值”，如表5-1-2所示。

表5-1-2　某省上半年降雨量统计表

（单位：毫米）

地区	一月	二月	三月	四月	五月	六月	平均值
北部	121.50	156.30	182.10	167.30	218.50	225.70	
中部	219.30	298.40	198.20	178.30	248.90	239.10	
南部	89.30	158.10	177.50	198.60	286.30	303.10	
最高值							

2. 保存表格。

任务实施

1. 启动Excel 2016，自动创建“工作簿1.xlsx”文件。

2. 选中Sheet1工作表，在A1单元格输入“年份”，在B1单元格输入“一月”，如图5-1-6所示。

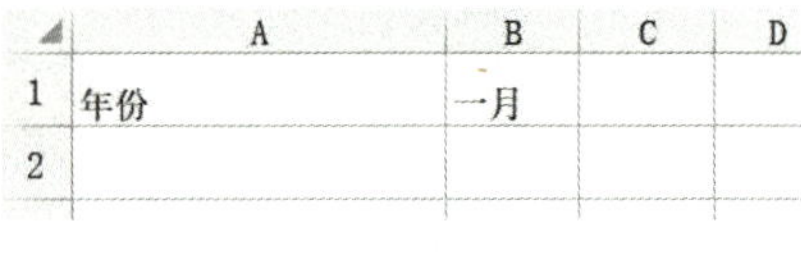

▲ 图5-1-6　输入列标题

3. 选中A2单元格，输入“2020年”；选中A3单元格，输入“2021年”。

4. 框选A2、A3两个单元格，将鼠标移动至右下角，使其变成黑色的十字，如图5-1-7所示。

5. 待鼠标变成黑色十字的时候，按住鼠标左键不放，向下拖动鼠标至A3，鼠标经过的A3单元格即自动填充为“2022年”，如图5-1-8所示。

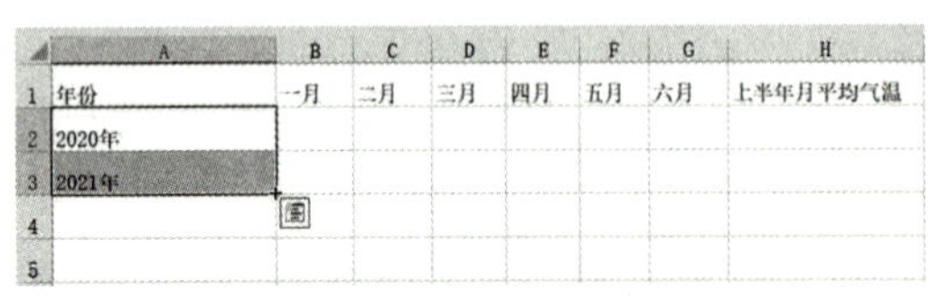

▲ 图5-1-7　输入年份

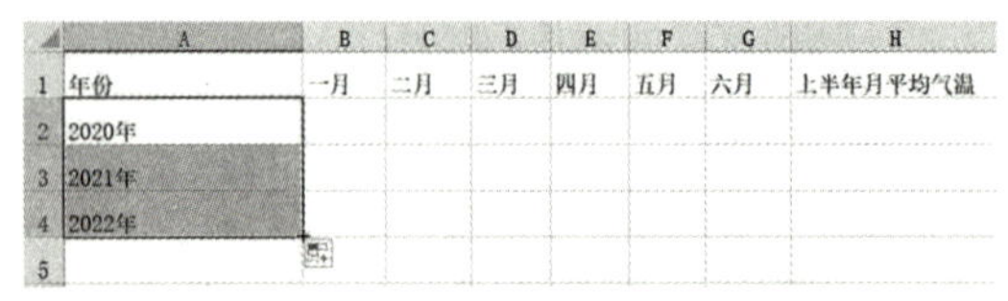

▲ 图5-1-8　自动填充年份

6. 选中B1单元格，鼠标移动至右下角，使其变成黑色的十字，按住鼠标左键不放，向右拖动至G1，鼠标经过的单元格即自动填充了“二月”至“六月”。

7. 在B2—G4单元格内，依次输入“一月”至“六月”的气温数据。

8. 在A5单元格内，输入“近三年月平均气温”，在H1单元格输入“上半年月平均气温”。

9. 在A行上方插入行，输入“某地区近三年月平均气温统计表”和“（单位：℃）”，完成如图5-1-9所示的工作表。

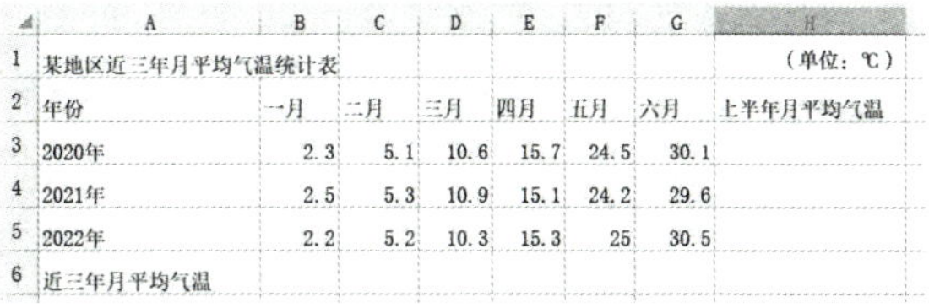

	A	B	C	D	E	F	G	H
1	某地区近三年月平均气温统计表							（单位：℃）
2	年份	一月	二月	三月	四月	五月	六月	上半年月平均气温
3	2020年	2.3	5.1	10.6	15.7	24.5	30.1	
4	2021年	2.5	5.3	10.9	15.1	24.2	29.6	
5	2022年	2.2	5.2	10.3	15.3	25	30.5	
6	近三年月平均气温							

▲ 图5-1-9 输入各项数据后的表格

10. 选择“文件”中的“保存”命令，在弹出的“另存为”对话框中选择保存位置和文件名，如图5-1-10所示。

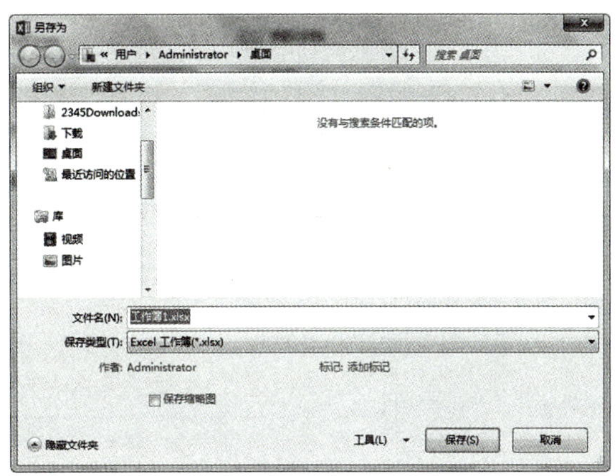

▲ 图5-1-10 保存文件

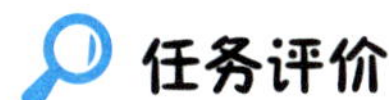

任务评价

表5-1-3 任务评价表

任务完成情况	自我评价	小组评价
建立“年份”列数据	□完成 □待完善 原因：	☆☆☆☆☆
输入“一月”至“六月”列数据	□完成 □待完善 原因：	☆☆☆☆☆
计算上半年月平均气温	□完成 □待完善 原因：	☆☆☆☆☆
按要求保存文件	□完成 □待完善 原因：	☆☆☆☆☆

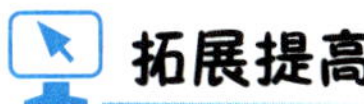

拓展提高

在Excel表格中添加简单的超链接

在平时工作中，为了方便，有时会需要在Excel表格中添加超链接，使得鼠标一点击到表格中一些关键词之后，可以跳转到另一个工作簿或者电脑中其他链接上。这种操作避免了把过多的资料密密麻麻地放在表格中，美化了表格，也给用户带来一定的方便。实现这种操作的具体步骤如下：

▲ 图5-1-11　Excel 中选择超链接

1. 打开表格，找到需要链接的关键字或者图片。选中表格中的文本框，右键选择最下面的超链接，如图5-1-11所示。

2. 如果想要链接到Sheet2，就选择文本档中的位置，然后选择Sheet2，再单击“确定”按钮就可以了，如图5-1-12所示。

链接做好之后，原表格中的文字下面会出现一条下划线，鼠标左键单击该文字就会跳转到Sheet2了。链接到表格中的其他工作簿也是用同样的方法。

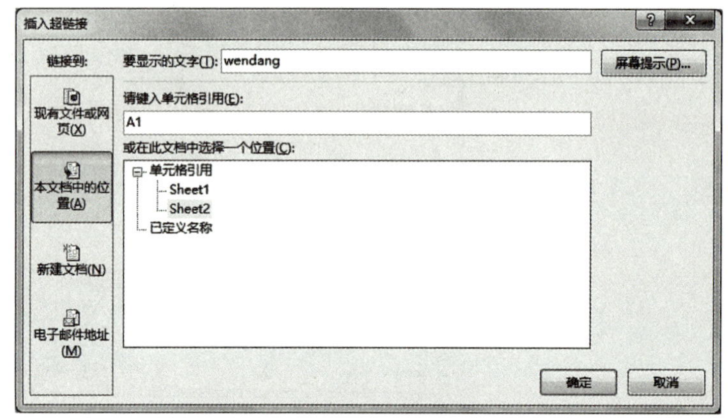

▲ 图5-1-12　Excel 中超链接到本文档的Sheet2

任务二　电子表格的格式设置

任务描述

新学期开始，学校张老师需要把每个班级的课程表打印出来，张贴于教室内，供同学、老师使用。课程表要求外观整齐、漂亮。请用Excel 2016帮助张老师完成操作，并将操作过程和结果与用Word制作课程表的操作和效果进行比较。课程表制作效果如图5-2-1所示，文件保存为“课程表.xlsx”。

课程表

时间	星期一	星期二	星期三	星期四	星期五
上午	语文	数学	语文	数学	语文
	数学	语文	数学	语文	数学
	英语	英语	英语	英语	英语
午休时间					
下午					

▲ 图5-2-1　用Excel 2016制作的课程表

学习目标

1. 掌握单元格合并及对齐方式的设置。
2. 掌握表格内字体、字号及颜色的设置。
3. 学会添加背景图片。
4. 掌握表格边框设置。
5. 结合所学专业设计美观实用的电子表格。

知识储备

知识点1：合并单元格及单元格对齐方式的设置

（1）选中需要合并的单元格，在功能区单击“合并后居中”按钮即可，如图5-2-2所示。

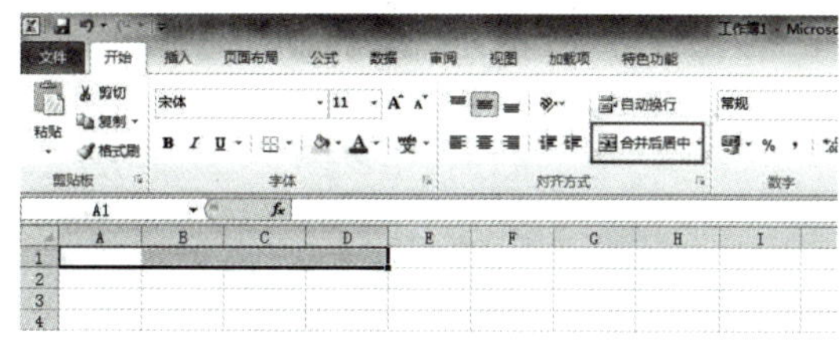

▲ 图5-2-2 选择“合并后居中”

（2）选中需要合并的单元格，单击鼠标右键，选择“设置单元格格式”，如图5-2-3所示。在弹出的“设置单元格格式”对话框中选择“合并单元格”及“居中”的文本对齐方式，如图5-2-4所示。

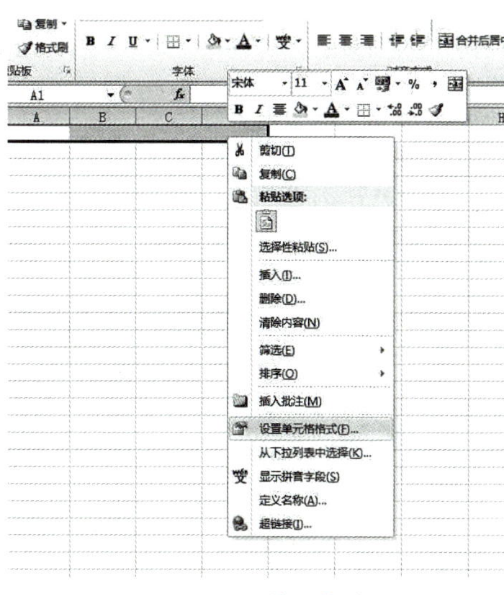

▲ 图5-2-3 设置单元格格式（1）

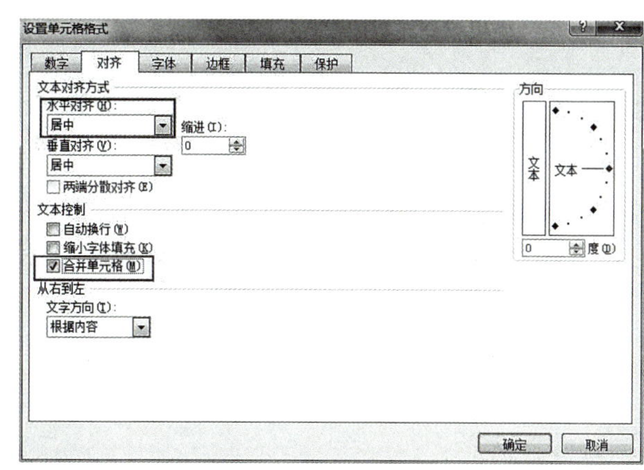

▲ 图5-2-4 选择“合并单元格”和单元格“居中”对齐

（3）选中需要合并的单元格，在功能区中单击“格式”下方的黑色小三角形，选择“设置单元格格式”，如图5-2-5所示，弹出“设置单元格格式”对话框。接下来的操作同上一个方法。

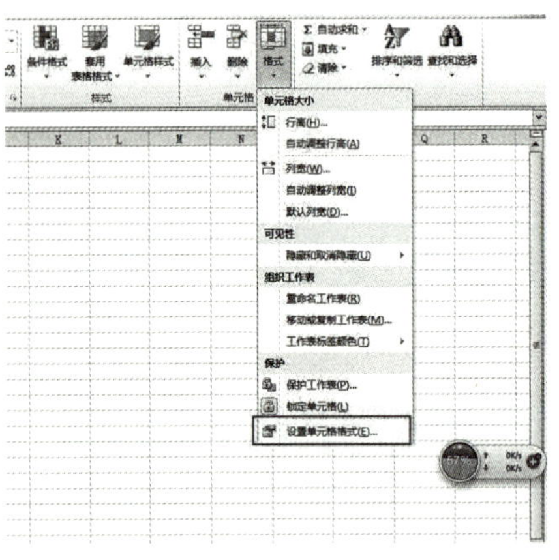

▲ 图5-2-5 设置单元格格式（2）

练一练

1. 打开配套教学素材“lx.xlsx”。
2. 在第一行之前插入一行，在A1单元格中输入标题“各城市参赛歌手名单”，给A1:N1单元格设置“合并及居中”。
3. 保存文件。

知识点2：字体、字号、颜色的设置

（1）选中需要设置的单元格，在功能区进行相应设置，如图5-2-6所示。

（2）在“设置单元格格式”对话框中进行设置，如图5-2-7所示。

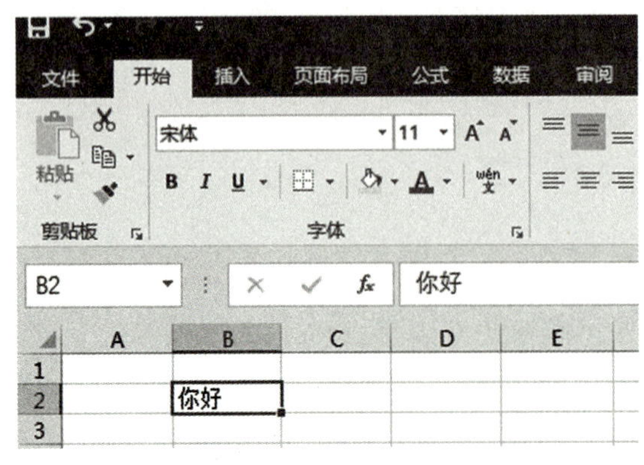

▲ 图5-2-6 在功能区进行设置

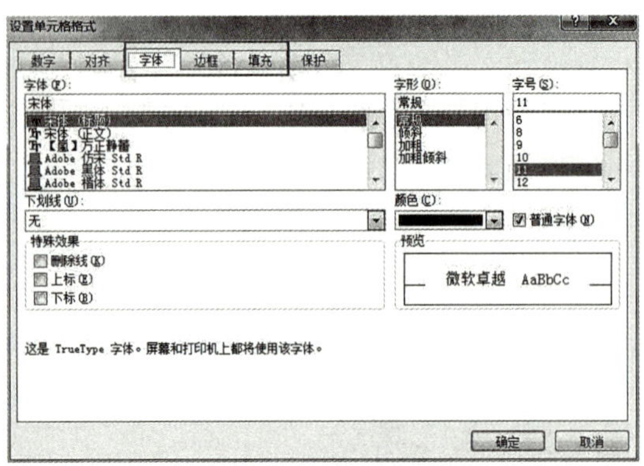

▲ 图5-2-7 在“设置单元格格式”对话框中进行设置

练一练

1. 打开配套教学素材“lx.xlsx”。
2. 将标题文字设置为“16号、红色、加粗、楷体”。
3. 保存文件。

知识点3：表格行高、列宽的设置

在功能区中单击“格式”下方的黑色小三角形，选择“行高”，即弹出“行高”对话框，在其中设置行高，如图5-2-8所示。“列宽”的设置方法类似。

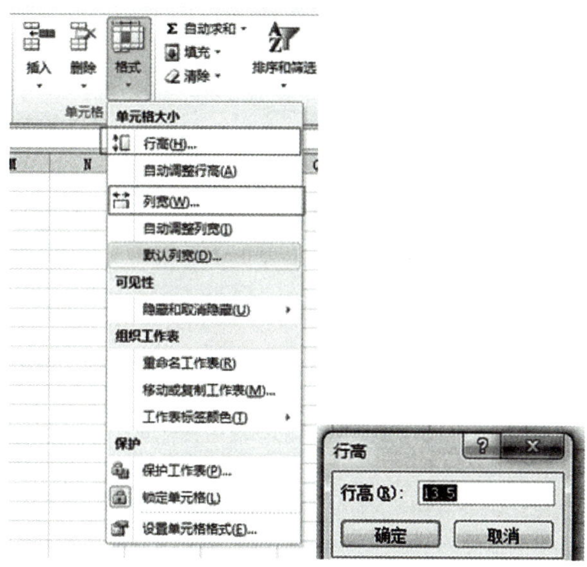

▲ 图5-2-8 设置行高

练一练

1. 打开配套教学素材“lx.xlsx”。
2. 将第一行行高设置为“28”，第一列列宽设置为“最适合列宽”。
3. 保存文件。

知识点4：添加背景图片

打开 Excel 2016，单击“页面布局”选项，然后在“页面设置”组中选择“背景”，弹出“工作表背景”对话框。从电脑中选择合适的图片，单击“插入”按钮。返回 Excel 表格，可以发现 Excel 表格的背景变成了刚刚设置的图片。如果要取消，单击“删除背景”按钮即可。

练一练

1. 打开配套教学素材“lx.xlsx”。
2. 设置背景为图片库中的“郁金香.jpg”。
3. 保存文件。

知识点5：边框的设置

（1）在“开始”功能区的“字体”分组中，单击“下框线”右侧的下拉三角按钮⊞▾，根据实际需要在边框列表中选中合适的边框类型即可，如图5-2-9 所示。

（2）在“设置单元格格式”对话框中进行边框的设置。

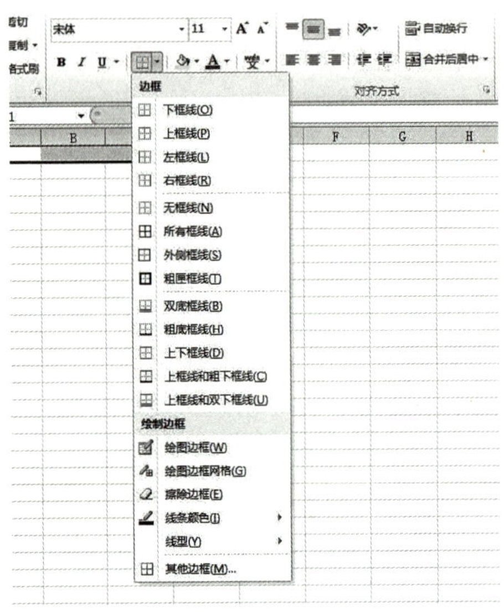

▲ 图4-2-9　在边框列表中设置边框

练一练

1. 打开配套教学素材“lx.xlsx”。
2. 将表格外边框设置为红色，内边框设置为蓝色。
3. 保存文件。

任务实施

1. 启动Excel 2016，自动创建“工作簿.xlsx”文件。
2. 选中Sheet1工作表中的A1单元格，输入“课程表”。

3. 选中A3单元格，输入“时间”，如图5-2-10所示。

4. 选中B3单元格，输入“星期一”，移动鼠标至B3右下角，鼠标变成黑色十字时，向右拖动填充至F3，即填充至“星期五”，如图5-2-11所示。

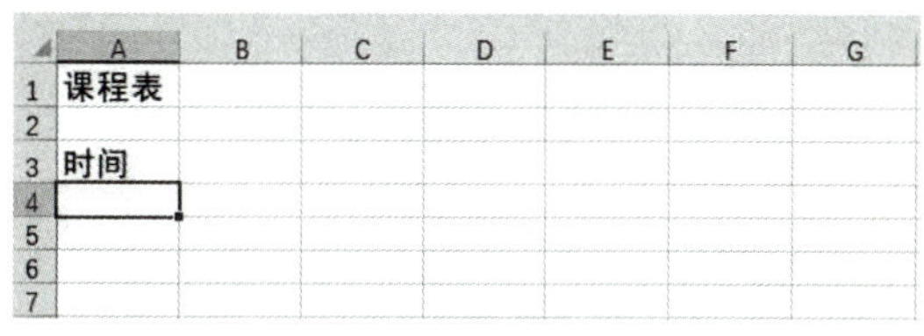

	A	B	C	D	E	F	G
1	课程表						
2							
3	时间						
4							
5							
6							
7							

▲ 图5-2-10 单元格内换行插入文字

	A	B	C	D	E	F	G
1	课程表						
2							
3	时间	星期一	星期二	星期三	星期四	星期五	
4							
5							
6							
7							

▲ 图5-2-11 输入星期

5. 选中A4单元格，输入“上午”，选中A4:A7单元格，选择功能区的“合并后居中”；选中A9单元格，输入“下午”，选中A9:A11单元格，选择功能区的“合并后居中”，如图5-2-12所示。

6. 选中B4单元格，输入“语文”并按【Ctrl+C】组合键复制，按住【Ctrl】键依次选中C5、D4、E5、F4，再按【Ctrl+V】组合键粘贴，如图5-2-13所示。

	A	B	C	D	E	F
1	课程表					
2						
3	时间	星期一	星期二	星期三	星期四	星期五
4–7	上午					
8						
9–11	下午					

▲ 图5-2-12 输入时间

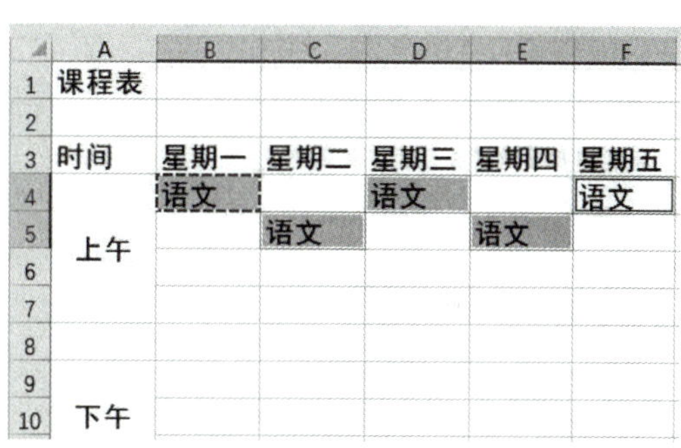

	A	B	C	D	E	F
1	课程表					
2						
3	时间	星期一	星期二	星期三	星期四	星期五
4	上午	语文		语文		语文
5			语文		语文	
6						
7						
8						
9						
10	下午					

▲ 图5-2-13 输入课程名称（1）

7. 采用单元格复制的方法输入“数学”“英语”，如图5-2-14所示。

8. 选中A8单元格，输入“午休时间”，选中A8:F8单元格，执行“合并后居中”命令，再选中A1:F1单元格，执行“合并后居中”命令，如图5-2-15。

	A	B	C	D	E	F
1	课程表					
2						
3	时间	星期一	星期二	星期三	星期四	星期五
4	上午	语文	数学	语文	数学	语文
5		数学	语文	数学	语文	数学
6		英语	英语	英语	英语	英语
7						
8						
9	下午					
10						
11						

▲ 图5-2-14 输入课程名称（2）

	A	B	C	D	E	F
1	课程表					
2						
3	时间	星期一	星期二	星期三	星期四	星期五
4	上午	语文	数学	语文	数学	语文
5		数学	语文	数学	语文	数学
6		英语	英语	英语	英语	英语
7						
8	午休时间					
9	下午					
10						
11						

▲ 图5-2-15 合并单元格并使文本居中对齐

9. 选中A1单元格，将“课程表”设置为“黑体、16号”。

10. 选中A3:F11单元格，设置外边框为绿色双实线，内边框为绿色细实线，如图5-2-16所示。

11. 将所有单元格设置为水平居中、垂直居中对齐，进行适当调整，如图5-2-17所示。

12. 将文件保存为“课程表.xlsx”。

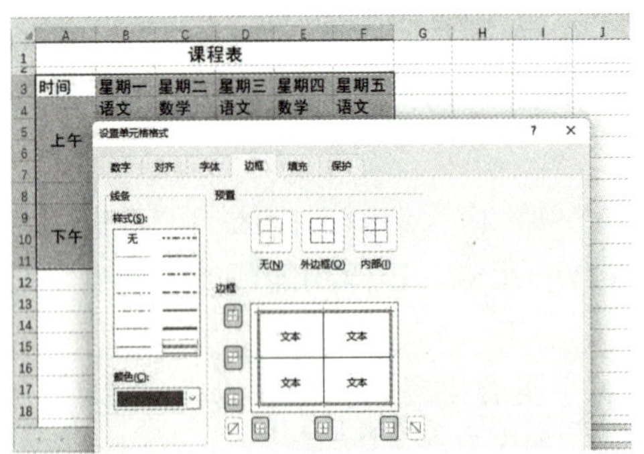

▲ 图5-2-16　为单元格设置内外边框

课程表					
时间	星期一	星期二	星期三	星期四	星期五
上午	语文	数学	语文	数学	语文
	数学	语文	数学	语文	数学
	英语	英语	英语	英语	英语
午休时间					
下午					

▲ 图5-2-17　为单元格设置斜边框

如果你感兴趣，请创建如图5-2-18所示的“各城市参赛歌手名单.xlsx”。

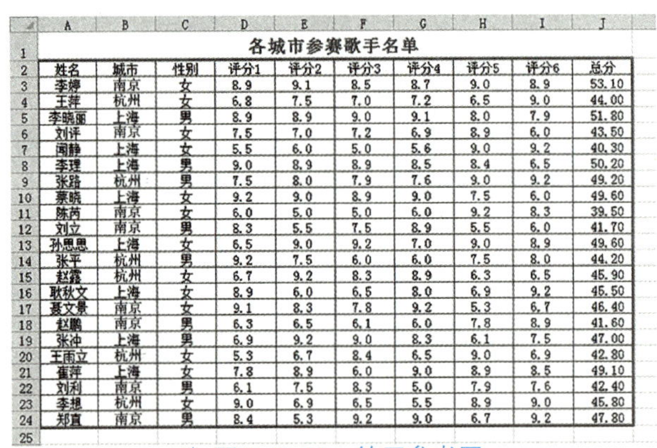

各城市参赛歌手名单

姓名	城市	性别	评分1	评分2	评分3	评分4	评分5	评分6	总分
李婷	南京	女	8.9	9.1	8.5	8.7	9.0	8.9	53.10
王萍	杭州	女	6.8	7.5	7.0	7.2	6.5	9.0	44.00
李晓丽	上海	男	8.9	8.9	9.0	9.1	8.0	7.9	51.80
刘评	南京	女	7.5	7.0	7.2	6.9	8.9	6.0	43.50
闽静	上海	女	5.5	6.0	5.0	5.6	9.0	9.2	40.30
李理	上海	男	9.0	8.9	8.9	8.5	8.4	6.5	50.20
张路	杭州	男	7.5	8.0	7.9	7.6	9.0	9.2	49.20
蔡晓	上海	女	9.2	9.0	8.9	9.0	7.5	6.0	49.60
陈芮	南京	女	6.0	5.0	5.0	6.0	9.2	8.3	39.50
刘立	南京	男	8.3	5.5	7.5	8.9	5.5	6.0	41.70
孙思思	上海	女	6.5	9.0	9.2	7.0	9.0	8.9	49.60
张平	杭州	男	9.2	7.5	6.0	6.0	7.5	8.0	44.20
赵露	杭州	女	6.7	9.2	8.3	8.9	6.3	6.5	45.90
耿秋文	上海	女	8.9	6.0	6.5	8.0	6.9	9.2	45.50
聂文景	南京	女	9.1	8.3	7.8	9.2	5.3	6.7	46.40
赵鹏	南京	男	6.3	6.5	6.1	6.0	7.8	8.9	41.60
张冲	上海	男	6.9	9.2	9.0	8.3	6.1	7.5	47.00
王雨立	杭州	女	5.3	6.7	8.4	6.5	9.0	6.9	42.80
崔萍	上海	女	7.8	8.9	6.0	9.0	8.9	8.5	49.10
刘利	南京	男	6.1	7.5	8.3	5.0	7.9	7.6	42.40
李想	杭州	女	9.0	6.9	6.5	5.5	8.9	9.0	45.80
郑直	南京	男	8.4	5.3	9.2	9.0	6.7	9.2	47.80

▲ 图5-2-18　练习参考图

任务评价

表5-2-1　任务评价表

任务完成情况	自我评价	小组评价
表格内容的输入	□完成　□待完善　原因：	☆☆☆☆☆
单元格合并操作	□完成　□待完善　原因：	☆☆☆☆☆
边框的设置	□完成　□待完善　原因：	☆☆☆☆☆
按要求保存文件	□完成　□待完善　原因：	☆☆☆☆☆

拓展提高

WPS表格的智能分列功能

WPS表格的智能分列功能可以智能识别单元格内容进行分列。该功能也支持手动设置分列条件（分隔符号、文本类型、关键字和固定宽度）进行分列。

操作步骤：

选中目标区域→【数据】选项卡→【分列】下拉按钮→【智能分列】命令→【智能分列结果】对话框→（手动设置分列）→【下一步】按钮→设置列数据类型→【完成】按钮。

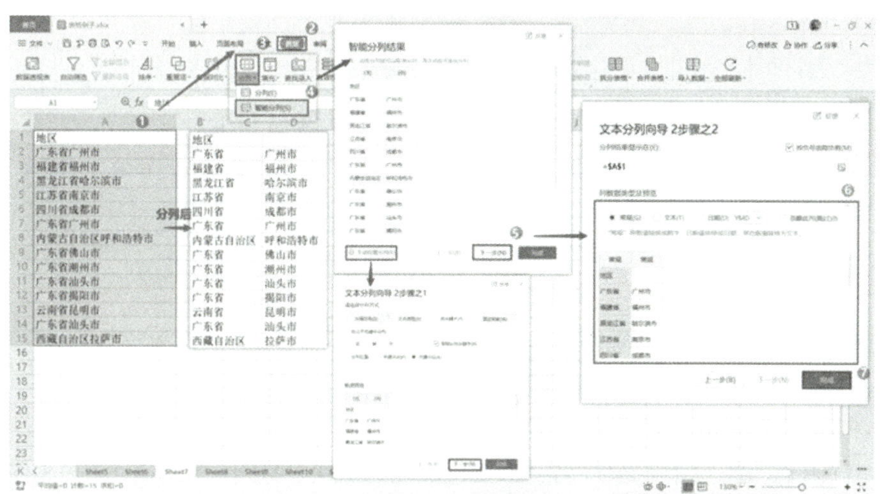

▲ 图5-2-19　智能分列

任务三　电子表格的公式与函数

任务描述

学校一年一度的技能节比赛圆满结束，经过不同项目理论、实操、模拟三个阶段的紧张比拼，参赛学生的技能成绩已经评比出结果了，请你协助老师制作单项目成绩表和班级总成绩汇总表，效果如图5-3-1和图5-3-2所示。在单项目成绩表中，要计算每个项目的总成绩，其计算公式是：理论成绩×30%+实操成绩×30%+模拟成绩×40%。在班级总成绩汇总表中，要计算出学生各项目成绩的总分和平均分，再根据平均分计算出该学生的技能成绩等次。技能成绩等次的计算方法为：各项目平均分大于等于85，等次为一等奖；各项目平均分大于等于75并小于85分的，等次为二等奖；各项目成绩平均分小于75分的，等次为三等奖。

单项目成绩表						
2021-2022学年第二学期			科目：钳工实训		班级：19机电一体化技术3班	
序号	学号	姓名	理论成绩	实操成绩	模拟成绩	总评成绩
1	19jd07118	曹某某	75	63	74	
2	19jd07119	陈某某	89	76	70	
3	19jd07120	伏某某	67	71	60	
4	19jd07121	胡某某	90	84	86	
5	19jd07122	贾　某	70	60	78	
6	19jd07123	江某某	85	73	85	
7	19jd07124	金　某	75	75	60	
8	19jd07125	梁某某	75	85	70	
9	19jd07126	钱某某	80	79	80	
10	19jd07127	乔　某	100	80	82	
11	19jd07128	孙某某	85	78	83	
12	19jd07129	孙某某	75	80	60	
13	19jd07130	孙某某	72	63	64	
14	19jd07131	王　某	80	71	85	
15	19jd07132	王某某	60	82	64	
16	19jd07133	韦某某	80	60	80	
17	19jd07134	吴某某	65	61	62	
18	19jd07135	许　某	100	77	90	
19	19jd07136	袁某某	70	88	61	
20	19jd07137	张　某	75	61	63	
21	19jd07138	张某某	70	83	88	
22	19jd07139	张某某	95	80	72	
23	19jd07140	张某某	65	60	65	
24	19jd07141	张　某	75	72	67	
25	19jd07142	朱某某	80	73	81	

▲图5-3-1　单项目成绩表

班级总成绩汇总表									
	2021—2022学年第二学期			技能节总成绩			班级：19机电一体化技术3班		
序号	姓名	项目					总分	均分	等次
		钳工	制图	电工	车工	PLC编程			
1	曹某某	71	82.2	74	62.2	69			
2	陈某某	77.5	73.6	60	89	75			
3	伏某某	65.4	83.6	97.6	60	81			
4	胡某某	86.6	95.6	95.2	86.6	90.8			
5	贾　某	70.2	75.7	69	70.2	73			
6	江某某	81.4	60.8	79.2	81.4	89.8			
7	金　某	69	79.8	72	69	71			
8	梁某某	76	62.3	89.2	65.5	81			
9	钱某某	79.7	61.7	68	80	66			
10	乔　某	86.8	80.4	94.4	86.8	91.5			
11	孙某某	82.1	78.2	97.6	82.1	80.5			
12	孙某某	70.5	81	72	61.5	84.5			
13	孙某某	66.1	78	84	66.1	80.5			
14	王　某	79.3	89	90	88.3	71			
15	王某某	68.2	83	61	89.2	88			
16	韦某某	74	88.9	74	74	75			
17	吴某某	62.6	69.9	93	62.6	83			
18	许　某	89.1	92.2	82.8	89.1	75.2			
19	袁某某	71.8	60.9	60	60.4	92			
20	张　某	66	83.7	72	66	78			
21	张某某	81.1	93.7	72	89.2	83			
22	张某某	81.3	74.6	72	81.3	83.8			
23	张某某	63.5	73.3	94	63.5	77			
24	张　某	70.9	79.4	95.2	70.9	80.5			
25	朱某某	78.3	88.9	97.6	78.3	75			

▲图5-3-2　班级总成绩汇总表

学习目标

1. 理解公式的结构，能创建正确的公式。

2. 理解相对地址和绝对地址，掌握单元格地址的引用。

3. 理解公式的复制和使用，掌握如何运用公式进行数据处理。

4. 理解函数的构成，掌握SUM、AVERAGE、MAX、MIN、RANK、IF、COUNTIF、VLOOKUP等常用函数的使用方法。

5. 能够根据实际情况，灵活使用公式和函数进行数据处理。

6. 提高个人信息安全防护意识，对个人信息、敏感信息养成良好的信息安全防护习惯。

知识储备

知识点1：手动输入公式

1. Excel 2016的公式

Excel 公式是对工作表中数值执行计算的等式，公式以“=”开头。“=”后面由4种元素组成：运算符、单元格引用、数值或文本、函数。公式中一律使用小括号，小括号可以有多层嵌套，与数学中的运算顺序相同。

2. Excel 2016的运算符

运算符的作用是对公式中的各元素进行运算操作。Excel 2016的运算符有算术运算符、比较运算符、文本运算符、引用运算符。

（1）算术运算符：算术运算符用来完成基本的数学运算，如加法、减法和乘法。算术运算符有+（加）、–（减）、*（乘）、/（除）、%（百分比）、^（乘方）。

（2）比较运算符：比较运算符用来对两个数值进行比较，产生的结果为逻辑值TRUE（真）或 FALSE（假）。比较运算符有=（等于）、>（大于）、>=（大于或等于）、<=（小于或等于）、<>（不等于）。

（3）文本运算符：文本运算符“&”用来将一个或多个文本连接成为一个组合文本。例如，“Micro”&“soft”的结果为“Microsoft”。

（4）引用运算符：引用运算符用来标示引用的单元格区域合并运算。

区域（英文冒号）：表示对两个引用之间、包括两个引用在内的所有区域的单元格进行引用，例如，SUM(B1:D5)。

联合（英文逗号）：表示将多个引用合并为一个引用，例如，SUM(B5，B15，D5，D15)。

3. 运算顺序

公式中同时用到了多个运算符，Excel 2016将按下面的顺序进行运算：

（1）公式中运算符的顺序从高到低依次为：冒号、逗号、空格、负号、百分比号、乘幂号、乘号和除号、加号和减号、连接符、比较运算符。

（2）公式中包含了相同优先级的运算符，比如，公式中同时包含了乘法和除法运算符，Excel 2016将从左到右进行计算。

要修改计算的顺序，应把公式需要首先计算的部分括在圆括号内。

举例：单项目总评成绩的计算。

① 打开配套教学素材“单项目成绩表.xlsx”中的工作表“钳工项目成绩表”。

② 准备计算第一位同学的总评成绩，计算方法是“总评成绩=理论成绩×30%+实操成绩×30%+模拟成绩×40%”。我们先点选第一位同学总评成绩所对应的G4单元格，在其中输入“=D4*0.3+E4*0.3+F4*0.4”，如图5-3-3所示。注意，在输入单元格地址“D4”“E4”“F4”时，我们可以用点选该单元格的方式输入地址，这样可以有效避免差错的出现。

SUM × ✓ fx =D4*0.3+E4*0.3+F4*0.4

	A	B	C	D	E	F	G
1	单项目成绩表						
2	2021—2022学年第二学期			科目：钳工实训		班级：19机电一体化技术3班	
3	序号	学号	姓名	理论成绩	实操成绩	模拟成绩	总评成绩
4	1	19jd07118	曹某某	75	63	74	=D4*0.3+E4*0.3+F4*0.4
5	2	19jd07119	陈某某	89	76	70	
6	3	19jd07120	伏某某	67	71	60	
7	4	19jd07121	胡某某	90	84	86	
8	5	19jd07122	贾　某	70	60	78	

▲ 图5-3-3　手动输入公式

练一练

1. 在输入公式中的引用数值时，不是直接输入数值，而是输入数值所在的单元格地址，这样做有什么好处吗？直接输入数值可以吗？
2. 使用刚才的方法，再计算其余同学的总评成绩。

知识点2：公式的复制

为了提高输入的效率，Excel 2016 还可以对单元格中输入的公式进行复制。公式复制的方法有两种：

（1）使用“复制”和“粘贴”命令，或按下【Ctrl+C】和【Ctrl+V】组合键。

（2）自动填充。还记得之前学过的自动填充功能吗？公式的复制也可以使用自动填充功能实现。

举例：用自动填充功能完成公式的复制。

① 打开“单项目成绩表”，选择“钳工项目成绩表”工作表。

② 在G4单元格输入总评成绩的计算公示，单击“输入”按钮或按回车键。

③ 选定已经输入公式的G4单元格，将鼠标移动至该单元格右下角，当鼠标变成黑色十字的时候，点住鼠标左键向下拖动，如图5-3-4所示，G4单元格中的公式被复制到了其他单元格中。

G4　=D4*0.3+E4*0.3+F4*0.4

	A	B	C	D	E	F	G
1	单项目成绩表						
2	2021—2022学年第二学期			科目：钳工实训		班级：19机电一体化技术3班	
3	序号	学号	姓名	理论成绩	实操成绩	模拟成绩	总评成绩
4	1	19jd07118	曹某某	75	63	74	71
5	2	19jd07119	陈某某	89	76	70	77.5
6	3	19jd07120	伏某某	67	71	60	65.4
7	4	19jd07121	胡某某	90	84	86	86.6
8	5	19jd07122	贾　某	70	60	78	70.2
9	6	19jd07123	江某某	85	73	85	81.4
10	7	19jd07124	金　某	75	75	60	69
11	8	19jd07125	梁某某	75	85	70	76
12	9	19jd07126	钱某某	80	79	80	79.7
13	10	19jd07127	乔　某	100	80	82	86.8
14	11	19jd07128	孙某某	85	78	83	82.1
15	12	19jd07129	孙某某	75	80	60	70.5
16	13	19jd07130	孙某某	72	63	64	66.1
17	14	19jd07131	王　某	80	71	85	79.3
18	15	19jd07132	王某某	60	82	64	68.2
19	16	19jd07133	韦某某	80	60	80	
20	17	19jd07134	吴某某	65	61	62	

▲ 图5-3-4　公式的自动填充

练一练

1. 在G4单元格中输入的公式是“=D4*0.3+E4*0.3+F4*0.4”，这个公式复制到G5单元格中还能计算出正确的结果吗？
2. 自动填充公式以后，点选一个复制的公式，观察后回答：公式还是原来的公式吗？结合复制的原单元格地址和目的单元格地址，想一想为什么。

知识点3：单元格地址的引用

Excel 2016 的单元格地址引用有三种方式，分别为相对引用、绝对引用和混合引用。

1. 相对引用

就是直接使用单元格地址的方式，这种方式在输入公式时用得最多。例如，直接在公式中使用“A1”“C5”“F9”等。这种地址在被引用以后，当公式被复制，公式中的地址就会发生相应的变化。变化是如何进行的呢？要首先了解相对地址中“相对”的含义。

例如，在C3单元格中输入了公式“=A2+B3”，这时候公式里的相对地址所相对的对象就是“C3”，也就是公式所在单元格的地址。现在把这个公式复制到D5单元格，可以看到公式所在的单元格地址由“C3”变化为“D5”，也就是相对的对象由“C3”变化为“D5”。这个变化是列标加了1，行号加了2，那么D5单元格公式里的所有相对地址都会发生相应的变化，即列标加1，行号加2，也就是D5单元格的公式会变成“=B4+C5”，如图5-3-5和图5-3-6所示。

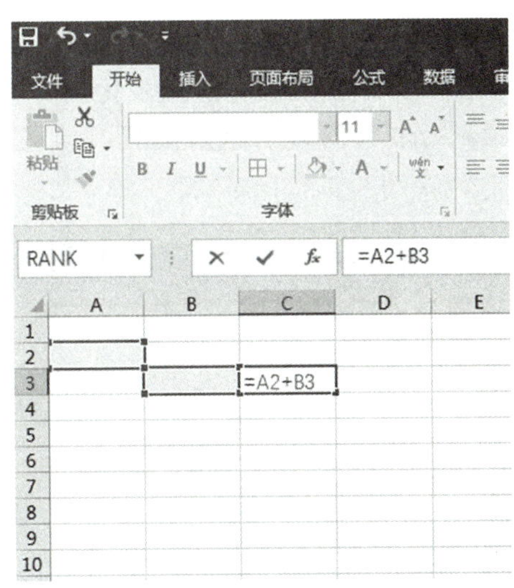

▲ 图5-3-5　复制前的公式

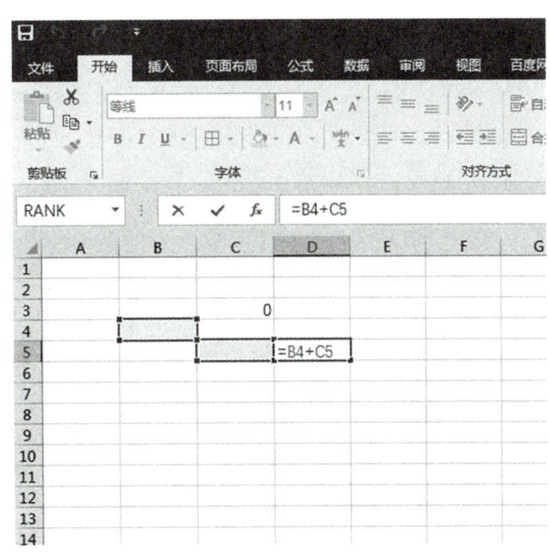

▲ 图5-3-6　公式被复制以后

正是因为有了这个相对地址的引用，所以在单科成绩总评表中，才可以使用自动填充的功能快速地复制公式，完成所有总评成绩的计算。

2. 绝对引用

公式复制的时候单元格的地址也可以不随公式位置的变化而变化，即地址固定不变，这时就要用到绝对地址了。绝对地址的引用，是在相对地址列标和行号的前面加上“$”符号（键盘数字键4的上排键），如“$A$1”“$C$5”“$F$9”等。如果公式中有这种单元格地址，那么无论把公式复制到什么地方，被引用的地址都不会发生任何变化。

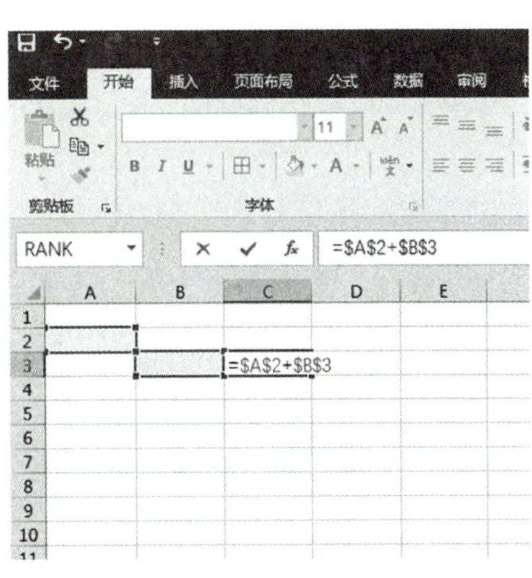

▲ 图5-3-7　复制前的公式

以上面的那个实例为例子，如果公式的地址是绝对引用，将C3单元格中的公式复制到了D5单元格，那么两个单元格中的公式都会是“=$A$2+$B$3”，如图4-3-7和图4-3-8所示。

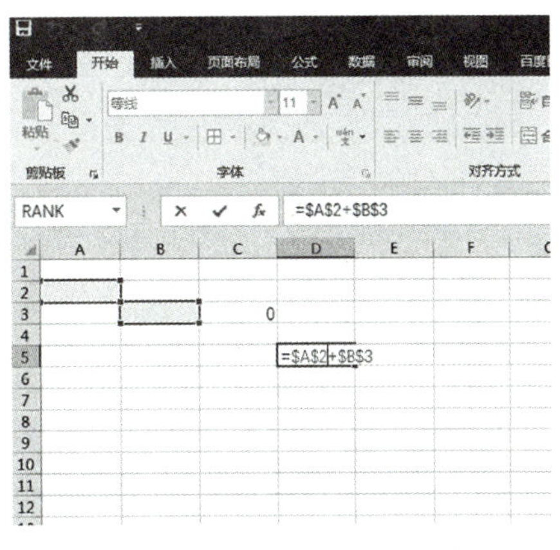

▲ 图5-3-8　复制后的公式

3. 混合引用

混合引用分为列绝对、行相对和列相对、行绝对两种情况。

（1）列绝对、行相对：单元格地址的列标前添加“$”符号，如“$A1”“$C10”“$B1:$B4”，复制公式时，列标不会发生变化，行号会发生变化。

（2）列相对，行绝对：单元格地址的行号前添加“$”符号，如“A$1”“C$10”“B$1:B$4”，复制公式时，行号不会发生变化，列标会发生变化。

还是以上面的那个实例为例子，在C3单元格中输入的公式是“=$A2+B$3”，那么公式复制到D5单元格以后会变成“=$A4+C$3”，如图5-3-9和图5-3-10所示。

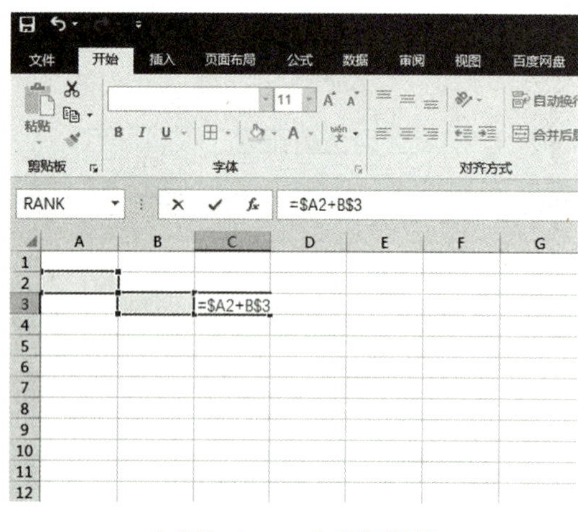

▲ 图5-3-9　公式复制前

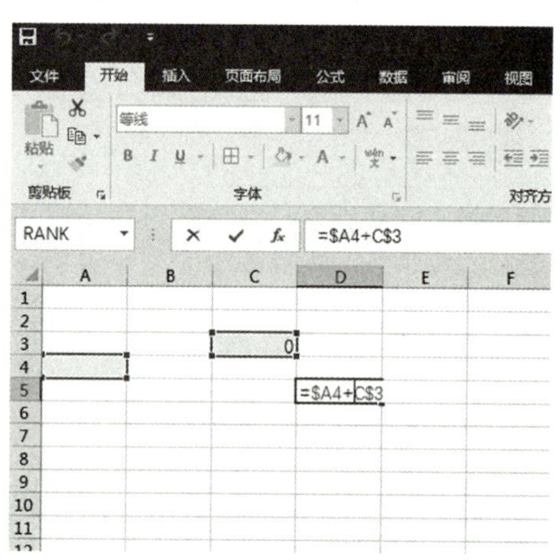

▲ 图5-3-10　公式复制后

小贴士

公式中无论使用何种地址，如果不是进行公式复制，而只是移动公式所在单元格，公式保持不变。

练一练

1. 如果在B4单元格中输入了公式“=A1+B2”，当把这个公式复制到G8单元格中以后，这个公式会发生怎样的变化？如果B4单元格中的公式是“=A$1+$B2”呢？
2. 如果将上面B4单元格中的公式“=A1+B2”复制到了A3单元格中，那么公式会变成什么样？

知识点4：插入函数

公式的输入已经可以为用户的数据统计工作带来很大的便利了，但Excel还提供了一个更便利的工具，那就是函数。Excel函数是一些预先定义好的内置公式，它们使用一些称为参数的特定数值并使其按特定的顺序或结构进行计算。通过使用函数，用户可以在 Excel 中很方便地进行各种数据的运算。Excel 函数一共有12类，分别是数据库函数、日期与时间函数、工程函数、财务函数、信息函数、逻辑函数、查找与引用函数、数学与三角函数、统计函数、文本函数、多维数据集函数以及兼容性函数。

想一想

Excel的数据处理功能在现有的文字处理软件中可以说是独占鳌头，几乎没有什么软件能够与它匹敌。在我们学会了Excel的基本操作后，是不是觉得自己一直局限在Excel的操作界面中，而对于Excel的函数功能却始终停留在求和、求平均值等简单的函数应用上呢？难道Excel只能做这些简单的工作吗？

函数作为 Excel 处理数据的一个最重要手段，功能是十分强大的，在生活和工作实践中可以有多种应用，用户甚至可以用 Excel 来设计复杂的统计管理表格或者小型的数据库系统。

用户可以使用 Excel 所提供的帮助系统学习各种函数的用法。下面简要介绍 Excel 中常用的函数。

1. SUM 函数

SUM函数用来返回某一单元格区域中数字、逻辑值及数字的文本表达式之和。如果参数中有错误值或是不能转换成数字的文本，将会导致错误。

SUM函数的语法：SUM(Number1，[Number2]，[Number3]，...)。

（1）Number为SUM函数的参数，SUM最少要有一个参数，中括号内为可选项。

（2）SUM函数的参数可以是数字、逻辑值、日期、单元格引用、区域引用等。逻辑值“TRUE”和“FALSE”在计算时会分别被换为“1”和“0”。当参数中有不能被转换为数字的字符时，系统会显示“#NAME”，表示公式中包含不可识别的文本。

例如：SUM(4，5，6)等于15。

SUM(3，true)等于4。

SUM(B4:E8)，SUM(A2，D4，F6)。

2. AVERAGE函数

AVERAGE函数用来返回参数的算术平均值。

AVERAGE函数的语法：AVERAGE(Number1，[Number2]，[Number3]，...)。

（1）Number为AVERAGE函数的参数，AVERAGE最少要有一个参数，中括号内为可选项。

（2）AVERAGE函数的参数可以是数字、逻辑值、日期、单元格引用、区域引用等。逻辑值“TRUE”和“FALSE”在计算时会分别被换为“1”和“0”。

例如：AVERAGE(3，4，5)等于4。

AVERAGE(8，false，1)等于3。

AVERAGE(B5:D6)，AVERAGE(A1，B4，F3，G6)。

3. COUNT函数

计算参数区域中包含数字的单元格的个数。

COUNT函数的语法：COUNT(Value1，Value2，...)。

（1）参数Value是包含或引用各种类型数据的参数，只有数字类型的数据才被计数。

（2）COUNT函数在计数时，将把数值型的数字、逻辑值计算进去，错误值、空值、文字则被忽略。

例如：COUNT(32，FF，FALSE)等于2。

COUNT(B5:D6)，COUNT(A1，B4，F3，G6)。

4. IF函数

IF函数用来根据指定的条件判断“真”（TRUE）、“假”（FALSE），根据逻辑计算的真假值，从而返回相应的内容。可以使用 IF 函数对数值和公式进行条件检测。

IF函数的语法：IF (Logical_test，Value_if_true，Value_if_false)

（1）Logical_test是用来判断真假的逻辑表达式，如“D4>=0”，“A1<>B3”。

（2）Value_if_true是当逻辑表达式的值为“真”时函数显示的结果。

（3）Value_if_false是当逻辑表达式的值为“假”时函数显示的结果。

例如：IF(D4>=0，"正数"，"负数")，当D4单元格里的数值为“5”时，显示结果“正数”，当D4单元格里的数值为“-4”时，显示结果 “负数”。

5. RANK函数

RANK函数用来求某一个数值在某一区域内的排名。

RANK函数的语法：RANK(Number，Ref，[Order])。

（1）Number为排名区域中的一个数值或单元格地址引用。

（2）Ref指排名区域。

（3）Order为“0”或“1”，指排名顺序。如此项缺省，默认为“0”，意为降序排序；当此项为“1”时，意为升序排序。

例如：

① A列从A1单元格起，依次有数据80、98、65、79、65，在B1单元格中编辑公式RANK(A1，$A$1:$A$5，0)，按回车键确认后，向下复制公式到B5单元格，结果显示：从B1单元格起返回值依次为2、1、4、3、4。

② 同以上的条件和操作，但B1单元格中的公式为RANK(A1，$A$1:$A$5，1)，则从B1单元格起返回值依次为4、5、1、3、1。

6. ROUND函数

ROUND函数返回一个数值，该数值是按照指定的小数位数进行四舍五入运算的结果。

ROUND函数的语法：ROUND(Number，Digits)。

（1）Number是一个数值或单元格地址的引用。

（2）Digits为小数点后保留的位数。

例如：ROUND(3.1415926，3)等于3.142。

7. SUMIF函数

SUMIF函数是根据指定条件对若干单元格、区域或引用求和。

SUMIF函数的语法：SUMIF(Range，Criteria，Sum_range)。

（1）Range为条件区域，用于条件判断的单元格区域。

（2）Criteria是求和条件，是由数字、逻辑表达式等组成的判定条件。

（3）Sum_range 为实际求和区域，是需要求和的单元格、区域或引用。

例如：参考图5-3-11，求报表中办公软件流量的总和。

F2 fx {=SUMIF(B2:B19,E2,C2:C19)}

	A	B	C	D	E	F
1	日期	栏目	流量		栏目	总流量
2	2021年4月1日	办公软件	486		办公软件	3482
3	2021年4月2日	网站运营	466		网站运营	4636
4	2021年4月3日	工具软件	511		电脑医院	3440
5	2021年4月4日	电脑医院	503		工具软件	511
6	2021年4月5日	办公软件	388		网络安全	556
7	2021年5月6日	办公软件	302			
8	2021年5月7日	网络安全	556			
9	2021年5月8日	网站运营	598			
10	2021年5月9日	办公软件	674			
11	2021年5月10日	网站运营	569			
12	2021年5月11日	电脑医院	986			
13	2021年5月12日	办公软件	957			
14	2021年6月13日	网站运营	1087			
15	2021年6月14日	电脑医院	791			
16	2021年6月15日	网站运营	721			
17	2021年6月16日	办公软件	675			
18	2021年6月17日	网站运营	1195			
19	2021年6月18日	电脑医院	1160			

▲ 图5-3-11 流量报表

选中F2单元格，输入公式“=SUMIF(B2:B19，E2，C2:C19)”，输入公式完成后，直接按回车键，就可以统计出办公软件栏目的总流量。

8. COUNTIF函数

COUNTIF函数用来对指定区域中符合指定条件的单元格计数。

COUNTIF函数的语法：COUNTIF(Range，Criteria)。

（1）Range为要计算其中非空单元格数目的区域。

（2）Criteria 是以数字、表达式或文本形式定义的条件。

例如：求真空单元格个数：COUNTIF(数据区，"=")。

求非真空单元格个数：COUNTIF(数据区，"<>")。

逻辑值为TRUE的单元格数量：COUNTIF(数据区，TRUE)。

COUNTIF函数的用法比较多，具体可以参看：

http://baike.baidu.com/item/countif%E5%87%BD%E6%95%B0?sefr=cr

9. MAX函数

MAX函数用来在所有参数中返回一个最大值。

MAX函数的语法：MAX(Number1，Number2，Number3，...)。

MAX函数的参数可以是数值、单元格引用和区域引用。

例如：如果 A1:A5 包含数字 10、7、9、27 和 2，则：

MAX(A1:A5)等于 27，MAX(A1:A5，30)等于 30。

10. MIN函数

MIN函数用来在所有参数中返回一个最小值。

MIN函数的语法：MIN(Number1，Number2，Number3，...)。

MIN函数的参数可以是数值、单元格引用和区域引用。

例如：如果 A1:A5 包含数字 10、7、9、27 和 2，则：

MIN(A1:A5)等于 2，MIN(A1:A5，30) 等于 2。

练一练

1. 打开Excel 2016动手操作并比较，SUM函数和SUMIF函数有什么区别？
2. 使用RANK函数进行排序，操作后思考：该排序方法与在Word 中所做的排序有什么不同吗？

任务实施

子任务一：在班级成绩汇总表中完成总分和平均分的计算

1. 打开配套教学素材“班级成绩汇总表.xlsx”，选择“班级总评成绩汇总表”工作表。

2. 选择H5单元格后，在窗口左上角打开“公式”菜单，单击插入函数按钮“*fx*”，打开“插入函数”对话框，如图5-3-12所示。

3. 在“插入函数”对话框的“选择函数”列表框中，选择SUM函数，打开“函数参数”对话框，如图5-3-13所示。

▲ 图5-3-12 “插入函数”对话框

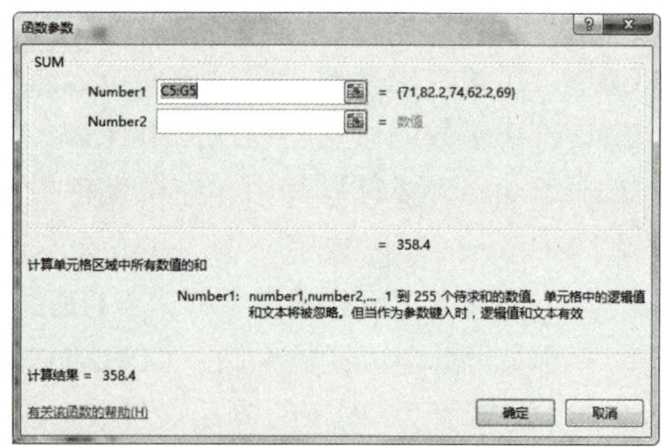

▲ 图5-3-13 “函数参数”对话框

4. 在Number1的输入框中选择单元格区域C5:G5，单击“确定”按钮，一位同学的总分计算完成。

5. 使用自动填充功能，完成其余同学的总分计算。

6. 平均分的计算和总分计算操作类似。计算结束后结果如图5-3-14所示。

班级总成绩汇总表

2021—2022学年第二学期				技能节总成绩			班级：19机电一体化技术3班		
序号	姓名	项目					总分	均分	等次
		钳工	制图	电工	车工	PLC编程			
1	曹某某	71	82.2	74	62.2	69	358.4	71.68	
2	陈某某	77.5	73.6	60	89	75	375.1	75.02	
3	伏某某	65.4	83.6	97.6	60	81	387.6	77.52	
4	胡某某	86.6	95.6	95.2	86.6	90.8	454.8	90.96	
5	贾某	70.2	75.7	69	70.2	73	358.1	71.62	
6	江某某	81.4	60.8	79.2	81.4	89.8	392.6	78.52	
7	金某	69	79.8	72	69	71	360.8	72.16	
8	梁某某	76	62.3	89.2	65.5	81	374	74.8	
9	钱某某	79.7	61.7	68	80	66	355.4	71.08	
10	乔某	86.8	80.4	94.4	86.8	91.5	439.9	87.98	
11	孙某某	82.1	78.2	97.6	82.1	80.5	420.5	84.1	
12	孙某某	70.5	81	72	61.5	84.5	369.5	73.9	
13	孙某某	66.1	78	84	66.1	80.5	374.7	74.94	
14	王某	79.3	89	90	88.3	71	417.6	83.52	
15	王某某	68.2	83	61	89.2	88	389.4	77.88	
16	韦某某	74	88.9	74	74	75	385.9	77.18	
17	吴某某	62.6	69.9	93	62.6	83	371.1	74.22	
18	许某	89.1	92.2	82.8	89.1	75.2	428.4	85.68	
19	袁某某	71.8	60.9	60	60.4	92	345.1	69.02	
20	张某	66	83.7	72	66	78	365.7	73.14	

班级总成绩汇总表 Sheet2 Sheet3

▲ 图5-3-14 总分和平均分的计算结果

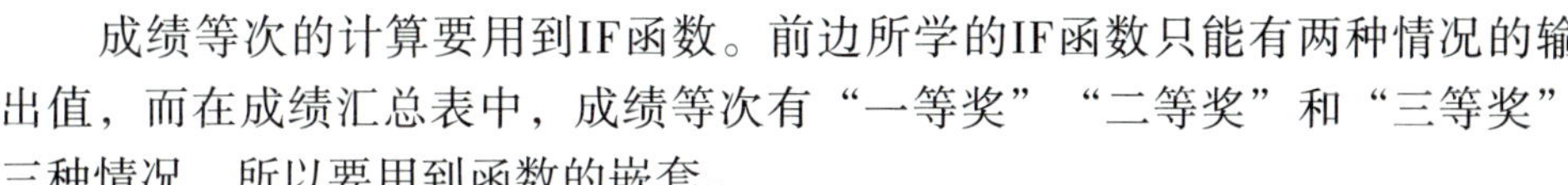

子任务二：在班级成绩汇总表中计算学生成绩的等次

成绩等次的计算要用到IF函数。前边所学的IF函数只能有两种情况的输出值，而在成绩汇总表中，成绩等次有“一等奖”“二等奖”和“三等奖”三种情况，所以要用到函数的嵌套。

1. 在“班级总评成绩汇总表”中选择J5单元格，单击插入函数按钮“*fx*”，打开“插入函数”对话框，然后在“插入函数”对话框的“选择函数”列表框中，选择IF函数，打开“函数参数”对话框。

2. 在“Logical_test”的输入框中输入“I5>=85”。

3. 在“Value_if_true”的输入框中输入“一等奖”。

4. 在“Value_if_false”的输入框中输入“IF（I5<75，“三等奖”，“二等奖”）”，如图5-3-15所示。单击“确定”按钮，完成该同学成绩等次的计算。

5. 使用自动填充功能，完成其余同学成绩等次的计算，如图5-3-16所示。

6. 用其他IF函数的嵌套设置完成成绩等次的计算。

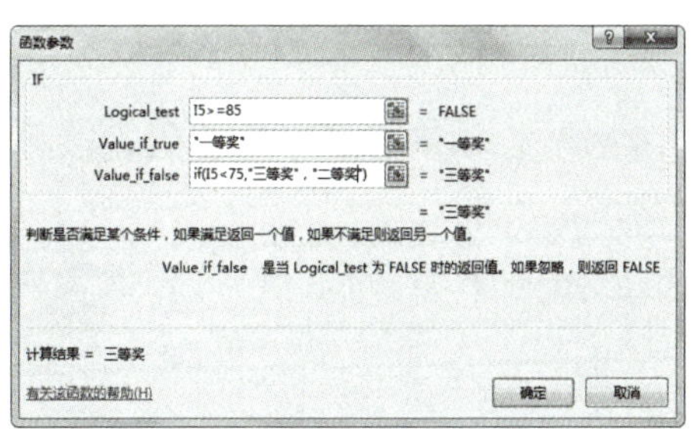

▲ 图5-3-15　IF函数参数的输入

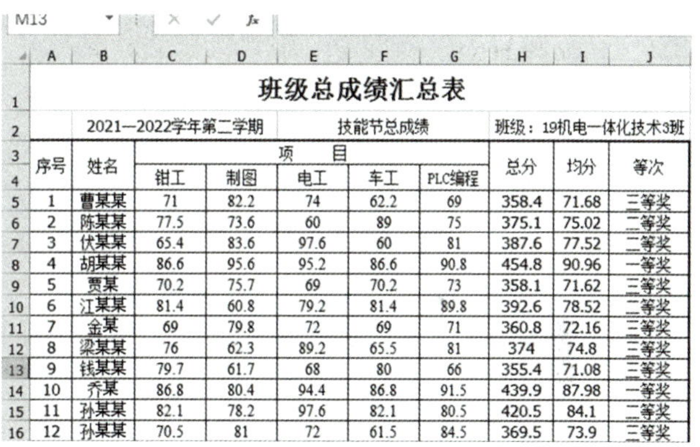

班级总成绩汇总表

2021—2022学年第二学期				技能节总成绩			班级：19机电一体化技术3班		
序号	姓名	项目					总分	均分	等次
		钳工	制图	电工	车工	PLC编程			
1	曹某某	71	82.2	74	62.2	69	358.4	71.68	三等奖
2	陈某某	77.5	73.6	60	89	75	375.1	75.02	二等奖
3	伏某某	65.4	83.6	97.6	60	81	387.6	77.52	二等奖
4	胡某某	86.6	95.6	95.2	86.6	90.8	454.8	90.96	一等奖
5	贾某	70.2	75.7	69	70.2	73	358.1	71.62	三等奖
6	江某某	81.4	60.8	79.2	81.4	89.8	392.6	78.52	二等奖
7	金某	69	79.8	72	69	71	360.8	72.16	三等奖
8	梁某某	76	62.3	89.2	65.5	81	374	74.8	三等奖
9	钱某某	79.7	61.7	68	80	66	355.4	71.08	三等奖
10	乔某	86.8	80.4	94.4	86.8	91.5	439.9	87.98	一等奖
11	孙某某	82.1	78.2	97.6	82.1	80.5	420.5	84.1	二等奖
12	孙某某	70.5	81	72	61.5	84.5	369.5	73.9	三等奖

▲ 图5-3-16　成绩汇总表完成

小贴士

公式和函数中涉及的字母，大小写通用；但是公式和函数中所出现的符号，必须为英文半角符号。

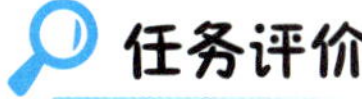

任务评价

表5-3-1　任务评价表

任务完成情况	自我评价	小组评价
总分和平均分的计算	□完成　□待完善　原因：	☆☆☆☆☆
等次的计算	□完成　□待完善　原因：	☆☆☆☆☆

拓展提高

巧用Excel函数计算与身份证相关的年龄、性别、属相等数据

居民身份证是用于证明持有人身份的唯一证件，多由各国或地区政府发行给公民，它是每个人独一无二的公民身份的证明。大量新技术的出现允许身份证包含生物统计学信息于其中，如照片、面部特征、手掌特征、虹膜扫描识别或指纹识别结果。通常出现在身份证上（或数据库中）的信息包括：全名、父母姓名、住址、职业、民族（在多民族国家中）、血型和凝血因子等。这些信息也是各单位的人事和财务人员经常需要处理的数据，可借助Excel函数实现对这些数据的处理。

一、资料准备

1. 身份证号码的输入

在Excel中输入多于11位的数字时，系统会以科学记数法显示。而如果数字多于15位，后面的数字全转换为0，所以不能直接在Excel中输入身份证号。

解决方法：先把相关列设置为文本格式，或输入前先输入单撇（'）再输入身份证号码。

2. 身份证号码的导入

从Word、网页、数据库中复制含身份证信息的表格时，如果将身份证号码直接粘贴到Excel中，超过15位的身份证号码的后3位同样会变成0。

解决方法：同上一个方法，粘贴或导入前把Excel表中存放身份证号码的列设置为文本格式。

3. 身份证号码长度的验证

在输入身份证号码时，数字的个数看起来很费劲。用“数据有效性”可以限定输入的身份证号码必须是18位。

解决方法：选取输入单元格→数据→有效性→允许，在“文本长度”中输入“18”。

4. 公民身份号码编码规则

根据中华人民共和国国家标准 GB 11643-1999《公民身份号码》中的有关规定，公民身份号码是特征组合码，由17位数字本体码和1位数字校验码组成。排列顺序从左至右依次为：6位数字地址码，8位数字出生日期码，3位数字顺序码和1位数字校验码。

二、公式操作

假设A1单元格中是身份证号码，如果要实现以下数据的提取，可以输入给出的函数公式。

1. 提取生日

=--TEXT(MID(A1，7，8)，"0-00-00")

=TEXT(MID(A1，7，INT(LEN(A1)/2-1))，"[>1000000]0-00-00;1900-00-00")

2. 提取年龄

=DATEDIF(--TEXT(MID(A1，7，8)，"0-00-00")，TODAY()，"Y")

3. 提取性别

=IF(MOD(MID(A1，17，1)，2)，"男"，"女")

=TEXT(-1^MID(A1，15，3)，"女;男")

4. 提取属相

=CHOOSE(MOD(MID(A1，7，4)-1900，12)+1，"鼠"，"牛"，"虎"，"兔"，"龙"，"蛇"，"马"，"羊"，"猴"，"鸡"，"狗"，"猪")

任务四　电子表格的数据管理分析

任务描述

某公司以经营宠物用品为主要业务，在上海、北京、重庆、南京和苏州设立五个销售处，现对商品销售情况数据进行分析，具体要求如下：

1. 按“销售处”“产品类别”给数据排序。
2. 筛选“数量>=20、销售额-成本<＝0”的商品。
3. 按“销售处”“产品类别”将数据汇总。
4. 对各“销售处”的销售情况进行合并计算。
5. 创建数据透视表，分析宠物玩具、狗笼、牵引带、犬粮四种产品的月度销售情况。

学习目标

1. 了解数据清单的概念。
2. 理解数据的简单排序与条件排序的概念，掌握条件排序的应用。
3. 掌握数据分类汇总与合并计算的应用。
4. 认识数据透视表在数据分析中作用，掌握数据透视表的应用。
5. 培养数据意识，结合生活案例进行数据统计与分析。

知识储备

知识点1：数据管理

数据管理是指利用计算机硬件和软件技术对数据进行有效的收集、存储、处理和应用的过程。实现有效数据管理的关键是数据组织。

在 Excel 2016 中，一般先设计表格字段列表（表格的列标题），再按字段列表组织数据，每行数据称为一条记录，整个数据区域称为数据清单。Excel 2016 提供了对数据清单执行各种数据管理和分析的功能，包括查询、排序、筛选、分类汇总、数据透视分析等操作。

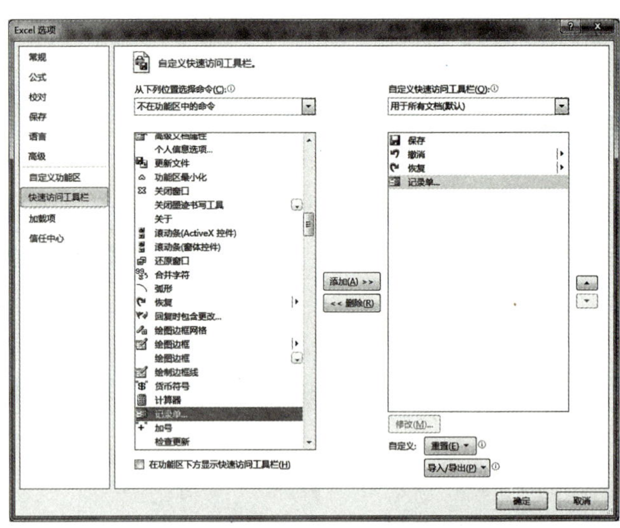

▲ 图5-4-1　添加“记录单”到自定义工具栏

为了对数据清单进行快速编辑，Excel 2016 提供了“记录单”功能，操作步骤如下：

① 打开Excel 2016，点击“文件”菜单下“选项”命令，在对话框中点击“快速访问工具栏”，将“记录单”添加到自定义工具栏中，单击“确定”按钮，如图5-4-1所示。

② 经过上一步操作，在Excel 2016 标题栏上就增加了“记录单”工具。打开配套教学素材“宠物商品销售表.xlsx”，点击工作表“宠物商品表”，选择数据清单中包括列标题的数据，点击标题栏上的“记录单”工具，打开对话框，进行数据的快速编辑，如图5-4-2所示。

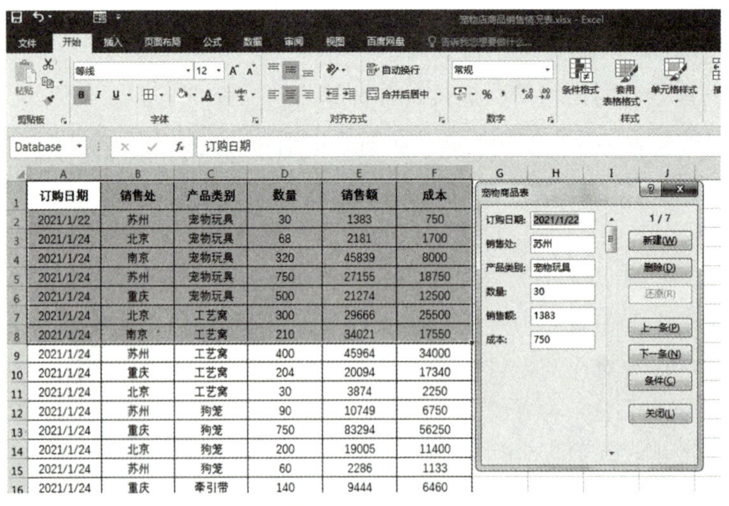

订购日期	销售处	产品类别	数量	销售额	成本
2021/1/22	苏州	宠物玩具	30	1383	750
2021/1/24	北京	宠物玩具	68	2181	1700
2021/1/24	南京	宠物玩具	320	45839	8000
2021/1/24	苏州	宠物玩具	750	27155	18750
2021/1/24	重庆	宠物玩具	500	21274	12500
2021/1/24	北京	工艺窝	300	29666	25500
2021/1/24	南京	工艺窝	210	34021	17550
2021/1/24	苏州	工艺窝	400	45964	34000
2021/1/24	重庆	工艺窝	204	20094	17340
2021/1/24	北京	工艺窝	30	3874	2250
2021/1/24	苏州	狗笼	90	10749	6750
2021/1/24	重庆	狗笼	750	83294	56250
2021/1/24	北京	狗笼	200	19005	11400
2021/1/24	苏州	狗笼	60	2286	1133
2021/1/24	重庆	牵引带	140	9444	6460

▲ 图5-4-2　使用“记录单”进行数据快速编辑

练一练

1. 为 Excel 2016 增加“记录单”快速访问工具。
2. 选择不含列标题行的数据记录，点击“记录单”工具，观察运行情况。

知识点2：数据排序

在进行数据分析时经常会用到数据排序，对数据进行排序有助于快速直观地显示数据、理解数据，有助于组织并查找所需数据。

1. 简单排序

打开工作簿，在数据清单中点击任意单元格，单击“数据”选项卡“排序和筛选”组，执行下列操作：按字母升序排序，单击“升序”按钮；按字母降序排序，单击“降序”按钮，如图5-4-3所示。

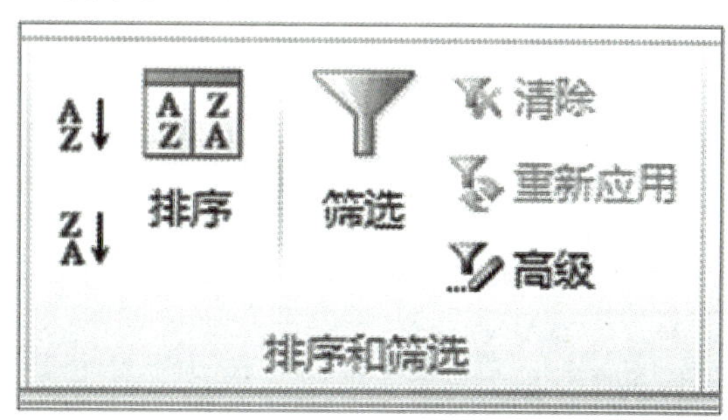

▲ 图5-4-3 简单排序

2. 多条件排序

有时候，对关键字进行排序后，排序结果中有并列记录，这时可使用多条件排序方式对并列记录进一步排序。如在“宠物商品销售表.xlsx”中，“宠物商品表”的原始数据是按“订购日期”进行排序，不能直观显示各销售处、各类商品的销售情况；如果按“销售处”“产品类别”字段进行排序，能够直观反映各销售处、各类商品的销售。操作步骤如下：

① 打开“宠物商品销售表.xlsx”，选中“宠物商品表”全部数据区域（包括列标题）。由于案例提供的记录较多，用鼠标手动选择不方便，应用快捷选择方法：鼠标选择列标题，按【Ctrl+Shift+↓】组合键；或者点击数据区域任一单元格，按【Ctrl+A】组合键，选择全部工作表。

② 在“数据”选项卡的“排序和筛选”组中，单击“排序”，在对话框中“主要关键字”处选“销售处”，“次要关键字”处选“产品类别”，单击“确定”按钮，如图5-4-4所示，观察重排后的数据。

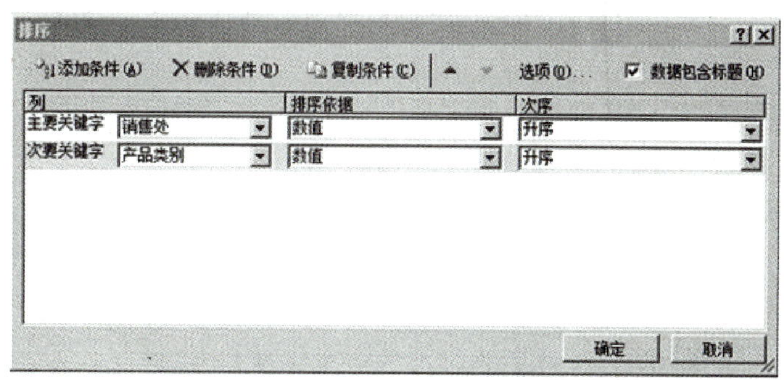

▲ 图5-4-4 多条件排序设置

小贴士 有时需要不改变数据清单中原有记录的位置，对每一条记录中某列数据进行大小排位，并将排名结果加在数据清单中，可以用RANK函数来实现操作。如在“宠物商品销售表.xlsx”中，增加一列销售量排名，在G1单元格中输入“销售量排名”，点击G2单元格，在编辑栏中输入公式“=RANK(D2，$D$2:$D$551，0)”，选择句柄，向下拖动鼠标，根据“数量”列中数据的大小进行排位，如图5-4-5所示。

G2 =RANK(D2, $D$2:$D$551, 0)

A	B	C	D	E	F	G
订购日期	销售处	产品类别	数量	销售额	成本	销售量排名
2021/1/22	苏州	宠物玩具	30	1383.00	750.00	449
2021/1/24	北京	宠物玩具	68	2181.00	1700.00	340
2021/1/24	南京	宠物玩具	320	45839.00	8000.00	83
2021/1/24	苏州	宠物玩具	750	27155.00	18750.00	21
2021/1/24	重庆	宠物玩具	500	21274.00	12500.00	41
2021/1/24	北京	工艺窝	300	29666.00	25500.00	87
2021/1/24	南京	工艺窝	210	34021.00	17850.00	136
2021/1/24	苏州	工艺窝	400	45964.00	34000.00	64
2021/1/24	重庆	工艺窝	204	20094.00	17340.00	138
2021/1/24	北京	狗笼	30	3879.00	2250.00	449
2021/1/24	苏州	狗笼	90	10749.00	6750.00	282
2021/1/24	重庆	狗笼	750	83294.00	56250.00	21
2021/1/24	北京	牵引带	200	19005.00	11400.00	139

▲ 图5-4-5　RANK函数的应用

练一练

1. 打开配套教学素材“宠物商品销售表.xlsx”，点击G1单元格，输入“利润”；点击G2单元格，在编辑栏输入公式“=E2-F2”，计算出利润；鼠标移到G2单元格右下角，当鼠标变成黑色十字时，将句柄向下拖动，计算出全部产品的利润。
2. 按“利润”字段进行排序。

知识点3：数据筛选

筛选是指按一定的条件，从数据清单中提取满足条件的数据，隐藏那些不满足条件的记录。Excel 2016 提供了自动筛选和高级筛选两种方式。

1. 自动筛选

单击数据清单中任意单元格，在“数据”选项卡“排序和筛选”组中，单击“筛选”，再单击列标题中的下拉按钮，从下拉列表中选择要显示的内容。这时出现“筛选”按钮，表示已应用筛选。操作步骤如下：

①打开“宠物商品销售表.xlsx”，单击数据清单中任意单元格，在“数据”选项卡上的“排序和筛选”组中，单击“筛选”。

②单击“销售处”“产品类别”列标题的下拉按钮，从下拉列表中分别选择“北

	A	B	C	D	E	F	G
1	订购日期	销售处	产品类别	数量	销售额	成本	利润
9	2021-8-22	北京	宠物玩具	150	17409.00	1200.00	16209.00
69	2021-11-27	北京	宠物玩具	500	30749.00	12500.00	18249.00
145	2021-10-22	北京	宠物玩具	250	43063.00	6250.00	36813.00
206	2021-9-18	北京	宠物玩具	250	45351.00	3900.00	41451.00
296	2021-7-19	北京	宠物玩具	240	11512.00	600.00	10912.00
340	2021-6-18	北京	宠物玩具	66	5699.00	1650.00	4049.00
395	2021-5-25	北京	宠物玩具	30	3628.00	750.00	2878.00
481	2021-3-21	北京	宠物玩具	18	2401.00	450.00	1951.00
508	2021-2-13	北京	宠物玩具	48	5829.00	1200.00	4629.00
532	2021-1-25	北京	宠物玩具	175	18031.00	9475.00	8556.00
534	2021-1-24	北京	宠物玩具	68	2181.00	1700.00	481.00

▲ 图5-4-6　自动筛选应用

京”和“宠物玩具”。筛选结果如图5-4-6所示。

如果要恢复显示原有数据，取消筛选，再次单击“数据”选项卡中的“筛选”即可。

2. 高级筛选

如果需要筛选的条件比较多，可使用“高级筛选”。使用高级筛选时，首先在工作表中建立一个条件区域，为筛选提供字段名和条件值。操作步骤如下：

① 打开“宠物商品销售表.xlsx”，在数据清单区域外建立一个条件区域，如图5-4-7所示。

② 在“数据”选项卡“排序和筛选”组中，单击“高级”，在“高级筛选”对话框中，为“列表区域”选择全部数据清单中的数据，为“条件区域”选择已建立的条件区域的数据，单击“确定”按钮，如图5-4-8所示。筛选结果如图5-4-9所示。

H	I	J
销售处	产品类别	数量
重庆	服装	>=100
南京	犬粮	>=200

▲ 图5-4-7　为高级筛选设定条件区域

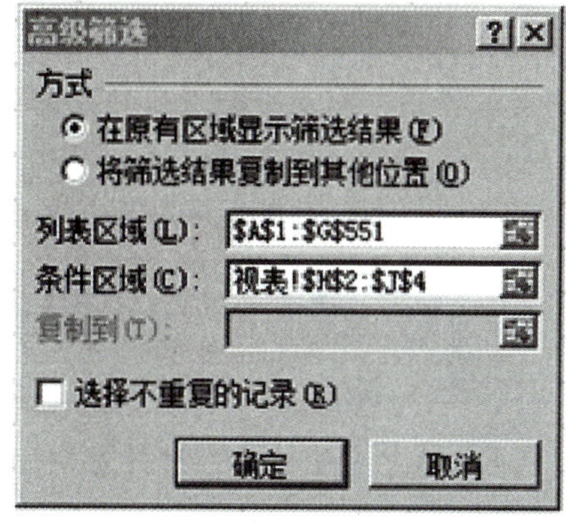

▲ 图5-4-8　“高级筛选”对话框内容设定

	A	B	C	D	E	F	G
1	订购日期	销售处	产品类别	数量	销售额	成本	利润
37	2021-12-12	南京	犬粮	300	36474.00	7200.00	29274.00
73	2021-11-27	南京	犬粮	500	36818.00	12000.00	24818.00
179	2021-10-10	南京	犬粮	400	14428.00	9600.00	4828.00
199	2021-9-24	重庆	服装	150	12374.00	11250.00	1124.00
211	2021-9-18	南京	犬粮	250	27662.00	6000.00	21662.00
254	2021-8-22	南京	犬粮	300	39637.00	7200.00	32437.00
301	2021-7-19	南京	犬粮	1000	122597.00	24000.00	98597.00
381	2021-5-31	重庆	服装	1512	142448.00	113400.00	29048.00

▲ 图5-4-9　使用高级筛选运行的结果

如果要取消高级筛选，在“数据”选项卡“排序和筛选”组中单击“清除”按钮即可。

练一练

打开“宠物商品销售表.xlsx”，分别用“自动筛选”和“高级筛选”对数据清单中的“利润”列进行筛选，显示“利润<=0”的记录。

知识点4：数据分类汇总

分类汇总是指对数据清单中指定字段先排序，再对排序后相同类别的数据汇总。操作步骤如下：

① 打开“宠物商品销售表.xlsx”，点击“产品类别”列标题下任意单元格，单击“数据”选项卡“排序和筛选”组中“升序”按钮或“降序”按钮，对“产品类别”进行排序。

② 点击“分类汇总”，打开对话框，按图5-4-10所示设置“分类汇总”对话框内容，单击“确定”按钮，实现不同产品类别的数据汇总。

如果要取消分类汇总，点击“分类汇总”，单击对话框上“全部删除”按钮即可。

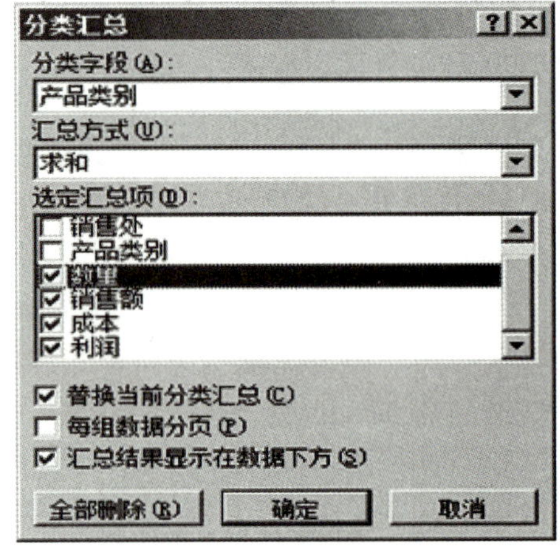

▲ 图5-4-10 “分类汇总”对话框

练一练

打开配套教学素材“宠物商品销售表.xlsx”，对“销售处”字段进行排序，汇总各销售处利润。

知识点5：数据合并计算

合并计算是指对数据清单中同类数据进行合并汇总操作。合并计算也可以汇总多个单独工作表中的数据，将每个单独工作表中的数据合并到一个工作表中。操作步骤如下：

① 打开“宠物商品销售表.xlsx”，在“数据”选项卡“数据工具”组中，单击“合并计算”按钮，弹出“合并计算”对话框，如图5-4-11所示。

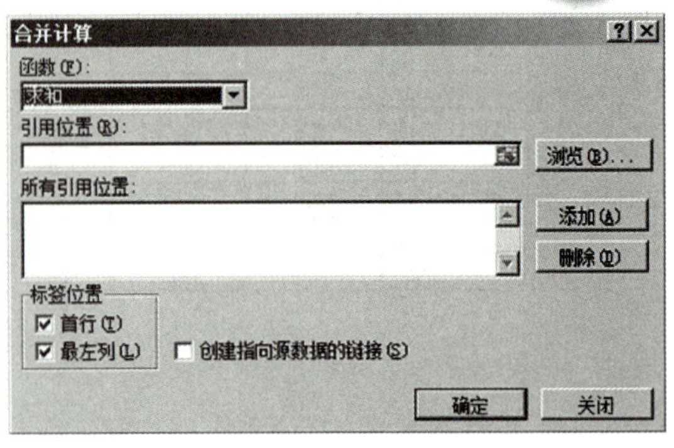

▲ 图5-4-11 “合并计算”对话框

② 在“合并计算”对话框中，在“函数”下拉列表中选“求和”，在“引用位置”中，单击“压缩对话框”，选择“销售

处”至“利润”六个字段，按【Ctrl+Shift+↓】组合键，选择区域中数据，单击“展开对话框”。单击“添加”按钮，再单击“确定”按钮。结果如图5-4-12所示。

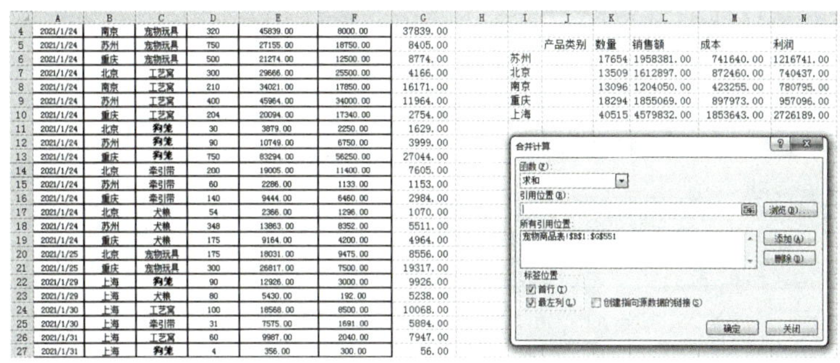

▲图5-4-12 合并计算结果

小贴士

数据合并计算与数据分类汇总的区别是：数据合并无须排序，提高了合并计算的灵活性；分类汇总只能在原来的数据区域显示分类汇总结果，合并计算可以在指定数据区域或表中显示结果。

练一练

新建一个Excel 工作簿，在 Sheet1 和 Sheet2 工作表中分别输入表5-4-1和表5-4-2中的内容，在 Sheet3 中用合并计算进行汇总。

表5-4-1 样表1

子公司2	一 月	二 月	三 月
东 北	56	21	43
东 南	19	45	59
华 南	90	22	33
华 中	22	19	35

表5-4-2 样表2

子公司1	一 月	二 月	三 月	四 月
东 北	17	65	44	43
华 北	83	44	32	43
西 北	32	22	31	9
西 南	75	77	29	65
华 南	75	88	25	33
华 中	62	35	38	84
东 南	33	19	84	92

知识点6：数据透视表的创建与编辑

数据透视表是一种快速汇总大量数据的交互式动态表格，能够帮助用户汇总、分析、浏览和呈现汇总数据，便做出决策。操作步骤如下：

① 打开“宠物商品销售表.xlsx”，单击“插入”选项卡，在“表格”组中，单击“数据透视表”，打开对话框，如图5-4-13所示。

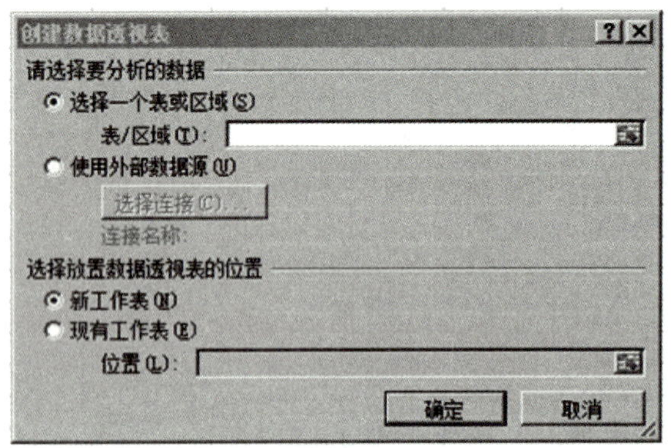

▲ 图5-4-13　“创建数据透视表”对话框

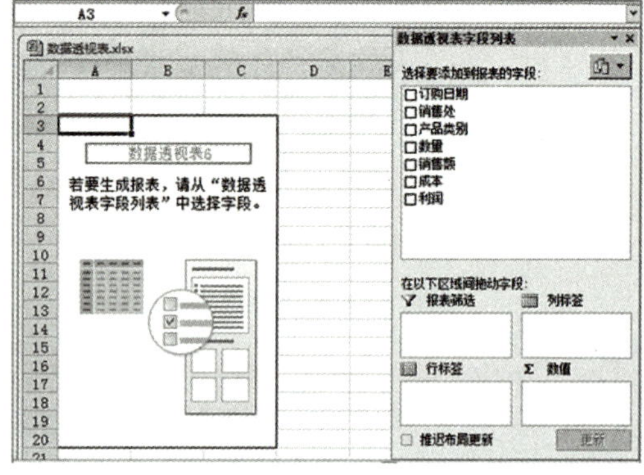

▲ 图5-4-14　空的数据透视表及数据透视表字段列表

② 在“请选择要分析的数据”中，单击“压缩对话框”，选择工作表提供的数据清单中“订购日期”至“利润”七个字段，按【Ctrl+Shift+↓】组合键，选择区域中的全部数据，单击“展开对话框”，在“选择放置数据透视表的位置”中，选择“新工作表”，单击“确定”按钮。

③ Excel 会将空的数据透视表添加至指定位置并显示数据透视表字段列表，以便添加字段、创建布局以及自定义数据透视表，如图5-4-14所示。

④ 在“数据透视表字段列表”中，勾选“销售处”“产品类别”“利润”三个字段，并将“行标签”中的“销售处”字段拖放到“列标签”中，结果如图5-4-15所示。

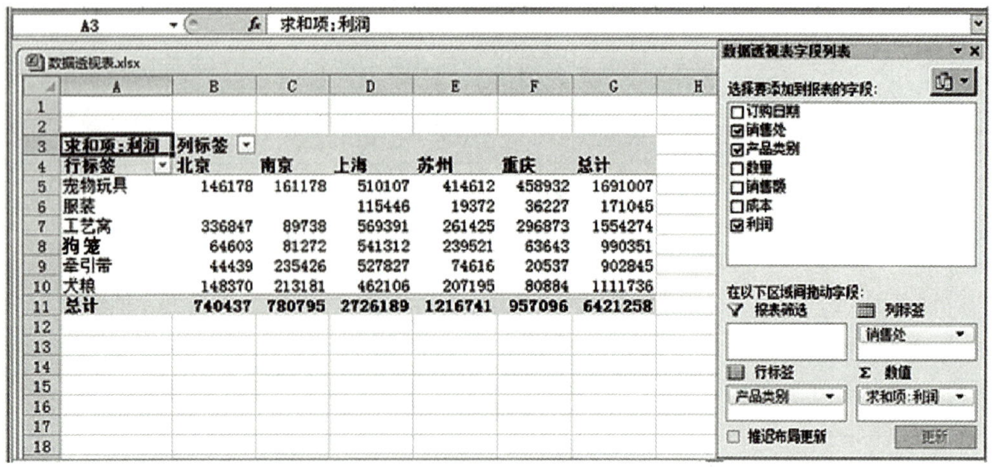

求和项:利润	列标签					
行标签	北京	南京	上海	苏州	重庆	总计
宠物玩具	146178	161178	510107	414612	458932	1691007
服装			115446	19372	36227	171045
工艺窝	336847	89738	569391	261425	296873	1554274
狗笼	64603	81272	541312	239521	63643	990351
牵引带	44439	235426	527827	74616	20537	902845
犬粮	148370	213181	462106	207195	80884	1111736
总计	740437	780795	2726189	1216741	957096	6421258

▲ 图5-4-15　数据透视表设置和运行结果

小贴士

数据透视表中的“透视”是指可以将行移动到列或将列移动到行，以查看原始数据的不同汇总，如图5-4-15所示。

练一练

打开配套教学素材“宠物商品销售表.xlsx”，单击“插入”选项卡，在“表格”组中，单击“数据透视图”，按上述步骤创建“数据透视图”。

任务实施

根据配套教学素材“宠物商品销售表.xlsx”提供的原始数据，分析宠物玩具、狗笼、牵引带、犬粮四种产品月度销售情况。分析报表如图5-4-16所示。

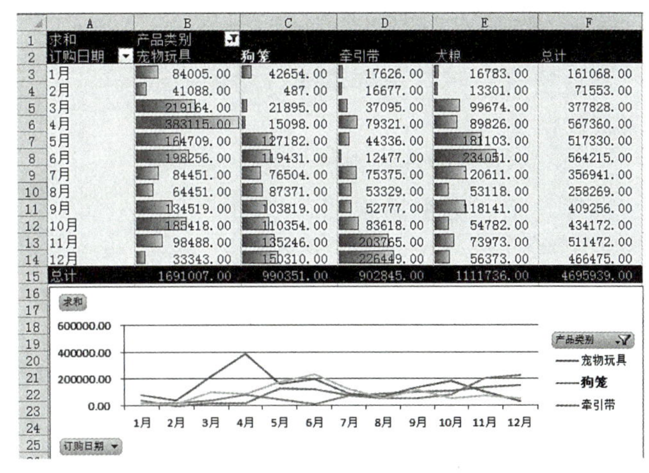

求和 订购日期	产品类别 宠物玩具	狗笼	牵引带	犬粮	总计
1月	84005.00	42654.00	17626.00	16783.00	161068.00
2月	41088.00	487.00	16677.00	13301.00	71553.00
3月	219164.00	21895.00	37095.00	99674.00	377828.00
4月	383115.00	15098.00	79321.00	89826.00	567360.00
5月	164709.00	127182.00	44336.00	181103.00	517330.00
6月	198256.00	119431.00	12477.00	234051.00	564215.00
7月	84451.00	76504.00	75375.00	120611.00	356941.00
8月	64451.00	87371.00	53329.00	53118.00	258269.00
9月	134519.00	103819.00	52777.00	118141.00	409256.00
10月	185418.00	110354.00	83618.00	54782.00	434172.00
11月	98488.00	135246.00	203765.00	73973.00	511472.00
12月	33343.00	150310.00	226449.00	56373.00	466475.00
总计	1691007.00	990351.00	902845.00	1111736.00	4695939.00

▲ 图5-4-16　宠物玩具、狗笼、牵引带、犬粮四种产品月度销售情况报表

1. 打开配套教学素材“宠物商品销售表.xlsx”，单击“订购日期”列下任意单元格，单击“数据”选项卡“排序和筛选”组中“升序”按钮，恢复按日期顺序记录销售情况的原始数据状态。

2. 单击“插入”选项卡，在“表格”组中，单击“数据透视表”，打开对话框。

3. 在“请选择要分析的数据”中，单击“压缩对话框”，选择工作表提供的数据清单中的“订购日期”至“成本”六个字段，按【Ctrl+Shift+↓】组合键，选择区域中的全部数据，单击“展开对话框”，在“选择放置数据透视表的位置”中，选择“新工作表”，单击“确定”按钮。

4. 将Excel 2016提供的空的数据透视表添加至指定位置并显示数据透视表字段列表，以便添加字段、创建布局以及自定义数据透视表，如图5-4-14所示。

5. 在“数据透视表字段列表”中，勾选“订购日期”“产品类别”“销售额”“成本”四个字段，并将“行标签”中的“产品类别”字段拖放到“列标签”中。

6. 将“行标签”单元格改名为“订购日期”，单击“订购日期”列下任一单元格，单击鼠标右键，在属性菜单中点击“创建组”，在“分组”列表中，选择“月”。这时500多条记录变成了按月汇总的12条记录。

7. 因为原始数据里没有利润内容，因此需要再插入一个利润字段。在“数据透视表工具”的“选项”选项卡下，选择“字段、项目和集”，点击“计算字段”。

8. 在“插入计算字段”对话框中，“名称”中输入“毛利润”，“公式”中输入“=销售额—成本”，单击“确定”按钮。这样就为数据透视表增加了“毛利润”字段。

9. 在右侧的“数据透视表字段列表”对话框中，可以根据数据分析需要，勾选不同字段组成数据透视表。将已勾选的“销售额”和“成本”取消选择。

10. 在“列标签”单元格中，将“列标签”改为“产品类别”，并点击该单元格的下拉列表，勾选“宠物玩具”“狗笼”“牵引带”“犬粮”四种产品。

11. 点击“数据透视表工具”选项卡“设计”组“数据透视表样式”中的“数据透视表样式中等深浅15”号样式。

12. 为数据区域数据增加“数据条”。选择数据区域，点击“开始”选项卡“条件格式”下“渐变填充”中的“浅蓝式数据条”。

13. 点击“数据透视表工具”选项卡“选项”组“数据透视图”中的“折线图”样式。

如果你感兴趣，请根据“宠物商品销售表.xlsx”提供的原始数据，使用数据透视表分析各销售处亏损（销售额—成本<=0）情况报表，结果如图5-4-17所示。

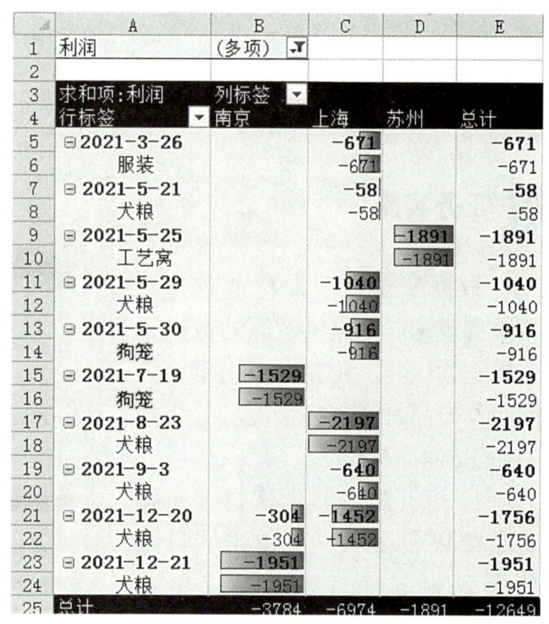

	A	B	C	D	E
1	利润	(多项)			
2					
3	求和项:利润	列标签			
4	行标签	南京	上海	苏州	总计
5	⊟2021-3-26		-671		-671
6	服装		-671		-671
7	⊟2021-5-21		-58		-58
8	犬粮		-58		-58
9	⊟2021-5-25			-1891	-1891
10	工艺窝			-1891	-1891
11	⊟2021-5-29		-1040		-1040
12	犬粮		-1040		-1040
13	⊟2021-5-30		-916		-916
14	狗笼		-916		-916
15	⊟2021-7-19	-1529			-1529
16	狗笼	-1529			-1529
17	⊟2021-8-23		-2197		-2197
18	犬粮		-2197		-2197
19	⊟2021-9-3		-640		-640
20	犬粮		-640		-640
21	⊟2021-12-20	-304	-1452		-1756
22	犬粮	-304	-1452		-1756
23	⊟2021-12-21	-1951			-1951
24	犬粮	-1951			-1951
25	总计	-3784	-6974	-1891	-12649

▲ 图5-4-17 各销售处亏损情况报表

任务评价

表5-4-3 任务评价表

任务完成情况	自我评价	小组评价
数据透视表的认识	□完成 □待完善 原因：	☆☆☆☆☆
数据透视表的计算	□完成 □待完善 原因：	☆☆☆☆☆
数据透视表格式的设置	□完成 □待完善 原因：	☆☆☆☆☆

拓展提高

Excel数据透视表筛选高手——切片器

Excel数据透视表有着超乎想象的强大功能，它集筛选、排序和分类汇总等功能于一身，能根据用户的不同需要，依照各个字段拖动位置的不同，对数据进行筛选、排列、分类汇总等，帮助用户以各种方式查看大量数据，为用户组织数据和分析数据提供了强大的支持功能。但是，仅仅以数据透视表分析数据时，特别在以不同的方式筛选数据时，方法还不够简捷。而Excel透视表切片器，不仅能轻松地对数据透视表进行筛选操作，还能使数据筛选操作过程更加简捷和直观，这个功能可以说是Excel透视表功能的延伸和补充。操作步骤如下：

① 选择数据透视表，在功能区中选择“分析”，单击“插入切片器”按钮，如图5-4-18所示。

② 在弹出的复选框中，勾选“销售处”“产品类别”“利润”，如图5-4-19所示。

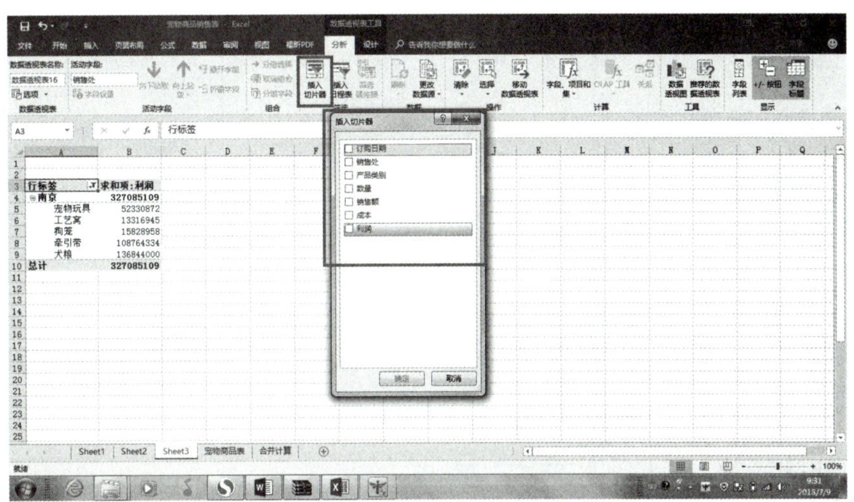

▲图5-4-18 插入切片器

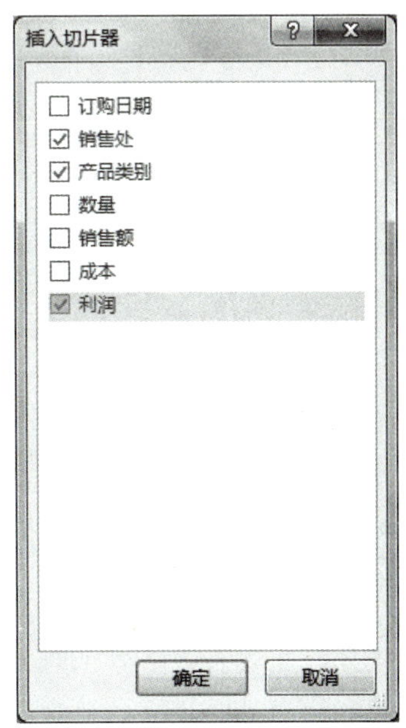

▲图5-4-19 切片器复选窗口

③ 观察弹出的三个切片器，可以看到，每个切片器的右上方都有筛选器，点击就可以进行清除或者重置，在切片器中进行操作的同时，数据透视表进行了相应的筛选，如图5-4-20所示。

④ 选中“切片器”，还可以根据数据透视表的位置，适当调整切片器的位置和样式，如图5-4-21所示。

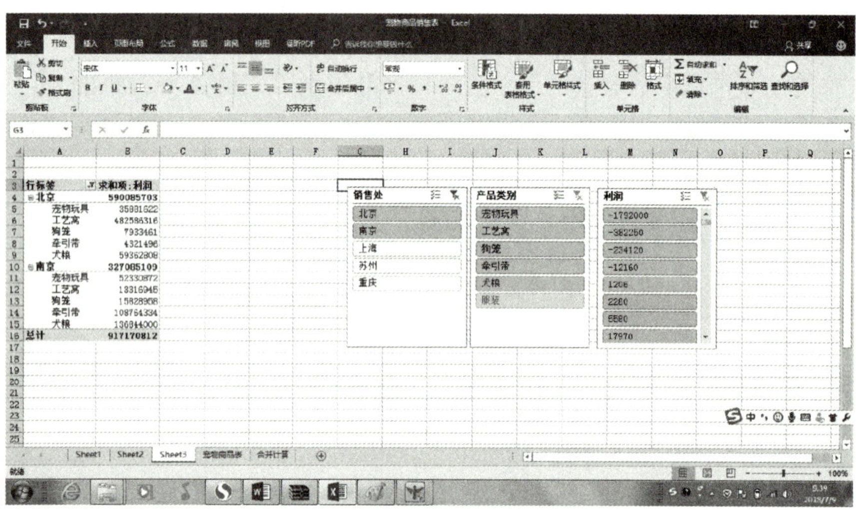

▲图5-4-20　切片器和数据透视表窗口

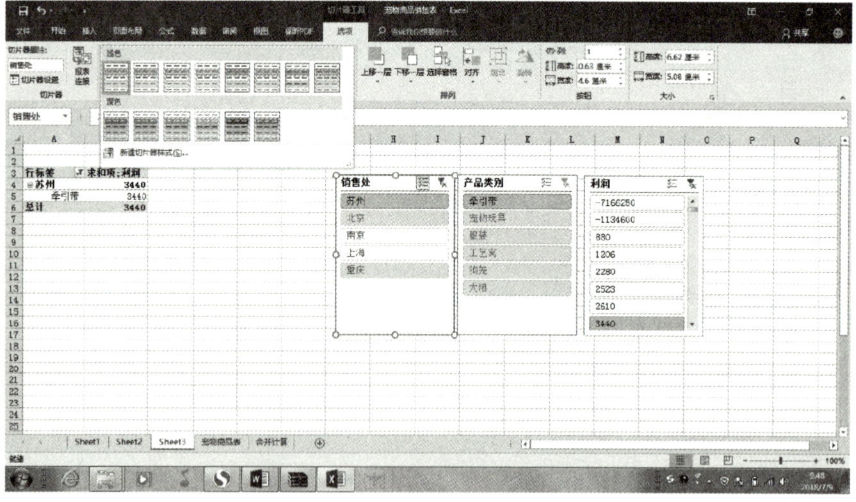

▲图5-4-21　设置切片器样式

任务五 电子表格中生成图表

任务描述

Excel 图表可以使数据的呈现更加形象直观，具有较好的视觉效果。Excel 图表还可以实时更新，方便用户比较数据、预测趋势。请利用配套教学素材“某企业产品销售统计表.xlsx”中的相关数据制作图5-5-1中的“各产品销售额”的图表。

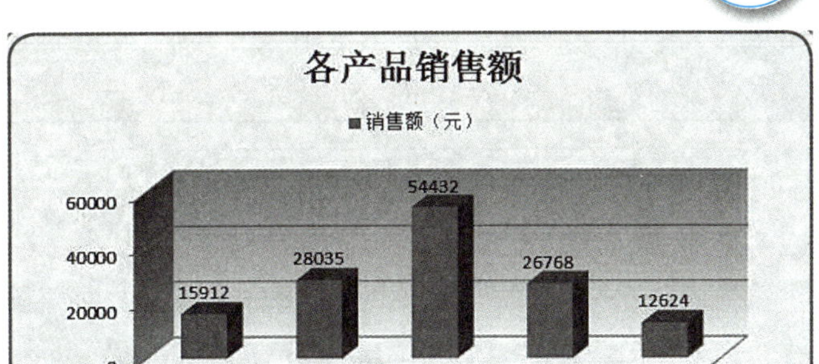

▲ 图5-5-1 “各产品销售额”的图表

学习目标

1. 了解常见的图表功能，能根据实际案例选择合适的图表说明问题。
2. 掌握图表的编辑、修改和展示的方法。
3. 能运用学会的图表知识，选用合适的图表呈现数据分析结果。
4. 养成正确判断数据源真伪性和价值的习惯，创造性地运用数据图表解决实际问题。

知识储备

知识点1：图表概述

1. 图表类型

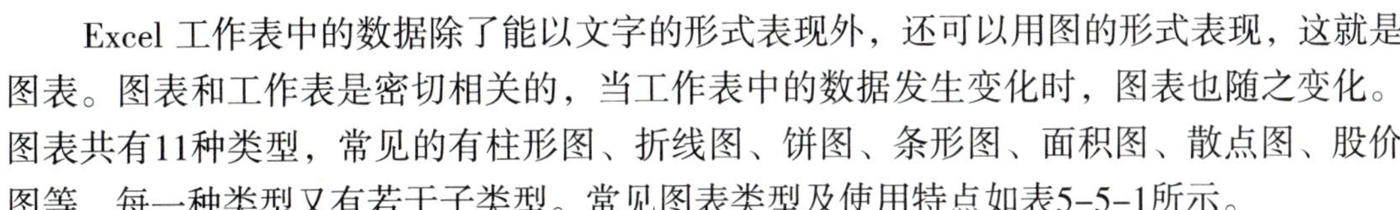

Excel 工作表中的数据除了能以文字的形式表现外，还可以用图的形式表现，这就是图表。图表和工作表是密切相关的，当工作表中的数据发生变化时，图表也随之变化。图表共有11种类型，常见的有柱形图、折线图、饼图、条形图、面积图、散点图、股价图等，每一种类型又有若干子类型。常见图表类型及使用特点如表5-5-1所示。

2. 图表的组成

图表由图表标题、绘图区（包括数据系列、坐标轴和网格线）和图例等组成，如图5-5-2所示。

表5-5-1　常见图表类型及使用特点

类型	使用特点
柱形图	通常用来描述不同时期数据的变化情况，或者比较数据间的多少或大小关系
条形图	一般用来比较不同类别数据之间的差异情况
折线图	常用来分析数据随时间的变化趋势，也可用来分析多组数据随时间变化的相互作用和相互影响
饼图	适用于数据间的比例分配关系，如展示某一部分占全部的百分比

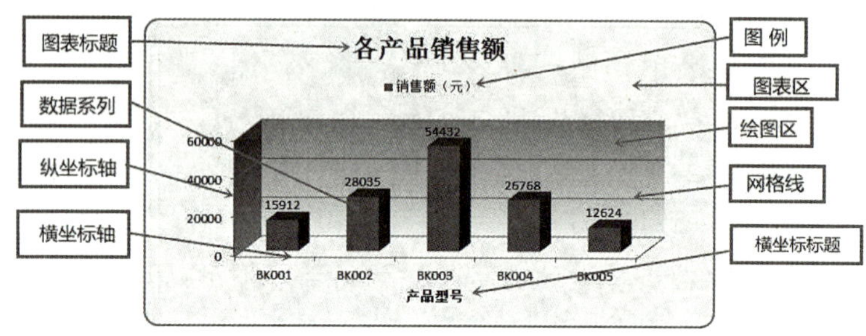

▲ 图5-5-2　图表组成

（1）图表标题

图表标题位于图表的顶端，是对图表内容的一个概括。

（2）绘图区

绘图区是图表中描绘图形的区域，包括数据系列、坐标轴和网格线。

数据系列：由数据表格中的数据转化而成，是图表内容的主体。

坐标轴：分横坐标轴和纵坐标轴。一般来说横坐标轴（X轴）是分类轴，主要用于对项目进行分类；纵坐标轴（Y轴）为数值轴，主要用于显示数据大小。

网格线：配合数值轴对数据系列进行估算的线。

（3）图例

图例是用于区分数据各系列的彩色小方块和名称。

3. 图表的编辑

常用的图表编辑操作有：更改图表类型、更改图表数据源、改变位置和大小、设置标题、设置坐标轴、设置图例等。

（1）更改图表类型

选择图表，在“图表工具”功能区中单击“设计”选项卡，单击“类型”组中的“更改图表类型”按钮，在打开的“更改图表类型”对话框中选择要更改的图表类型。

（2）更改图表数据源

选择图表，在“图表工具”功能区中单击“设计”选项卡，单击“数据”组中的

“选择数据”按钮，在打开的“选择数据源”对话框中，将“图表数据区域”中的数据选中，在工作表中重新选择制作图表所需的数据即可。

（3）改变位置和大小

单击图表，图表四周出现尺寸控点，将鼠标指针移动到图表的尺寸控点上，鼠标指针变成“↕”“↔”“↘”或“↗”状，拖动鼠标就可以改变图表的大小。图表的大小改变时，图表内的图也随之改变。也可以在“图表工具”功能区中单击“格式”选项卡，对“大小”组中的图表高度和宽度分别设置具体数值。

将鼠标指针移动到图表内拖动图表，鼠标指针变成“✥”状，同时有一个虚框随之移动，松开鼠标左键，虚框的位置就是图表移动到的位置。

（4）设置标题

选择图表，在“图表工具”功能区中单击“布局”选项卡，单击“标签”组中的“图表标题”按钮，就可以为创建的图表添加标题文字，还可以对标题进行更改和设置填充色与文字效果。

（5）设置坐标轴

默认情况下，系统在图表中显示了坐标轴，用户可以通过自定义坐标轴来设置图表中的坐标轴。操作步骤如下：

① 选择图表，在“图表工具”功能区中单击“布局”选项卡，单击“标签”组中的“坐标轴标题”按钮，添加坐标轴标题。

② 选择图表，在“图表工具”功能区中单击“布局”选项卡，单击“坐标轴”组中的“坐标轴”按钮，选择“主要横坐标轴”中的“其他主要横坐标轴选项”命令，打开“设置坐标轴格式”对话框进行相关设置。对纵坐标进行设置时选择“坐标轴”下的“主要纵坐标轴”即可。

（6）设置图例

设置图例主要指设置图例在图表中的位置，图例的默认位置是图表右边。

更改图例位置的步骤是：选择图表，在“图表工具”功能区中单击“布局”选项卡，单击“标签”组中的“图例”按钮，在下拉选项中选择适当的图例位置。

练一练

打开配套教学素材“测试数据表.xlsx”。

1. 完成工作表Sheet1中的误差列（实测值与预测值之间的差的绝对值）的计算。评估“预测准确值”列，评估规则为：“误差”低于或等于“实测值”10%的，“预测准确度”为“高”；“误差”大于“实测值”10%的，“预测准确度”为“低”（使用IF函数）。
2. 根据工作表Sheet1的“实测值”“预测值”两列数据建立“带数据标记的折线图”，图表标题为“测试数据对比图”，居中覆盖标题，并将其嵌入到工作表的A17:E37区域中。根据制作的图表，说出图表的各个组成部分。

知识点2：工作簿的保护

Excel 表格往往涉及统计数据等敏感问题，需要对其进行保护。

1. 为工作簿加密

要保护工作簿，可以限制打开和使用工作簿数据的用户，或要求用户只有提供密码后才能查看或保存对工作簿的更改。

为工作簿设置密码，可以单击“文件”菜单，然后执行“信息”命令，选择“保护工作簿”中的“用密码进行加密”来设置。

另外，用户也可单击“文件”菜单，然后执行“保存”命令，选择“另存为”命令，在弹出的“另存为”对话框中，单击“工具”下拉按钮，执行“常规选项”命令，然后在弹出的“常规选项”对话框中分别设置打开权限密码和修改权限密码。

2. 保护工作簿结构和窗口

除了可以通过加密对工作簿限制权限，还可以通过设置密码来保护工作簿的结构和窗口。方法为：选择“审阅”选项卡，单击“更改”组中的“保护工作簿”按钮，打开“保护工作簿”对话框。其中，选择“结构”复选框，可防止对工作簿进行删除、移动、隐藏、取消隐藏、重命名或插入等操作；选择“窗口”复选框，可防止对工作表窗口的移动、缩放、隐藏、取消隐藏或关闭等操作。

注意：设置了密码后，返回工作簿中，可看到选项卡功能区右侧的“文档控制”按钮消失了，对工作簿不能执行最小化、最大化、关闭等多种操作了。

3. 保护工作表

如果用户不希望其他人对工作表中的数据进行更改、移动或删除，可以对工作表进行保护。方法为：选择“审阅”选项卡，单击“更改”组中的“保护工作表”按钮，打开“保护工作表”对话框，在“取消工作表保护时使用的密码”文本框中输入密码，并在下面的列表中选择允许用户操作的选项，然后设置密码即可。

练一练

打开配套教学素材“测试数据表.xlsx”，给该工作簿设置密码保护，打开权限密码为“123”，修改密码为“456”；将保护工作簿结构和窗口的密码设为“aaa”，将工作表Sheet1的密码设为“111”。设好密码后再将这些密码全部去除并保存文件。

知识点3：隐藏工作表及重要的行或列

1. 隐藏工作表

工作簿中重要的工作表不想被别人看到的话，可以将其隐藏。方法为：在要隐藏的工作表标签上右击，在弹出的菜单中选择“隐藏”即可。

2. 隐藏工作表中重要的行或列

选中要隐藏的行或列，右击鼠标，在弹出的菜单中选择“隐藏”即可。

练一练

打开配套教学素材“测试数据表.xlsx”，将该工作簿中的工作表Sheet2隐藏起来；打开工作表Sheet1，将表中的B、C两列和4、5两行隐藏起来，然后再取消所有的隐藏并保存文件。

任务实施

打开素材文件“某企业产品销售统计表.xlsx”（如图5-5-3中上方的表格数据）。利用“产品型号”和“销售额”两列数据建立“三维簇状柱形图”；在图表上方插入图表标题“各产品销售额”，图例位置在上部，设置数据标签为“显示值”；设置主要横坐标标题为“产品型号”，主要纵坐标主要刻度单位为“20 000”；将图表绘图区用纹理“羊皮纸”填充，将背景墙用预设颜色“雨后初晴”填充，将图表边框设为“圆角”，边框线设为“1.5磅、浅蓝色”。图表放置于工作表的A10:E24单元格区域。完成的图表如图5-5-3所示。

1. 打开素材文件“销售统计表.xlsx”，打开工作表“某企业产品销售统计表”。

2. 选择数据。选择“产品型号”和“销售额”两列数据（A2:A7，D2:D7）。提示：选择不连续区域用【Ctrl】键即可。

3. 插入图表。选择好数据后，单击“插入”选项卡的“图表”工具组右下角的下拉三角对话框启动器，选择柱形图中的“三维簇状柱形图”，单击“确定”按钮后得到如图5-5-4所示的图表。

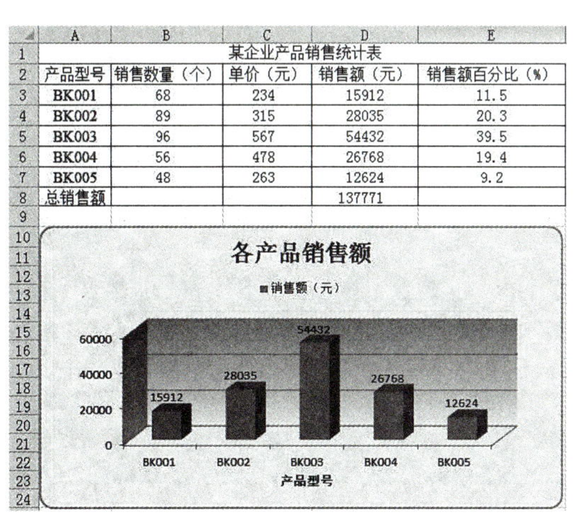

	A	B	C	D	E
1	某企业产品销售统计表				
2	产品型号	销售数量（个）	单价（元）	销售额（元）	销售额百分比（%）
3	BK001	68	234	15912	11.5
4	BK002	89	315	28035	20.3
5	BK003	96	567	54432	39.5
6	BK004	56	478	26768	19.4
7	BK005	48	263	12624	9.2
8	总销售额			137771	

▲ 图5-5-3 用数据建立三维簇状柱形图

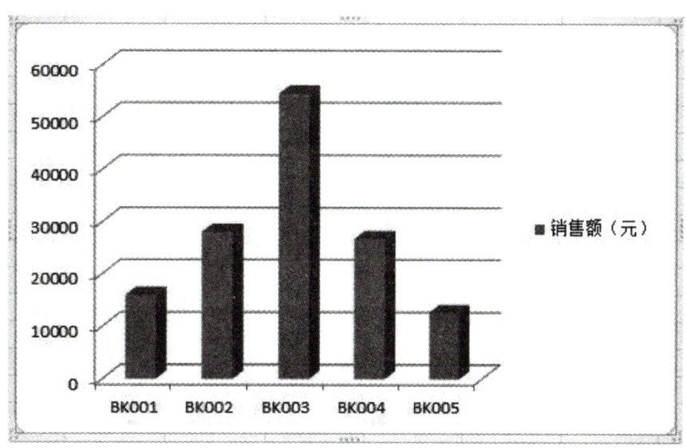

▲ 图5-5-4 插入三维簇状柱形图

4. 修改图表。

① 添加标题。单击“图表工具”功能区中的“布局”选项卡（图5-5-5），单击“标签”命令组中的“图表标题”按钮，选择“图表上方”，选中图表标题，将标题内容修改为“各产品销售额”。

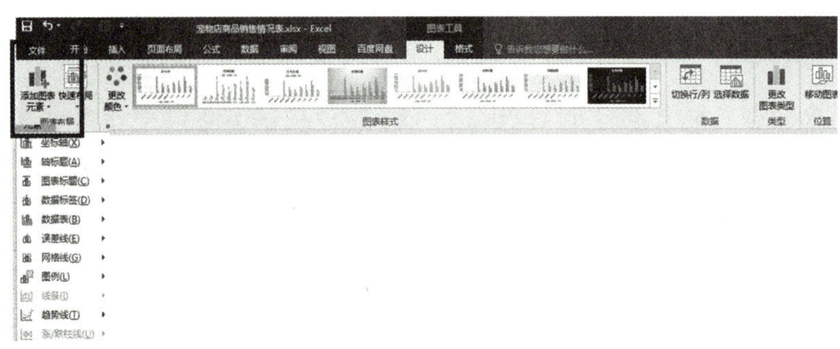

▲ 图5-5-5　“图表工具”菜单中的“布局”选项卡

② 设置图例。单击“图表工具”功能区中的“布局”选项卡，单击 “标签”命令组中的“图例”选项，选择 “在顶部显示图例”。

③ 设置数据标签。单击“图表工具”功能区中的“布局”选项卡，单击“标签”命令组中的“数据标签”选项，选择 “其他数据标签选项”，选择“标签选项”中的“值”，结果如图5-5-6所示。

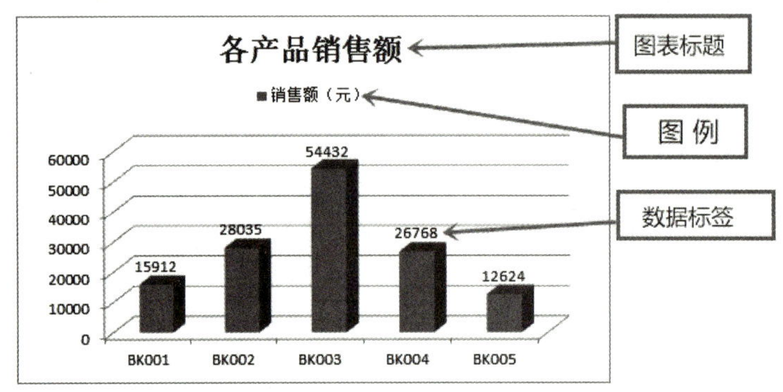

▲ 图5-5-6　设置产品销售柱形图

④ 设置主要横坐标轴标题。单击“图表工具”功能区中的“布局”选项卡，单击“标签”命令组中的“坐标轴标题”选项，选择 “主要横坐标轴标题”中的“坐标轴下方标题”，将坐标轴标题改为“产品型号”。

⑤ 设置纵坐标轴主要刻度。单击“图表工具”功能区中的“布局”选项卡，单击“坐标轴”命令组中的“坐标轴”选项，选择“主要纵坐标轴”选项，再选择 “其他主要纵坐标轴选项”，打开“设置坐标轴格式”对话框，在“坐标轴选项”中将“主要刻度单位”中的“固定”选项数值设为“20 000”。

⑥ 设置图表区格式。在图表空白区右击，在快捷菜单中选择“设置图表区域格式”，打开“设置图表区格式”对话框，在“填充”中选择“图片或纹理填充”，在“纹理”下拉选项中选择“羊皮纸”。

⑦ 设置背景墙。在图表背景墙区右击，在快捷菜单中选择“设置背景墙格式”，打开“设置背景墙格式”对话框，在“填充”中选择“渐变填充”，在下方的“预设颜色”下拉选项中选择“雨后初晴”。

⑧ 设置图表边框。在图表背景墙区右击，在快捷菜单中选择“设置背景墙格

式”，打开“设置背景墙格式”对话框，在“边框颜色”中选择“实线”，在下方的“颜色”下拉选项中选择“浅蓝”，在“边框样式”的“宽度”中选择“1.5磅”，将最下方的“圆角”选项选中，结果如图5-5-7所示。

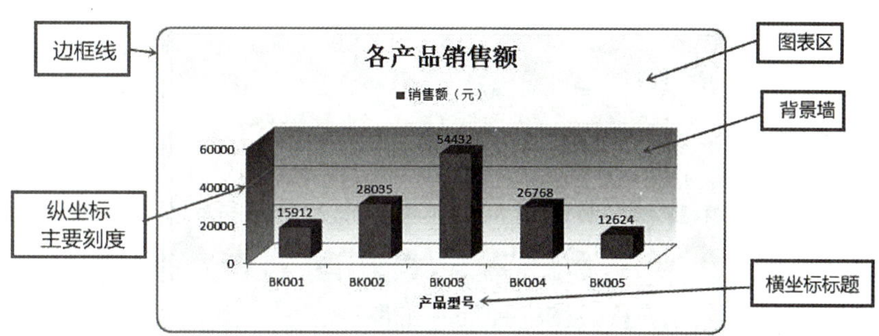

▲ 图5-5-7 完成的图表

⑨ 图表位置放置。将鼠标指针置于图表区空白处移动图表，并将鼠标指针置于图表的边角处调整大小，将整张图表置于A10:E24区域内，放置结果如图5-5-3所示。

⑩ 保存文件。

任务评价

表5-5-2 任务评价表

任务完成情况	自我评价	小组评价
建立图表	□完成 □待完善 原因：	☆☆☆☆☆
修改图表	□完成 □待完善 原因：	☆☆☆☆☆
工作表和工作簿保护	□完成 □待完善 原因：	☆☆☆☆☆
工作表的隐藏	□完成 □待完善 原因：	☆☆☆☆☆

拓展提高

三维饼图的应用

将前面任务中完成的三维簇状柱形图“各产品销售额”修改为三维饼图，标题修改为“产品销售额百分比”，数据源修改为“产品型号”“销售额百分比”两列数据，图例放置于下方，图表区填充色修改为“蓝色、强调文字颜色1、淡色80%”。数据标签显示百分比。将图表置于A11:D26单元格区域内，保存文件。结果如图5-5-8所示。

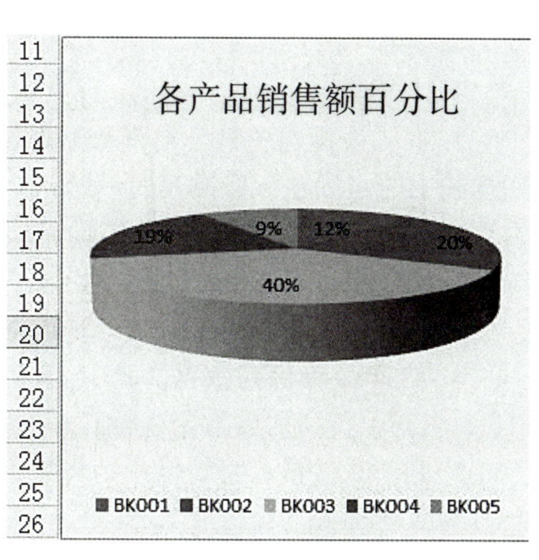

▲ 图5-5-8 三维饼图

任务六　电子表格处理综合应用

任务描述

作为现代职场人，不仅要会收集数据，还要学会对数据进行分析处理。本任务要求对配套教学素材“某企业家电销售情况统计表.xlsx”中的内容进行格式化设置，完成相关计算并进行数据处理和分析统计。

学习目标

1. 具有数据分析的意识和能力。
2. 能对生活中具体数据采用合适的数据分析工具进行数据分析和表达。
3. 能运用数据图表解决实际问题。
4. 养成正确的信息处理意识和解决问题的能力。

知识储备

Excel 2016数据输入技巧，灵活运用单元格和图表样式、数据计算、分析数据、插入透视表、插入图表等功能。

任务实施

子任务一：对工作表进行格式化

具体要求：

1. 插入表标题“某公司部分家电销售情况表”，将单元格区域A1:I1合并及居中，用样式中的“标题”修饰表的标题。

2. 将表中所有数据（A2:I38）的边框设为外边框为蓝色最粗实线，内边框为最细绿色实线。

3. 表中所有数据（A2:I38）对齐方式设为垂直水平居中。

4. 给产品单价列数据（F3:F38）加上人民币符号，并将单价设为整数。将表格（A2：I38）行和列设为合适行高和列宽。

5. 利用条件格式将表格中销售数量（E3:E38）为95以上的以红色文本显示。

参考步骤如下：

① 打开素材文件“某企业家电销售情况统计表.xlsx”，选择工作表Sheet1，再选

择A1单元格，执行“开始”选项卡中“单元格”中“插入”里的“插入工作表行”命令，插入新行后，在A1中输入“某公司部分家电销售情况表”，选定A1:I1单元格区域，执行“开始”选项卡中的“对齐方式”命令组的 合并后居中 按钮，选中标题，选择“开始”选项卡“样式”命令组“单元格样式”中的“标题”样式即可。

② 选择单元格区域A2:I38，单击“开始”选项卡中“对齐方式”命令组右边的下拉三角对话框启动器，打开“设置单元格格式”对话框，在弹出的对话框中选择“边框”选项，选择最粗实线，颜色选择蓝色；单击“外边框”，接着选择最细实线，颜色为绿色，单击“内部”，确定即可。

③ 选中单元格区域A2:I38，选择“开始”选项卡“对齐方式”命令组的“垂直居中”按钮和“文字居中”按钮即可。

④ 选中单元格区域F3:F38，打开“单元格格式”对话框，在弹出的对话框中选择“数字”。在“数字”下的“分类”中选择“货币”，将小数位数设置为0位，货币符号选择“中文（中国）”，确定即可。

⑤ 选中单元格区域A2:I38，执行“开始”选项卡中“单元格”里“格式”下的“自动调整行高”和“自动调整列宽”命令即可。

⑥ 选中单元格区域E3:E38，执行“开始”选项卡“样式”里“条件格式”的“突出显示单元格规则”命令，选择“大于”，数值框输入“95”，在“设置为”选择框中选择红色文本，确定即可。

经过以上格式化处理的表格如图5-6-1所示。

某公司部分家电销售情况表

季度	销售区域	产品型号	产品名称	销售数量 台	产品单价	销售额（万元）	销售额排名	销售业绩
3	北京分部	D-1	电视	89	¥5,000	44.50	5	优秀
1	广东分部	D-2	电冰箱	100	¥4,500	45.00	4	优秀
1	广西分部	K-1	空调	89	¥3,200	28.48	13	良好
3	江苏分部	K-1	空调	86	¥3,200	27.52	16	一般
1	北京分部	D-1	电视	105	¥5,000	52.50	1	优秀
1	山东分部	D-2	电冰箱	86	¥4,500	38.70	8	良好
3	广西分部	K-1	空调	84	¥3,200	26.88	17	一般
2	福建分部	K-1	空调	79	¥3,200	25.28	20	一般
3	四川分部	D-1	电视	78	¥5,000	39.00	7	良好
3	广东分部	D-2	电冰箱	95	¥4,500	42.75	6	优秀
2	北京分部	D-1	电视	73	¥5,000	36.50	9	良好
2	云南分部	D-2	电冰箱	69	¥4,500	31.05	11	良好
1	上海分部	D-1	电视	95	¥5,000	47.50	3	优秀
3	上海分部	D-1	电视	97	¥5,000	48.50	2	优秀
2	山东分部	D-2	电冰箱	65	¥4,500	29.25	12	良好
1	浙江分部	D-1	电视	64	¥5,000	32.00	10	良好
1	天津分部	K-1	空调	89	¥3,200	28.48	13	良好
2	江苏分部	K-1	空调	63	¥3,200	20.16	26	一般
1	云南分部	D-2	电冰箱	58	¥4,500	26.10	18	一般
3	云南分部	D-2	电冰箱	57	¥4,500	25.65	19	一般
2	广西分部	K-1	空调	56	¥3,200	17.92	28	一般
2	上海分部	D-1	电视	56	¥5,000	28.00	15	良好
3	东北分部	D-2	电冰箱	54	¥4,500	24.30	21	一般
1	江苏分部	K-1	空调	54	¥3,200	17.28	30	一般
3	天津分部	K-1	空调	53	¥3,200	16.96	31	一般
2	东北分部	D-2	电冰箱	48	¥4,500	21.60	23	一般
3	浙江分部	D-1	电视	46	¥5,000	23.00	22	一般
3	福建分部	K-1	空调	45	¥3,200	14.40	32	一般
2	广东分部	D-2	电冰箱	45	¥4,500	20.25	25	一般
1	东北分部	D-2	电冰箱	43	¥4,500	19.35	27	一般
2	四川分部	D-1	电视	42	¥5,000	21.00	24	一般
3	山东分部	D-2	电冰箱	39	¥4,500	17.55	29	一般
2	天津分部	K-1	空调	37	¥3,200	11.84	34	一般
2	浙江分部	D-1	电视	27	¥5,000	13.50	33	一般
1	福建分部	K-1	空调	24	¥3,200	7.68	36	一般
1	四川分部	D-1	电视	21	¥5,000	10.50	35	一般

▲ 图5-6-1　格式化和完成计算后的表格

子任务二：对工作表中的数据进行相关计算

具体要求：

1. 在单元格区域G3:G38中计算出所有产品的销售额（销售额=销售数量×产品单价/10 000）。

2. 根据销售额，利用RANK函数在单元格区域H3:H38中计算出所有产品的排名次序。

3. 根据各产品的销售额，利用IF函数在单元格区域I3:I38中给出销售业绩评价。如果销售额为42万元及以上，则为优秀；如果销售额为28万元及以上，则为良好；如果销售额低于28万元，则为一般。

参考步骤如下：

① 打开工作表Sheet1，选中单元格G3，并在其中输入计算公式“=E3*F3/10 000”，确

定即可。其余单元格计算用自动填充柄的自动填充功能完成。

② 选中H3，单击插入函数按钮，插入排序函数RANK，参数设置如图5-6-2所示，在编辑栏中显示“=RANK(G3，$G$3:$G$38，0)”，用自动填充柄的自动填充功能向下填充到G38结束。

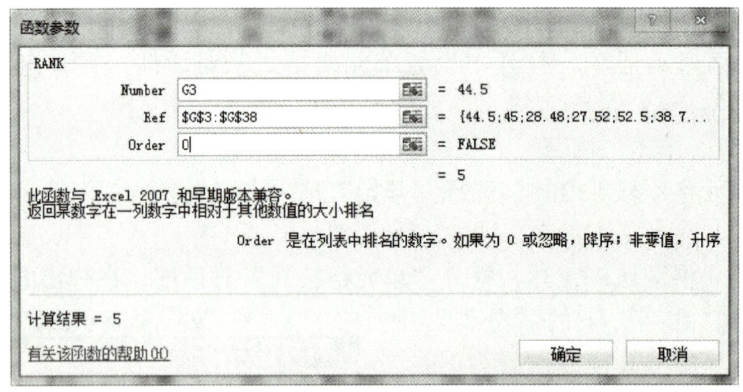

▲ 图5-6-2　RANK函数设置参数

③ 选中I3单元格，单击插入函数按钮，插入IF函数，在三个参数中分别输入图5-6-3所示的值，编辑栏中显示“=IF(G3>=42，"优秀"，IF(G3>=28，"良好""一般"))”，单击“确定”按钮，用自动填充柄的自动填充功能向下填充到I38结束。

计算结果参考图5-6-1。

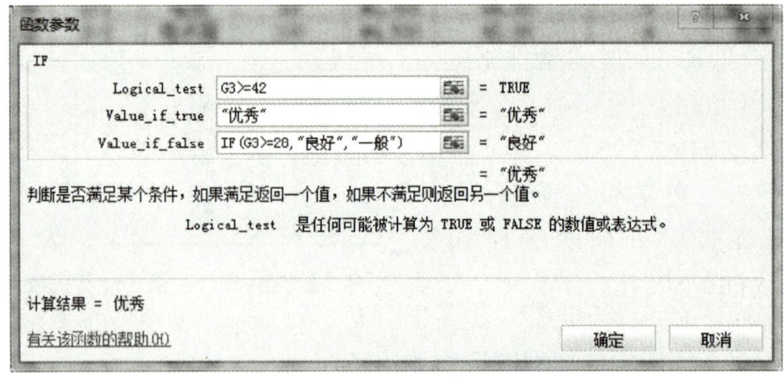

▲ 图5-6-3　IF函数设置参数

想一想

在I3单元格中可以输入公式：=IF(G3<28，"一般"，IF(G3<42，"良好"，"优秀"))，结果和上面的计算方法一样，为什么？

子任务三：利用合并计算功能求各销售区域的销售额总和，并用图表表示销售额所占比例

具体要求：

1. 在工作表Sheet2中进行合并计算，求出各销售区域的销售额总和，再将结果中多余的、不能合并的列删除。

2. 在表中右侧增加“销售额所占百分比”列，并计算出销售额所占的百分比。

3. 制作销售额所占百分比的图表。利用工作表Sheet2中的销售区域（A1:A13）和销售额所占百分比（D1:D13）制作一张分离型三维饼图。图表标题为“销售额百分比”，图例显示在下方，在数据点外显示数据标签，图表区填充“羊皮纸”纹理，将图表置于单元格区域A16:D31内。

参考步骤如下：

① 打开工作表Sheet2，选择A1单元格，执行“数据”选项卡里“数据工具” 中的“合并计算”命令，调出“合并计算”对话框，选择求和函数，引用位置选择工作表Sheet1中的单元格区域B2:G38，标签位置选择“首行、最左列”，对话框设置如图5-6-4所示。

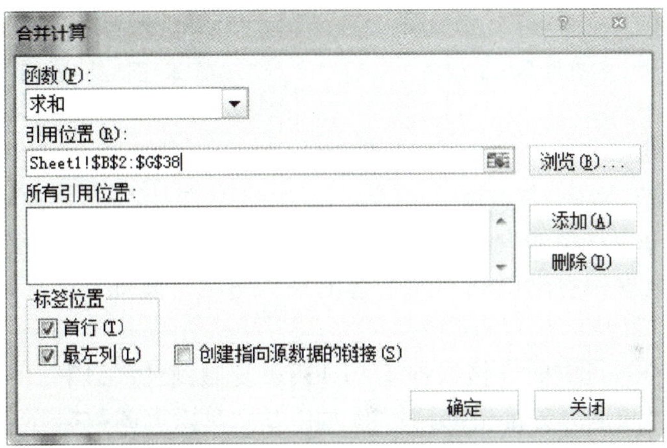

▲ 图5-6-4 “合并计算”对话框设置

将合并计算后得到的表格中多余的“产品型号” “产品名称”及“产品单价”三列删除，并在A1单元格补上列名称“销售区域”。

② 在D1中输入“销售额所占百分比”，在A14中输入“销售额总和”，在C14中用求和函数求出销售额之和。选中单元格D2，并在其中输入计算公式“=C2/$C$14”，单击“确定”按钮。其余单元格的计算用自动填充柄的自动填充功能完成。再选中单元格区域D2:D13，单击“开始”选项卡中“数字”命令组的百分比按钮，小数位数设为0位。完成后如图4-6-5所示。

③ 制作图表。选择销售区域（A1:A13）和销售额所占百分比（D1:D13）中的数据。单击“插入”选项卡，选择“饼图”中的“分离型三维饼图”。选中图表，单击“图表工具”功能区中的“布局”选项卡，单击 “标签”命令组中的“图表标题”按钮，选择“图表上方”，选中图表标题，将标题内容修改为“销售额百分比”。再单击“标签”命令组中的“图例”选项，选择“在底部显示”。

④ 单击“图表工具”功能区中的“布局”选项卡，再单击“标签”命令组中的“数据标签”选项，选择“数据标签外”。

⑤ 在图表空白区右击，在快捷菜单中选择“设置图表区域格式”，打开“设置图表区格式”对话框，在“填充”中选择“图片或纹理填充”，在“纹理”下拉选项中选择“羊皮纸”。移动图表，将整张图表置于单元格区域A16:D31内。完成后如图5-6-6所示。

销售区域	销售数量:台	销售额（万元）	销售额所占百分比
北京分部	267	133.50	14%
上海分部	248	124.00	13%
四川分部	141	70.50	7%
浙江分部	137	68.50	7%
东北分部	145	65.25	7%
广东分部	240	108.00	11%
山东分部	190	85.50	9%
云南分部	184	82.80	8%
福建分部	148	47.36	5%
广西分部	229	73.28	7%
江苏分部	203	64.96	7%
天津分部	179	57.28	6%
销售额总和		980.93	

▲ 图5-6-5　合并计算后的表格

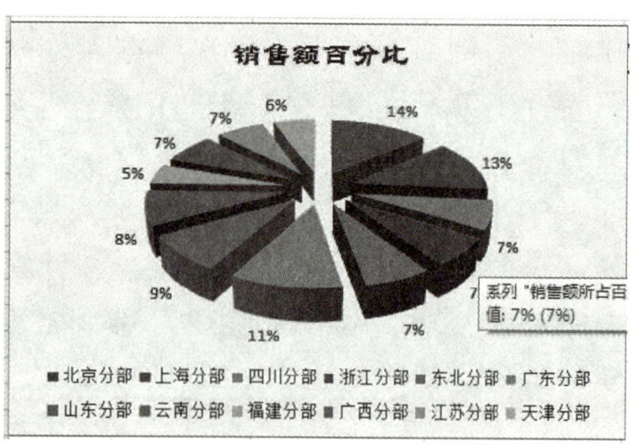

▲ 图5-6-6　制作好的图表

子任务四：利用Shee1中的数据进行数据处理

具体要求：

1. 将工作表Sheet1中的表格数据（A1:I38）复制到Sheet3中，将表格中第一季度中排名为前20的数据用自动筛选功能筛选出来，将工作表Sheet3的名称改为“一季度前20名情况”。

2. 将工作表Sheet1中的表格数据（A1:I38）复制到Sheet4中，利用高级筛选功能将表格中北京分部和上海分部中的销售额为40万元及以上的数据筛选出来，将工作表Sheet4的名称改为“表现较好的北京上海分部”。

3. 将工作表Sheet1中的表格数据（A1:I38）复制到Sheet5中，用分类汇总功能按季度分别汇总出各季度的销售数量和销售额的总和，汇总结果显示在数据下方。将工作表Sheet5的名称改为“各季度销售情况”。（提示：分类汇总前先按分类字段进行排序。）

参考步骤如下：

① 将工作表Sheet1中的所有数据复制到Sheet3中，将鼠标指针定位在数据区的任一单元格中，单击“数据”选项卡里“排序和筛选”中的“筛选”按钮，再单击列标题“季度”右侧的自动筛选按钮 季度▾，打开相应下拉列表，并从中选择“1”选项，则筛选出第一季度的情况；单击列标题“销售额排名”右侧的自动筛选按钮 销售额排名▾，打开相应下拉列表，并从中选择“数字筛选”选项，选择“小于或等于”，在对话框中数字框输入“20”，则筛选出前20名的情况。结果如图5-6-7所示。双击工作表标签Sheet3，输入“一季度前20名情况”。

② 新建工作表Sheet4，将工作表Sheet1中的所有数据复制到Sheet4中，将单元格区域A2:I2的列标题复制到单元格区域A40:I40，在列标题销售区域下方不同行分别输入条件“上海分部”“北京分部”，在列标题销售额下方不同行分别输入条件“>=40”，建立好的条件区如图5-6-8所示。

某公司部分家电销售情况表

季度	销售区域	产品型号	产品名称	销售数量:台	产品单价	销售额（万元）	销售额排名	销售业绩
1	广东分部	D-2	电冰箱	100	¥4,500	45.00	4	优秀
1	广西分部	K-1	空调	89	¥3,200	28.48	13	良好
1	北京分部	D-1	电视	105	¥5,000	52.50	1	优秀
1	山东分部	D-2	电冰箱	86	¥4,500	38.70	8	良好
1	上海分部	D-1	电视	95	¥5,000	47.50	3	优秀
1	浙江分部	D-1	电视	64	¥5,000	32.00	10	良好
1	天津分部	K-1	空调	89	¥3,200	28.48	13	良好
1	云南分部	D-2	电冰箱	58	¥4,500	26.10	18	一般

▲ 图4-6-7 自动筛选后的结果

季度	销售区域	产品型号	产品名称	销售数量:台	产品单价	销售额（万元）	销售额排名	销售业绩
	上海分部					>=40		
	北京分部					>=40		

▲ 图4-6-8 高级筛选的条件区设置

将鼠标指针定位在工作表数据区的任一单元格中，选择“数据”选项卡里“排序和筛选”中的“高级”命令，打开“高级筛选”对话框，如图5-6-9所示。在“方式”选项区域中选择“在原有区域显示筛选结果”单选项，“列表区域”选择“A2:I38”，条件区域选择“A40:I42”。确定后，显示的就是北京分部和上海分部中的销售额为40万元及以上的所有数据，具体结果如图5-6-10所示。

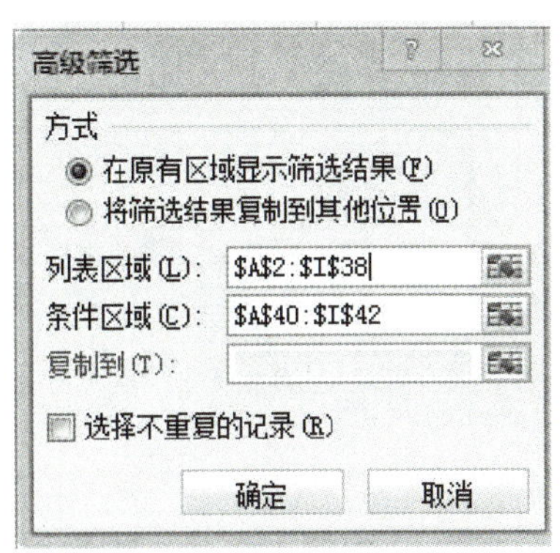

▲ 图5-6-9 “高级筛选”对话框参数设置

季度	销售区域	产品型号	产品名称	销售数量:台	产品单价	销售额（万元）	销售额排名	销售业绩
3	北京分部	D-1	电视	89	¥5,000	44.50	5	优秀
1	北京分部	D-1	电视	105	¥5,000	52.50	1	优秀
1	上海分部	D-1	电视	95	¥5,000	47.50	3	优秀
3	上海分部	D-1	电视	97	¥5,000	48.50	2	优秀

▲ 图5-6-10 筛选后的结果

③ 新建工作表Sheet5，将工作表Sheet1中的所有数据复制到Sheet5中，将鼠标指针定位在“季度”列的任一单元格中，选择选项卡“数据”中的“排序”命令或将表中数据按季度进行排序。

④ 选择“数据”选项卡中的“分类汇总”命令，打开“分类汇总”对话框，在“分类字段”下拉列表中选择“季度”，在“汇总方式”下拉列表中选择“求和”，在“选定汇总项”选项区域中选中“销售数量：台”“销售额（万元）”两个复选框，如图5-6-11所示。确定后，得到汇总结果，将汇总结果以二级显示，如图5-6-12所示。将工作表Sheet5表的名称改为“分类汇总表”。

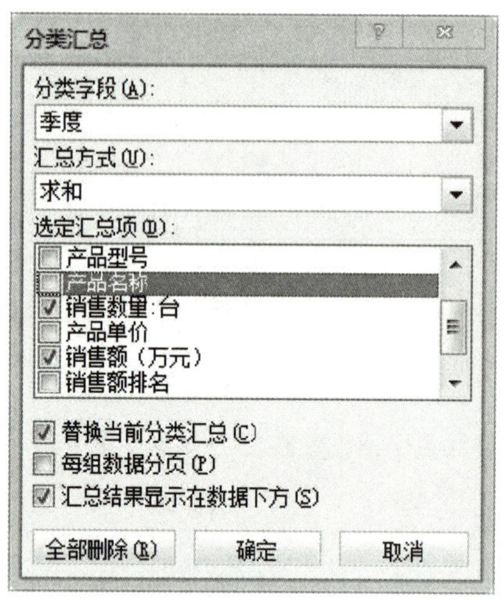

▲ 图5-6-11 “分类汇总”对话框的设置

	A	B	C	D	E	F	G	H	I
1	某公司部分家电销售情况表								
2	季度	销售区域	产品型号	产品名称	销售数量:台	产品单价	销售额（万元）	销售额排名	销售业绩
15	1 汇总				828		353.57		
28	2 汇总				660		276.35		
41	3 汇总				823		351.01		
42	总计				2311		980.93		

▲ 图5-6-12 分类汇总后的结果

子任务五：建立数据透视表

具体要求：

对工作表Sheet1内数据清单的内容建立数据透视表，行标签为“产品名称”，列标签为“季度”，求和项为“销售额（万元）”，并将之置于新工作表中，将工作表的名称改为“各产品销售统计”。

参考步骤如下：

① 打开工作表Sheet1，单击数据区域中任意单元格，选择“插入”选项卡里“表格”组中的“数据透视表”，打开对话框。

② 在“请选择要分析的数据”中，会自动选择区域（Sheet1!$A$2:$I$38）（如果区域不对，可重新选择），在“选择放置数据透视表的位置”中，选“新工作表”，单击“确定”按钮。

③ 新工作表Sheet6中出现空的数据透视表，在“数据透视表字段列表”中，将“季度”字段拖放到“列标签”中，将“产品名称”字段拖放到“行标签”中，将“销售额”

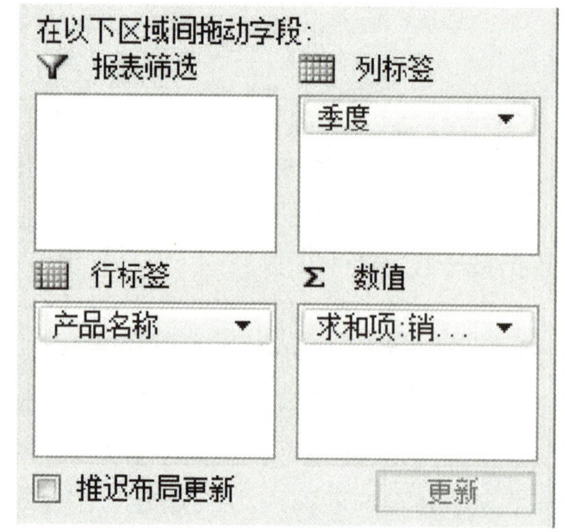

▲ 图5-6-13 透视表中字段设置

字段拖放到“数值”中，将值字段中计算类型设为“求和”，字段设置如图5-6-13所示，完成后结果如图5-6-14所示。将工作表的名称改为“各产品销售统计”。

求和项:销售额（万元）	列标签			
行标签	1	2	3	总计
电冰箱	129.15	102.15	110.25	341.55
电视	142.5	99	155	396.5
空调	81.92	75.2	85.76	242.88
总计	353.57	276.35	351.01	980.93

▲ 图5-6-14 完成后的透视表

④ 以原文件名保存文件。

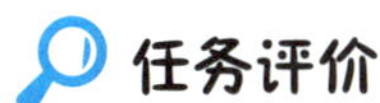

任务评价

表5-6-1 任务评价表

任务完成情况	自我评价	小组评价
工作表格式化	□完成 □待完善 原因：	☆☆☆☆☆
图表制作	□完成 □待完善 原因：	☆☆☆☆☆
数据处理	□完成 □待完善 原因：	☆☆☆☆☆

拓展提高

Excel VBA基础

Excel VBA是一种编程语言，它依托于Office软件，不能独立运行。通过VBA可以实现Excel操作的自动化，使用VBA语言编写程序可以完成Excel中的多种功能。操作步骤如下：

1. 打开VBA编辑界面。

   方法一：鼠标右击Excel工作表（如Sheet1），选择“查看代码”。

   方法二：按下【Alt+F11】组合键。

2. 开始写代码。
3. 测试运行代码。
4. 执行VBA代码。
5. 保存VBA代码。

项目六　演示文稿制作

任务一　演示文稿制作入门

任务描述

校学生会正在进行改选工作，现面向一年级学生公开竞选学生会干部。小李同学想参加竞选，需要制作一份竞选用的PPT并进行演讲，PPT页数不超过5页。演说内容应包括个人简介、竞选目的、个人实力评价等，要求观点正确，层次清晰，语言精练、演示文稿优美生动、富有感染力。

学习目标

1. 熟悉演示文稿的制作流程与原则。
2. 掌握演示文稿的基本操作。
3. 能够根据主题收集、整理素材并制作演示文稿。
4. 培养正确的竞争意识，具备参与竞争、迎接挑战的勇气和信心，锻炼面对竞争中的挫折与失败的良好心理素质。

知识储备

知识点1：演示文稿的应用场景

演示文稿是一类常见的数字媒体作品，广泛应用于工作总结、会议报告、培训教学、宣传推广、项目竞标、职场演说、产品发布等场合，我们也可以用演示文稿和老师、同学一起分享学习心得、生活感悟等。

应用场景1：产品发布会，如图6-1-1所示。

应用场景2：职场汇报，如图6-1-2所示。

应用场景3：教学课件，如图6-1-3所示。

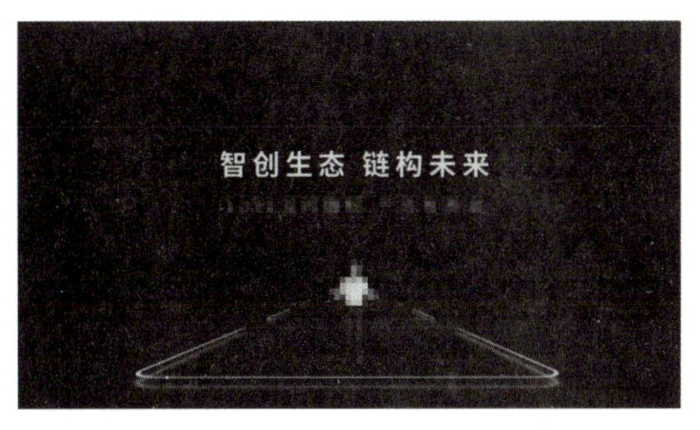

▲ 图6-1-1 产品发布会

▲ 图6-1-2 职场汇报

▲ 图6-1-3 教学课件

知识点2：常见的演示文稿编辑软件

常见的演示文稿的编辑软件有PowerPoint、WPS演示、Authware等，如图6-1-4所示。

▲ 图6-1-4 常见的演示文稿编辑软件

PowerPoint是微软公司推出的演示文稿软件。利用 PowerPoint不仅可以创建演示文稿，还可以在互联网上召开面对面会议、远程会议或在网上给观众展示演示文稿。PowerPoint做出来的文件通常被称为PPT，文件扩展名为“.ppt”或.“pptx”；该类文件也可以保存为PDF文件、图片文件等。在PowerPoint 2010及以上版本中可将文件保存为视频格式。

WPS演示是我国金山公司研发的WPS Office软件套件中的一部分，能够创建演示文稿。WPS演示功能强大，并兼容PowerPoint的PPT格式，同时也有自己的DPT和DPS格式。它增强了多媒体支持功能，利用WPS演示制作的文稿，可以通过不同的方式播放，也可将文稿打印成一页一页的幻灯片，使用幻灯片机或投影仪播放。还可以将文稿保存到光盘中以进行分发，并可在幻灯片放映过程中播放音频或视频。WPS演示对用户界面进行了改进并增强了对智能标记的支持，用户可以更加便捷地查看和创建高品质的演示文稿。

Authware中文版是一款非常实用的课件制作软件，适合用于教育及影视制作行业工作者。该软件内部包含了声音、文本、视频、图片等编辑工具，可以帮助用户快速高效地制作课件。其功能中的一部分可用来做演示，动画功能强大。

知识点3：演示文稿的基本操作

所谓演示文稿，是由若干张幻灯片组成，并含有文字、图片、动画、视频等内容的复合文档。

1. 创建演示文稿

对演示文稿进行操作，首先需要创建一个新的演示文稿。在启动PowerPoint 2016 软件时会自动打开一个空白的演示文稿，如果用户希望采用其他方式创建一个新的演示文稿，可以通过以下三种方式实现：根据样本模板新建演示文稿、根据主题新建演示文稿和根据现有的演示文档新建演示文档。以上所有的创建方式都可以在“文件”菜单下的“新建”命令中找到，如图6-1-5所示。

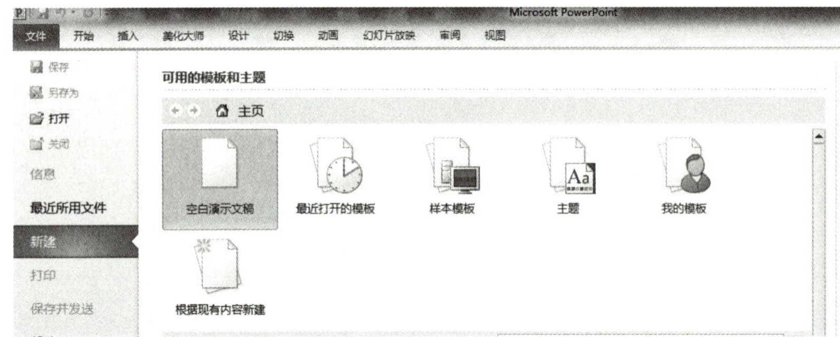

▲ 图6-1-5　创建演示文档

小贴士　PowerPoint 2016 软件具备强大的模板功能，内置了丰富实用的模板，同时，用户也可以通过网络下载安装自己需要的模板。利用这些模板，用户可以制作出精美的演示文稿。

2. 打开演示文稿

打开保存在计算机上的演示文稿的方式比较简单，可以单击“文件”菜单下的“打开”命令，在弹出的对话框中选择相应位置的文档即可，如图6-1-6所示。

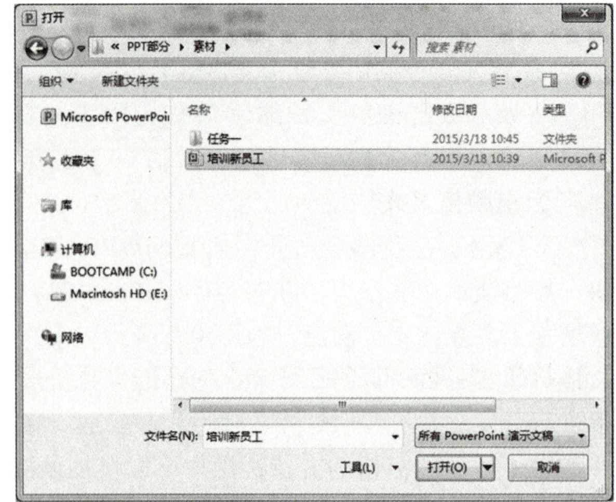

▲ 图6-1-6　打开演示文稿

小贴士 如果用户将要打开的演示文稿在最近一段时间编辑过，系统会将使用记录保存下来，并存放在“最近所用文件”列表中。通过执行“文件”菜单下的“最近所用文件”命令，可以在列表中选择要打开的文档，如图6-1-7所示。

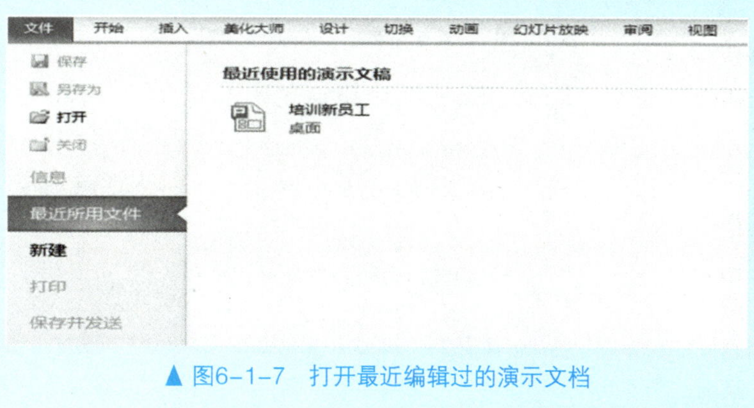

▲ 图6-1-7 打开最近编辑过的演示文档

3. 保存演示文稿

保存演示文档是处理演示文稿的重要一步，保存演示文稿分为直接保存和另存为保存两种方式。

直接保存一般用于新建并第一次编辑演示文稿后，或者针对已有演示文稿进行修改后需要保存时，在“文件”菜单下单击“保存”命令即可实现保存。

当用户打开已有的演示文稿并进行修改后，需要将修改的内容保存起来且保持原有的演示文稿不变，这时就可以使用另存为演示文稿的方法对演示文稿进行保存。

练一练

1. 新建一个演示文档，使用名为“培训”的样本模板，并将此演示文档以“培训新员工.pptx”的文件名保存到桌面，重新打开PowerPoint 2016 后尝试打开上述演示文档。
2. 说一说样本模板的作用，你准备如何用好样本模板?

4. 新建幻灯片

默认的演示文稿中只包含一张幻灯片，用户可以根据需要新建幻灯片。操作步骤如下：

① 在“开始”选项卡下，单击“幻灯片”组中的“新建幻灯片”按钮。

② 点击“新建幻灯片”按钮旁的下三角按钮，在展开的下拉列表中选择新幻灯片

所需要的版式，如图6-1-8所示。

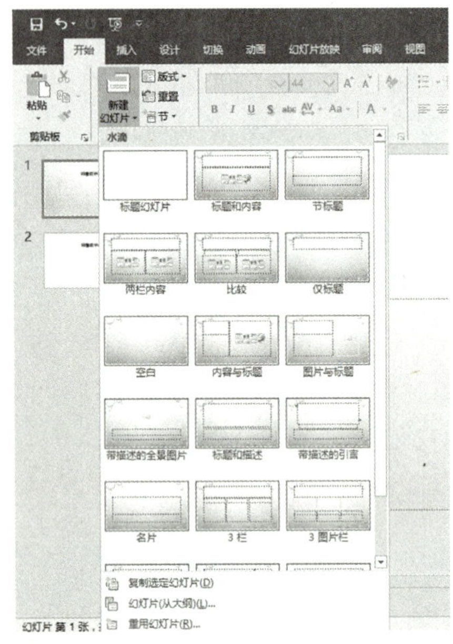

▲ 图6-1-8　新建幻灯片

用户在幻灯片浏览窗格中需要新建幻灯片的地方单击鼠标右键，选择“新建幻灯片”命令，同样可以新建一张幻灯片。

5. 移动幻灯片

选定要移动的幻灯片，直接用鼠标将其拖动到目标位置；释放鼠标后，幻灯片发生了移动，系统将自动重新排列幻灯片的编号。

6. 复制幻灯片

选定要复制的幻灯片，右击鼠标，在弹出的快捷菜单中选择“复制幻灯片”命令即可（图6-1-9）；或是在选定要复制的幻灯片后，按【Ctrl+C】组合键复制，单击目标位置后再按【Ctrl+V】组合键粘贴即可。

7. 删除幻灯片

选定要删除的幻灯片，按【Delete】键可删除该幻灯片；或右键单击需要删除的幻灯片，在弹出的菜单中选择“删除幻灯片”即可。删除幻灯片后，系统将自动调整幻灯片的编号。

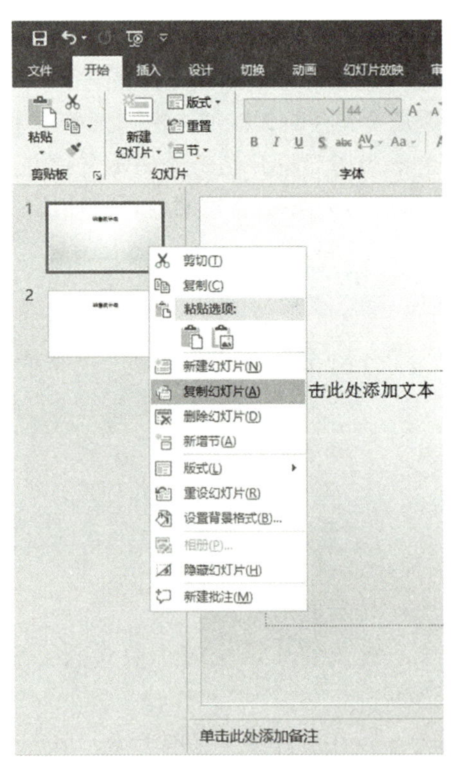

▲ 图6-1-9　复制幻灯片

小贴士

对幻灯片进行的所有操作，都需要将幻灯片选中，此操作在设计演示文档的过程中使用相当频繁，掌握选择幻灯片的操作技巧对于用户来说非常重要。

选择单个幻灯片：在普通视图模式下，只需要单击左侧幻灯片窗格的幻灯片缩略图即可。

选择连续多个幻灯片：按住【Shift】键的同时，分别单击要选择的第一张和最后一张幻灯片即可。

选择不连续多个幻灯片：按住【Ctrl】键的同时，依次单击所要选取的幻灯片即可。

选择所有幻灯片：选中任意一张幻灯片，然后按下【Ctrl+A】组合键即可选中所有的幻灯片。

练一练

1. 打开配套教学素材“6-1.pptx”，欣赏生日快乐演示文稿。并将演示文稿中第五张幻灯片移动到第四张幻灯片前，复制第二、第七张幻灯片到第九张幻灯片前，再删除第六张幻灯片。

2. 有哪几种方法可以复制整页幻灯片的内容？你认为哪种方法最适合你？

知识点4：演示文稿的文本编辑

1. 输入文本

文本是演示文稿内容中最基本的元素，每一张幻灯片或多或少都会有一些文字信息，用户经常利用幻灯片中的文字来表达自己的观点和思想。在幻灯片中输入文本的方法有4种：占位符、文本框、自选图形文本和艺术字。

（1）直接输入文本

对于一般的文本，可以选择在占位符或文本框中直接输入，输入的方法与在Word软件中操作的方法一致，如图6-1-10所示。

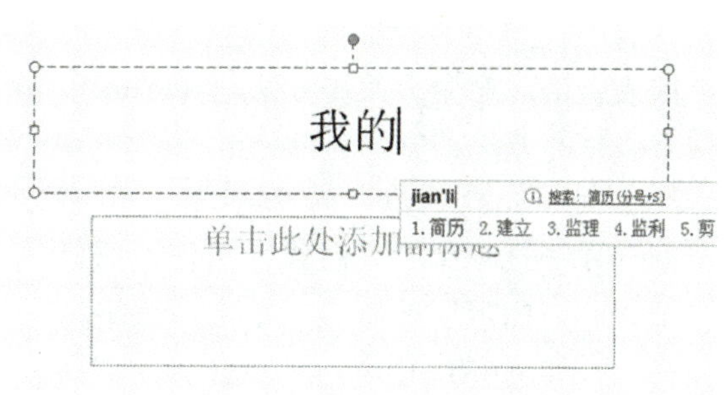

▲ 图6-1-10 直接输入文本

（2）导入Word文本

如果用户想要在幻灯片中输入某个Word文档中的文本内容，可以单击“插入”选项卡中的“对象”按钮，打开“插入对象”对话框，选择“由文件创建”选项，再单击“浏览”按钮，如图6-1-11所示，选择已经编辑好的Word文档，就可以直接将Word文档中的文本以“Microsoft Word 文档”对象形式导入幻灯片。

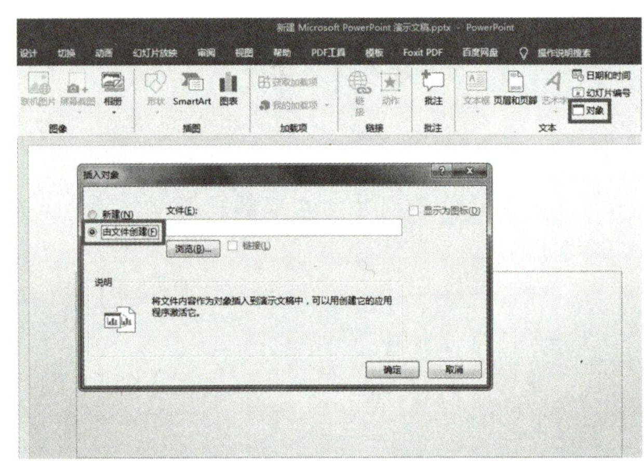

▲ 图6-1-11　导入Word文本

2. 编辑和设置文本

在幻灯片中输入文本后，如果需要进一步调整文本，都会涉及文本的编辑与设置操作。编辑文本包括选择文本，对文本的移动、复制和删除，以及撤销与恢复文本，文本的设置包括设置文本的基本格式、设置段落格式、设置文本框格式等，上述操作与Word软件中文本的编辑和设置类似。

练一练

1. 在幻灯片中输入文本的方式有哪些?
2. 复习本书中关于Word 2016 文本编辑的基本操作，并说出在 PPT 中设置艺术字的方法。
3. 在PowerPoint 2016 中如何设置垂直方向的对齐方式?

知识点5：演示文稿中表格的创建与编辑

1. 插入表格

如果需要在演示文稿中添加排列整齐的数据，可以使用表格来完成。有以下两种方法:

（1）用PowerPoint 2016 打开演示文稿，选中需要插入表格的幻灯片，并切换到“插入”选项卡，单击“表格”组中的“插入表格”命令，操作方法与在Word中插入表格的方法类似。

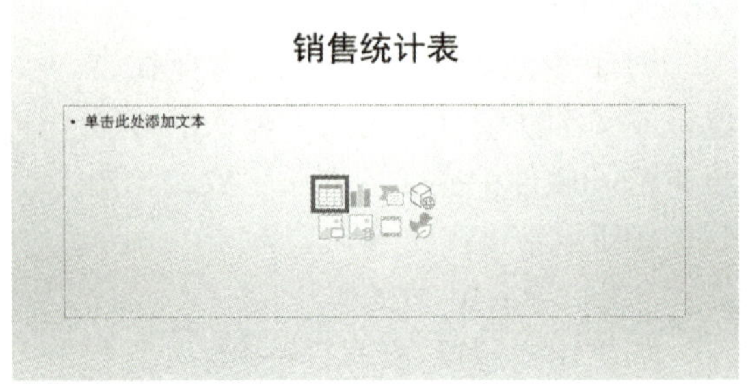

▲ 图6-1-12　表格占位符

（2）在“开始”选项卡下，单击“幻灯片”选项组的“版式”按钮，选择一个含有“内容”的版式。单击“表格占位符”，如图6-1-12所示，在弹出的“插入表格”对话框中设置表格的行数和列数，单击“确定”按钮后便在占位符中添加了一个指定行数和列数的空白表格。

PowerPoint 2016 中的占位符包含插入表格、图表、剪贴画、图片、SmartArt图形和影片等按钮，用户可以根据需要直接运用这些按钮快速创建相应的内容。

2. 表格编辑与格式设置

在PowerPoint 2016 中进行表格编辑与格式设置，如插入与删除行/列、合并与拆分单元格、设置表格边框和设置表格样式等，可借助“表格工具”中的“设计”“布局”选项卡完成，操作方法与在Word中编辑表格的方法类似。

练一练

1. 在幻灯片中插入表格的方式还有哪些？
2. 打开配套教学素材“新员工入职培训.pptx”，练习表格的编辑与格式设置。

知识点6：演示文稿中插入图片、图形和图表及编辑

1. 插入图片

（1）用占位符插入图片。与插入表格方法相似，通过点击“插入来自文件的图片占位符”进行设置。

（2）使用选项卡命令插入图片。选定要插入图片的幻灯片，单击“图像”选项组中的“图片”命令，打开“插入图片”对话框，如图6-1-13所示。该对话框中的操作方法与Word中的“插入图片”对话框操作方法类似。

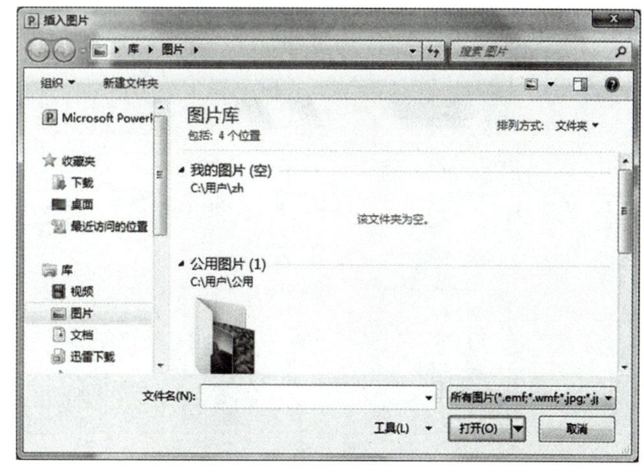

▲ 图6-1-13　插入图片

2. 插入剪贴画

（1）使用占位符插入剪贴画。与插入表格方法相似，单击“剪贴画占位符”，在“剪贴画”窗口中选择一种后便在占位符中插入一幅选定的剪贴画。

（2）使用选项卡命令插入剪贴画。如果需要在占位符以外的空白处插入一个剪贴画，可以用在Word中插入剪贴画相同的方法来操作。

小贴士 如果通过剪贴画四周的控制柄来调整其大小，则不能得到精确的尺寸。

3. 使用图表

（1）使用占位符插入图表。与插入表格方法相似，通过点击“插入图表占位符”进行设置。

（2）使用选项卡命令插入图表。如果需要在占位符以外的空白处插入一个图表，可以单击“插图”选项组中的“图表”命令，打开如图6-1-14所示的“插入图表”对话框，用与插入表格相同的方法操作便可插入一个图表。

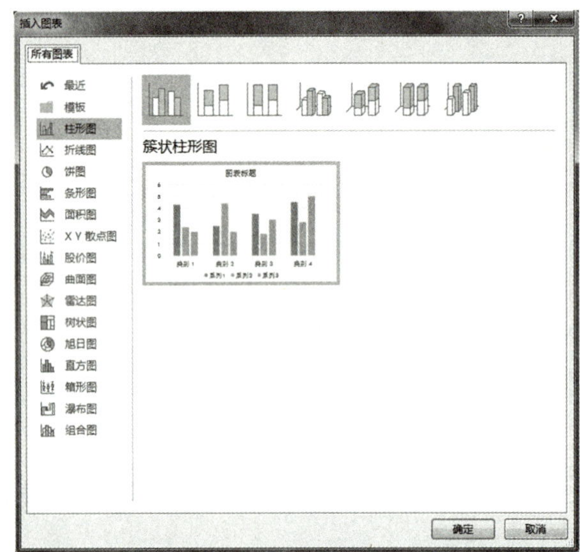

▲ 图6-1-14 “插入图表”对话框

4. 使用SmartArt图形

（1）使用占位符插入SmartArt 图形。与插入表格方法相似，通过点击“插入SmartArt图形占位符”来设置。

（2）使用选项卡命令插入SmartArt 图形。如果需要在占位符以外的空白处插入一个SmartArt 图形，可以单击“插图”选项组中的“SmartArt”命令，打开如图5-1-14所示的“选择SmartArt 图形”对话框，然后选择需要插入的SmartArt 图形。

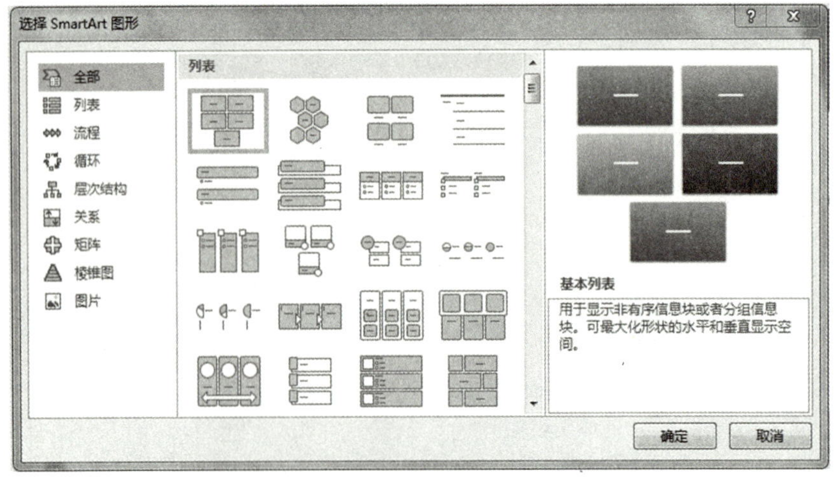

▲ 图6-1-15 “选择SmartArt图形”对话框

小贴士 SmartArt可以通过在多种不同布局中进行选择来创建SmartArt图形，从而快速、轻松、有效地传达信息。创建SmartArt图形时，系统将提示选择一种SmartArt图形类型，例如“流程”“层次结构”“循环”或“关系”等。类型类似于SmartArt图形类别，而且每种类型包含几个不同的布局。当切换布局时，大部分文字和其他内容、颜色、样式、效果和文本格式会自动带入新布局中。

5. 插入艺术字

与Word一样，在PowerPoint 2016中也可以插入艺术字。选定要插入图片的幻灯片，单击“插入”选项卡的“艺术字”选项，打开“艺术字库”对话框。该对话框中的操作方法与Word中的“艺术字库”对话框操作方法类似。

练一练

1. PowerPoint 2016中如何插入形状，并进行编辑？
2. 打开配套教学素材“新员工入职培训.pptx”，在第三张幻灯片中插入素材图片“train.jpg”。
3. 将图片的大小设置为原尺寸的80%，并调整图片至合适位置。

任务实施

参考以下演讲稿的文字，制作“学生会竞选自我介绍”演示文稿，并保存为“自我介绍.pptx”。

参考文字：

各位老师、同学：

上午好！

我是来自××学校××班的×××，很荣幸参加此次竞选。我想成为学生会文艺部的一名成员。我性格开朗、健谈，喜欢把自己的快乐与所有人分享。我的爱好广泛，喜欢旅行、听音乐、下棋以及各种体育运动。

由于同学们的支持和自己的努力，我很幸运地在开学时当选为班上的文体委员。我曾策划并主持了一台以班为单位，以增加集体凝聚力为目的的小型文娱晚会。晚会整体效果良好，受到老师和同学的好评。

文艺部是一个舞台， 让同学们有机会施展自己的才华。同时，通过文艺部组织的丰富多彩的活动，可以充实大家的课余生活。我希望这次能加入学生会文艺部，这是我进步的台阶，我也希望贡献自己微薄的力量。

如果我有幸能得到你们的认可，我将努力组织各种文艺活动，让同学们的生活更丰富、更快乐。

如果我没能成功，我将认真地进行总结，继续努力，把这次竞选当成是一次锻炼，谢谢！

参考步骤如下：

1. 创建演示文稿。启动PowerPoint 2016，新建一个空白演示文稿，选择“设计”菜单中的一种模板，如“新闻纸”模板；设置第一张幻灯片的版式为“标题幻灯片”，其余各张幻灯片的版式为“标题和内容”。

2. 对幻灯片内容进行编辑。

① 在首页幻灯片标题区中输入“学生会竞选自我介绍”，设置字体为“微软雅黑”，字号为“66”，在副标题区中输入“演讲人：某某某（制作人）”，设置字体为“隶书”，字号为“32”。

② 制作其他幻灯片，输入经过总结、凝练的参考文字内容，并为每张幻灯片添加标题，标题字体为“黑体”，字号为“54”，文本内容字体为“宋体”，字号为“32”。

③ 设置每张幻灯片的文本内容为首行缩进“1厘米”，段前、段后距为“6磅”和“1.5倍行距”。

④ 在第三张幻灯片中插入图片“文娱活动.jpg”，调整图片大小并将其放置在合适的位置。

⑤ 根据实际情况，对演示文稿进行个性化修改（可插入图片、表格等）。演示文稿效果如图6-1-16所示。

3. 将首页标题设置为与本文内容主旨相符合的艺术字。

4. 将演示文稿命名为“自我介绍.pptx”并保存。

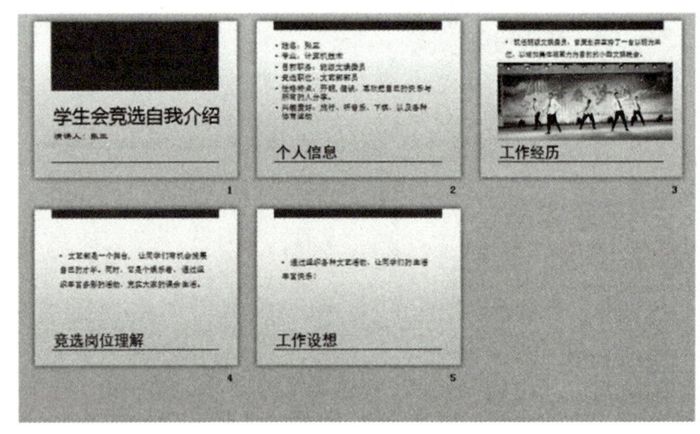

▲ 图6-1-16　演示文稿效果图

任务评价

表6-1-1　任务评价表

任务完成情况	自我评价	小组评价
演示文稿的创建与保存	□完成　□待完善　原因：	☆☆☆☆☆
幻灯片的基本编辑	□完成　□待完善　原因：	☆☆☆☆☆

拓展提高

用形状制作蒙版

有时候，当需要在图片上写字时，为了清晰地展示文字信息，会在图片层和文字层之间加一个半透明的形状，这个半透明的形状，我们称为“蒙版”。用形状制作蒙版，不仅凸显文字内容，还增强了幻灯片的画面感。

比如背景选用了一张图片，如果直接在上面添加文字的话，会导致文字和背景不协调。这时，可以在文字和图片之间添加一个半透明的黑色形状，这样不仅可以看清楚文字，也可以看清楚图片，整页幻灯片视觉效果更好。

蒙版可以这样制作：选中形状，单击右键，选择“设置形状格式”，在弹出的窗口中，可以设置形状填充的透明度，如图6-1-17所示。使用蒙版制作幻灯片，经常会取到意想不到的效果。

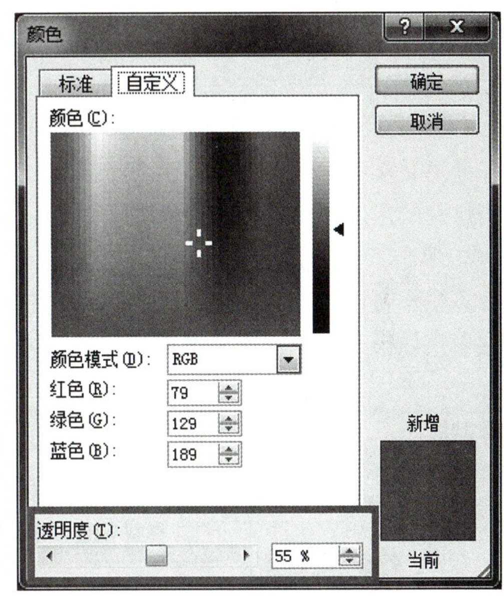

▲ 图6-1-17 蒙版透明度的设置

任务二 演示文稿的美化

任务描述

学校要举行一次“文明上网 健康成长”主题班会，要求用PPT演讲。小李同学已经准备好了文字发言稿，现在需要把这些文字用PPT展示出来。现在请你发挥本领，帮助他制作出能体现PPT的各项功能、简洁明了的演示文稿，PPT页数不超过5页。

学习目标

1. 能够使用图像、音频、视频编辑软件处理图片和影音素材。
2. 掌握演示文稿主题选用与幻灯片背景设置。

3. 理解幻灯片母版的概念，能够对幻灯片母版进行编辑及应用。

4. 增强上网的文明意识、安全意识和自我保护意识，养成文明的网络素养，弘扬社会正气，传播正能量。

知识储备

知识点1：设置主题、背景

1. 设置幻灯片的主题效果

在PowerPoint 2016 中，系统自带有多种幻灯片主题效果，用户可以根据实际需要设置幻灯片的主题效果。操作步骤如下：

单击“设计”选项卡，在“主题”选项组中选择所需的设计模板，如图6-2-1所示，则该模板将应用于当前文稿的每个幻灯片。如果所选模板只需要用于当前幻灯片，可以右键单击该模板，在快捷菜单里选择“应用于选定幻灯片”。

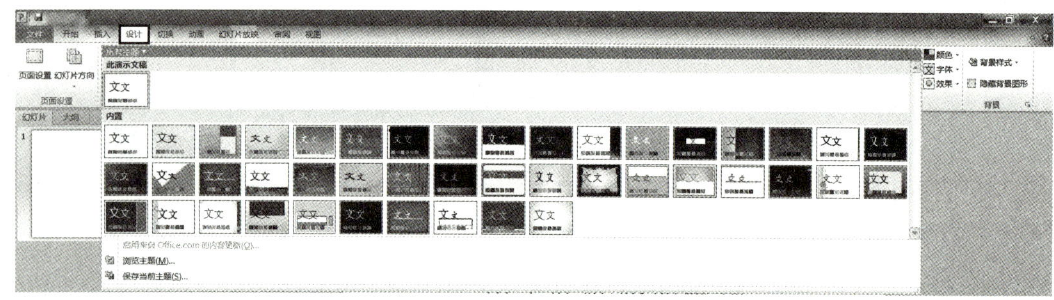

▲ 图6-2-1　在“主题”选项组中选择设计模板

小贴士　用户所选定模板的配色方案会成为当前文稿的配色方案，如需更改，可以点击“主题”选项组右边的“颜色”“字体”或“效果”“背景样式”选项来改变配色方案。

2. 设置背景

当幻灯片中的文字和背景颜色相近时，放映效果会不佳，此时就需要改变幻灯片的背景。操作步骤如下：

① 选定要改变背景的幻灯片，单击“设计”选项卡，在“变体”选项组中点击“背景样式”，选择所需的背景，如图6-2-2所示。

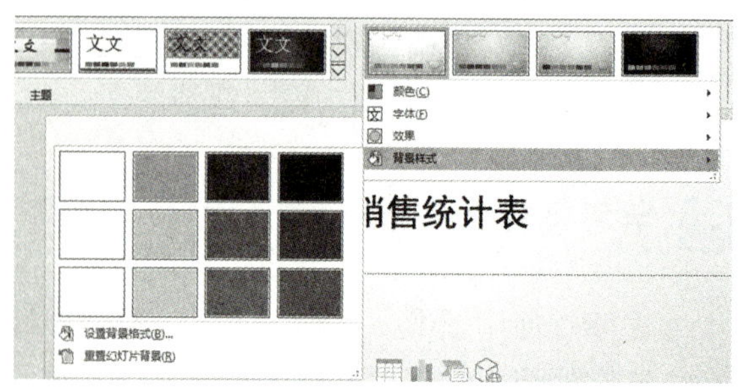

▲ 图6-2-2　背景样式

② 如果没有合适的背景样式，还可以继续点击下面的“设置背景格式”命令，弹出“设置背景格式”对话框，如图6–2–3所示，进行背景的设置。在该对话框中的“填充”选项卡中有“纯色填充”“渐变填充”“图片或纹理填充”以及“图案填充”四种填充方式，选择“渐变填充”，打开“预设渐变”下拉列表，选择“渐变色”。

③ 如果单击“应用到全部”按钮，则演示文稿中所有的幻灯片都会应用刚刚设置的背景格式。

④ 如果不单击“应用到全部”按钮，直接单击对话框右上角的“关闭”按钮，则只有选中的一张幻灯片会应用刚刚设置的背景格式。

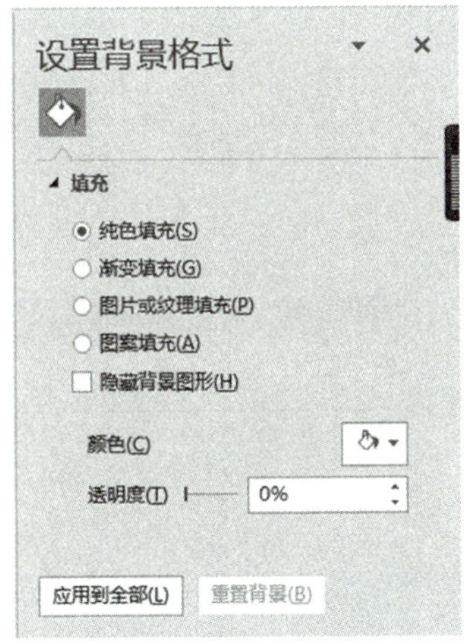

▲ 图6–2–3 渐变填充

练一练

1. 打开配套教学素材“因特网的秘诀.pptx”，给幻灯片应用“水滴”模板。
2. 使用“主题”选项组右边的“颜色”“字体”或“效果”选项来改变配色方案。
3. 将背景格式设置为“渐变填充”中的预设颜色“浅色渐变–个性色2”。

知识点2：设计幻灯片母版效果

幻灯片母版用于设置幻灯片的样式，可供用户设定各种标题文字、背景、属性等，只需对母版中的内容做一次更改就可更改所有幻灯片的设计。在PowerPoint 2016 中有三种母版：幻灯片母版、讲义母版、备注母版。

1. 设计幻灯片标题母版

① 打开演示文稿，单击“视图”选项卡下的“幻灯片母版”，进入幻灯片母版的编辑模式。

② 在母版视图状态下，从左侧的预览中可以看出，PowerPoint 2016 提供了18张默认的幻灯片母版页面。其中第一张为基础页，对它进行的设置，自动会在其余的页面上显示。

③ 在幻灯片浏览空格中选择“标题幻灯片版式：由幻灯片1使用”，如图6–2–4所示，按【Ctrl+A】组合键选中标题幻灯片中的所有占位符，然后按【Delete】键将其删除。

④ 在幻灯片窗口中右击，从弹出的快捷菜单中选择“设置背景格式”命令，打开“设置背景格式”对话框。

⑤ 切换到“填充”选项卡，选中“隐藏背景图形”复选框，然后选中“图片或纹理填充”单选按钮，如图6–2–5所示。

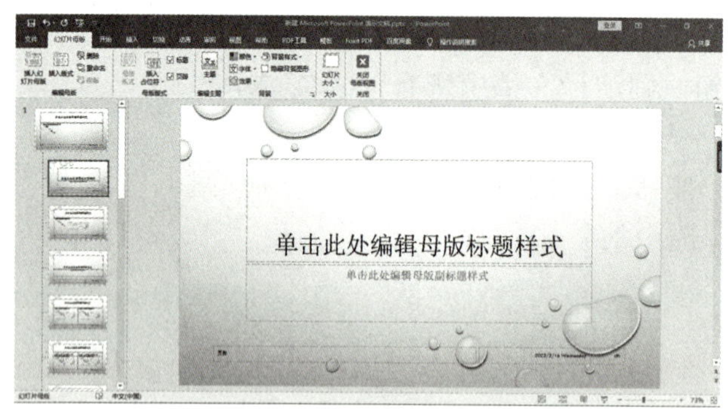

▲ 图6-2-4　设计幻灯片标题母版

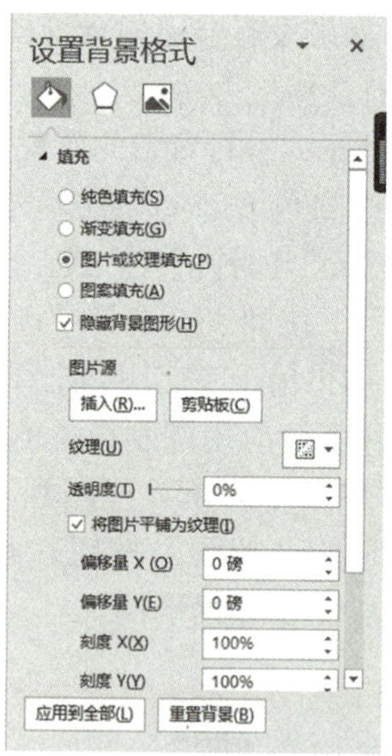

▲ 图6-2-5　设计幻灯片标题母版背景

⑥ 单击图片源下的“插入”按钮，打开“插入图片”对话框，从中选择要设置为背景的图片文件，单击“插入”按钮，则返回到“设置背景格式”对话框，然后单击“关闭”按钮即可完成图片的插入操作，效果如图6-2-6所示。

⑦ 此时，关闭母版视图，回到普通视图，发现PowerPoint已经默认添加了封面，而这个封面在普通视图中无法被修改。

▲ 图6-2-6　设计幻灯片标题母版效果图

小贴士

在PowerPoint母版中，“标题幻灯片版式”一般用于封面，对其他页面没有影响。

2. 设计Office主题幻灯片母版

为了使新建的幻灯片都具有与设计母版相同的样式效果，就需要对幻灯片母版进行相应的设计操作。

操作步骤与“设计幻灯片标题母版”方法类似，将其中第③步改为在幻灯片浏览空格中选择“Office主题幻灯片版式：由幻灯片1使用”，设置背景后的效果如图6-2-7所示。不仅第一张的背景图片换掉了，其余幻灯片（标题幻灯片除外）的背景也都被换掉了。

▲ 图6-2-7　设计Office主题幻灯片母版效果图

小贴士　PowerPoint 2016中第一张为基础页，是母版中的母版，它一变全部幻灯片都会变。最好在开始构建各张幻灯片之前创建幻灯片母版，而不要在构建幻灯片之后再创建母版。如果先创建了幻灯片母版，则添加到演示文稿中的所有幻灯片设计都会基于该幻灯片母版和相关联的版式。开始更改时，请务必在幻灯片母版上进行。

练一练

1. 打开配套教学素材“因特网的秘诀.pptx”，为之分别设计幻灯片标题母版和Office主题幻灯片母版，观察和比较效果。
2. 在母版页脚位置添加幻灯片编号。

知识点3：添加超链接

PowerPoint 2016 提供了功能强大的超链接功能，使用它可以在幻灯片与幻灯片之间、幻灯片与其他外界文件或程序之间以及幻灯片与网络之间自由地转换，下面介绍在

PowerPoint 2016 中设置超链接的三种方法。

1. 利用“动作设置”创建超链接

① 鼠标单击用于创建超链接的对象，使之高亮度显示，并将鼠标指针停留在所选对象上（对象指文字、图片等内容）。

② 单击“插入”选项卡，在“链接”功能区中单击“动作”按钮，系统将弹出“操作设置”对话框，如图6–2–8所示。在对话框中有两个选项卡“单击鼠标”与“鼠标移过”，通常选择默认的“单击鼠标”。单击“超链接到”选项，打开超链接选项下拉菜单，根据实际情况进行选择，然后单击“确定”按钮即可。

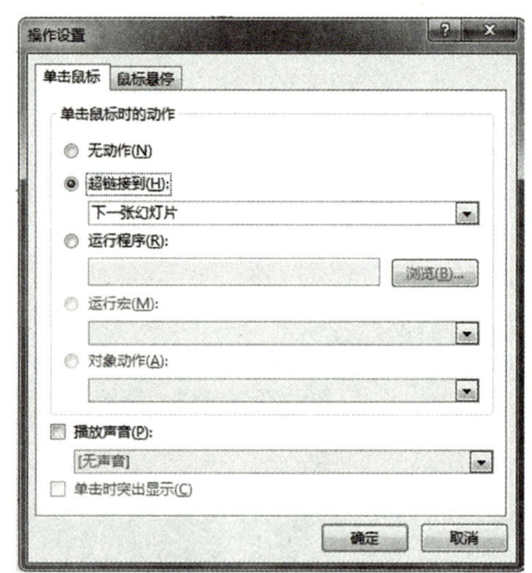

▲ 图6–2–8　动作设置

> **小贴士**　若要将超链接的范围扩大到其他演示文稿或PowerPoint 2010以外的文件中去，则只需在超链接选项下拉菜单中选择“其他PowerPoint演示文稿”或“其他文件”选项即可。

2. 利用“链接”按钮创建超链接

利用“链接”选项组中的“链接”按钮来设置超链接是很常用的一种方法。虽然它只能创建鼠标单击的激活方式，但在超链接的创建过程中不仅可以方便地选择所要跳转的目的文件，还可以清楚地了解到所创建的超链接路径。

① 鼠标单击用于创建超链接的对象使之高亮度显示，并将鼠标指针停留在所选对象上。

② 单击“插入”选项卡，在“链接”选项组中单击“链接”按钮，则系统将会弹出“插入超链接”对话框，如图6–2–9所示。

如果链接的是此文稿中的其他幻灯片，就在左侧的选项中单击“本文档中的位置”图标，在“请选择文档中的位置”中单击要链接到的那张幻灯片，然后单击“确定”按钮即可。

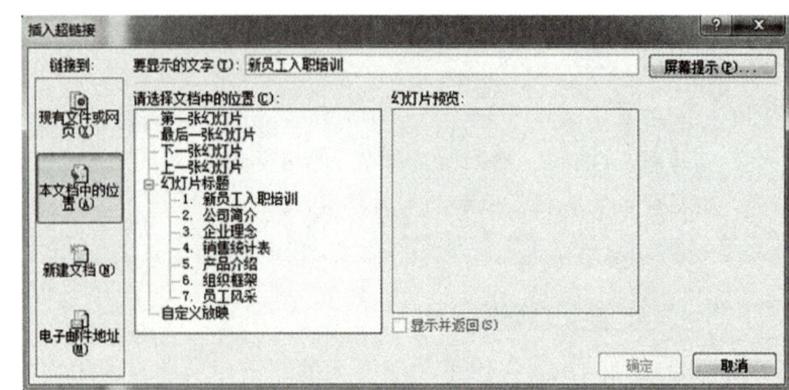

▲ 图6–2–9　插入超链接

如果链接的目的文件是计算机中的其他文件，或是在Internet的某个网页上，则在左侧的选项中，点击“现有的文件或网页”，再进行相关的设置即可。

3. 利用“动作”按钮来创建超链接

上面两种方法都是在文字或图片中创建超链接的，一般应用于解释文字或链接到图片说明之类的文件上。PowerPoint 2016 还提供了一种单纯为实现各种跳转而设置的“动作”按钮，这些按钮也可以完成超链接的功能。

① 单击“插入”选项卡，在“插图”选项组中单击“形状”按钮，在弹出的下拉菜单中可以看到“动作按钮”，如图6-2-10所示。可将鼠标指针停留在任意一个动作按钮上面，通过出现的“气球提示”了解到各个按钮的功能。

▲ 图6-2-10 动作按钮

② 在“动作按钮”菜单中选择一种要使用的按钮。

③ 将鼠标指针移动到幻灯片上，此时鼠标的指针变成十字形符号。在幻灯片的适当位置，按住鼠标左键，拖出一个方形区域；松开鼠标，则相应的动作按钮出现在所选的位置上，同时系统弹出“动作设置”对话框，其设置方法同第一个方法。

练一练

1. 打开配套教学素材“新员工入职培训.pptx”，在第一张幻灯片后插入一个目录页，并设置目录页中每一项和后面相应幻灯片的超链接。
2. 为每一张幻灯片设置一组导航按钮。

知识点4：给幻灯片中的对象添加动画

为了丰富演示文稿的内容，也可以在幻灯片中插入一些动画，这样在一定程度上会增强演示文稿的动画功能。操作步骤如下：

选中一张幻灯片，选择需要设置动画效果的对象，然后单击“动画”选项卡，在动画选项组单击“其他”按钮▾，在弹出的菜单中选择需要的动画选项，就可以完成所选对象的动画设置，如图6-2-11所示。

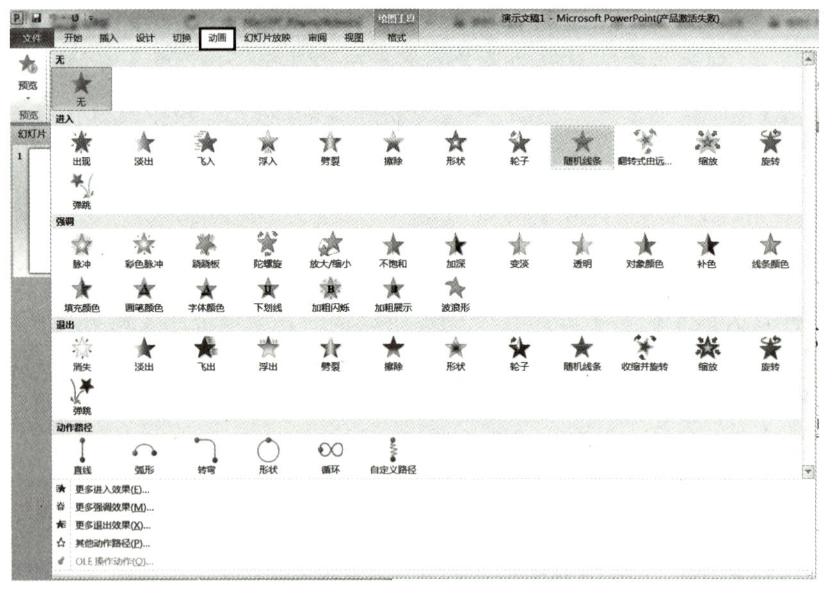

▲ 图6-2-11 动画设置

练一练

1. 打开配套教学素材“新员工入职培训.pptx”，给第一页的标题设置“浮入”动画，副标题设置“飞入”动画。
2. 如果同一张幻灯片上有多个动画效果，如何设置播放顺序？

知识点5：在幻灯片中插入音频和视频

在幻灯片中除了能插入文字和图形对象以外，还可以插入音频和视频，从而使演示文稿更加绚丽多彩。

1. 插入音频

可以在幻灯片中插入音频，如CD乐曲、声音文件和录制的声音等。单击“插入”选项卡，选取“音频”项，在子菜单中选择“文件中的音频”命令，如图6-2-12所示。打开“插入音频”对话框，在对话框中找到声音文件保存的位置，然后选中它，单击“确定”按钮。

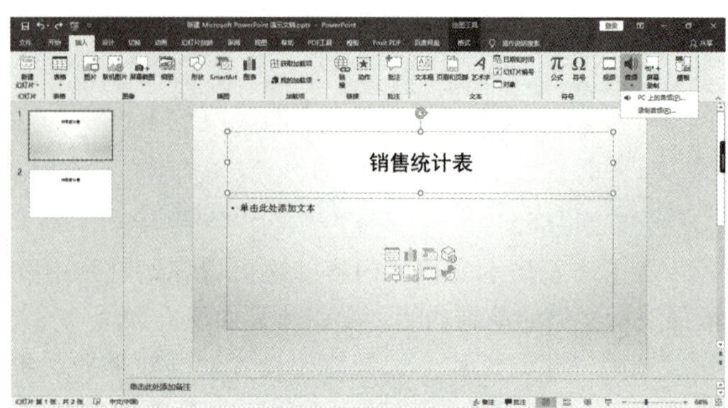

▲ 图6-2-12 插入音频

小贴士 插入的音频文件在放映幻灯片时会自动播放，如果想在放映之前先听一下，可以单击小喇叭状的图标下的播放键。插入的声音可以是Office 2016的剪辑库中提供的现成文件，也可以是用户自己创建的，只要是PowerPoint 2016支持的格式就行，比如WAV格式、MIDI格式、MP3格式等。

2. 插入视频

插入视频的方法与插入音频的方法类似，单击“插入”选项卡中的“视频”选项，在下拉菜单中单击“文件中的视频”命令，然后在打开的“插入视频文件”对话框（图6-2-13）中选择影片后单击“插入”按钮即可。

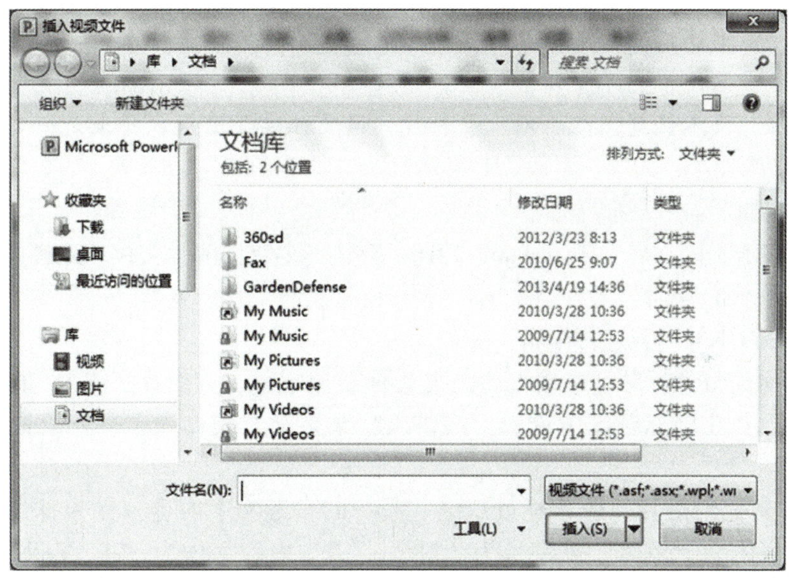

▲ 图6-2-13 插入视频

练一练

1. 在PowerPoint 2016 中可以插入的音频和视频分别是什么格式？
2. 如何使幻灯片中插入的音频文件可以在幻灯片放映时直接播放？

任务实施

参考以下演讲稿的文字，制作“文明上网 健康成长”演示文稿，并将其保存为“文明上网.pptx”。

参考文字：

老师们，同学们：

今天我演讲的题目是“文明上网　健康成长”。现在，互联网越来越普及，当今社会已进入以互联网为标志的信息时代。网络给我们带来许多方便。我们可以在网上查阅资料，看最新的消息；网络还可以开阔我们的视野，促进我们的学业。我们的老师也充分地利用网上资源，努力提高我们的学习成绩。

但网络是一把双刃剑。有的同学过度依赖电脑，整天沉迷于网络游戏之中，课也不上，学习成绩直线下降；有的同学做了网络的俘虏，成了“小网虫”；还有的同学因整天看电脑，视力受到严重影响，眼睛近视了；有的同学上网的目的只是打游戏或者聊天，一刻也不停歇。对网络过度上瘾，甚至酿成了惨剧。

在我看来，我们学生应当上好现代信息技术课，掌握基本的计算机技能。条件允许的话，在家长或老师的监督和指导下，学生可适度适量上网，并做到五要五不要：要善于网上学习，不浏览不良信息；要诚实友好交流，不侮辱欺诈他人；要增强自我保护意识，不随意约会网友；要维护网络安全，不破坏网络秩序；要有益身心健康，不沉溺虚拟时空。记住，决不能到网吧上网！要相信，只要你学业有成，将来是一定能在网上冲浪遨游的！

参考步骤如下：

1. 创建演示文稿。启动PowerPoint 2016，新建一个空白演示文稿，选择“设计”菜单中的一种主题，如“红利”。

2. 对幻灯片中的内容进行编辑。

① 在首页幻灯片标题区中输入“文明上网 健康成长”，设置字体为“微软雅黑”，字号为“66”；在副标题区中输入“演讲人：某某某（制作人）”，设置字体为“隶书”，字号为“32”。

② 制作其他幻灯片，输入经过总结、凝练的参考文字内容，并为每张幻灯片添加标题，标题字体为“黑体”，字号为“38”；文本内容字体为“华文新魏”，字号为“26”，如图6-2-14所示。

③ 在网上搜索合适的LOGO添加到Office主题幻灯片母版中。

④ 在第一张幻灯片后插入一个目录页，并设置目录页中每一项到后面对应幻灯片的超链接。

⑤ 在演示文稿的最后添加一张新幻灯片，插入“练一练”中的“文明上网.avi”视频。

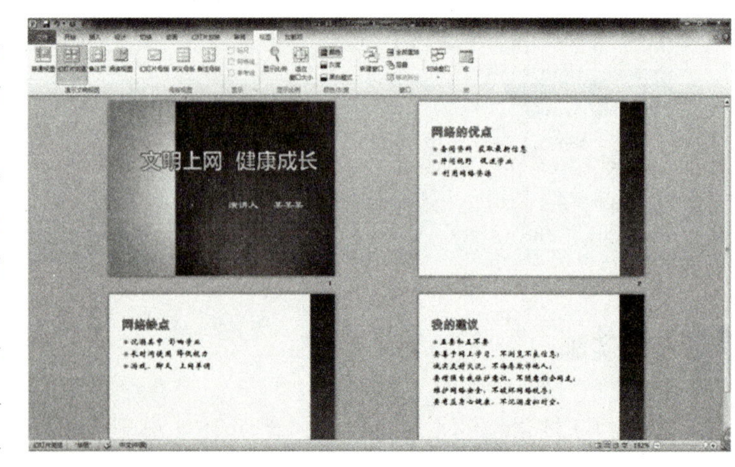

▲ 图6-2-14　效果图

3. 将演示文稿命名为“文明上网.pptx”，并保存。

任务评价

表6-2-1　任务评价表

任务完成情况	自我评价	小组评价
母版的设置	□完成　□待完善　原因：	☆☆☆☆☆
超链接的设置	□完成　□待完善　原因：	☆☆☆☆☆

拓展提高

演示文稿占位符

占位符就是利用文本框先占用一个位置，等待需要的真实文字、图片等填充进来的符号。设计PPT母版的时候，原本文本框中是有文字内容的，如“单击此处编辑母版标题样式”等字样，当将鼠标放置在文本框中后文字内容就会自动消失，并且可以输入新的文字内容去替换，这就是我们所谓的占位符。

在PPT母版中，常用的占位符有以下几类：标题占位符，一般在幻灯片的大标题、节标题等地方使用；内容占位符，这个占位符范围较广，可以是文字、表格、图片等；数字占位符、日期占位符和页脚占位符，一般就是在幻灯片母版的下边一栏，用于日期、编号、页脚的插入。参考图6-2-15。

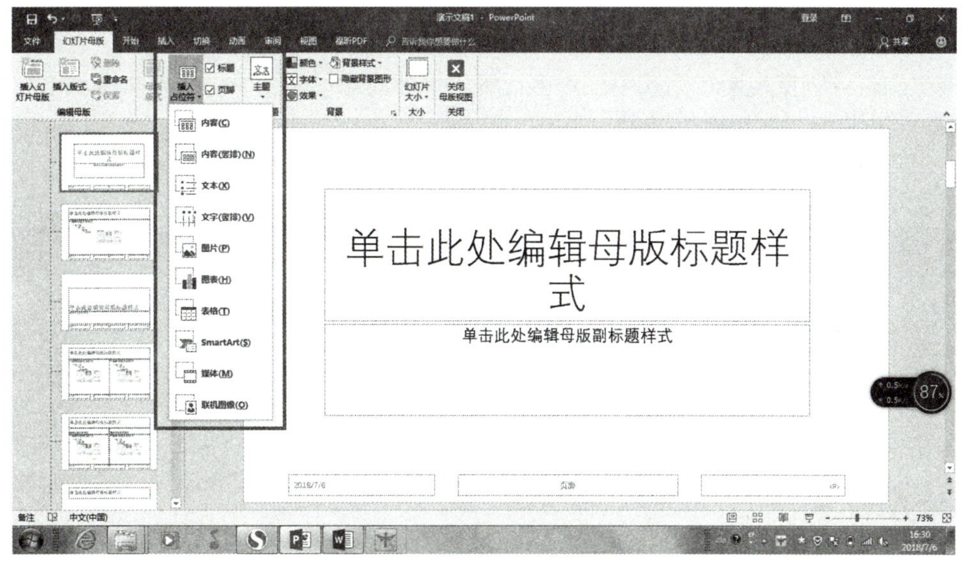

▲ 图6-2-15　常用占位符

任务三　演示文稿的放映设置

任务描述

小李同学计划参加学校学生会的招新活动，他打算用一个漂亮的PPT介绍自己的求学经历、社会活动经验、特长、计划等，同时展示自己的计算机应用能力。但他总觉得自己制作的演示文稿的动态效果还有待丰富，你能帮助他吗？

学习目标

1. 掌握幻灯片切换效果的设置，能为演示文稿添加丰富的动态效果。
2. 掌握幻灯片的放映设置。
3. 了解幻灯片的打包和打印。
4. 能合理选择演示文稿的放映方式，并根据工作需要打包和打印幻灯片。
5. 树立正确的价值观，利用所学知识弘扬正能量。

知识储备

知识点1：幻灯片间切换效果的设置

幻灯片间的切换效果是指从一张幻灯片到另一张幻灯片转换时的效果。在“普通视图”或“幻灯片浏览视图”方式中，均可设置幻灯片间的切换效果。操作步骤如下：

（1）选定要添加切换效果的一张或多张幻灯片。

（2）选择幻灯片切换菜单，打开“切换”任务窗口，如图6-3-1所示。

▲ 图6-3-1　“切换”任务窗口

（3）在列表框中选择一种切换效果，预览其效果。

（4）在“持续时间”栏输入切换持续时间。

（5）如果计算机有声卡和音响，可在“声音”下列列表中选择一种声音效果。

（6）在“换片方式”选区，选择一种换片方式。

（7）设置完成后，单击“播放”按钮，可在当前视图中浏览幻灯片的切换效果。

（8）单击“全部应用”按钮，则演示文稿中所有幻灯片都应用此设置。

试试将第二张幻灯片设置为“闪耀”的切换效果。

知识点2：演示文稿的放映

演示文稿是由若干张幻灯片组成的复合电子文档，用户可以用多种方式设置它的放映方式。

1. 设置放映方式

打开演示文稿后，选择“幻灯片放映”中的“设置幻灯片放映”命令，撕开“设置放映方式”对话框，如图6–3–2所示。

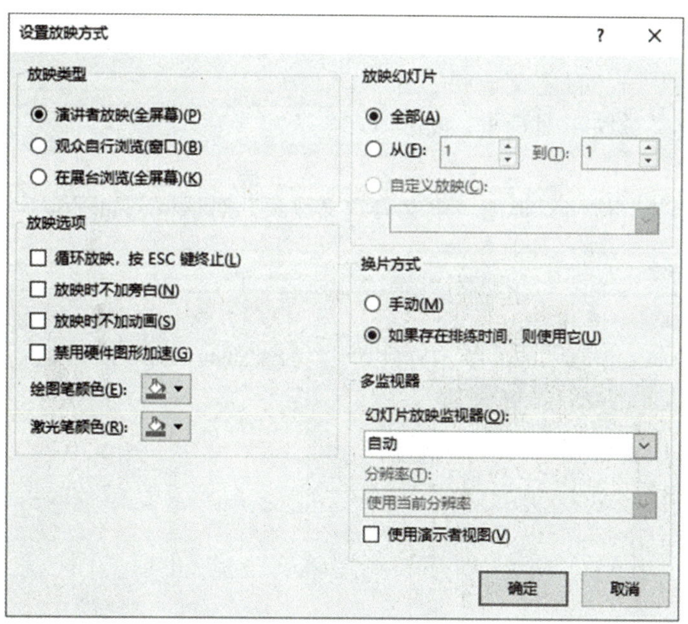

▲ 图6–3–2　设置放映方式

（1）在“放映类型”选项组中有三种方式。

演讲者放映（全屏幕）：这是一种最常用的幻灯片放映方式，可以对演示文稿进行全屏显示。在这种方式下，演讲者可以按【PgUp】和【PgDn】键或单击鼠标进行幻灯片切换，也可以用自动方式放映。

观众自行浏览（窗口）：这是一种小规模演示的放映方式。在这种方式下，演示文稿会出现在小型窗口内，并在放映时提供移动、编辑、复制和打印幻灯片的命令，使观众可以自己动手控制幻灯片的放映。

在展台浏览（全屏幕）：以全屏形式在展台上演示。在这种方式下，将按预先设置的时间和次序自动运行演示文稿，运行时大多数的菜单和命令都不可用。在每次放映完毕后可以自动重新开始。

（2）在“放映选项”选项组中可以选择放映时是否循环放映、是否在放映过程中加旁白或动画。

（3）在“放映幻灯片”选项组中指定要放映的幻灯片。可选择放映演示文稿中的全部幻灯片或其中的一部分。

（4）在“换片方式”选项组中确定放映时的换片方式。“手动”方式指放映时必须通过单击鼠标或按键一张张切换幻灯片，系统将忽略预设的排练时间。

此外，用户还可以自定义放映方式，确定放映哪些幻灯片，以及设置放映顺序，操作步骤如下：

① 打开演示文稿，例如，打开任意一个PPT，选择“幻灯片放映”→“自定义幻灯片放映”→“自定义放映”命令，弹出“自定义放映”对话框，如图6-3-3所示。

▲ 图6-3-3 “自定义放映”对话框

② 单击“新建”按钮，弹出“定义自定义放映”对话框，如图6-3-4所示。

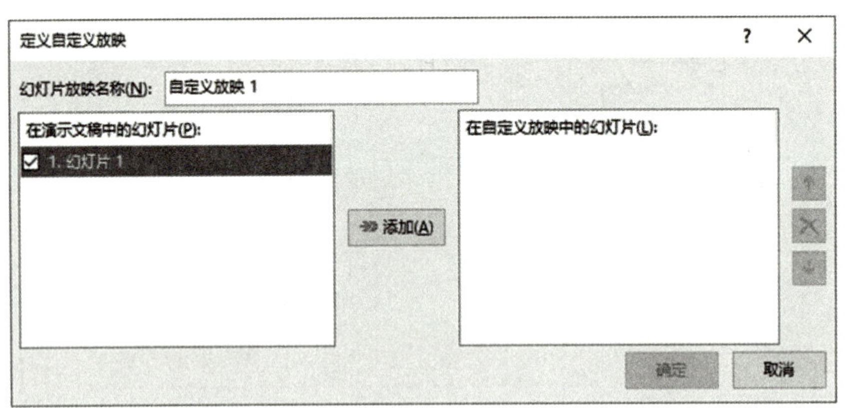

▲ 图6-3-4 “定义自定义放映”对话框

③ 在“幻灯片放映名称”文本框中输入放映名称，在“在演示文稿中的幻灯片”列表中选择要放映的幻灯片，然后单击“添加”按钮，将其添加到“在自定义放映中的幻灯片”列表框中。

④ 通过对话框右侧上下箭头按钮调整幻灯片的放映顺序。

⑤ 设置完成后，单击“确定”按钮，返回“自定义放映”对话框。

⑥ 单击“播放”按钮即可放映选定的幻灯片。

2. 幻灯片放映

PowerPoint2016提供了两种幻灯片放映方法：

（1）选择“幻灯片放映”→“从头开始”命令，则从第一张幻灯片开始放映；

（2）选择“幻灯片放映”→“从当前开始”命令，则从当前幻灯片开始放映。

在幻灯片放映过程中，可以使用鼠标左右键控制幻灯片的播放，还可以按【Esc】键终止幻灯片放映。

3. 创建自动放映的演示文稿

你可以通过设定幻灯片放映时间或使用排练计时功能，使得演示文稿能自动放映。

给PowerPoint演示文稿添加多种放映方式。

知识点3：打印演示文稿

除了放映演示文稿外，还经常需要打印演示文稿。

在打印幻灯片之前需要进行页面设置，选择“文件”→“打印”命令，弹出如图6-3-5所示的打印设置对话框，在该对话框中，按照需求设置幻灯片的大小、打印方向等。

设置完成后，即可进行打印。在“打印范围”选项中，可以选择打印全部幻灯片、当前幻灯片或其中某几张幻灯片。在“打印内容”选项中，选择“幻灯片”选项表示以一页一页幻灯片的形式打印。

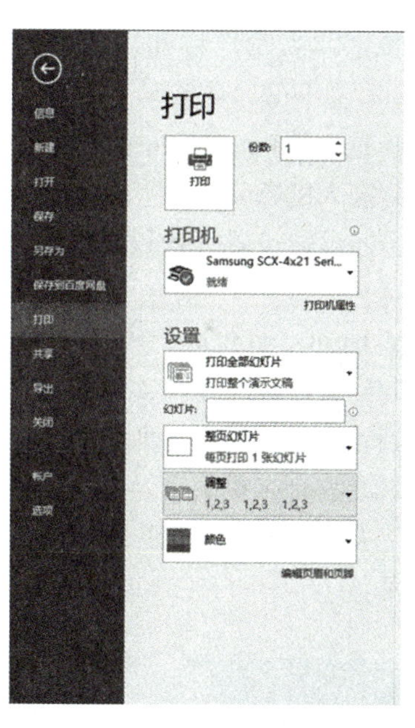

▲ 图6-3-5 “打印”对话框

练一练

如果条件允许，试着打印你制作的幻灯片。

知识点4：打包演示文稿

选择“文件”→“导出”命令，选择“将演示文稿打包成CD”命令，如图6-3-6所示，打开“打包成CD”对话框，如图6-3-7所示。在“将CD命名为”文本框中输入打包后的文件名称。如果在打包文件中需要包含多个演示文稿，可以单击“添加文件”按钮，打开“添加文件”对话框，依次添加所需的文件。

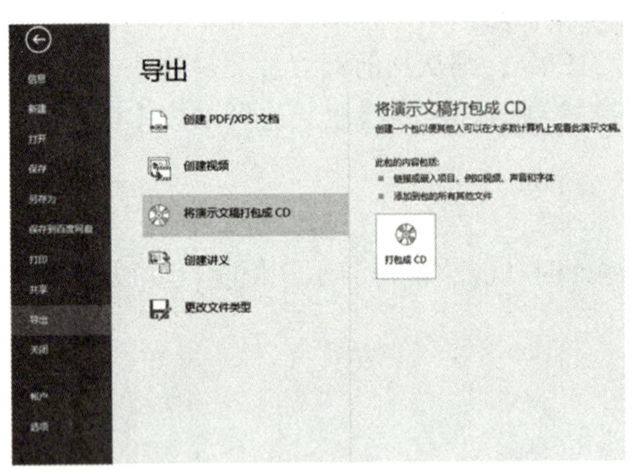

▲ 图6-3-6　“导出”命令

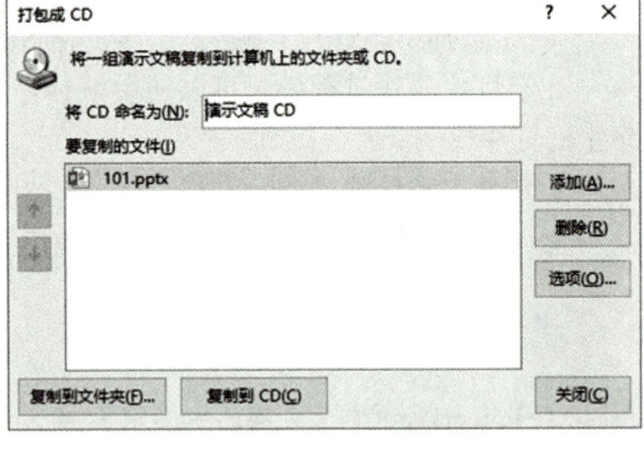

▲ 图6-3-7　“打包成CD”对话框

单击“选项”按钮，打开“选项”对话框，如图6-3-8所示。在对话框中可以选择是否将PowerPoint播放器、链接的文件、嵌入的TrueType字体包含到打包文件中，还可以设置打开和修改演示文稿的密码。

返回到“打包成CD”对话框，单击“复制到文件夹”按钮，可以将打包文件复制到计算机的指定文件夹中。如果已经准备好光盘刻录机和刻录光盘，可以直接单击“复制到CD”按钮，开始打包文件的刻录。

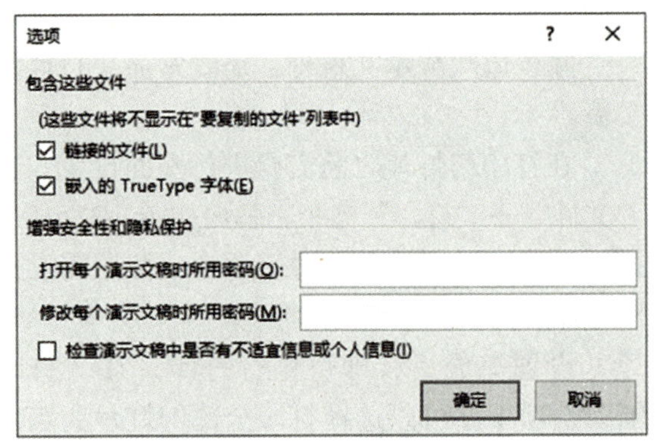

▲ 图6-3-8　PowerPoint选项

练一练

打开打包生成的文件夹，观察文件夹包含的文件，想一想，为什么演示文稿打包时要生成这些文件？他们分别起什么作用？

任务实施

进一步修改“我的简历.pptx”演示文稿，切换方式可任选，以实用美观、适合展示为主，然后保存文件。

参考步骤如下：

1. 演示文稿的切换方式设置。选择“切换”命令，打开“幻灯片切换”任务窗格，选择合适的切换效果。

2. 演示文稿的保存。将演示文稿命名为“我的简历.pptx”并保存。

练一练

给幻灯片设置切换效果可以让演示文稿看起来更连续、更流畅，从而增强作品的美感，提高可读性。请思考：合理选择幻灯片之间的切换方式要考虑哪些因素？

任务评价

表6-3-1 任务评价表

任务完成情况	自我评价	小组评价
演示文稿的美化	□完成 □待完善 原因：	☆☆☆☆☆
幻灯片的放映设置	□完成 □待完善 原因：	☆☆☆☆☆

拓展提高

WPS演示文稿打包

当我们在保存了PPT之后，如果想要将演示文档进行压缩该如何操作呢？其实很简单，我们只需要打开PPT页面左上角的“文件”选项，然后在文件菜单中找到“文件打包”工具，打开之后选择“将演示文档打包成压缩文件”，接着按照提示在弹框中进行重命名、保存路径的设置，最后点击确定即可，操作步骤如下：

1. 先将PPT设置完成然后点击页面左上角的“文件”选项，如图6-3-9所示。

▲图6-3-9 点击“文件”选项

2. 在文件菜单栏中找到“文件打包”选项，点击之后选择“将演示文档打包成压缩文件”，如图6-3-10所示。

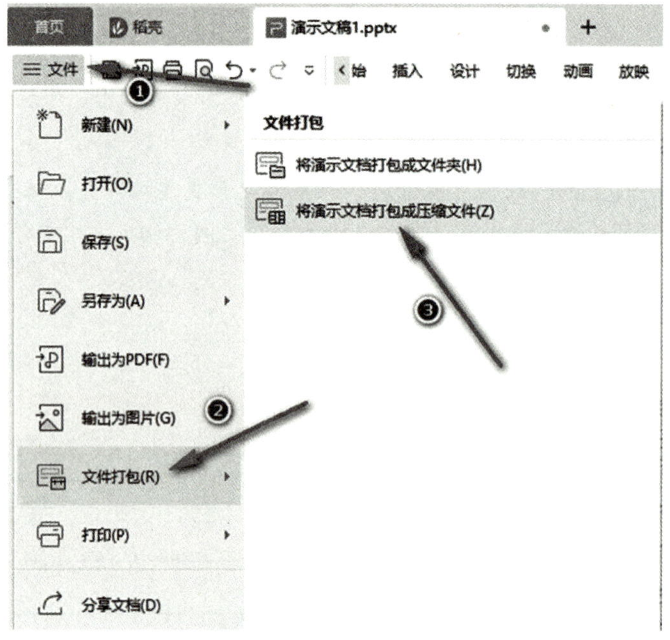

▲ 图6-3-10　选择“将演示文档打包成压缩文件”

3. 在弹出来的窗口中先将文件名进行更改然后选择自己好找到的文件储存位置，最后点击确定即可，如图6-3-11所示。

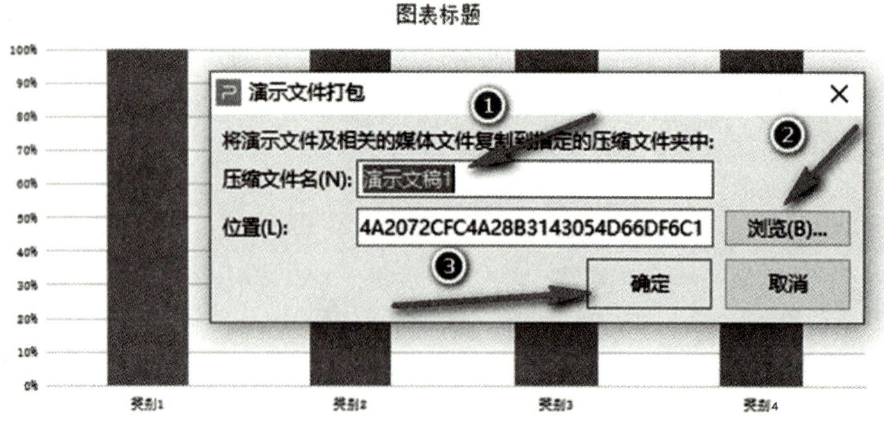

▲ 图6-3-11　保存文件

任务四 演示文稿制作综合应用

任务描述

环境保护是一个永恒的话题，也是可持续发展的要求，更是我们每个人应该行动起来的事情，要对子孙后代负责。请同学们根据《2020年江苏省生态环境状况公报》，参考图6-4-1，制定一份以环境保护为主题的演示文稿。

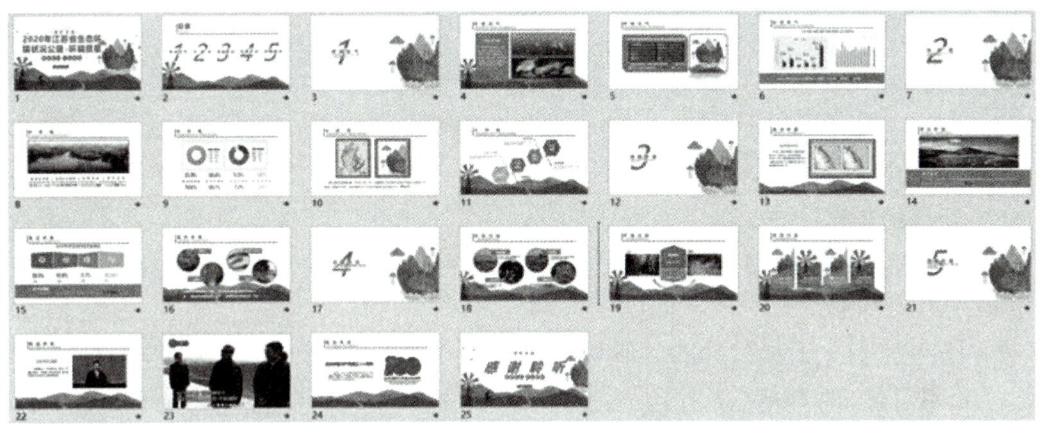

▲ 图6-4-1 2020年江苏省生态环境状况公报

学习目标

1. 综合应用幻灯片的形状工具及艺术字。
2. 合理设计幻灯片母版格式，能运用母版为幻灯片统一整体风格。
3. 掌握幻灯片动画方案的设置。
4. 能综合运用形状工具使幻灯片呈现更好的效果。
5. 能添加动画效果使幻灯片更加生动。
6. 能根据演示文稿主题要求，提炼、整合信息。

知识储备

知识点1：插入自选图形

在制作演示文稿时，我们可以在合适的位置插入自选图形，使幻灯片呈现更好的效果。

操作步骤如下：

① 插入图形：单击“插入”工具栏上的“形状”，选择“基本形状”下的“椭圆型”，按下【Shift】键和鼠标左键，在幻灯片中央绘制出按钮图形。

② 设置图形格式：选中该按钮图形，单击右键，在弹出来的快捷菜单中选择“设置形状格式”。

③ 复制图形：单击选中按钮图形，在按住【Ctrl+Shift】组合键的同时，按住鼠标左键将图形往下拖动。

④ 对齐图形：按住【Shift】键的同时，分别单击选中图形，单击“绘图”工具栏上的“格式”→“对齐”→“纵向分布”命令。

练一练

新建演示文稿，在第二张幻灯片中插入“横卷型”图形。

知识点2：运用超链接和动作按钮

1. 运用超链接

选中图形或文字对象，单击右键，在弹出来的快捷菜单中选择“超链接”。

2. 运用动作按钮

单击“插入”工具栏上的“形状”，选择“动作按钮”下的“动作按钮：自定义”，在幻灯片中央绘制出按钮图形，弹出“动作设置”对话框，激活“单击鼠标”选项卡，在“单击鼠标时的动作”属性下单击选择“超链接”单选框，并在下拉菜单中选择“幻灯片…”。

知识点3：应用幻灯片母版

执行菜单栏上的“视图”中的“幻灯片母版”命令，在屏幕左侧缩略图的窗格中单击选中“标题幻灯片版式”，单击选中“单击此处编辑母版标题样式”占位符，在母版视图中插入任意剪贴画，点击“关闭模板视图”，完成幻灯片母版图片的插入。

知识点4：幻灯片的制作

幻灯片的美化是在幻灯片制作的基础上对文稿的内容进一步美化，使演示文稿的内容更加丰富，更具表现力，可以通过以下几方面对幻灯片进行美化。

1. 可以对幻灯片的背景进行美化。利用图片、图案以及纹理等设置背景。

2. 统一文稿风格。通过主题的应用以及母版的使用为文稿建立统一的风格，包括背景以及文字、字体样式等的设置。

3. 添加视频、音频等外部对象。通过添加这些外部对象让演示文稿内容更加生动有趣。

4. 给幻灯片的对象添加动画。通过对幻灯片中的图形、图片以及文本添加动画，可以使画面变得立体、充满活力，同时也可以简化页面，突出要点。

5. 为幻灯片添加切换效果。通过为幻灯片添加各种各样的切换效果，可以使文稿“动”起来，增加文稿的趣味性及动感。

任务实施

子任务一　制作以“2020年江苏省生态环境状况公报.pptx”命名的演示文稿

1. 演示文稿的创建

启动PowerPoint2016，新建空白演示文稿。

2. 幻灯片内容的编辑

（1）选择符合环境保护主题的设计模板。可使用PowerPoint2016系统自带的设计主题，也可从演示文稿模板设计网站下载相关主题。

（2）制作标题幻灯片。插入的第一张幻灯片的版式为标题幻灯片，输入标题“2020年江苏省生态环境状况公报：环境质量”，字体格式设置为绿色、60磅、微软雅黑字体，并给字体添加合适的阴影效果。主标题的下面绘制8个绿色的圆形，并在圆形中输入文字“低碳环保　人人有责”，效果如图6-4-2所示。

▲ 图6-4-2　标题幻灯片

（3）制作目录。目录共设置五个部分：环境空气、水环境、海洋环境、环境污染和环境保护。将这些文本设置为绿色、24磅、微软雅黑字体，效果如图6-4-3所示。

（4）制作各部分转场页。以第一部分“环境空气”为例，设置主标题“环境空气”为绿色、32磅、微软雅黑字体，输入副标题“保护和改善生活环境、生态环境，保障人体健康制定的标准”，格式为绿色、12磅、微软雅黑字体，效果如图6-4-4所示。

▲ 图6-4-3　目录

▲ 图6-4-4　转场页面

（5）制作每部分的内容页。在各部分内容的制作过程中，请从《2020年江苏省生态环境状况公报》中提取相关的内容信息，加工后编辑到对应的幻灯片中，尽可能以图片、图表等形式表现数据。

（6）在演示文稿中插入视频。单击“插入”中“视频”里的“PC上的视频”，在弹出的“插入视频文件”对话框中选择要插入的视频文件。插入视频文件后，可以在“视频工具”的“播放”中设置视频的播放选项，例如可设置“全屏播放”或“自动播放”，如图6-4-5所示。

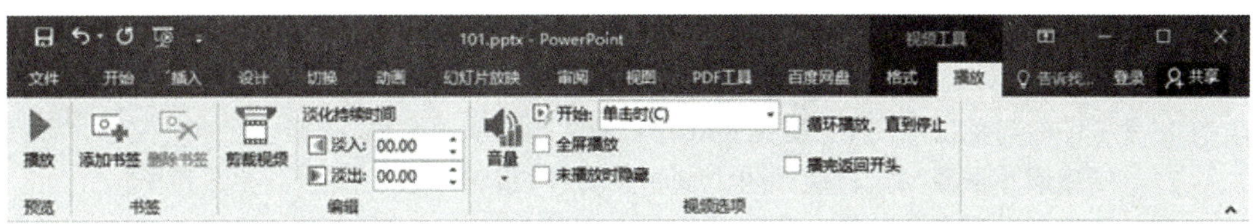

▲ 图6–4–5　视频工具

（7）设置切换效果。为幻灯片设置合适的切换效果，效果不宜太花哨，同时还可设置换片方式和自动换片时间，如图6–4–6所示。

▲ 图6–4–6　切换效果设置

（8）制作目录超链接。分别右键单击目录的各部分文字，在右键快捷菜单中选择“超链接”，选择“本文档中的位置”选项卡，找到对应幻灯片进行链接，如图6–4–7所示。

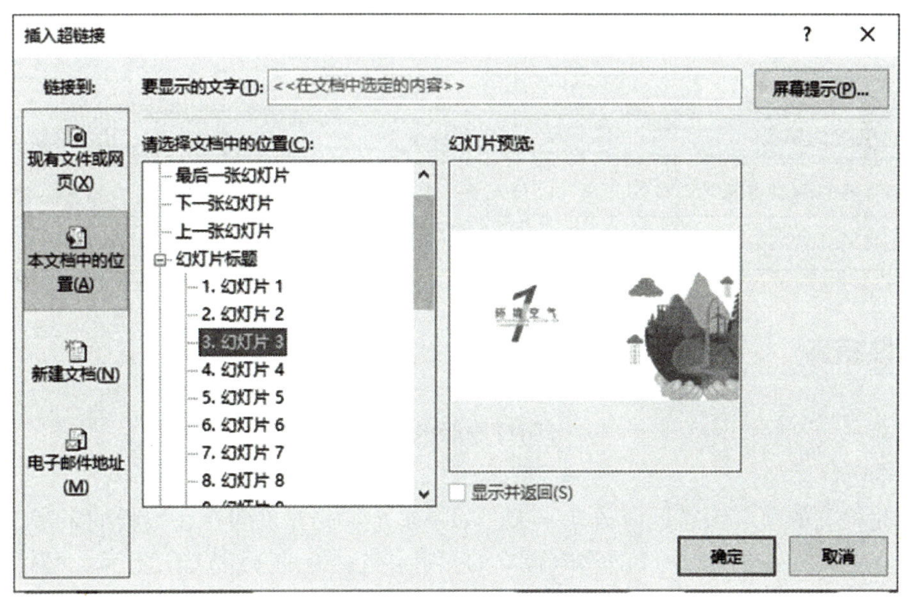

▲ 图6–4–7　插入超链接

3. 演示文稿的保存

将演示文稿命名为“2020年江苏省生态环境状况公报.pptx”并保存。

子任务二　制作以“最美逆行者.pptx”命名的演示文稿

具体要求：

1. 参考图6-4-8，制作以“最美逆行者”为主题的演示文稿。
2. 上网搜索并下载与流行病预防主题相关的PPT设计模板、图片、音频和视频。
3. 灵活运用图形和超链接，添加动画，为演示文稿增加多样效果。
4. 幻灯片的页数不超过20页，充分发挥想象力，使幻灯片更加美观。

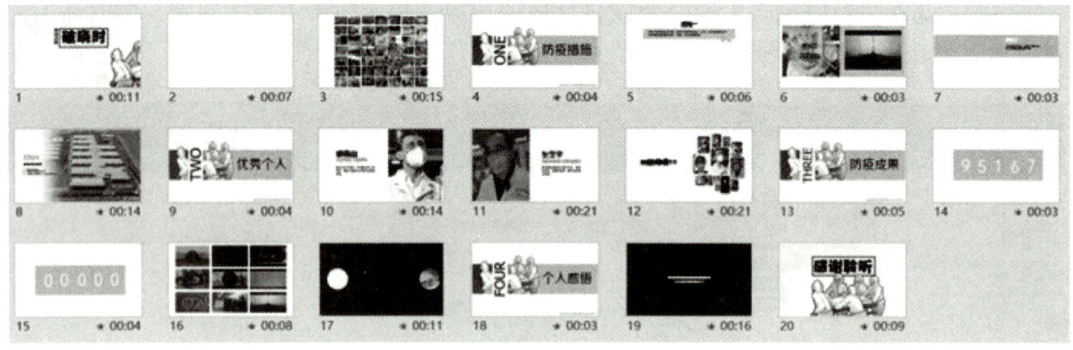

▲ 图6-4-8　“最美逆行者”演示文稿

任务评价

表5-4-1　任务评价表

任务完成情况	自我评价	小组评价
独立创建与编辑演示文稿	□完成　□待完善　原因：	☆☆☆☆☆
演示文稿总体效果好	□完成　□待完善　原因：	☆☆☆☆☆

拓展提高

PPT排版的四大原则

1. 亲密性原则

彼此相关的项应该靠近，放在一起。如果多个项相互之间存在很强的亲密性，它们就会成为一个视觉单位，而不是多个孤立的元素。这样有助于组织信息，减少混乱，为读者提供清晰的结构。

2. 对齐原则

任何东西都不能在页面上随意安放。每个元素都应该与页面上的另一个元素有某种视觉联系，而这个视觉联系往往是看不到却可以感受到的对齐线。

3. 让设计中的视觉要素在画面中重复出现。可以重复字体、颜色、形状、线条、大小和图片等，这样不仅可以增加条理性，还可以增加统一性。

4. 对比原则

对比的基本思路是要避免页面上的元素太过相似。如果字体、颜色、大小、形状、空间等元素不相同，那就干脆让它们截然不同。要让页面引人注目，对比通常是最重要的因素。

项目七 数字媒体技术的应用

任务一 数字媒体技术入门

任务描述

老师为同学们展示富有创意、充满趣味的图片及视频，分享立体化的虚拟现实网。先进的数字媒体技术改变了我们的沟通、交流方式，影响着我们的生活，同学们也被这些奇妙的效果所吸引。快和老师一起领略和探索数学媒体技术的魅力吧！

学习目标

1. 了解数字媒体技术的基本概念及特征。
2. 了解数字媒体技术的产生、发展及应用现状。
3. 能根据实际需求，规划数字媒体作品的设计过程。
4. 理解数字媒体信息传播与交流的价值与意义。
5. 树立科学合理应用数字媒体技术的思想，培养主动学习和创新能力。

知识储备

知识点1：数字媒体技术介绍

数字媒体技术是一门跨学科的综合技术，具有开放性。其研究涉及计算机硬件、计算机软件、计算机网络、人工智能、电子出版等，其产业涉及电子工业、计算机工业、广播电视、出版业和通信业等。数字媒体技术广泛应用于教育培训、广告宣传、影视娱乐、医疗、旅游、交通等各个领域。

1. 数字媒体技术的基本概念

媒体是指文本、声音、图像、动画和视频等内容，数字媒体技术是指运用计算机综合处理以上媒体信息，建立逻辑关系和人机交互作用的技术。

2. 数字媒体技术的特征

数字媒体技术具有交互性、集成性、多样性、实时性等特征。

3. 数字媒体技术的应用领域

（1）教育培训

教育培训是数字媒体技术应用较为广泛的领域之一。在这个领域里，数字媒体技术利用计算机技术、网络技术、通信技术对各种信息资源进行整合、集成和全面的数字化，构成统一的用户管理、资源管理和权限控制。学习者可随时通过网络方便地获取学习资源，如图7-1-1、图7-1-2所示。

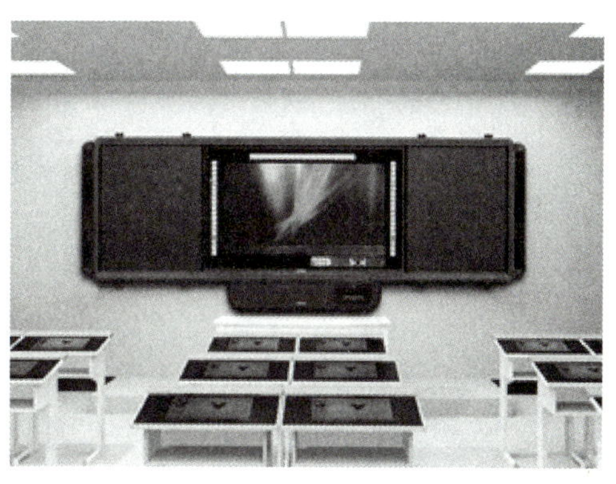

▲ 图7-1-1 智慧教室

▲ 图7-1-2 智能式语音导游系统

（2）商业展示

商业展示是指企业为了展示企业文化或创造商业经济效益，使用数字媒体技术等科技手段，使人们在短时间内最大限度地接收信息的一种传播方式。其展示手法多样化，展示形式不定向化，观众不仅可以触摸、操作展品，更重要的是可以与展品互动，有效调动的参与意识，有助于取得良好的展示效果，如图7-1-3、图7-1-4所示。

▲ 图7-1-3 车展互动墙

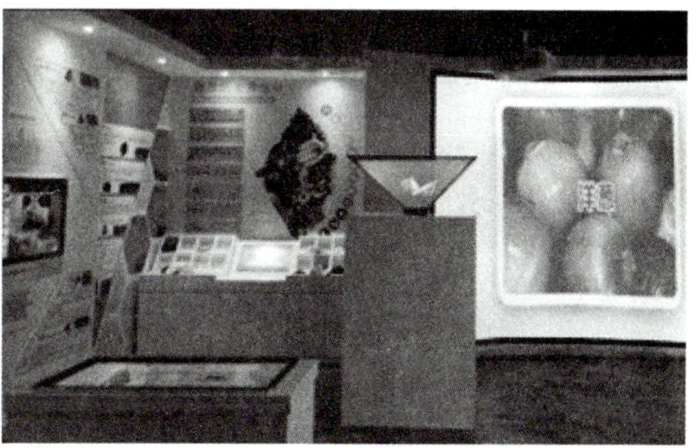

▲ 图7-1-4 农场蔬菜展厅

（3）影视娱乐

影视作品和游戏产品是数字媒体技术应用的一个重要方面。面向家庭娱乐的数字媒体软件琳琅满目，对启迪儿童的智慧、丰富成年人的娱乐活动大有益处。数学媒体计算机游戏与网络游戏具有很强的交互性，不少精良的作品人物造型逼真、情节引人入胜，画面或精美或有趣，受到年轻人的欢迎，如图7-1-5、图7-1-6所示。

▲ 图7-1-5　数字媒体互动墙

▲ 图7-1-6　数字媒体互动游戏

（4）电子出版

电子出版产品可以将文字、声音、图像、动画、影像等多种信息集成为一体，存储密度非常高。其内容也是多种多样，如电子杂志、百科全书、地图集、信息咨询等，如图7-1-7、图7-1-8所示。

▲ 图7-1-7　电子书

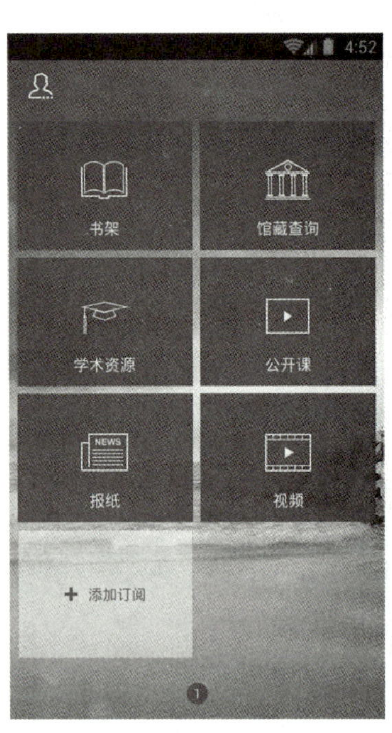

▲ 图7-1-8　电子图书馆

（5）数字媒体网络通信

通过网络实现图像、语音、动画和视频等数字媒体信息的实时传输，是数字媒体时代的极大需求，如视频会议、远程教学、远程医疗诊断、视频点播等，如图7-1-9、图7-1-10所示。

▲ 图7-1-9 视频会议

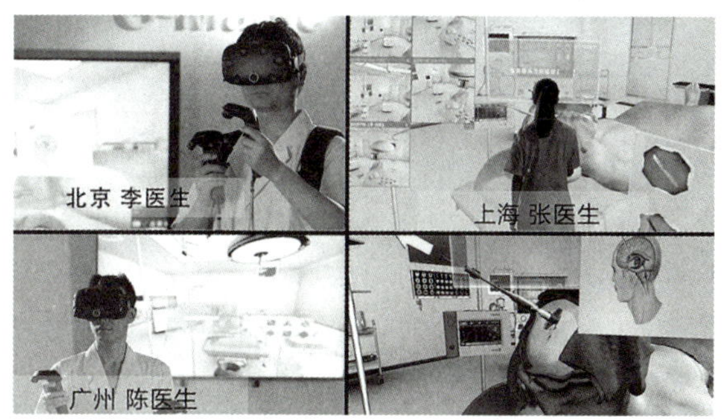

▲ 图7-1-10 远程医疗

（6）虚拟现实

虚拟现实是利用计算机模拟产生三维空间的虚拟世界，为使用者提供关于视觉、听觉、触觉等感官的模拟，使其如同身临其境，即时、没有限制地观察三维空间内的事物，如图7-1-11、图7-1-12所示。

▲ 图7-1-11 虚拟飞行体验

▲ 图7-1-12 虚拟家居体验

小贴士

科技创新有自身的规律，而顺应规律的助推，对于产业发展的作用不容忽视。国务院印发《新一代人工智能发展规划》，提出面向2030年我国新一代人工智能发展的指导思想、战略目标、重点任务和保障措施，部署构筑我国人工智能发展的先发优势。这一规划的出台，为推动人工智能产业发展、争夺科创前沿高地吹响了冲锋号。人脸识别、虚拟现实、智能终端、物联网等新领域新行业的涌现，开辟了面向未来的新蓝海；智能制造、智能商务、智能农业等多点开花，让传统产业得以涅槃重生。

练一练

1. 打开配套教学素材中的文件夹“7-1-1”，观看视频。结合短片中数字媒体技术应用的案例，说说你的感受，也可以谈谈你身边数学媒体技术应用的案例。
2. 你觉得数字媒体技术给我们的学习、生活带来了哪些变化？数字媒体技术的特征在实践中是如何体现的？
3. 访问国家教育资源公共服务平台（http://so.eduyun.cn/），在菜单栏中单击“职教”进入职教资源平台，按照你所学专业找到相应的学习资源进行网上学习。

知识点2：数字媒体素材的获取

数字媒体素材是指数字媒体课件以及数字媒体相关工程设计中所用到的各种听觉和视觉工具材料，包括文本、图像、音频、动画、视频等信息。其数据类型、数据格式及获取的途径有哪些呢？

1. 图像文件的获取

（1）图像的类型

在计算机中，图像是以数字方式记录、处理和保存的，可以将其分为位图和矢量图。

位图也称“点阵图”，是由独立的像素（像素是构成数字图像的最小单位）组合而成，可以表现出色彩丰富、画面逼真的图像。位图可以通过扫描、拍摄、截图等多种方式获取。位图与分辨率有关，任意放大后画面会出现马赛克状，如图7-1-13所示。

放大 1 000 倍

▲ 图7-1-13　位图放大前后对比

矢量图是根据几何特性来绘制的图形，由点、线、面等构成，无法表现出逼真的实物。矢量图只能通过软件生成，与分辨率无关，可以任意放大，清晰度不受影响，如图7-1-14所示。

放大 1 000 倍

▲ 图7-1-14 矢量图放大前后对比

（2）常见的图像格式及编辑图像的软件（表7-1-1）

表7-1-1 常见图像格式及编辑软件

类 型	编辑软件	文件格式
位 图	Windows自带的画图软件、美图秀秀、Photoshop、光影魔术手、Isee图片专家	BMP、JPG、PNG、TIF、PSD、TGA、PDF
矢量图	AutoCAD、CorelDRAW、 Illustrator、Freehand	DWG、DXF、CDR、EPS、AI、WMF、DRW

（3）获取图像的常用途径

用数码相机、手机拍摄照片直接获取图像，或通过扫描仪、高拍仪等外部设备将图片扫描输入电脑，如图7-1-15所示。

▲ 图7-1-15 获取图像常见的外部设备

通过搜索网络或者浏览图片素材网站下载图像。以百度搜索为例，操作步骤如下：

① 打开浏览器，输入网址“http://www.baidu.com”，打开百度搜索，单击“图片”，进入图片搜索网页，在文本框中输入需要搜索的关键词，如“飞天图”，单击“百度一下”，就会出现与“飞天图”相关的图片。

② 浏览图片，将鼠标移动到需要下载的图片上右击，在弹出的快捷菜单中选择“图片另存为...”命令，如图7-1-16所示。在弹出的对话框中设置文件名及保存位置，完成图片的下载。

▲ 图7-1-16 保存网页图片

③ 屏幕图像的捕捉

方法一：通过Windows系统命令获取屏幕图像。按下键盘上的【PrintScreen】键实现全屏截图，或者按【Alt+PrintScreen】组合键实现活动窗口的截图。这时，再打开Windows自带的画图软件，选择“主页”中的“粘贴”命令或者按【Ctrl+V】组合键，将图像保存到图像文件中，完成屏幕图像的获取。

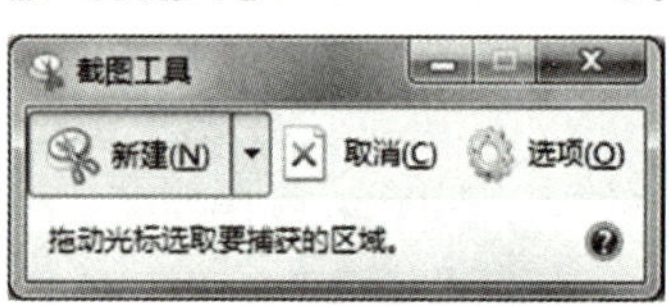

▲ 图7-1-17 Windows截图工具

方法二：通过Windows自带的截图工具获取图像。打开“开始”菜单，定位到“所有程序\附件\”，找到“截图工具”并打开，如图7-1-17所示。这时鼠标变成黑色十字，按下鼠标左键并拖动到截图区域，松开左键，自动弹出保存界面，确认完成截图。

方法三：通过截图软件获取图像，如红蜘蛛抓图精灵软件、HyperSnap等；也可以通过软件自带的截图工具完成截图，图7-1-18显示了QQ软件中的截图工具。

▲ 图7-1-18 QQ软件截图

练一练

打开你所在学校的网站，浏览校园最新的动态新闻网页，将当前的网页截屏并保存为“校园新闻桌面.jpg”，再将新闻中的图片分别下载保存为“新闻图片+序号.png”。

2. 音频文件的获取

（1）音频的格式

音频是指自然界中各种音源发出的以及由计算机通过专门设备合成的语音或音乐。常见的音频格式及其特点如表7-1-2所示。

表7-1-2　常见的音频格式及其特点

音频格式	特　点
CDA	通常所说的CD，又称“白皮书”，其波形流纯正，但文件大且无法编辑
WAV	也叫波形声音文件，是最早的数字音频格式，支持多种压缩算法，是最接近无损的格式，文件比较大
MP3	是一种有损压缩格式，能够用高音质、低采样率对音频文件进行压缩，文件较小
WMA	是与MP3齐名的一种音频格式，但在压缩比和音质方面都超过了MP3，文件较小
RA	有强大的压缩量和极小的失真，音质不及MP3和WMA，文件更小
MIDI	主要用于电脑作曲领域，可以由作曲软件写出，也可以通过声卡的MIDI口把外接乐器演奏的乐曲输入电脑里录制形成，文件非常小

（2）获取音频的常用途径

途径一：使用外部设备录制声音。可以通过麦克风将语音录入计算机；也可以通过手机录音，直接导入计算机；还可以通过MIDI设备录制音频到计算机中。

以系统自带的录音机软件录制为例，操作步骤如下：

① 安装麦克风。将麦克风插头插入计算机的Mic输入插口。

② 执行“开始”菜单“所有程序”中“附件”下面的“录音机”命令，打开录音机软件，如图7-1-19所示。

③ 单击录音机软件中的“开始录制”按钮，开始录音，如图7-1-20所示。

④ 再次单击同一按钮，停止录音。

⑤ 单击“停止录制”按钮后将弹出“另存为”对话框，选择存储路径，输入文件名，单击“保存”按钮，声音文件将被保存到指定的位置。

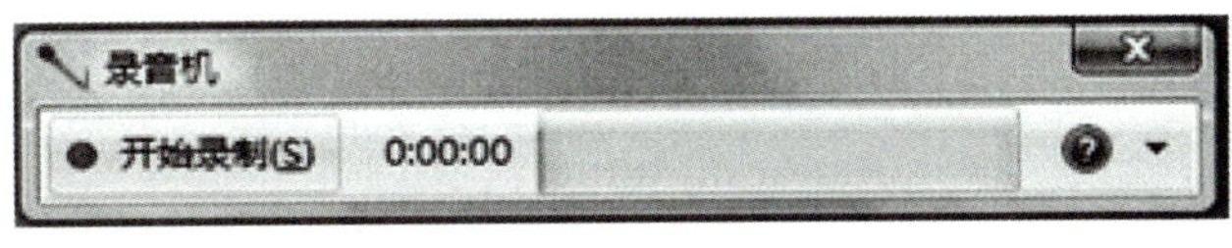

▲ 图7-1-19　录音机面板

▲ 图7-1-20　正在录制

小贴士

在使用电脑录制声音前要注意以下两点：

1. 打开“控制面板”，进入“声音”，检查“录制”属性是否存在或者可用。

2. Windows 系统自带的录音机只能录制时长为一分钟的声音，也支持对声音进行简单的剪辑。如果想录制更长的声音，可以选择用手机录制；如果有更高的要求，或者需要更好的编辑效果，那么可以选择使用CoolEdit多轨录音和音频处理软件。

途径二：通过音乐播放器查找和下载音乐，如酷狗音乐、QQ音乐等。以QQ音乐下载音频文件为例，操作步骤如下：

① 运行QQ，在右下角应用管理器中打开“QQ音乐”。

② 如图7-1-21所示，在最上方的搜索栏中输入需要查找的音乐，以《我的祖国》为例，单击“搜索”按钮。

③ 找到需要的音乐，选择“下载”按钮，并选择所需要的音频品质，然后就可以自动进行下载。

④ 单击左侧的“下载歌曲”可以查看所下载的音乐文件。

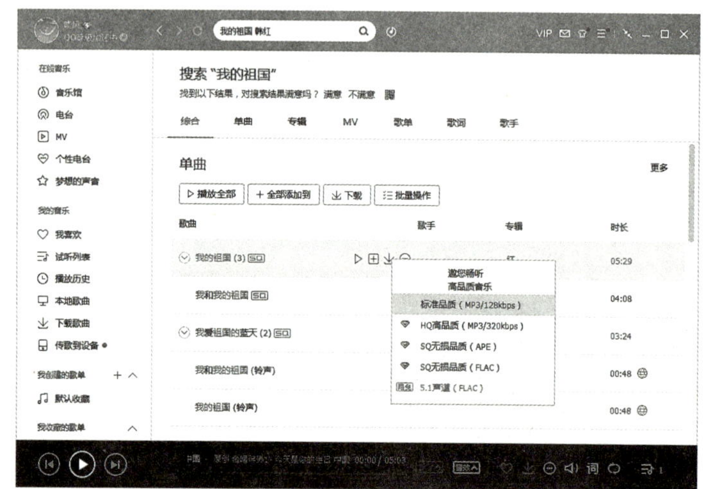

▲ 图7-1-21　通过QQ音乐下载音频文件

练一练

请从网络上下载三首歌曲。

3. 视频文件的获取

（1）视频格式

视频是指活动或连续的图像信息，由一系列连续呈现的图像画面组成。常见的视频格式及其特点如表7-1-3所示。

表7-1-3 常见的视频格式及其特点

视频格式	特 点
AVI	是最悠久的格式之一，由微软公司发布，其图像质量好，可以跨多个平台使用，但文件很大
MPEG	是活动图像压缩算法的国际标准，其压缩比率高，兼容性好
MP4	是为了播放流式媒体的高质量视频而专门设计的，其包含了MPEG-1及MPEG-2的绝大部分功能及长处
MOV	是Apple公司开发的一种音频、视频文件格式，用于存储常用数字媒体类型
WMV	微软推出的一种流媒体格式，体积小，适合在网上播放和传输
FLV	是Flash Video的简称，文件容量极小，加载速度极快，多用于网络在线视频

（2）获取视频的常用途径

途径一：直接通过数码相机、摄像机、智能手机、电脑自带的摄像头或USB接口外接摄像头等（图7-1-22）进行视频拍摄，然后将视频通过数据线传输或软件采集录入电脑，这样就可以通过视频编辑软件进行后期处理了。

▲ 图7-1-22 获取视频常见的外部设备

途径二：在网络上搜索并下载视频。有些网络视频可以直接下载，直接单击“下载”就可以自动保存或者下载视频。有些网络视频需要安装网站客户端才能进行下载。如优酷网站提供的视频可以通过扫网站提供的二维码，下载到手机上观看，也可以在电脑上安装优酷视频Windows客户端下载观看。操作方法如下：安装并打开优酷视频Windows客户端，在搜索栏中输入需要查找的视频，如图7-1-23所示；单击打开需要的视频，单击视频标题右侧的“下载”，在弹出的窗口中设置文件地址、保存路径、画质，单击“开始下载”，如图7-1-24所示，等待下载完成即可。

▲ 图7-1-23　通过网络客户端下载视频（1）

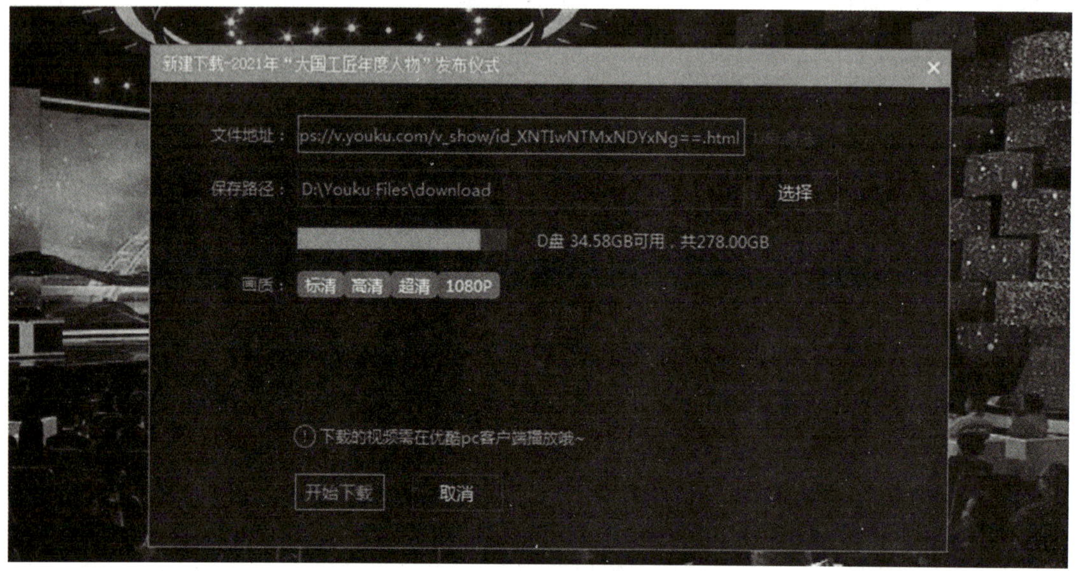

▲ 图7-1-24　通过网络客户端下载视频（2）

练一练

在网络上搜索与“爱心100公益活动”相关的视频，播放视频并将其下载到电脑中。

任务实施

1. 访问“我苏网”（http://www.ourjiangsu.com/），打开“城·事”网页，浏览你所在城市的相关信息，将最新的一则报道内容复制到文档中并以报道的标题给文件命名并保存。

（1）师生交流体验后的感受，说说合理地应用数字媒体技术给我们带来了什么？作为新时代的学生，我们应该具备哪些信息素养？

（2）浏览“新闻中心”，将最新的一则新闻报道中所有的内容复制到Word文档中，并以新闻的标题命名、保存文档。

2. 用手机拍摄，或从网上搜索与“工匠精神”主题相关的人、物、事的瞬间，将它们保存下来。图片不少于10张，图片的大小不少于100 K，画面内容及格式不限。

3. 打开配套教学素材中的文件夹“7–1–2”，观看三段小视频，完成下面的任务。

（1）你觉得这些视频有什么共同特点？

（2）你知道视频是怎么制作出来的吗？

（3）说说你使用过哪些手机自拍软件？把你身边的视频分享出来吧！

（4）动手体验一下，把你的声音秀一秀。

4. 上网查找有关“工匠精神”的视频，下载并保存两段视频。

5. 学校社团招新活动快到了，为了让同学们了解你所在的社团，充分地展示多彩的社团生活，请你动手策划一个“××社团数字媒体展示”。想一想，可以通过哪些数学媒体来表达信息？可以运用什么方式来展示信息？

任务评价

表7–1–4　任务评价表

任务完成情况	自我评价	小组评价
理解数字媒体技术的特征	□完成　□待完善　原因：	☆☆☆☆☆
图片的下载与保存	□完成　□待完善　原因：	☆☆☆☆☆
使用手机录制声音	□完成　□待完善　原因：	☆☆☆☆☆
视频的下载与保存	□完成　□待完善　原因：	☆☆☆☆☆

拓展提高

格式工厂的基本使用方法

格式工厂是一款功能强大的格式转换工具，支持如今主流的各种视频格式文件、图片格式文件、音频格式文件的格式批量转换。

1. 格式工厂的工作界面

以Format Factory（3.9.5版本）为例，打开软件窗口，如图7–1–25所示。

2. 格式转换的操作步骤

① 如图7–1–25所示，在左侧窗口中选择需要转换的文件的目标格式，自动弹出转换对话框。

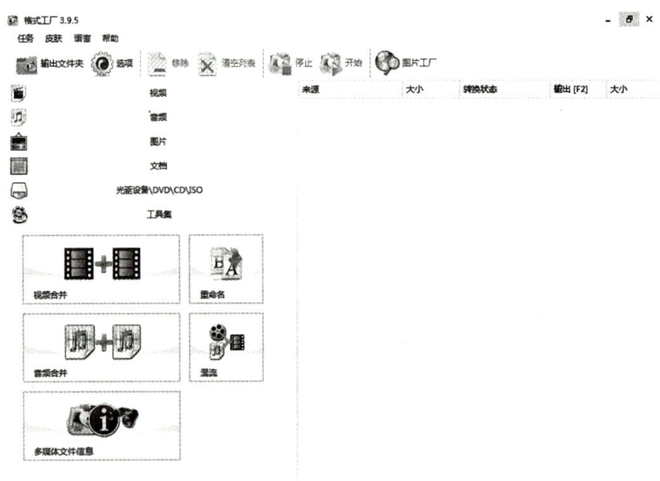

▲ 图7-1-25 格式工厂工作界面

② 如图7-1-26所示，添加要转换的源文件，一次可添加多个文件。设置输出配置、选项等，单击“确定”按钮。

③ 返回工作界面，单击“开始”按钮，直到转换进度条达100%，转换任务完成。

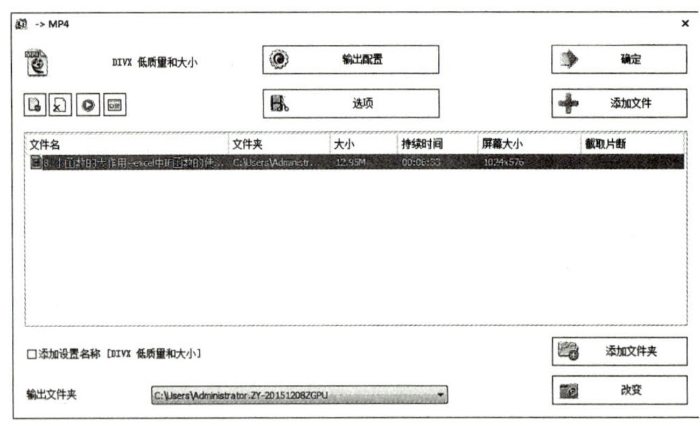

▲ 图7-1-26 格式工厂Format Factory设置界面

任务二 数码图片的制作

任务描述

小李同学准备参加学校组织的职业生涯规划比赛，比赛要求每位学生通过手机端进行网络报名，报名时需上传一张电子证件照。小李同学觉得用生活照显得不够正式，临时去拍又觉得费时费力，于是他决定自己动手DIY，用美图秀秀软件制作一张电子证件照。电子证件照的要求如下：

1. 必须是近期（三个月内）正面免冠彩色半身电子照片，人像清晰，神态自然。
2. 图像规格为2英寸（宽为390像素，高为467像素）。
3. 照片背景为蓝色。

请帮助小李同学完成操作。

学习目标

1. 掌握常见的图像格式。
2. 掌握常见图片处理软件的基本功能。
3. 会对图片的大小、角度、色调、风格等进行编辑，能处理图片中的瑕疵。
4. 能够根据制作需求合理编排、合成图片。
5. 培养独立分析、思考和自主学习能力，学会创造性地解决实际问题。

知识储备

知识点1：美图秀秀可以做什么

美图秀秀是一款简单易学的图片处理软件，拥有美化图片、人像美容、拼图、批量处理、一键分享等功能。美图秀秀能做到的效果如图7–2–1所示。

▲ 图7–2–1　美图秀秀的主要效果

知识点2：美图秀秀工作区

美图秀秀（5.1.0.2版本）工作界面直观、简单，可以轻松上手。软件包括主页、美化编辑、人像美容、贴纸文字、边框场景、拼图、更多等七个工作区，如图7-2-2所示，单击应用程序窗口顶部任意选项卡之一，可以进行工作区的切换。

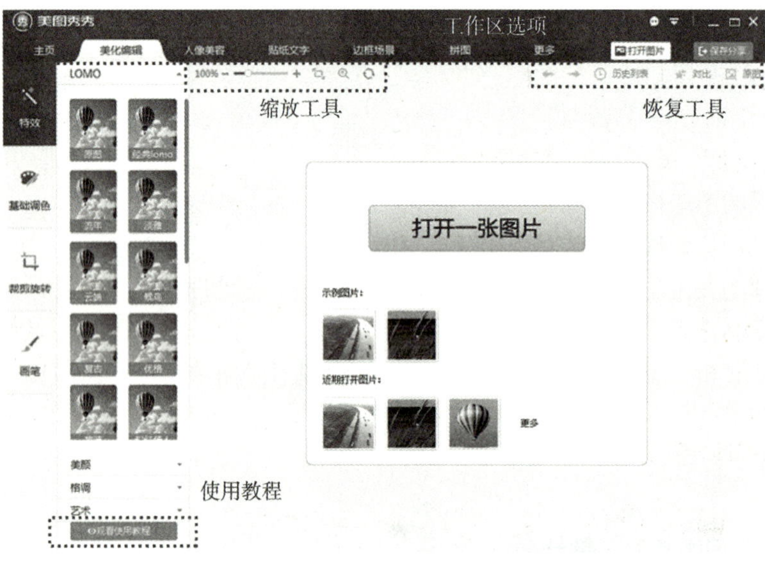

▲ 图7-2-2　美图秀秀工作区

1. 各工作区主要功能的介绍（表7-2-1）

表7-2-1　各工作区主要功能的介绍

工作区	功　能
美化编辑	对图片进行裁剪、旋转、基础色调以及风格特效的处理
人像美容	对人像脸部进行美容处理
贴纸文字	添加文字特效、各种可爱的饰品、会话气泡、证件照服饰等
边框场景	添加各种边框、场景、背景以及进行抠图处理
拼　图	将多张图片进行自由组合
更　多	制作九格切图，添加超炫的动感闪图

2. 基本工具介绍

（1）缩放工具。当对画面进行局部处理时，可以拖动调节滑块改变视图显示比例，再按下左键拖动画面进行局部放大；或者滚动鼠标中轮调整视图显示比例。可以使用“自适应”工具或“1∶1”工具让画面恢复到工作区大小。

（2）恢复工具。在处理图片的过程中，当对操作不满意时，可以单击“撤销”或“重做”对上一步操作进行还原，也可以单击“历史列表”返回上面的每一步操作；可以单击“对比”呈现美图前后的对照效果，单击“原图”恢复到未处理前的状态。

（3）使用教程。单击“观看使用教程”，自动链接到在线学习课程。

练一练

在美图秀秀软件中打开配套教学素材文件夹“7-2-1”中的图片，体验软件中的基本工具，并分小组交流、体会美图作品处理前后有哪些不同，运用了哪些美图的功能。

知识点3：美化编辑

启动美图秀秀软件后会自动出现软件主页，单击“美化图片”，软件跳转到美化编辑工作区。单击打开一张图片，工作区左侧呈现 “特效” “基础调色” “裁剪旋转” “画笔”四个功能选项，如图7-2-3所示。单击各选项实现具体的功能，各选项的具体功能如表7-2-2所示。

▲ 图7-2-3 美化编辑工作区

表7-2-2 美化编辑的功能

选 项	功 能
特 效	拥有LOMO、美颜、格调、艺术四类特效，系统自动一键美化
基础调色	对图片进行亮度、色彩、色调的调整
裁剪旋转	对图片的构图、大小、倾斜等进行重新裁剪及旋转
画 笔	对图片的局部进行变色、虚化、马赛克、魔幻、涂鸦等处理

小贴士 在美化功能中，特效的叠加不是硬性的组合。在叠加不同特效时，要根据需要适当调整图片的透明度，同时调节图片的对比度、色彩饱和度等，这样才能将多种特效完美地融合在一张图片上，形成独特的风格。

练一练

打开配套教学素材中的文件夹“7-2-2”，对“图片1.jpg”的背景进行虚化，隐藏左下方的文字；将“图片2.jpg”中小女孩手中的花进行变色；结合小贴士对“图片3.jpg”的画面色彩及风格进行美化。

知识点4：人像美容

单击“人像美容”选项，软件切换到人像美容工作区。单击打开一张图片，工作区左侧呈现“智能美容”“美型”“美肤”“眼部”“其他”五个功能选项，如图7-2-4所示。单击各选项实现具体的功能，各选项的具体功能如表7-2-3所示。

▲ 图7-2-4　人像美容工作区

表7-2-3　人像美容的功能

选　项	功　能
智能美容	拥有自然、红润、冷艳等特效，系统自动一键美容
美　型	对人像进行瘦脸、瘦身、增高等处理
美　肤	对人像进行皮肤美白、祛痘祛斑、磨皮、添加腮红等处理
眼　部	对人像进行眼睛放大、变色、消除黑眼圈、添加眼部装饰等处理
其　他	对人像进行去红眼、染发、添加唇彩文身等处理

小贴士

人像美容可以使人物变美，如何最大限度地体现美，需要注意以下两点：

1. 处理图片前要分析图片，弄明白画面中有哪些不足，需要进行哪些处理。

2. 要掌握正确的操作技法，关注细节。例如，有时因为拍照角度关系会使图中人物的脸显得很大，这时就需要“瘦脸”。但操作时要避免“越瘦越好看”的误区，要符合“近大远小”的透视原则。同时，在脸型塑造上，要用稍大范围的选项，轻推脸部赘肉，一定要“慢”“轻”“细”。

练一练

打开配套教学素材中的文件夹“7-2-3”，对照素材中的对比图，分别对“图片1.jpg”中女孩的面部进行祛痘、磨皮、加睫毛、染发、美唇等处理，最后一键添加“时光隧道”美化特效；结合小贴士对“图片2.jpg”中的女孩进行瘦脸。

知识点5：贴纸文字

单击“贴纸文字”选项，软件切换到贴纸文字工作区。单击打开一张图片，工作区左侧呈现“贴纸”“文字”两个功能选项，如图7-2-5所示。单击各选项实现具体的功能，各选项的具体功能如表7-2-4所示。

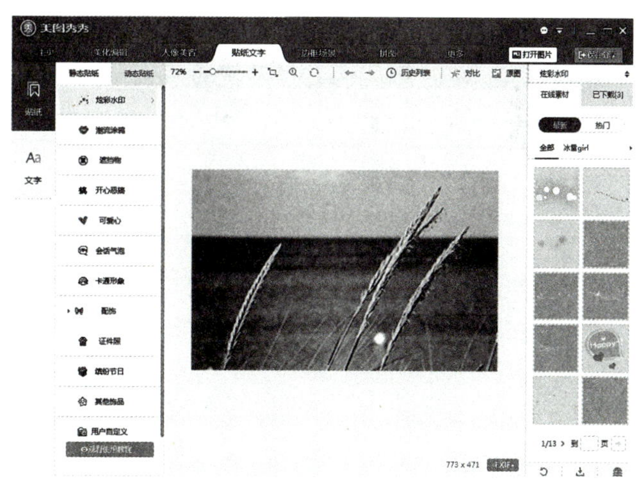

▲ 图7-2-5　贴纸文字工作区

表7-2-4　贴纸文字的功能

选　项	功　能
贴　纸	为图片添加静态或动态的、丰富有趣的贴纸
文　字	为图片添加漫画文字、动画文字及各种文字模板

小贴士

贴纸选项提供静态和动态两类素材。静态素材有非主流素材及各种图案，可以通过调整透明度、大小、方向来制作各种各样的组合效果。

动态素材一般是GIF格式的动画，可以通过调整透明度、大小、方向来制作想要的效果，也可以右击弹出快捷菜单，选择相应的命令对贴纸进行编辑。

注意：如果使用右键的“合并”或者“正片叠底”命令，那么素材就会合并起来，此时是无法再生成动态效果的。

练一练

打开配套教学素材中的文件夹“7-2-4”，发挥你的想象力，分别为“图片1.jpg”“图片2.jpg”添加各种有趣的贴纸和文字效果，内容及效果自定义。

知识点6：边框场景

单击“边框场景”选项，软件切换到边框场景工作区。单击打开一张图片，工作区左侧呈现“边框”“场景”“抠图”三个功能选项，如图7-2-6所示。单击各选项实现具体的功能，各选项的具体功能如表7-2-5所示。

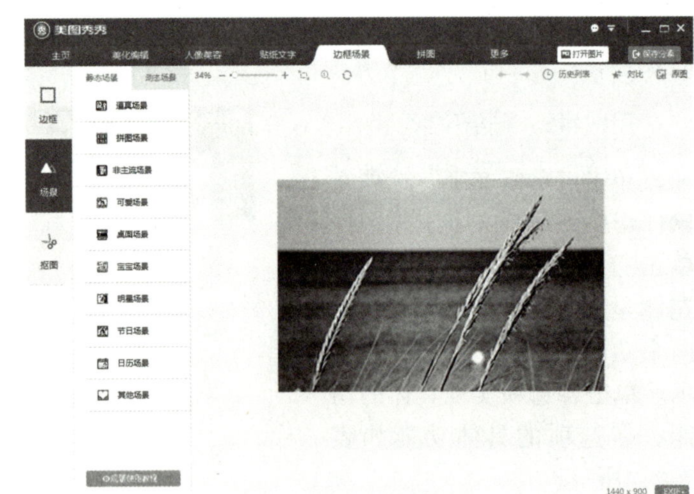

▲ 图7-2-6　边框场景工作区

表7-2-5　边框场景的功能

选　项	功　能
边　框	提供“轻松边框”“文字边框”“炫彩边框”“动画边框”等不同类型的边框样式，只需要简单单击即可看到应用效果
场　景	为图片添加各种静态和动态场景
抠　图	提供多种抠图方式，为图片换上不一样的背景

小贴士

巧用边框和场景，能让图片看上去更富有创意。在添加边框或场景前，要注意两点：

1. 要分析图片的构图及其背景，对不合理的画面可以利用“裁剪”命令或者“抠图”命令重新进行构图。

2. 对图片背景进行虚化，突出近景物体，可以使图片更具有层次感。

练一练

打开配套教学素材中的文件夹“7-2-5”，打开其中一组宝宝的图片，发挥你的想象力，为图片添加具有童趣的边框及场景，图片的张数及效果自定义。

知识点7：拼图

单击“拼图”选项，软件切换到拼图工作区。工作区左侧呈现“自由拼图”“模版拼图”“海报拼图”“图片拼接”四个功能选项，如图7-2-7所示。用户可以随心所欲地将多张图片组合在一起，形成一个故事、一张海报或者一张有趣的漫画等。

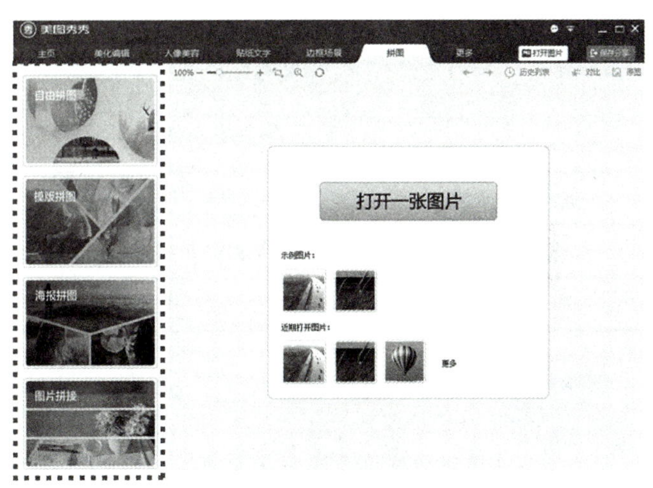

▲ 图7-2-7 拼图工作区

小贴士

在使用拼图功能时，要注意两点：

1. 选择拼图模板时，要注意模板与图片的搭配要统一，尽量选择与原色调相近的边框颜色，格子与格子中的图片要相呼应或者反映一个主题、一个故事，这样拼图的效果才具有整体性。

2. 拼图的时候，每个格子不需要都用人物图片，可以适当穿插一些色调相近的美图、文字等，这样更能塑造有个性的风格。

知识点8：九格切图及闪图

单击“更多”选项，软件切换到九格切图及闪图工作区，如图7–2–8所示。各选项的具体功能如表7–2–6所示。

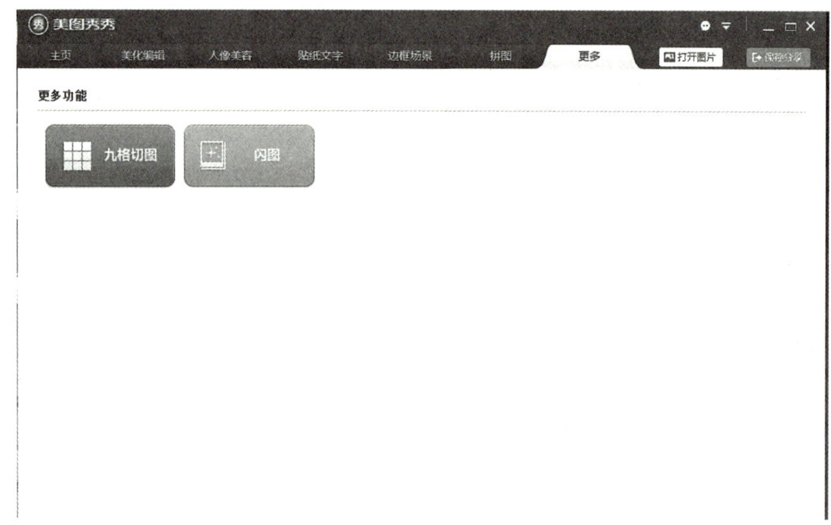

▲ 图7–2–8　九格切图及闪图工作区

表7–2–6　九格切图及闪图的功能

选　项	功　能
九格切图	可以把一张图片切割成九张，通过不规则的组合形成不同形状的效果
闪　图	可以把多幅图片叠合在一起，形成一个系列的GIF动画，产生闪烁的动态效果

练一练

打开配套教学素材中的文件夹“7-2-6”，根据其中的风景图片，以“奇幻之旅”为主题，结合知识点7、知识点8，设计出富有特色的拼图、九格切图及闪图，图片张数不限，可以增加与主题相关的图片，效果自定义。

任务实施

1. 打开配套教学素材“证件照.jpg”，对照片中人物的面部进行美容、美化。

2. 在“美化编辑”中对人物的角度进行修正，将人物顺时针旋转2度；在“裁剪”命令中选择“证件照”中的标准2英寸规格，画面中自动出现调整框，拖动调节按钮调整人物的头像大小，如图7–2–9所示。

3. 为了让照片中的人物显得成熟、干练，可以在“贴纸文字”中为人物置换正装。选择“贴纸”中的“静态贴纸”，再选择“证件照”，在右侧的素材库中选择合适的正装，调整“素材编辑框”，对衣服的大小、位置、角度等进行编辑，如图7–2–10所示。

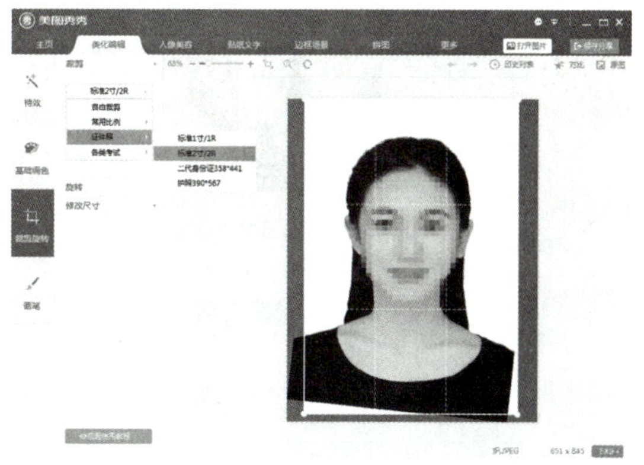

▲ 图7–2–9　调整人物角度及尺寸

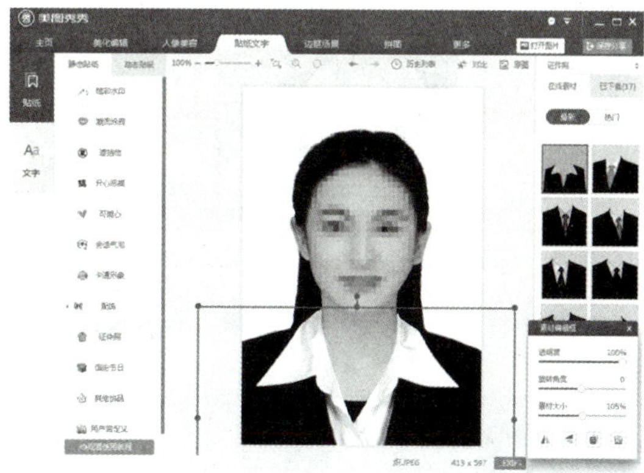

▲ 图7–2–10　为人物置换正装

4. 在“边框场景”中更换人物的背景为蓝色。选择“抠图”中的任意背景，再选择“手动抠图”方式，如图7–2–11所示。

5. 这一步很重要，结合缩放工具，使用鼠标细心地圈出人物，自动生成抠图节点，拖动节点可以进行细节部分的调整，最后单击“完成抠图”，如图7–2–12所示。

▲ 图7–2–11　为人物置换背景（选择抠图方式）

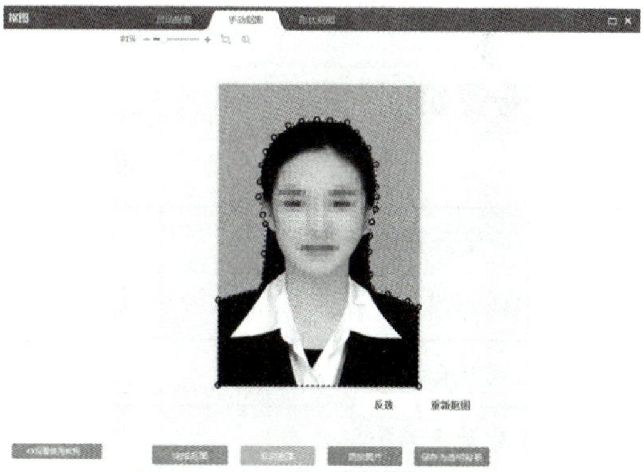

▲ 图7–2–12　为人物置换背景（手动抠图）

6. 选择“背景设置”，设置背景格式为“蓝色”。为了让人物的边缘不显得太生硬，调整“前景1”中的“羽化”为“3”。拖放人物调整框，调节人物的大小及位置，单击“确定”按钮，如图7–2–13所示。

7. 再次对人物的亮度、色彩及细节等部分进行修饰，调整到满意为止。美图前后的效果对比如图7–2–14所示。

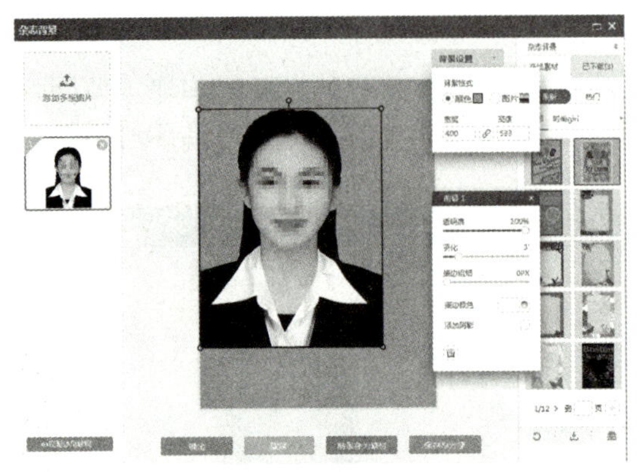

▲ 图7-2-13 为人物置换背景（背景设置）

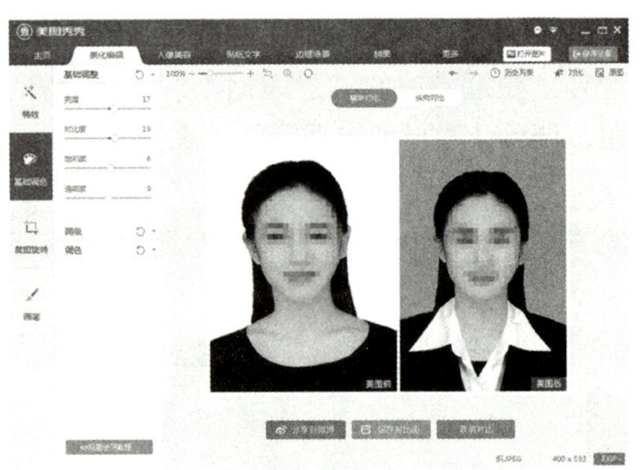

▲ 图7-2-14 人物美图效果对比

小贴士

1. 在家拍照注意事项

在光线适宜的地方，选择以白色的墙壁作为背景，衣服颜色最好与背景颜色区分开。拍摄时，人物要露出清晰的五官，镜头与人物的视线平行，取景范围保持在胸线以上，头要尽量端正，双肩尽量平行。在保证以上条件的情况下，你可以多拍几张，选出最满意的照片。

2. 不同类型的证件照对背景色的要求

通常情况下，白色背景用于护照、签证、驾驶证、身份证等，蓝色背景用于毕业证、工作证、简历等，红色背景用于保险、IC卡、暂住证、结婚照等。

任务评价

表7-2-7 任务评价表

任务完成情况	自我评价	小组评价
证件照的构图及尺寸准确合理	□完成 □待完善 原因：	☆☆☆☆☆
人物色调及面部处理明晰得当	□完成 □待完善 原因：	☆☆☆☆☆
证件照背景更换衔接自然	□完成 □待完善 原因：	☆☆☆☆☆

拓展提高

Photoshop软件基本功能的介绍

在学习了美图秀秀软件的使用后，你已经掌握了图片的基本处理方法和一般流程，也会发现美图软件简单易学，特效丰富，基本上能够满足平时对图片处理的需要。但是，如果你想深入地学习图像的处理，那么你可以尝试去了解和学习Photoshop软件。

Photoshop 软件是集图像扫描、编辑修改、图像制作、广告创意、图像输入与输出等于一体的专业的图像处理软件，功能非常强大，为用户提供了无限广阔的创作空间，其应用领域主要涉及以下几个方面：

1. 平面设计

平面设计是Photoshop 软件应用最为广泛的领域，无论是我们正在阅读的图书封面，还是大街上看见的海报、宣传单等，这类具有丰富图像的平面印刷品，基本上都是用Photoshop软件制作的。

2. 影像处理

影楼在拍摄照片时不再使用传统的胶片相机，取而代之的是数码相机。数码相机拍摄的照片可以直接导入计算机，进而通过图像软件进行全面调整。作为专业级的图像编辑软件，Photoshop 软件能够完成从扫描输入、校色、制作，到分色输出等一系列专业化的工作。Photoshop 软件在处理上也有着强大的功能，从照片的修正润饰，到颜色的调整、图像的合成以及特效的制作，Photoshop 软件弥补了摄影的局限并拓展了传统摄影的表现空间。

3. 网站美工领域

Photoshop 软件已经成为网站美工人员必须掌握的一种利器。在Photoshop 软件中制作或处理的图片不仅可以被其他网页制作软件使用，还可以通过Photoshop 软件集成的ImageReady输出为网页和动画。Photoshop 软件对网页设计的能力能完全满足互联网工作的要求。

4. 3D贴图与效果图后期制作

Photoshop 软件在效果图制作的各个环节中也发挥着重要作用。通常在制作建筑效果图以及许多三维场景时，需要在3D软件中建模，使用Photoshop 软件制作贴图，在渲染时要将图片输出为带有Alpha通道的图像，将三维对象与背景分离，然后在Photoshop 软件中修改图像、调整颜色、增加背景，并最终完成作品。

5. 卡通插画领域

Photoshop 软件的绘画和调色功能非常丰富，卡通插画作者经常手绘线条稿，然后将线条稿导入Photoshop软件，使用该软件进行线条调整和填色操作，从而实现卡通和漫画的制作。

6. 界面设计

界面设计是指使用独特的创意方法设计软件或游戏的外观，达到吸引客户的目的。

7. 视觉创意与设计

视觉创意与设计是设计艺术的一个分支。此类设计通常没有非常明显的商业目的，但为广大设计爱好者提供了广阔的设计空间。目前越来越多的设计爱好者开始学习Photoshop 软件，并进行具有个人特色与风格的视觉创意与设计。

任务三　视频短片的制作

任务描述

《厉害了，我的国》你看了吗？影片全方位、多层次地展现了祖国近五年来所取得的历史性成就，同时也细腻温情地讲述了“大国”与“小家”密不可分的深切情意，全国出现一片“为国点赞”的喝彩声。这是一种中国精神、中国力量！这也体现了影片的魅力，精湛的艺术手法和深刻的艺术理念。小李同学也想以“我们的时代”为主题，利用会声会影软件制作视频短片，和小李同学一起来体验影片编辑的乐趣吧！

学习目标

1. 掌握常见的视频格式。
2. 理解视频制作的基本方法及操作流程。
3. 掌握常见视频编辑软件的基本功能。
4. 能够根据视频制作需求合理编辑媒体素材，并完成作品发布。
5. 激发想象力及创造力，培养解决实际问题的能力。

知识储备

知识点1：会声会影可以做什么

会声会影软件集创建、编辑、模拟、合成视频于一体，能够将文字、图片、声音、视频等素材经过编辑后生成动态视频，能够添加转场、滤镜、字幕、路径等特效，是一个功能强大的非线性视频编辑软件。

1. 会声会影的功能

（1）从摄像机、录像机、麦克风等播放设备（图7-3-1）中采集和获取音频、视频。

▲ 图7-3-1　播放设备

（2）将来自不同源的素材文件整合、编辑成完整的数字作品（图7–3–2）。

▲ 图7–3–2　数字作品

（3）创建多样化视频特效。会声会影提供了近百种的视频转场及滤镜特效，可以在不同的图像或视频素材之间添加视频转场效果，也可以对素材添加滤镜效果，让画面更加生动、绚丽（图7–3–3）。

▲ 图7–3–3　视频特效

（4）创建字幕特效。会声会影提供静态字幕、动态标题等多种字幕特效（图7–3–4）。

▲ 图7–3–4　字幕特效

（5）创建音频特效。会声会影提供了声音轨和音乐轨两种类型的音频轨道，可以添加音频素材、画外音，可以对音频进行分割、合并、移动、复制等各种编辑，还可以实现添加回声、混响，以及去除噪音等音频特效。

2. 用会声会影制作短片的基本流程

一部短片的基本制作流程可以简单地分为输入、编辑和输出三个步骤，具体环节如图7-3-5所示。

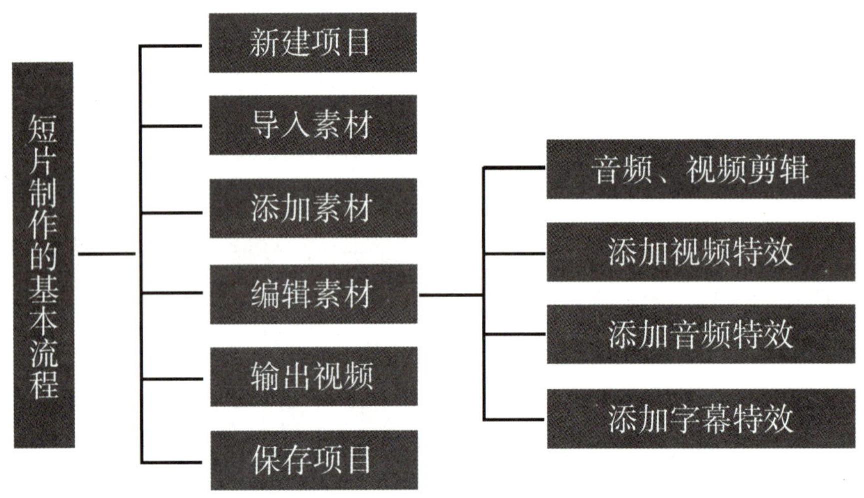

▲ 图7-3-5 短片制作的基本流程

练一练

打开配套教学素材“7-3-1赏析.wmv”，欣赏短片《中国文化》，分小组讨论以下问题：制作该短片需要哪些素材？短片的制作流程是什么？素材与最终作品有什么区别？

知识点2：会声会影的启动与退出

1. 会声会影的启动

在安装了会声会影后就可以使用软件了。在“开始” 菜单的“所有程序”选项中，用户可以找到“Corel VideoStudio X9”组件，单击“Corel VideoStudio X9”命令，如图7-3-6所示，完成会声会影的启动操作。

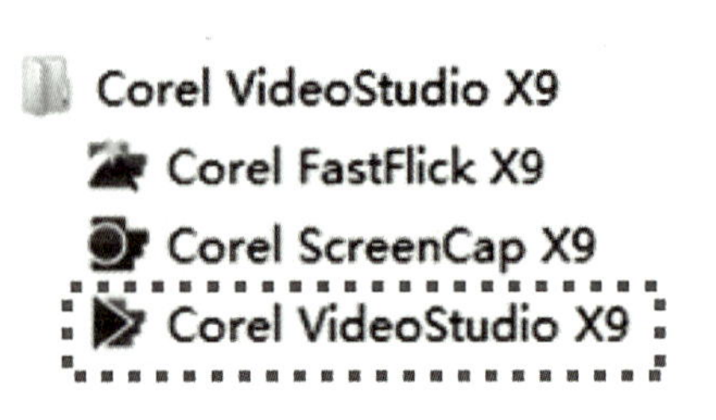

▲ 图7-3-6 Corel VideoStudio X9组件

2. 会声会影的工作区

会声会影包含三个主要工作区：捕获工作区、编辑工作区、共享工作区。每个工作区包含特定的工具和控件，可以完成特定的工作任务。单击应用程序窗口顶部的“捕获”“编辑”“共享”选项卡之一，可以进行工作区的切换。

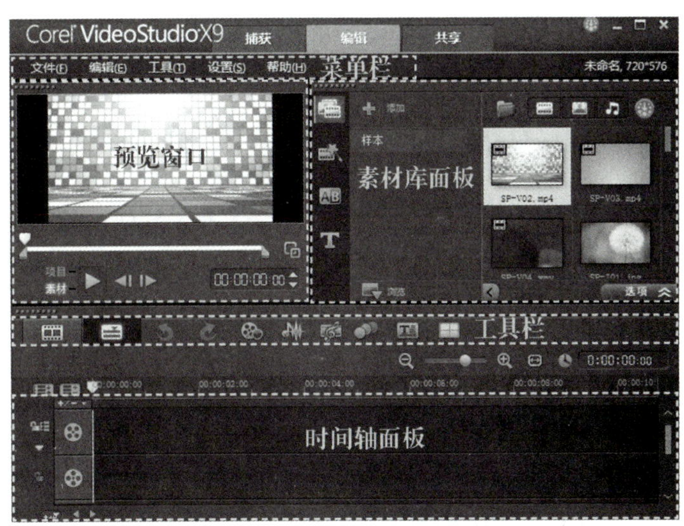

▲ 图7-3-7　会声会影编辑工作区

启动会声会影后就直接跳转到软件的编辑工作区。此工作区是会声会影软件的核心，在这里可以排列、编辑、修整素材，并为素材添加各种效果。其主要功能区域如图7-3-7所示。

（1）菜单栏：用于提供新建、打开和保存影片项目，处理单个素材等各种命令。

（2）预览窗口：显示“播放器”面板中当前正在播放的视频。

（3）素材库面板：是所有媒体的来源，包括视频、图片、音乐、文字等素材，还包括模板、转场、滤镜、字幕及项目中可以使用的多种其他媒体。

（4）时间轴面板：时间轴是组合视频项目中媒体素材的位置。

3. 会声会影的退出

如果不想再使用会声会影，单击标题栏最右侧的“关闭”按钮就可以退出软件了。

练一练

1. 启动会声会影，学会切换到三个主要工作区，认识各工作区的基本性能，完成表7-3-1。

表7-3-1　会声会影各工作区的性能

工作区的性能	工作区的名称
可以直接将视频、照片和音频素材捕获、录制或导入计算机	
可以保存视频文件至计算机中，将其刻录到光盘或上传至网络中	
可以排列、编辑、修整媒体素材，并为其添加各种效果	

2. 单击“文件”菜单栏中的“打开”命令，打开配套教学素材文件夹“7-3-2”中的项目文件“7-3-2.vsp”，单击预览窗口中的“播放”按钮，观看项目视频，了解编辑工作区的主要功能。

知识点3：会声会影的基本操作

1. 导入媒体文件

当用户打开会声会影时，软件就会自动创建一个新项目，要先对新建项目进行保存，项目文件格式为“*.vsp”。

接下来，将所需要的媒体素材导入素材库以便编辑使用。右击“素材库面板”空白处，在弹出的命令列表中选择“插入媒体文件”，再选择需要的媒体文件，单击“打开”按钮，这样媒体文件就被导入进来，如图7-3-8所示。

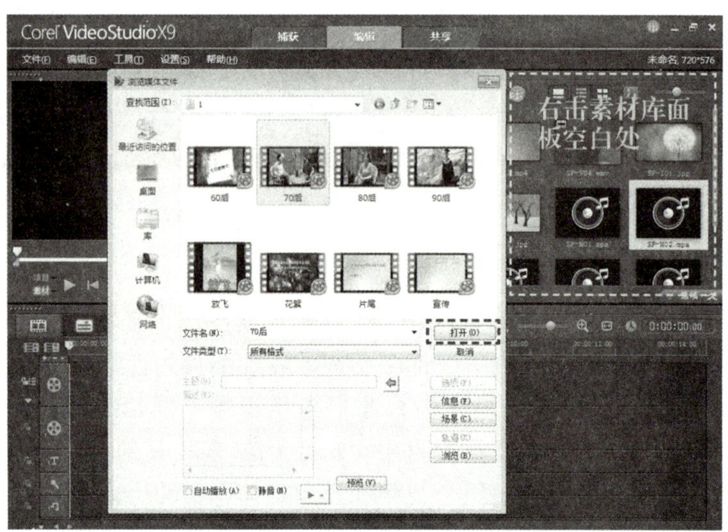

▲ 图7-3-8　导入素材

小贴士

有些素材因为格式原因无法导入会声会影，这时可以使用格式工厂（Format Factory）软件，对无法导入的素材进行格式转换，将其转换成会声会影支持的格式就可以了。

会声会影支持的常用格式包括：

图片格式：JPEG、BMP、TGA、PIC、PNG、PSD、TIF/TIFF等。

音频格式：CD音频文件(cad)、WAV、WMA、MP3、M4A等。

视频格式：AVCHD、DV、HDV、AVI、MPEG-1/-2/-4、DVR-MS、SWF、MP4、M4V、WebM、3GP、WMV、非加密 DVD titles、MOV等。

练一练

打开配套教学素材文件夹“7-3-3”，导入所有素材，并将项目文件保存为“练习1.vsp”。

2. 剪辑媒体文件

将媒体素材导入项目之后，需要对素材进行剪辑、整合，剪去素材中的多余部分，对素材进行精确到帧的分割和修整。

（1）认识时间轴轨道

在对媒体文件进行编辑之前，先来认识一下时间轴上的几个重要轨道，如图7-3-9所示。

视频轨：类似背景轨道，可以添加视频、照片、图形、转场、滤镜等。

覆叠轨：覆叠轨上面的媒体信息会叠加在视频轨媒体信息的上方，可以添加视频、照片、图形或色彩素材。

标题轨：添加标题、字幕素材。

声音轨：采集录制的声音。

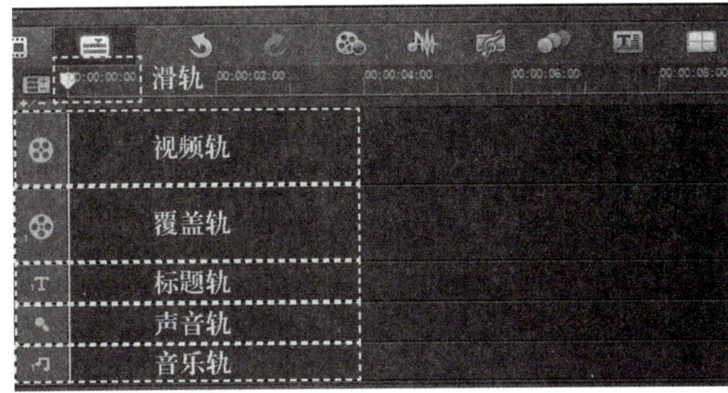

▲ 图7-3-9 时间轴轨道

音乐轨：添加音频文件中的声音素材。

滑轨：可以在项目或素材之间拖动。

用户可以设置覆叠轨、标题轨及音乐轨的数量。右击时间轴任意“轨道按钮”，在弹出的快捷菜单中选择设置轨道的命令。若选择“轨道管理器”，可以设置需要的轨道数目；若选择“插入轨上方”或“插入轨下方”，可以在当前轨道的上方或下方插入轨道；若选择“交换轨”，可以对已经插入的多个覆叠轨进行上下位置的交换。轨道的设置如图7-3-10所示。

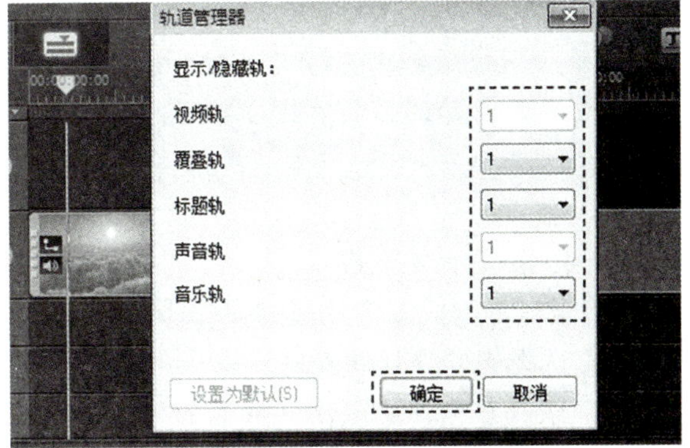

▲ 图7-3-10 轨道的设置

（2）将素材添加到时间轴轨道上

用鼠标左键拖动媒体文件到与之相对应的时间轴轨道中，如图7-3-11所示。

（3）连接多个媒体文件

将多个媒体文件连接起来非常简单，直接拖动第二个媒体文件进入“视频轨”即可实现。图7-3-12显示两个媒体文件已经连接在一起。

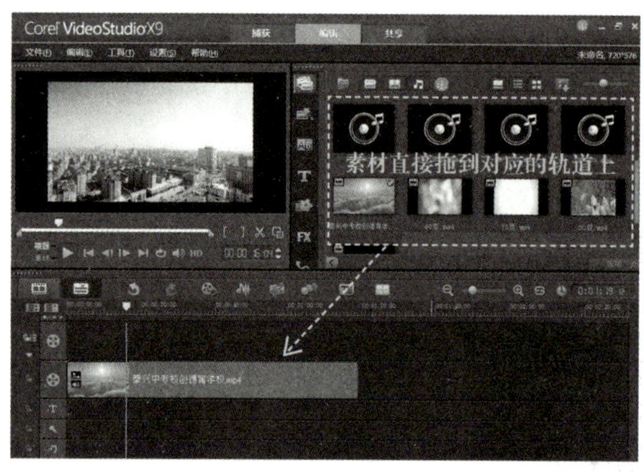

▲ 图7-3-11 将媒体文件插入时间轴轨道

▲ 图7-3-12 连接多个媒体文件

小贴士

当导入时间轨上的媒体素材的画面大小与项目尺寸不匹配时，用户可以通过双击时间轨上的媒体素材，在素材库面板中找到“重新采样选项”（图7-3-13），选择“保持宽高比（无字母框）”选项，并依次对每个素材进行此设置，这样所有画面大小就能保持一致了。

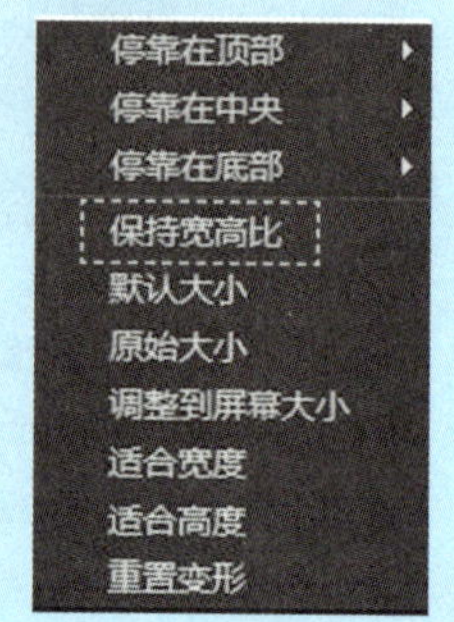

▲ 图7-3-13 重新采样选项

练一练

打开上一个“练一练”中保存的项目文件“练习1.vsp”，任意选择4个素材插入到视频轨上，将“台标.png”插入到覆叠轨道上，并将“台标.png”改变大小之后移动到画面的最左上角，按原名称保存项目文件。

（4）修剪媒体文件

将素材分割成多个片段的操作步骤如下：

① 选择想要分割的素材。

② 将预览窗口中的滑轨或者时间轴上的滑轨拖动到需要分割的位置。如果需要精确地进行修剪，可以单击上一帧或下一帧按钮更精确地设置剪辑点，如图7-3-14所示。

③ 单击 按钮将素材分割成两部分。可以进行多次分割，在时间轴轨道上选中不需要的素材，然后按键盘上的【Delete】键删除。

直接在时间轴上修整素材的操作步骤如下：

① 在时间轴上单击某个素材将其选中，这样在素材的开始和结束位置就会出现“修

整标记”，如图7-3-15所示。

② 拖动素材中的修整标记改变其长度，通过预览窗口查看修整画面。

▲ 图7-3-14 精确修剪素材

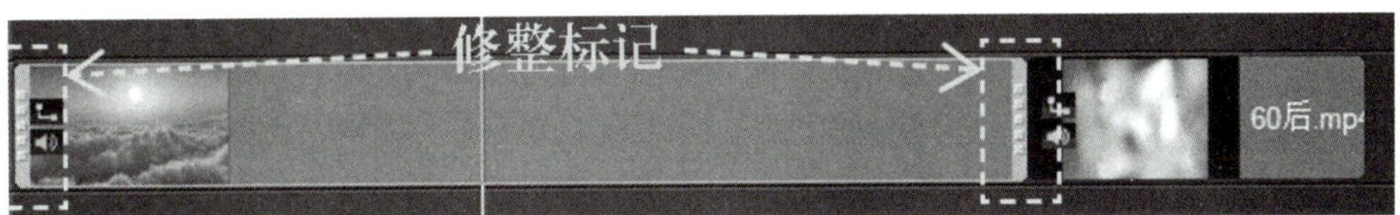

▲ 图7-3-15 在时间轴上修整素材

小贴士

1. 视频轨与覆叠轨的主要区别如表7-3-2所示。

表7-3-2 视频轨与覆叠轨的主要区别

视频轨	覆叠轨
媒体内容显示在最下方	媒体内容叠加在视频轨媒体内容的上方
视频轨中媒体的文件是连续的，中间不能有空隙	视频轨中的媒体文件可以是不连续的，中间可以有空隙
多个媒体文件只能前后调整位置	多个媒体文件可以任意调整位置
视频轨仅有一条，不能添加	可以添加多个覆叠轨

2. 覆叠轨的使用技巧

覆叠轨可以简单理解为自动缩小叠加的意思，放在覆叠轨道的视频、图片或者图形等素材可以自动缩小并叠加在视频画面上。比如，常见的画中画效果。

点击选中放在覆叠轨上的素材，在视频预览窗口会出现覆叠轨素材编辑框，如图7-3-16所示，即素材的周围有虚线、黄色的点及绿色的点出现。选择这个编辑框

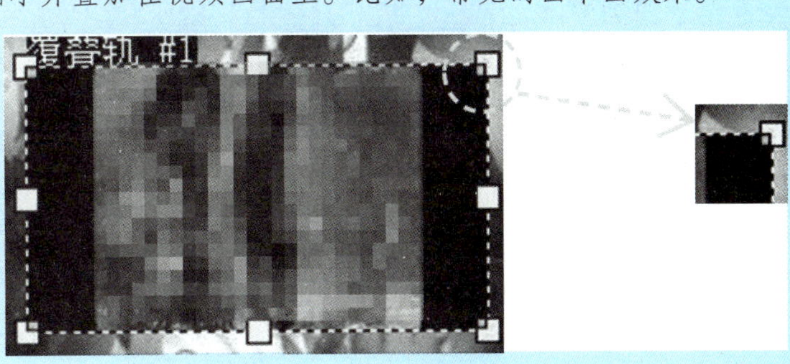

▲ 图7-3-16 覆叠轨素材编辑框

并右击，可以选择各种命令，自由调整素材的位置和大小。鼠标定位于黄色的点，拖动鼠标可以对视频素材进行等比例缩放；鼠标定位于绿色的点，拖动鼠标可以对视频素材进行变形处理。同时，覆叠轨上的素材之间还可以添加各种转场及视频特效。

练一练

1. 继续打开“练习1.vsp”，将视频轨上的4个素材分别剪辑成5秒，将覆叠轨上的角标剪辑成20秒，按原名称保存项目文件。
2. 新建项目文件，导入配套教学素材文件夹“7-3-4”中的“电脑.jpg”“动物世界.mov”，打开“7-3-4样例.mpg”，按样例制作画中画效果，保存项目文件为“练习2.vsp”。

3. 设置转场特效

转场是指让影片可以从一个场景平滑地切换到下一个场景，让画面过渡更加自然。它可以应用到时间轴中所有轨道上的单个素材或素材之间。

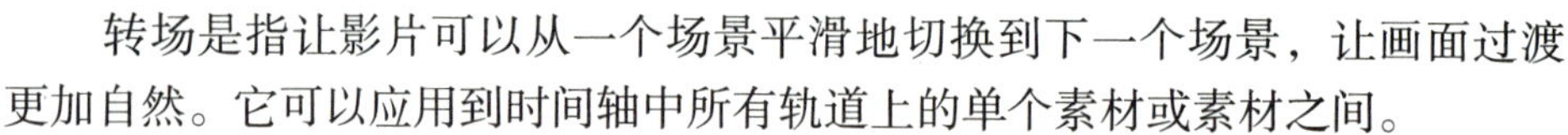

（1）添加转场特效

图7-3-17显示如何在两段视频之间添加转场。首先单击素材库面板中的“转场”按钮切换到转场特效，再选中需要的转场特效并直接拖动到两个素材之间，最后单击预览窗口中的“播放”按钮，查看转场效果。

（2）修改转场特效

若对转场特效不满意，可以双击已经添加的转场特效，在素材库面板中对转场长度、转场方向等进行详细设置，如图7-3-18所示。或者选中已经添加的转场特效，直接单击键盘上的【Delete】键删除转场。

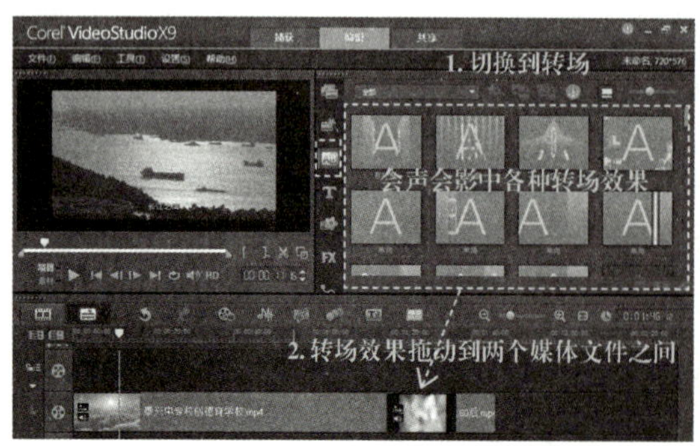

▲ 图7-3-17　添加转场特效

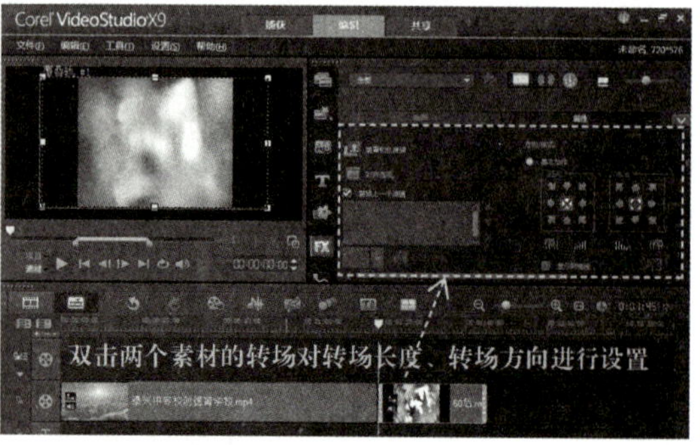

▲ 图7-3-18　修改转场特效

练一练

继续打开"练习1.vsp"，在视频轨上的4个素材之间分别添加转场并设置转场属性，体会各种转场带来的不同效果，并按原名称保存项目文件。

4. 添加音频

声音是决定视频作品是否成功的重要元素之一，会声会影软件可以为项目添加音乐、画外音和各种声音效果。

（1）添加音频素材

① 将音频文件导入素材库中。

② 直接将音频文件从素材库拖动到时间轴的声音轨或音乐轨中，完成添加。

③ 双击已经添加的声音，可以对音频属性进行修改。

（2）添加画外音

当用户录制声音到视频中时，即添加画外音。

① 将滑轨移动到视频中要插入画外音的部分。

② 单击工具栏中的"录制"或"捕获"按钮，并选择画外音，在弹出的对话框中调整音量。

③ 单击"开始"按钮，然后对着话筒进行录音。

④ 按下空格键结束录音，这样录好的声音就自动生成在声音轨中。

练一练

继续打开"练习1.vsp"，将素材库面板中的"背景音乐.mp3"插入到音乐轨上，对背景音乐的长度、音量等进行编辑，对音乐结尾设置"淡出"效果，并按原名称保存项目文件。

小贴士

通常，许多导入的视频素材是自带音频的。如果用户不需要这些声音或者需要对其进行编辑处理，则必须对视频素材中的音频进行分离。方法是：选定轨道上的视频素材，再右击视频素材并选择分离音频，从而生成新的音频轨。

5. 添加字幕

单击素材库面板中的"标题"按钮切换到字幕，选中合适的字幕直接拖到标题轨中，完成字幕的添加，如图7-3-19所示。

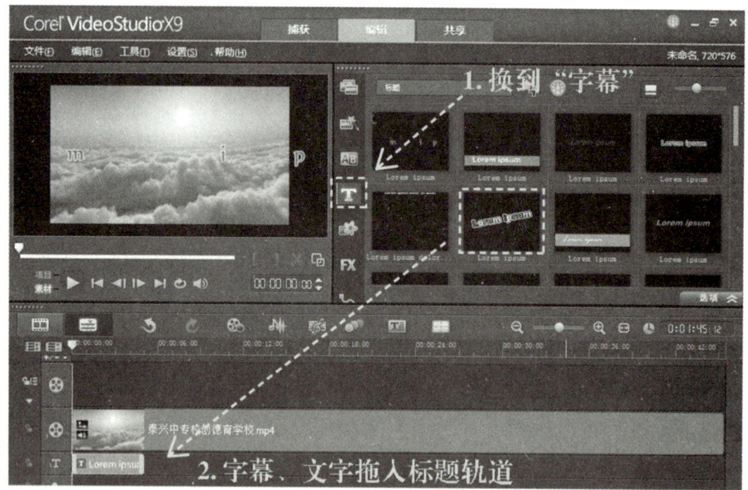

▲ 图7-3-19　添加字幕

如图7-3-20所示，双击添加的字幕，可以在素材库属性中进行样式等方面的编辑。需要修改文字内容，则在预览窗口中双击文字进行编辑。

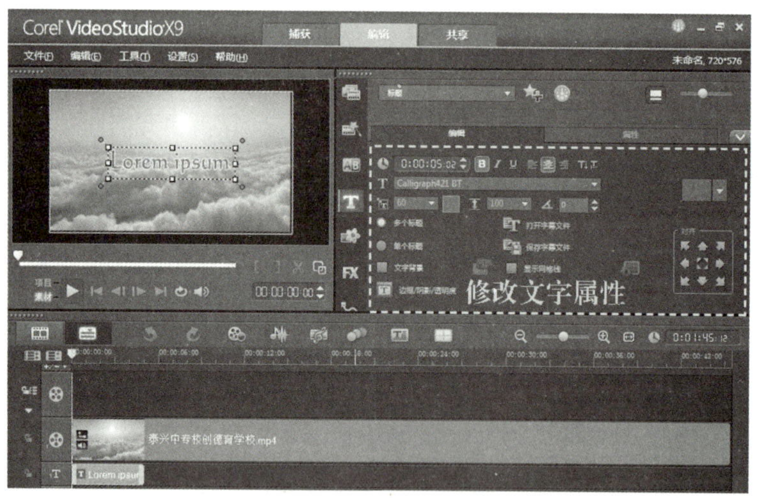

▲ 图7-3-20　字幕修改

练一练

在配套教学素材文件夹"7-3-3"中打开"7-3-3样例.mpg"，对照样例继续打开"练习1.vsp"，为短片添加字幕，字幕的样式及效果自定义。体会和比较不同的标题效果，并按原名称保存项目文件。

6. 添加滤镜特效

滤镜特效是添加在单个媒体素材上的效果，它可以改变素材的样式或外观。比如，可以用来校正素材的色彩，可以给素材制作出类似油画或浮雕的效果等。

添加滤镜时，先在素材库面板中单击“滤镜”按钮，再将所需的滤镜直接拖到对应的素材上，素材上自动出现“FX”标记，同时在预览窗口中显示应用后的效果，如图7-3-21所示。

若双击已经添加滤镜的素材，可以在素材库面板中对其滤镜属性进行修改、删除。

▲ 图7-3-21　添加滤镜特效

练一练

继续打开“练习1.vsp”，对素材添加滤镜并设置滤镜属性。对比体会滤镜带来的不同效果，并按原名称保存项目文件。

7. 视频导出

影片项目完成后需要将编辑好的所有素材文件通过渲染过程整合在一起，创建一个新的视频文件并导出。这个工作必须在共享工作区中完成，文件可以保存在计算机上，可以直接刻录到光盘上，也可以直接分享到网络上，还可以创建3D影片。

单击应用程序窗口顶部的“共享”选项卡，切换到共享工作区。设置好视频输出的格式、文件名及保存位置，视频将会被渲染输出，如图7-3-22所示。

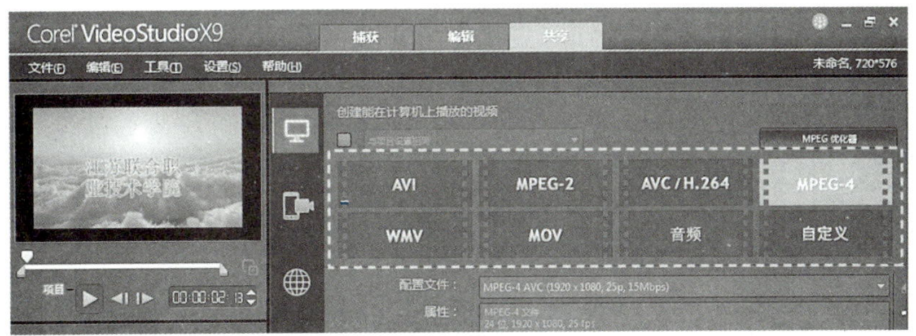

▲ 图7-3-22　视频输出

练一练

继续打开“练习1.vsp”，分别以“练习.mpeg”和“练习.wmv”两种格式导出作品，注意视频格式属性的设置。

8. 其他功能

会声会影软件的“录制/捕获选项”功能十分强大，单击应用程序窗口顶部的“捕获”选项卡，切换到录制/捕获工作区。可以直接从DVD、光盘、各种摄像机、移动设备以及模拟和数字电视等设备中捕获或导入视频，如图7-3-23所示。

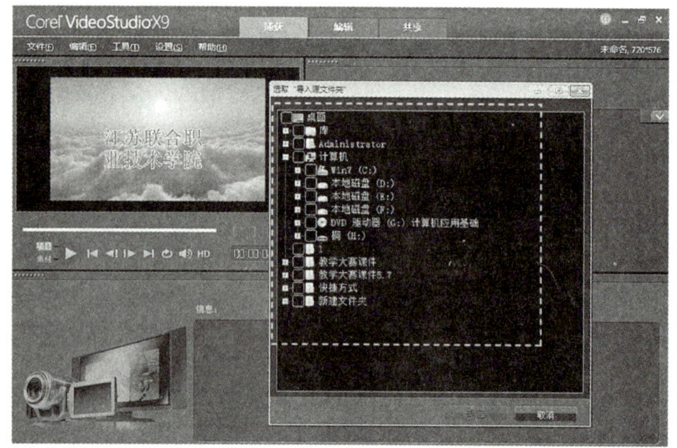

▲ 图7-3-23　捕获工作区

小贴士

视频的主要来源有：

1. DV（数码摄像机）。可获取数字视频并直接导入计算机。

2. 影视资料库。一般收藏于图书馆或个人收藏，以光盘、录像带等作为存储介质。

3. 传统录像带。需要使用视频采集卡进行转换，才能导入计算机。

4. DVD/蓝光光盘。音频、视频文件的主要载体。

5. 互联网。有专门网站收集了大量视频与音频，用户可以上网访问或下载。

任务实施

以“我们的时代”为主题制作电影短片，具体要求如下：

1. 结合主题，收集反映30多年来，祖国一步步走向繁荣昌盛的数字媒体素材。

2. 自主发挥，恰当地添加字幕、特效及背景音乐。

3. 为影片制作8秒钟的片头，在片尾呈现制作人及制作时间。

4. 影片时长3~5分钟。

参考步骤如下：

① 启动会声会影，新建一个项目。

② 导入视频、图片、音频。选择“文件”菜单中的“将媒体文件插入到时间轴”命令，如图7-3-24所示。按照故事情节或脚本，分别将视频、图片按出现的顺序导入软件。

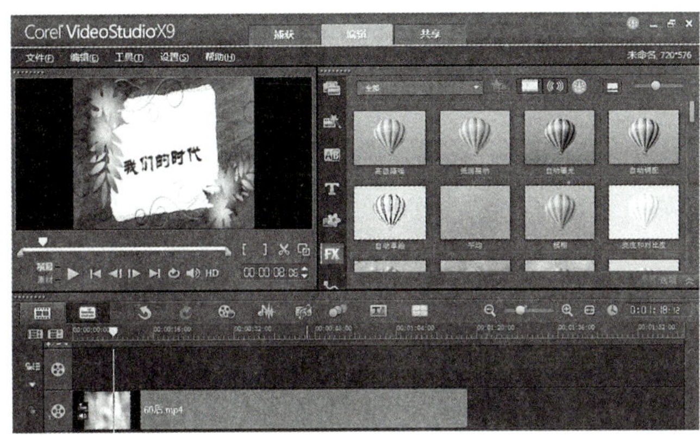

▲ 图7-3-24 素材导入

③ 将收集的素材添加到项目后保存。

④ 调整素材位置。选中视频片段或者图片对象，前后拖动调整播放的顺序。

⑤ 添加片头、描述、片尾文字及效果。片头主要包括影片的名字及出现的方式，描述主要是影片中添加文字、字幕等，片尾主要交代创作组成人员及基本信息，注意这些信息出现的方式。

⑥ 将项目文件以“我们的时代.mp4”保存并发布。

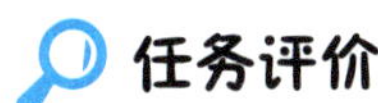

任务评价

表7-3-3 任务评价表

任务完成情况	自我评价	小组评价
会声会影软件的认识	□完成 □待完善 原因：	☆☆☆☆☆
素材的导入	□完成 □待完善 原因：	☆☆☆☆☆
添加片头、描述、片尾文字	□完成 □待完善 原因：	☆☆☆☆☆
整体效果	□完成 □待完善 原因：	☆☆☆☆☆
按要求正确保存和发布	□完成 □待完善 原因：	☆☆☆☆☆

拓展提高

视频编辑必备知识

1. 电视制式

电视信号的标准简称“制式”，可以简单地理解为用来实现电视图像、伴音及其他信号正常传输与重现的方法与技术标准。各个国家对电视视频制定的标准不同，主要有

PAL制、NTSC制和SECAM制，中国使用的是PAL制式。

2. 帧与帧速率

视频是由一幅幅静态画面所组成的图像序列，而组成视频的每一幅静态图像被称之为“帧”，如图7-3-25所示。当一些内容差别很小的静态画面以一定的速率在显示器上播放时，由于人的视觉暂留现象，人的眼睛会认为这些图像是连续地、不间断地运动着的。当快速、连续地播放这组图像时看到的是一只奔跑的狗。

▲ 图7-3-25 帧与帧速率

在播放视频的过程中，播放效果的流畅程度取决于静态图像在单位时间内的播放数量，即“帧速率”，其单位为“fps”（帧/秒）。每秒钟播放的帧数越多，动画的效果越平滑。目前，电影画面的帧速率为24 fps，电视画面的帧速率为25 fps（PAL制）或29.97 fps（NTSC制）。

3. 帧宽高比与像素宽高比

帧宽高比是指视频画面的长宽比例。不同宽高比的视频画面通常有4：3和16：9两种，如图7-3-26所示。像素宽高比，是指视频画面内每个像素的长宽比，具体比例由视频所采用的视频标准所决定。一般计算机显示器使用正方形像素来显示图像，像素宽高比为1.0；而电视机等视频播放设备则使用矩形像素显示，像素宽高比为0.9。

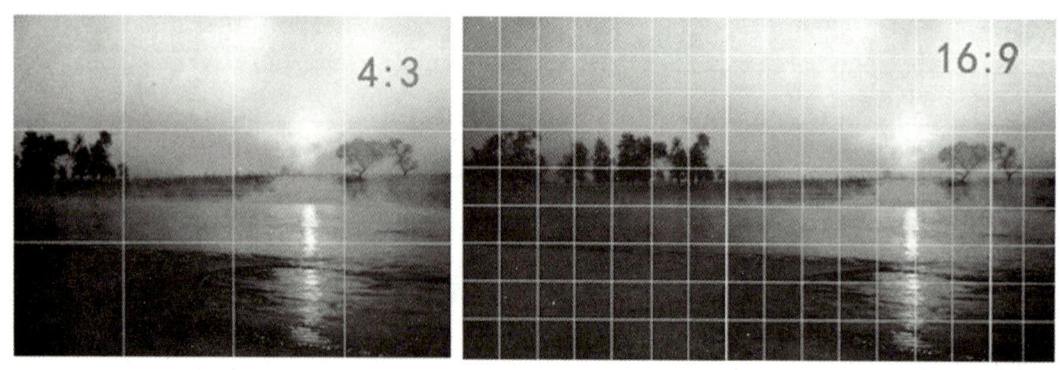

▲ 图7-3-26 帧宽高比与像素宽高比